高等学校计算机科学与技术教材

ANSYS 辅助分析应用基础教程
（第 2 版）

张乐乐　编著

清华大学出版社
北京交通大学出版社
·北京·

内 容 简 介

本书主要介绍 ANSYS 应用基础和 ANSYS/LS-DYNA 应用基础两大部分。ANSYS 应用基础包括基本操作、模型建立、算例分析和结果处理等。ANSYS/LS-DYNA 应用基础包括基本理论、PART 的定义和作用、刚性体的定义、接触条件的定义、约束、初始条件和加载、求解和求解控制等。

本书从 ANSYS 软件最基本的使用开始，图文并茂、简单明了，配合适当的实例供读者练习和借鉴。

本书可以作为机械类高年级本科生和研究生的教材，还可作为没有接触过 ANSYS 软件读者的入门教材。

本书封面贴有清华大学出版社防伪标签，无标签者不得销售。
版权所有，侵权必究。侵权举报电话：010-62782989　13501256678　13801310933

图书在版编目（CIP）数据

ANSYS 辅助分析应用基础教程 / 张乐乐编著．—2 版．—北京：北京交通大学出版社；清华大学出版社，2014.3
（高等学校计算机科学与技术教材）
ISBN 978-7-5121-1847-8

Ⅰ．①A… Ⅱ．①张… Ⅲ．①有限元分析-应用软件-高等学校-教材 Ⅳ．①O241.82

中国版本图书馆 CIP 数据核字（2014）第 032863 号

责任编辑：谭文芳　　特邀编辑：李晓敏
出版发行：清 华 大 学 出 版 社　邮编：100084　电话：010-62776969
　　　　　北京交通大学出版社　　邮编：100044　电话：010-51686414
印 刷 者：北京泽宇印刷有限公司
经　　销：全国新华书店
开　　本：185×260　印张：26．字数：662 千字
版　　次：2014 年 3 月第 2 版　2014 年 3 月第 1 次印刷
书　　号：ISBN 978-7-5121-1847-8/O・132
印　　数：1～3 000 册　定价：46.00 元

本书如有质量问题，请向北京交通大学出版社质监组反映。对您的意见和批评，我们表示欢迎和感谢。
投诉电话：010-51686043，51686008；传真：010-62225406；E-mail：press@bjtu.edu.cn。

第 2 版前言

在 2006 年、2007 年先后出版了《ANSYS 辅助分析应用基础教程》及配套使用的《ANSYS 辅助分析应用基础教程上机指导》两本教材。几年来，随着软件版本不断升级及许多读者提出意见和建议，深感教材有更新的必要。因此，将上述两本教材进行有机的整合，对部分内容进行补充、修改，经过几个月的努力，完成了这一版的编写工作。教材编写组在编辑过程中，认真负责、精益求精。

本书仍保持原教材的主体框架，主要分为两大部分，即 ANSYS 应用基础和 ANSYS/LS-DYNA 应用基础，基本囊括了结构分析的主要方面，尤其是对 LS-DYNA 模块的介绍是本教材的特色之一。第 1 章～第 8 章主要介绍 ANSYS 基本操作、实体模型的建立、材料模型的选取、网格的划分、结构分析的内容和方法等。第 9 章～第 15 章主要介绍 ANSYS 显式动力学分析模块——LS-DYNA 的基本使用和操作，由于该模块应用广泛，在理论和使用上具有和 ANSYS 其他模块不同的特点，因此本书进行了详细介绍。

本书每一章可分为操作讲解、实例分析和检测练习三部分，从 ANSYS 软件最基本的使用开始介绍，图文并茂，简单明了，配合足够数量适当的实例和练习供读者学习和借鉴，且提供了全部用户界面操作和命令流文件。

ANSYS 是一个强大的工程工具，适用于解决各种工程问题，实现问题的分析过程与有限元方法解决问题的实质是密不可分的。因此，强烈建议读者要初步学习和掌握有限元方法的基本概念和解题思路，配合软件学习和实例练习，可以达到事半功倍的效果。

本书作为教材适用于初学者。可以为那些没有接触过 ANSYS 软件，希望了解、学习和使用 ANSYS 的读者提供帮助，达到快速入门、掌握基础、具备独立深入能力的目的。

本书所有的实例操作和命令流文件的整理工作由卫亮（第 4 章、第 6 章、第 12 章）、王鹏（第 7 章、第 15 章）、陈可亮（第 3 章、第 5 章、第 10 章）和窦伟元（第 8 章）完成。

本书编写组仍然使用邮箱：zll_simulation@sina.com 与各位读者保持交流和联系。由于水平有限，书中缺点、疏漏和不足在所难免，敬请读者批评指正。

编 者
2014 年 1 月

目 录

第1章 概述 1
1.1 有限元方法与 ANSYS 软件 1
1.1.1 工程问题的解决方案 1
1.1.2 数值分析与有限单元法 1
1.1.3 主流软件与 ANSYS 2
1.2 ANSYS 概述 2
1.2.1 组成模块简介 3
1.2.2 功能概览 3
1.3 ANSYS 求解一般步骤 4
练习题 5
第2章 ANSYS 基本操作 6
2.1 启动与窗口功能 6
2.1.1 启动方式 6
2.1.2 窗口功能 8
2.1.3 APDL 命令输入方法 10
2.1.4 文件系统 10
2.2 坐标系 11
2.2.1 总体坐标系 12
2.2.2 局部坐标系 12
2.2.3 坐标系的激活 12
2.2.4 显示坐标系 12
2.2.5 节点坐标系 13
2.2.6 单元坐标系 13
2.2.7 结果坐标系 14
2.3 工作平面的使用 14
2.3.1 工作平面的定义 14
2.3.2 工作平面的生成 14
2.4 图形窗口显示控制 15
2.4.1 图形的平移、缩放和旋转 15
2.4.2 Plot 菜单控制 16
2.4.3 PlotCtrls 菜单控制 16
2.4.4 选取菜单与显示控制 18

2.5 主菜单简介 ··· 20
　　2.5.1 前处理菜单 ·· 20
　　2.5.2 求解菜单 ·· 21
　　2.5.3 后处理菜单 ·· 21
2.6 上机指导 ··· 22
　　2.6.1 操作实训 ·· 22
　　实例 2.1 如何开始第一步 ··· 22
　　实例 2.2 工作平面的一般操作 ··· 27
　　实例 2.3 图形窗口显示控制 ··· 30
　　2.6.2 检测练习 ·· 32
练习题 ··· 32

第 3 章 ANSYS 实体建模 ··· 33

3.1 实体模型简介 ··· 33
　　3.1.1 实体建模的方法 ·· 33
　　3.1.2 群组命令介绍 ·· 33
3.2 基本图元对象的建立 ··· 34
　　3.2.1 点定义 ·· 34
　　3.2.2 线定义 ·· 37
　　3.2.3 面定义 ·· 40
　　3.2.4 体定义 ·· 44
3.3 用体素创建 ANSYS 对象 ··· 48
　　3.3.1 体素的概念 ·· 48
　　3.3.2 布尔操作 ·· 49
3.4 图元对象的其他操作 ··· 52
　　3.4.1 移动和旋转 ·· 52
　　3.4.2 复制 ·· 53
　　3.4.3 镜像 ·· 53
　　3.4.4 删除 ·· 54
3.5 实体模型的输入 ··· 54
3.6 上机指导 ··· 54
　　3.6.1 操作实例 ·· 55
　　实例 3.1 轴承座的分析（几何建模）··· 55
　　实例 3.2 轮的分析（几何建模）··· 62
　　实例 3.3 工字截面梁 ··· 66
　　实例 3.4 六角圆头螺杆 ··· 70
　　实例 3.5 零件一 ··· 73
　　实例 3.6 零件二 ··· 79
　　3.6.2 检测练习 ·· 83
练习题 ··· 89

第4章 ANSYS 网格划分 ··················90
4.1 区分实体模型和有限元模型 ··················90
4.2 网格化的一般步骤 ··················90
4.3 单元属性定义 ··················91
4.3.1 单元形状的选择 ··················91
4.3.2 单元实常数的定义 ··················92
4.3.3 单元截面的定义 ··················93
4.3.4 单元材料的定义 ··················94
4.3.5 单元属性的分配 ··················94
4.4 网格划分 ··················95
4.4.1 网格划分工具 ··················95
4.4.2 自由网格划分 ··················97
4.4.3 映射网格划分 ··················98
4.4.4 扫掠生成网格 ··················99
4.5 网格的局部细化 ··················102
4.5.1 局部细化一般过程 ··················102
4.5.2 高级参数的控制 ··················104
4.5.3 属性和载荷的转换 ··················106
4.5.4 局部细化的其他问题 ··················106
4.6 网格的直接生成 ··················106
4.6.1 关于节点的操作 ··················107
4.6.2 关于单元的操作 ··················109
4.7 网格的清除 ··················110
4.8 网格划分的其他方法 ··················110
4.9 上机指导 ··················112
4.9.1 操作案例 ··················112
实例 4.1 轴承座的分析（网格划分） ··················112
实例 4.2 轮的分析（网格划分） ··················113
实例 4.3 弹簧-质量系统 ··················116
实例 4.4 零件二的网格划分 ··················120
实例 4.5 自由网格与映射网格划分练习 ··················122
4.9.2 检测练习 ··················125
练习题 ··················127

第5章 ANSYS 静载荷施加与求解 ··················128
5.1 载荷的定义 ··················128
5.2 有限元模型的加载 ··················128
5.2.1 节点自由度的约束 ··················129
5.2.2 节点载荷的施加 ··················130
5.2.3 单元载荷的施加 ··················131

5.3 实体模型的加载······131
5.3.1 关键点上载荷的施加······131
5.3.2 线段上载荷的施加······132
5.3.3 面上载荷的施加······133
5.4 求解······134
5.5 上机指导······135
5.5.1 操作实例······135
实例 5.1 薄板圆孔受力分析······135
实例 5.2 轴承座的分析（加载与求解）······138
实例 5.3 轮的分析（加载与求解）······140
实例 5.4 阶梯轴的受力分析······143
5.5.2 检测练习······148
练习题······149

第 6 章 ANSYS 结构动力学分析······150
6.1 模态分析······150
6.2 谐响应分析······154
6.3 瞬态动力学分析······158
6.4 谱分析······163
6.5 上机指导······167
6.5.1 操作案例······167
实例 6.1 飞机机翼模态分析······167
实例 6.2 电动机平台的模态分析与谐响应分析······175
实例 6.3 板-梁结构的瞬态分析······184
实例 6.4 板-梁结构的单点谱分析······191
6.5.2 检测练习······197
练习题······200

第 7 章 ANSYS 后处理······201
7.1 通用后处理器······201
7.1.1 变形图的绘制······201
7.1.2 等值线图的绘制······202
7.1.3 列表显示和查询结果······206
7.1.4 路径的定义和使用······208
7.1.5 动画显示······210
7.2 时间历程后处理器······210
7.2.1 定义变量······211
7.2.2 绘制变量曲线图······212
7.2.3 变量的数学运算······212
7.3 上机指导······215
7.3.1 操作实例······215

实例 7.1　轴承座的分析（计算结果）·············215
　　实例 7.2　机翼模态的计算结果分析·············217
　　实例 7.3　电动机平台的计算结果分析·············219
　　7.3.2　检测练习·············221
　练习题·············222

第 8 章　典型实例与练习·············223
8.1　车轮的分析·············223
　8.1.1　有限元模型·············223
　8.1.2　约束、载荷与求解·············229
　8.1.3　后处理查看结果·············230
8.2　连杆的分析·············232
　8.2.1　有限元模型·············232
　8.2.2　约束、加载与求解·············236
　8.2.3　查看结果·············236
8.3　广告牌承受风载荷的模拟·············237
　8.3.1　有限元模型的建立·············237
　8.3.2　简化为静载的分析·············239
　8.3.3　考虑动载荷的分析·············246
8.4　动载荷频率对结构承载的影响·············251
　8.4.1　求解过程·············251
　8.4.2　干扰力频率、固有频率与系统阻尼之间关系的分析·············253
8.5　间接法热应力分析·············254
8.6　一个层/热/定常流的 FLOTRAN 分析·············256

第 9 章　ANSYS/LS-DYNA 概述·············262
9.1　ANSYS/LS-DYNA 功能介绍·············262
　9.1.1　发展概况·············262
　9.1.2　工程应用·············262
　9.1.3　总体特点·············263
9.2　ANSYS/LS-DYNA 程序概述·············264
　9.2.1　程序构成和用户界面·············264
　9.2.2　一般求解步骤·············264
　9.2.3　文件系统·············265
　9.2.4　需要说明的几个问题·············266
　练习题·············266

第 10 章　显式单元的定义与选择·············267
10.1　显式单元概述·············267
　10.1.1　单点积分单元·············267
　10.1.2　沙漏问题·············268
10.2　单元和实常数的定义·············268

V

10.3　SOLID164 实体单元 ··················270
10.4　SHELL163 薄壳单元 ··················271
10.5　梁单元和杆单元 ··················272
10.6　离散单元和质量单元 ··················273
10.7　操作实例——钢柱落地的分析 ··················274
练习题 ··················277

第 11 章　材料模型和状态方程 ··················278
11.1　材料模型的定义 ··················279
11.2　线弹性材料（Linear Elastic）··················280
　　11.2.1　各向同性弹性材料 ··················280
　　11.2.2　正交各向异性弹性材料 ··················280
　　11.2.3　各向异性弹性材料 ··················280
11.3　非线弹性材料（Non-Linear Elastic）··················280
　　11.3.1　Blatz-Ko 橡胶材料 ··················280
　　11.3.2　Mooney-Rivlin 橡胶材料 ··················281
　　11.3.3　粘弹性材料 ··················281
11.4　弹塑性材料 ··················281
　　11.4.1　与应变率无关的各向同性材料 ··················282
　　11.4.2　与应变率相关的各向同性材料 ··················282
　　11.4.3　与应变率相关的各向异性材料 ··················283
11.5　泡沫材料 ··················285
　　11.5.1　各向同性泡沫 ··················285
　　11.5.2　正交各向异性泡沫 ··················286
11.6　复合材料 ··················287
11.7　其他材料 ··················287
　　11.7.1　刚性材料 ··················287
　　11.7.2　索 ··················288
11.8　状态方程 ··················288
练习题 ··················289

第 12 章　PART 概念及使用 ··················290
12.1　PART 的概念 ··················290
12.2　创建、修改和列出 PART ··················290
12.3　PART 和刚性体 ··················292
　　12.3.1　刚性体约束 ··················292
　　12.3.2　定义刚性体惯性特性 ··················292
　　12.3.3　刚性体加载 ··················293
12.4　PART 使用实例 ··················294
练习题 ··················296

第 13 章　接触问题 ··················297

13.1 接触问题的概述·····297
      13.1.1 基本概念·····297
      13.1.2 ANSYS/LS-DYNA 中接触的定义·····298
   13.2 接触类型·····300
      13.2.1 接触类型的选择·····300
      13.2.2 接触选项的选择·····301
   13.3 摩擦问题·····302
      13.3.1 摩擦系数的定义·····302
      13.3.2 滑动界面能·····303
      13.3.3 初始穿透·····303
   13.4 附加输入参数·····303
   13.5 接触界面的控制·····304
      13.5.1 接触刚度的控制·····305
      13.5.2 初始穿透检查·····305
      13.5.3 接触深度控制·····305
      13.5.4 接触段自动排序·····305
      13.5.5 壳单元厚度的控制·····306
   练习题·····306
第14章 加载、求解与后处理·····307
   14.1 加载·····307
      14.1.1 数组的定义·····307
      14.1.2 一般载荷·····308
      14.1.3 约束·····311
      14.1.4 初始条件·····313
      14.1.5 点焊·····314
   14.2 求解控制·····315
      14.2.1 基本求解控制·····315
      14.2.2 输出文件控制·····317
      14.2.3 质量缩放·····318
      14.2.4 子循环·····320
      14.2.5 沙漏控制·····320
      14.2.6 自适应网格划分·····322
   14.3 求解过程控制·····323
      14.3.1 求解·····323
      14.3.2 求解过程控制和监测·····324
      14.3.3 重启动·····325
   14.4 后处理·····326
   练习题·····328
第15章 DYNA 模块综合练习·····329

15.1 一般求解过程实例 ··· 329
15.2 弹丸侵彻弹靶的分析 ··· 338
15.3 成型过程的模拟 ·· 345
15.4 模拟点焊 ··· 352
15.5 跌落仿真 ··· 358
15.6 碰撞 ··· 363
15.7 显式-隐式连续求解 ·· 370
   15.7.1 分析过程（1）——显式部分 ·· 371
   15.7.2 分析过程（2）——隐式部分 ·· 376
15.8 隐式-显式连续求解 ·· 380
   15.8.1 分析过程（1）——隐式部分 ·· 380
   15.8.2 分析过程（2）——显式部分 ·· 385
练习 ·· 391

附录 A 关于单位制 ··· 393
A.1 ANSYS 中单位制的使用 ·· 393
A.2 常用的协调单位制 ·· 393
   A.2.1 kg - m - s 单位制 ·· 394
   A.2.2 kg - mm - s 单位制 ··· 394
   A.2.3 kg - mm - ms 单位制 ·· 394
   A.2.4 t - mm - s 单位制 ··· 394
   A.2.5 t - mm - ms 单位制 ·· 395
   A.2.6 10^6 kg - mm - s 单位制 ·· 395
   A.2.7 g - mm - ms 单位制 ··· 395

附录 B 命令流文件和 K 文件 ·· 396
B.1 命令流文件 ··· 396
B.2 K 文件 ·· 398

参考文献 ··· 401

第 1 章 概　　述

本章主要介绍有限单元方法与 ANSYS 软件的关系；ANSYS 软件模块组成及功能概述。

1.1 有限元方法与 ANSYS 软件

1943 年，Courant 第一次应用有限元法研究扭转问题。20 世纪 50 年代，波音公司采用三角单元实现了对机翼的建模，大大推动了有限元方法的应用。20 世纪 60 年代，人们开始广为接受"有限元"这一术语，并逐步应用到其他工程领域。1967 年，Zienkiewicz 和 Cheung 撰写了第一部有限元的专著。1971 年，首次发布了 ANSYS 软件。

1.1.1 工程问题的解决方案

工程问题一般是物理情况的数学模型。数学模型是考虑相关边界条件和初值条件的微分方程组，微分方程组是通过对系统或控制体应用自然的基本定律和原理推导出来的，这些控制微分方程往往代表了质量、力或能量的平衡。在某些情况下，通过给定条件是可以得到系统的精确行为的描述，但实际过程中实现的可能性较少。

因此，工程问题的解决方案是对实际问题进行数学模型抽象和求解的过程。这个过程需要技术人员根据工程问题的特点，恰当运用专业知识建立数学模型来表征实际系统，然后考虑相关条件进行求解。建立的数学模型既要能够代表实际系统又要可解，得到的结果应该达到一定精度以满足工程问题的需要。

1.1.2 数值分析与有限单元法

在许多实际工程问题中，由于问题的复杂性和影响因素众多等不确定性，一般情况下是难以得到分析系统的精确解，即解析解。因此，解决这个问题的基本思路是在满足工程需要的前提下，采用数值分析方法来得到近似解，即数值解。可以说，解析解表明了系统在任何点上的精确行为，而数值解只在称为节点的离散点上近似于解析解。

数值解法可以分为两大类：有限差分法和有限单元法（或称有限元法）。有限单元法是目前采用最多的一种数值方法。随着计算机技术的飞速发展，有限单元法也得到了长足的进步和更加广泛的应用。例如，在机械、电子、建筑、军工、航空航天等各领域。对于解决复杂的工程问题有着良好的效果，在辅助分析、辅助设计、产品质量预报等多方面有着举足轻重的地位，起到了不可替代的作用。

有限单元法从研究有限大小的单元体着手，在分析中取有限多个单元体，其体积为有限大小，通过分析得到一组代数方程。在一定条件下求解该代数方程，得到某些点的位移，再由位移求得应力和应变。因此，相对于解析方法中求解偏微分方程，在有限单元法中求解代数方程容易得多，并且往往总是可以得到解答的。有限单元法按照所选用的基本未知量和分析方法的不同，可以分为以下 3 种基本解法。

（1）位移法

通过选取以节点的位移分量为基本的未知量，在节点上建立平衡方程。这个算法计算规律很强，便于编写计算机通用程序。

（2）力法

通过选取力的分量为基本未知量，在节点上建立位移连续方程。一般来说，用力法求得的内力、应力，比用位移法求得的结果精度高。

（3）混合法

通过选取混合型的基本未知量，一部分是节点位移分量，另一部分是力的分量，在节点上既建立有关的平衡方程又建立有关的连续方程。

1.1.3 主流软件与 ANSYS

随着有限元方法理论逐步的研究发展及应用领域的拓展，显示了有限元方法解决工程问题的优势。因此，一些大型的通用的商用软件应运而生，目前常见的有 ANSYS、NASTRAN、MARC、ADINA、ADAMS、IDEAS 等。

ANSYS 是目前应用最为广泛的、通用的有限元计算机程序之一，其代码长度超过 100 000 行。用户可以应用 ANSYS 进行静态、动态、热传导、流体流动和电磁学的分析。在过去的几十年里，ANSYS 是最主要的有限元程序。当前的 ANSYS 版本的图形用户界面窗口、下拉菜单、对话框和工具条等的设计都十分友好，方便用户的使用。而且算法和模块的完善和加强，使其解决各工程领域问题的功能更加强大。

1.2 ANSYS 概述

ANSYS 软件是融结构、热、流体、电磁、声学于一体的大型通用有限元软件，广泛应用于核工业、铁路、石油化工、航空航天、机械制造、能源、汽车交通、国防军工、电子、土木工程、生物医学、水利、日用家电等一般工业及科学研究。该软件提供了不断改进的功能清单，具体包括结构高度非线性分析、电磁分析、计算流体力学分析、设计优化、接触分析、自适应网格划分及利用 ANSYS 参数设计语言扩展宏命令功能。

ANSYS 软件功能强大，主要特点有：实现了多场及多场耦合分析；实现了前后处理、求解及多场分析统一数据库的一体化；具有多物理场优化功能；强大的非线性分析功能；多种求解器分别适用于不同的问题及不同的硬件配置；支持异种、异构平台的网络浮动，在异种、异构平台上用户界面统一、数据文件全部兼容；强大的并行计算功能支持分布式并行及共享内存式并行；多种自动网格划分技术；良好的用户开发环境。

ANSYS 不仅支持用户直接创建模型，也支持与其他 CAD 软件进行图形传递，其支持的图形传递标准有 SAT、Parasolid、STEP。相应地，可以进行接口的常用 CAD 软件有 Unigraphics、Pro/Engineer、I-Deas、Catia、CADDS、SolidEdge、SolidWorks 等。

1.2.1 组成模块简介

ANSYS 的产品家族及相互关系如图 1-1 所示。各模块的功能和应用领域见表 1-1。

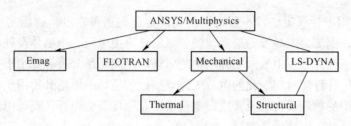

图 1-1 ANSYS 产品家族及相互关系

表 1-1 ANSYS 模块功能和应用领域

模块名称	主要功能和适用领域	其他说明
Multiphysics	包括所有工程学科的所有性能	ANSYS 产品的"旗舰"
Emag	分析电磁学问题	
FLOTRAN	ANSYS 计算流体动力学	
Mechanical	ANSYS 机械-结构及热分析	包括结构及热分析
LS-DYNA	高度非线性结构问题	包括结构分析
Thermal	分析热问题	
Structural	分析结构问题	

1.2.2 功能概览

（1）结构分析

结构分析用于确定结构的变形、应变、应力及反作用力等，包括以下几个方面。

① 静力分析用于静态载荷，可以考虑结构的线性及非线性行为。例如，大变形、大应变、应力刚化、接触、塑性、超弹及蠕变等。

② 模态分析计算线性结构的自振频率及振形。

③ 谱分析模态分析的扩展，用于计算由于随机载荷引起的结构应力和应变。例如，地震对建筑的影响。

④ 谐响应分析确定线性结构对随时间按正弦曲线变化的载荷的响应。

⑤ 瞬态动力学分析确定结构对随时间任意变化的载荷的响应，可以考虑与静力分析相同的结构非线性行为。

⑥ 其他特征屈曲分析、断裂分析、复合材料分析、疲劳分析。

ANSYS/LS-DYNA 用于模拟高度非线性，惯性力占支配地位的问题，并可以考虑所有的非线性行为。它的显式方程是求解冲击、碰撞、快速成型问题，是目前求解这类问题最有效的方法。

（2）热分析

热分析计算物体的稳态或瞬态温度分布，以及热量的获取或损失、热梯度和热通量等。热分析之后往往进行结构分析，即计算由于热膨胀或收缩不均匀引起的应力。相关分析包括相变（熔化及凝固）、内热源（如电阻发热）及三种热传导方式（热传导，热对流，热辐射）。

（3）电磁分析

电磁场分析用于计算磁场，一般考虑的物理量是磁通量密度、磁场密度、磁力、磁力矩、阻抗、电感、涡流、能耗及磁通量泄漏等。磁场可由电流、永磁体及外加磁场等产生。其中，静磁场分析计算直流电或永磁体产生的磁场；交变磁场分析计算由于交流电产生的磁场；瞬态磁场分析计算随时间变化的电流或外界引起的磁场；电场分析用于计算电阻或电容系统的电场，典型的物理量有电流密度、电荷密度、电场及电阻等；高频电磁场分析用于微波及波导、雷达系统、同轴连接器等。

（4）流体分析

流体分析用于确定流体的流动及热行为。

CFD（Computual Fluid Dynamics，计算流体动力学，）主要由 ANSYS/FLORTRAN 模块实现，提供了强大的计算流体动力学分析功能，包括不可压缩或可压缩流体、层流及湍流，以及多组分流等。

声学分析考虑流体介质与周围固体的相互作用，进行声波传递或水下结构的动力学分析等。

容器内流体分析考虑容器内的非流动流体的影响，可以确定由于晃动引起的静水压力。

流体动力学耦合分析在考虑流体约束质量的动力响应基础上，在结构动力学分析中使用流体耦合单元。

（5）耦合场分析

耦合场分析考虑两个或者多个物理场之间的相互作用。如果两个物理量场之间相互影响，单独求解一个物理场是不可能得到正确结果的，因此需要一个能将两个物理场组合到一起求解的分析软件。例如，在压电力分析中，需要同时求解电压分布（电场分析）和应变（结构分析）。典型情况有热—应力分析、流体—结构相互作用和感应加热（电磁-热）及感应振荡。

1.3　ANSYS 求解一般步骤

有限元分析（Finite Element Analysis, FEA）是对物理现象（几何及载荷工况）的模拟，是对真实情况的数值近似。通过划分单元，求解有限个数值来近似模拟真实环境的无限未知量。因此，首先要理解有限元方法求解的过程；其次要明确使用 ANSYS 软件操作的目的；最后要理解有限元方法和 ANSYS 软件操作之间的关系和区别，如图 1-2 所示。

应用有限元方法求解问题的关键是如何由实际的物理问题抽象出用于求解的有限元模型。模型抽象的基本要求是要准确反应物理问题的本质和现象，能够表征物理问题。模型建立的基本思路就是将复杂的物理问题分解成若干子问题，以机械工程领域中最常见的静力学问题为例，包括图 1-2 中所示的几何形状问题、材料问题、边界条件和载荷等。对应于 ANSYS 软件操作，就是在前处理器中完成实体模型的建立，选择适当的单元类型并进行相应属性的定义，选择材料模型并定义参数，在此基础上完成实体模型的离散化；然后定义约束和载荷，完成有限元模型的建立。因此，一个理想模型的建立需要深入理解有限元方法解题的理论和基本列式，同时，要掌握软件的用法，以便将模型具体化、可视化。

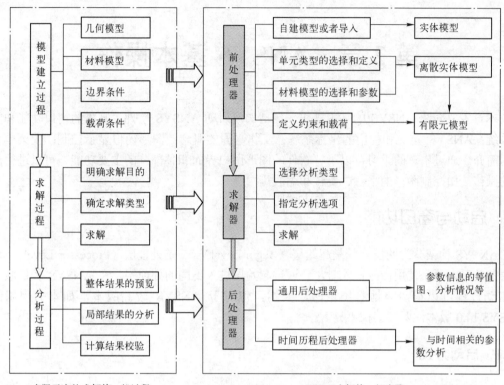

图 1-2 ANSYS 求解一般步骤

针对同一问题，关注点不同，求解目的不同，求解方法也不同。例如，小鸟站在树枝上，然后飞走这样常见的物理场景。如果关注树枝在小鸟的作用下会不会折断，就可以抽象为一端受力的简支梁模型进行静力强度问题的求解；如果关注树枝在小鸟飞走这样的作用下的颤动情况，就可以抽象为简支梁受到外激励下的动力学问题。对应于 ANSYS 软件使用，就是在求解器中首先选择求解类型，即是结构静力问题还是动力学问题，然后针对求解类型的不同进行相关求解选项的定义。软件的求解过程内置，但在输出窗口可以看到求解过程部分跟踪信息。

求解的根本目的是分析物理现象的本质，应用有限元方法求解是可以通过不同条件的设置，寻求一般性规律，因此计算结果的分析是至关重要的。分析计算结果首先要通过计算数据判断模型的正确性和可行性，其次针对具体的分析目的进行关注点的深入研究。由相关试验数据或者实际参数对计算模型进行修正和校验将是理想的方案。在 ANSYS 软件中，通用后处理器（POST 1）可以显示模型整体所有参数的等值图，便于观察参数的分布情况；时间后处理器（POST 26）可以进行与时间相关问题的参数分析。

练习题

（1）ANSYS 产品家族的主要模块有哪些？各模块的功能和应用领域有何不同？
（2）如何理解有限元方法与 ANSYS 软件求解过程之间的联系与区别？

第 2 章 ANSYS 基本操作

本章主要介绍 ANSYS 的基本操作，包括如何启动 ANSYS 软件、基本的窗口功能和文件系统；ANSYS 定义和使用的坐标系统；工作平面的概念；图形窗口显示控制；主菜单功能的简介。通过本章的学习可以了解软件的图形用户界面和各部分的主要功能，可以进行简单的操作，如控制图形的平移、旋转和缩放等。

2.1 启动与窗口功能

ANSYS 构架分为两层，一是起始层（Begin Level），二是处理层（Processor Level）。这两层的关系主要是使用命令输入时，要通过起始层进入不同的处理层。在 ANSYS 较低版本的启动过程可以很清楚地看出这两层架构，但对于 ANSYS 较高版本，如本书使用的 ANSYS 14.0 版本，两层架构不显著。

2.1.1 启动方式

ANSYS 启动有两种模式，一种是交互模式（Interactive Mode），另一种是非交互模式（Batch Mode）。交互模式为初学者和大多数使用者所采用，包括建模、保存文件、打印图形及结果分析等，一般无特别原因皆用交互模式。这个特点在 ANSYS 较低版本中的体现也很明确，在 ANSYS 14.0 版本中就有所不同。

首先，用户安装好软件之后，从"开始"菜单进入选择启动 ANSYS 的选项菜单，如图 2-1 所示，选择"Mechanical APDL Product Launcher"，打开 ANSYS 登录界面。

图 2-1 启动 ANSYS 的选项

ANSYS 登录界面如图 2-2 所示。对于正式版本，用户可以通过"License"的下拉式菜单选项选择要应用的模块，即前面介绍的 ANSYS 产品家族中的某一个。从登录界面的左上部选择"File Management"标签，打开如图 2-3 所示 ANSYS 文件管理界面。

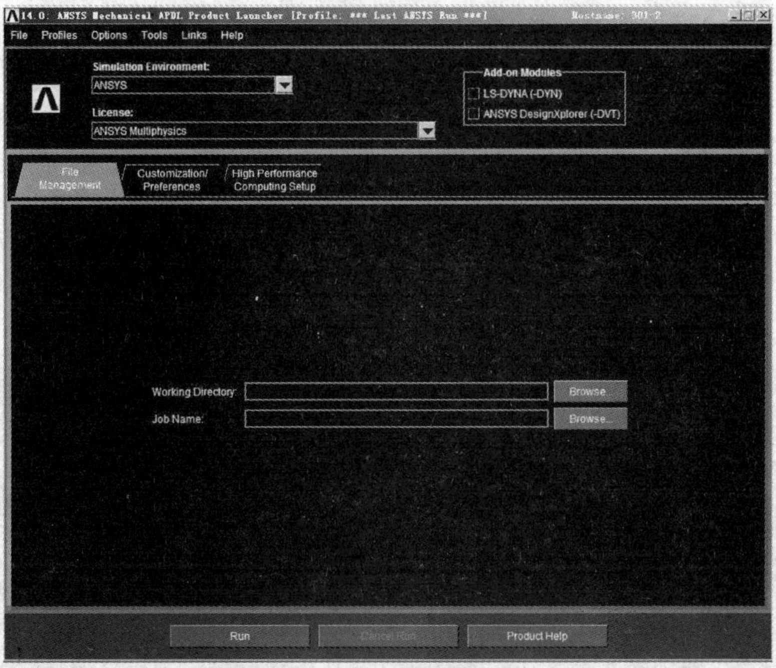

图 2-2　ANSYS 登录界面

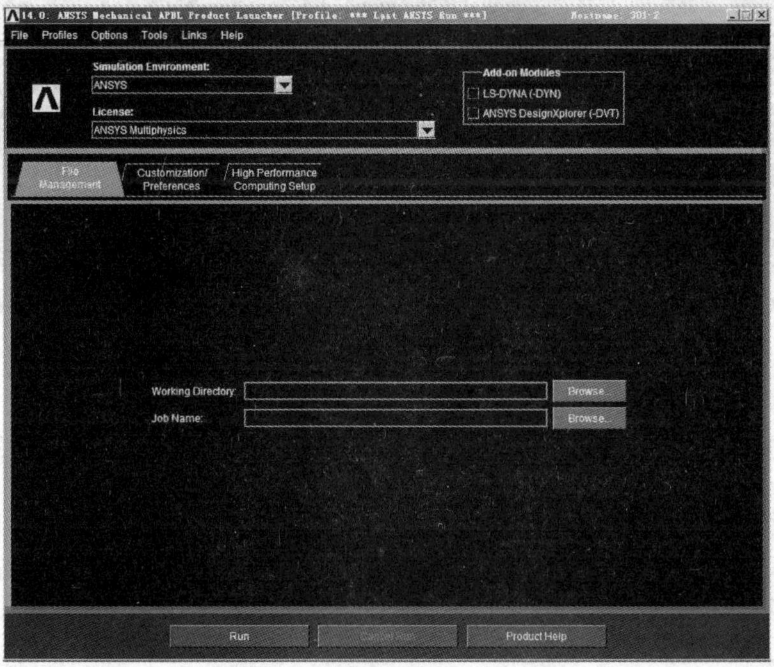

图 2-3　ANSYS 文件管理界面

ANSYS 允许用户在 "Working Directory" 下指定工作目录, 即指定 ANSYS 运行过程产生的文件存放的位置。一般来说, 用户应该有效管理工作目录和文件, 建议初学者针对每一次分析建立不同的工作目录, 便于区分不同问题的分析和结果文件的保存; 用户还可以在

"Job Name"指定工作文件的名称，默认条件下即为"file"。

从 ANSYS 登录界面的左上部选择"Customization/Preferences"标签，打开如图 2-4 所示 ANSYS 定制界面，可设置内存等相关参数。上述步骤完成之后，可以单击"Run"按钮，启动 ANSYS 程序。

一般来说，不是每一次启动程序都需要进行上述设置，如果使用产品、工作目录、文件名称等没有改变，用户可以直接选择如图 2-1 所示的 ANSYS 启动选项中的"Run"选项启动程序。因为程序是自动记录最近一次设置的参数，所以在开始分析一个新问题时，建议通过上述步骤重新进行相关参数的设置。

图 2-4　ANSYS 定制界面

2.1.2　窗口功能

进入系统后的整个窗口称为图形用户界面（Graphical User Interface，GUI），如图 2-5 所示。该窗口可以分为 6 大部分，提供使用者与软件之间的交流，凭借这 6 大部分可以非常容易地输入命令、检查模型的建立、观察分析结果及图形输出与打印。

6 大部分的功能如下。

标注 1 为应用命令菜单（Utility Menu），包含各种应用命令，如文件控制（File）、对象选择（Select）、资料列表（List）、图形显示（Plot）、图形控制（PlotCtrls）、工作平面的相关设定（WorkPlane）、参数化设计（Parameters）、宏命令（Macro）、窗口控制（MenuCtrls）及辅助说明（Help）。

第 2 章 ANSYS 基本操作

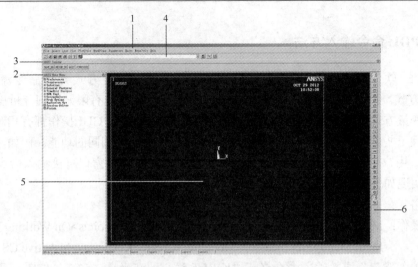

图 2-5 ANSYS 的图形用户界面（GUI）

标注 2 是主菜单（Main Menu），包含分析过程的主要命令，如建立模型、外力负载、边界条件、分析类型的选择、求解过程等。

标注 3 是工具栏（Toolbar），执行命令的快捷方式，可依照个人使用习惯自行设定。

标注 4 是输入窗口（Input Window），该窗口用于输入命令，同时显示命令可选参数。

标注 5 是图形窗口（Graphic Window），显示使用者所建立的模型及查看结果分析。

标注 6 是由若干快捷键组成的，方便用户快速实现图形显示控制，即平移、旋转和缩放。

启动窗口系统的同时，程序还启动了输出窗口（Output Window），如图 2-6 所示，该窗口显示输入命令执行的结果。

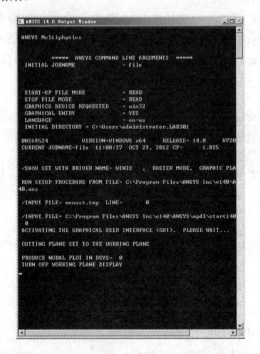

图 2-6 ANSYS 的输出窗口

2.1.3 APDL 命令输入方法

ANSYS 软件提供两种工作模式：人机交互方式（GUI 方式）和命令流输入方式（APDL）方式。ANSYS 参数化语言（APDL）是一种用来完成有限元常规分析操作或者通过参数化变量方式建立分析模型的脚本语言。ANSYS 的大部分 GUI 操作都有相对应的命令格式，而且一些命令格式对应几种菜单操作路径，但都能实现相同的功能。例如，要创建一个关键点，用户可以通过主菜单的选项来实现，也可以在输入窗口直接输入命令格式来实现，具体实现如下。

命令格式：K, NPT, X, Y, Z

菜单操作：Main Menu>Preprocessor>Modeling>Create>Keypoints>On Working Plane
　　　　　Main Menu>Preprocessor>Modeling>Create>Keypoints>In Active CS

在"输入窗口"直接输入命令格式"K,1,5,5,5"，即在坐标（5,5,5）位置创建一个编号为"1"的关键点。或者依照菜单操作的顺序，即在"主菜单"（Main Menu）中选择"前处理器"（Preprocessor），然后选择"模型"（Modeling），再选择"创建"（Create）选项其下"关键点"（Keypoints）选项的"On Working Plane"或者"In Active CS"，输入相应的坐标值。这两种方法都可以实现关键点的创建。

对于初学者特别是已经习惯使用 Windows 操作界面的广大用户来说，GUI 方式似乎要容易掌握。对于一个简单的有限元模型来说，也显得更快捷。但当面对一个复杂的有限元模型时，使用 GUI 的缺点就会显露出来。由于一个分析的完成往往需要进行多次的反复，特别是当要对模型进行修改后再进行分析时，GUI 方式就会出现大量的重复操作，这些操作占据的时间往往超过计算时间的几倍。

在 GUI 方式下，用户每执行一次操作，ANSYS 就会将与该操作路径相对应的操作命令写入到一个 LOG 文件里，对该操作命令的响应情况则输出到 ANSYS 的图形窗口。读者可以通过 Utility Menu>List>Files>Log File 获得与自己操作路径相对应的操作命令，如图 2-7 所示。

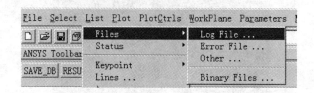

图 2-7　获取与操作相关命令流的方式

为了方便读者的学习和使用，在以后的说明中，一般同时给出"命令格式（APDL）"和"菜单操作（GUI）"。

2.1.4 文件系统

ANSYS 在分析过程中需要读写文件，文件格式为 jobname.ext，其中 jobname 是设定的工作文件名，ext 是由 ANSYS 定义的扩展名，用于区分文件的用途和类型，默认的工作文件名是"file"。ANSYS 分析中有一些特殊的文件，其中典型的 ANSYS 文件见表 2-1。

表 2-1 ANSYS 文件系统

文件名称	文件性质
jobname.db	二进制数据库文件
jobname.log	记录文件
jobname.err	错误和警告信息文件
jobname.out	输出文件
jobname.rst	结构分析结果文件
jobname.rth	热分析结果文件
jobname.rmg	电磁分析结果文件
jobname.grph	图形文件
jobname.emat	单元矩阵文件

（1）数据库文件

数据库文件（jobname.db）是 ANSYS 程序中最重要的文件之一，它包括所有的输入数据（单元、节点信息，初始条件，边界条件，载荷信息）和部分结果数据（通过 POST1 后处理中读取）。

（2）日志文件

当进入 ANSYS 时系统会打开日志文件（jobname.log）。在 ANSYS 中输入的每个命令或在 GUI（图形界面）方式下执行的每个操作都会被复制到日志文件中。当退出 ANSYS 时系统会关闭该文件。使用/INPUT 命令读取日志文件可以对崩溃的系统或严重的用户错误进行恢复。

（3）错误文件

错误文件（jobname.err）用于记录 ANSYS 发出的每个错误或警告信息。如果 jobname.err 文件在启动 ANSYS 之前已经存在，那么所有新的警告和错误信息都将追加在文件的后面。

（4）输出文件

输出文件（jobname.out）会将 ANSYS 给出的响应捕获至用户执行的每个命令，而且还会记录警告、错误消息和一些结果。

（5）结果文件

存储 ANSYS 计算结果的文件。其中，jobname.rst 为结构分析结果文件；jobname.rth 为热分析结果文件；jobname.rmg 为电磁分析结果文件。

其他的 ANSYS 文件还包括图形文件（jobname.grph）和单元矩阵文件（jobname.emat）。

2.2 坐标系

ANSYS 提供多种坐标系供用户选择，每种坐标系的主要作用是不同的。这里主要介绍总体和局部坐标系、显示坐标系、节点坐标系、单元坐标系、结果坐标系。

2.2.1 总体坐标系

总体坐标系和局部坐标系用来定位几何形状参数的空间位置。总体坐标系是一个绝对的参考系，ANSYS 提供 3 种总体坐标系：笛卡儿坐标、柱坐标和球坐标。这 3 种系统都是右手系，分别由坐标系号 0、1、2 来识别。

2.2.2 局部坐标系

局部坐标系与预定义的总体坐标系类似，也有 3 种，即笛卡儿坐标、柱坐标和球坐标。当用户定义了一个局部坐标系后，它就会被激活，同时分配一个坐标系号，该编号必须是大于等于 11 的整数，在 ANSYS 程序中的任何阶段都可以建立（删除，查看）局部坐标系。关于定义、删除和查看局部坐标的命令和 GUI 操作路径如表 2-2 所示。

表 2-2 局部坐标系的修改、删除和查看

命 令	意 义	GUI 操作路径
LOCAL	按总体笛卡儿坐标定义局部坐标系	Utility Menu>WorkPlane>Local Coordinate Systems>Create Local CS>At Specified Loc
CS	通过已知节点定义局部坐标系	Utility Menu>WorkPlane>Local Coordinate Systems>Create Local CS>By 3 Nodes
CSKP	通过已有关键点定义局部坐标系	Utility Menu>WorkPlane>Local Coordinate Systems>Create Local CS>By 3 Keypoints
CSWPLA	在当前定义的工作平面的原点为中线定义局部坐标系	Utility Menu>WorkPlane>Local Coordinate Systems>Create Local CS>At WP Origin
CSDELETE	删除一个局部坐标系	Utility Menu>WorkPlane>Local Coordinate Systems>Delete Local CS
CSLIST	查看所有的总体和局部坐标系	Utility Menu>List>Other>Local Coord Sys

2.2.3 坐标系的激活

用户可定义任意多个坐标系，但某一个时刻只能有一个坐标系被激活。激活坐标系的过程为：首先程序自动激活总体笛卡儿坐标系，每当用户定义一个新的局部坐标系，该坐标系就会自动被激活。如果要激活一个总体坐标系或以前定义的坐标系，可用下列方法。

命令格式：CSYS，KCN

菜单操作：Utility Menu> WorkPlane>Chang Active CS to>Global Cartesian
　　　　　Utility Menu> WorkPlane>Chang Active CS to>Global Cylindrical
　　　　　Utility Menu> WorkPlane>Chang Active CS to>Global Spherical
　　　　　Utility Menu> WorkPlane>Chang Active CS to>Specified Coord Sys
　　　　　Utility Menu> WorkPlane>Chang Active CS to>Working Plane

在激活某个坐标系后，如果没有明确的改变坐标系的操作或者命令，当前激活的坐标系将一直保持有效。需要说明的是，X、Y、Z 表示三向坐标，如果激活的不是笛卡儿坐标，用户应将其对应理解为柱坐标中的 R、θ、Z 或球坐标中的 R、θ、Φ。

2.2.4 显示坐标系

我们已经介绍过显示坐标系用于几何形状参数的列表和显示。在默认情况下，即使是

在其他坐标系下定义的节点或者关键点,其列表都显示为在笛卡儿坐标下的坐标。用户可用如下方法改变显示坐标。

命令格式:DSYS,KCN

菜单操作:Utility Menu>WorkPlane>Chang Display CS to>Global Cartesian
　　　　　Utility Menu> WorkPlane>Chang Display CS to>Global Cylindrical
　　　　　Utility Menu> WorkPlane>Chang Display CS to>Global Spherical
　　　　　Utility Menu> WorkPlane>Chang Display CS to>Specified Coord Sys

改变显示坐标系是会影响图形显示的,除非用户有特殊需要,否则不推荐对显示坐标进行改变。

2.2.5 节点坐标系

节点坐标系定义每个节点的自由度方向。每个节点都有自己的节点坐标系,默认情况下,总是平行于总体笛卡儿坐标系。用表 2-3 所示的方法可将任意节点坐标系旋转到所需方向。

表 2-3　节点坐标系的修改、删除和查看

命　令	意　义	GUI 操作路径
NROTAT	将节点坐标系旋转到激活坐标系的方向	Main Menu>Preprocessor>Modeling>Create>Nodes>-Rotate Node CS>To Active CS
		Main Menu>Preprocessor>Modeling>Move/Modify>Rotate Node CS>To Active CS
N	按给定的旋转角旋转节点坐标系	Main Menu>Preprocessor>Modeling>Create>Nodes>In Active CS
NMODIF	生成节点时定义旋转角度或者对已有节点制定旋转角度	Main Menu>Preprocessor>Modeling>Create>Nodes>Rotate Node CS>By Angles
		Main Menu>Preprocessor>Modeling>Move/Modify>Rotate Node CS>By Angles
NANG		Main Menu>Preprocessor>Modeling>Create>Nodes>Rotate Node CS>By Vectors
		Main Menu>Preprocessor>Modeling>Move/Modify> Rotate Node CS>By Vectors
NLIST	列出节点坐标系相对于总体笛卡儿坐标旋转的角度	Utility Menu>List> Nodes
		Utility Menu>List> Picked Entities> Nodes

2.2.6 单元坐标系

单元坐标系确定材料特性主轴和单元结果数据的方向。每个单元都有自己的坐标系,用于规定正交材料特性的方向、面压力和结果的输出方向。所有单元的坐标系都是正交右手系。

大多数单元坐标系的默认方向遵循以下原则。

① 线单元的 X 轴通常从该单元的 I 节点指向 J 节点。

② 壳单元的 X 轴通常也取 I 节点到 J 节点的方向,Z 轴过 I 点且与壳面垂直,Y 轴垂直于 X,Z 轴,方向按右手定则确定。

③ 二维和三维单元的坐标系总是平行于总体笛卡儿坐标系。

不是所有单元的坐标系都符合上述规则,对于特定单元坐标系的默认方向在帮助中都有详细说明。尽管如此,单元的坐标系方向也是可以修改的。例如,面和体单元可以通过下列命令将单元坐标系调整到已定义的局部坐标系上。

命令格式:ESYS,KCN

菜单操作：Main Menu>Preprocessor>Meshing>Mesh Attributes>Default Attribs
　　　　　Main Menu>Preprocessor>Modeling>Create>Elements>Elem Attributes

2.2.7 结果坐标系

结果坐标系的操作一般在通用后处理中应用，其作用是将节点或单元结果转换到一个特定的坐标系中，便于用户列表或显示这些计算结果。用户可将活动的结果坐标系转到另外的坐标系（如总体的柱坐标系或者一个局部坐标系），或转到在求解时所用的坐标系（如节点或者单元坐标系）。利用下列方法可改变结果坐标系。

命令格式：RSYS，KCN
菜单操作：Main Menu>General Postproc>Options for Output
　　　　　Utility Menu>List>Create>Results>Options

2.3 工作平面的使用

2.3.1 工作平面的定义

光标在屏幕上表现为一个点，但其实质是代表空间中垂直于屏幕的一条线。为了能用光标拾取一个点，首先必须定义一个假想的平面，当该平面与光标所代表的垂线相交时，能唯一确定空间中的一个点。这个假想平面就是工作平面。

工作平面是一个无限平面，有原点、二维坐标、捕捉增量和显示栅格。工作平面的主要作用是辅助用户对图形的控制，它与坐标系是相互独立的，即工作平面和激活的坐标系可以有不同的原点和旋转方向。初学者在使用过程中要正确理解工作平面的概念、作用及和坐标系的关系，不要与坐标系混淆。

2.3.2 工作平面的生成

ANSYS 默认的工作平面与总体笛卡儿坐标系的 X－Y 平面重合，当进入到 ANSYS 程序后打开工作平面即可看到。

（1）定义新的工作平面

用户可以通过表 2-4 中所示的方法定义新的工作平面。

表 2-4　新的工作平面的定义

命令	意义	GUI 操作路径
WPLANE	由 3 点定义工作平面	Utility Menu>WorkPlane>Align WP with>XYZ Locations
NWPLAN	由 3 节点定义工作平面	Utility Menu>WorkPlane>Align WP with>Nodes
KWPLAN	由 3 关键点定义	Utility Menu>WorkPlane>Align WP with>Keypoints
LWPLAN	由过指定线上的点的垂直于视向量的平面定义	Utility Menu>WorkPlane>Align WP with>Plane Normal to Line
WPCSYS	通过现有坐标系的 X－Y 平面	Utility Menu>WorkPlane>Align WP with>Active Coord Sys Utility Menu>WorkPlane>Align WP with>Global Cartesian Utility Menu>WorkPlane>Align WP with>Specified Coord Sys

(2) 工作平面的控制

用户可以通过表 2-5 中所示的方法对工作平面进行相应的控制。

表 2-5 工作平面的控制

命 令	意 义	GUI 操作路径
KWPAVE	将工作平面的原点移动到关键点的中间位置	Utility Menu>WorkPlane>Offset WP to>Keypoints
NWPAVE	将工作平面的原点移动到节点的位置	Utility Menu>WorkPlane>Offset WP to>Nodes
WPAVE	将工作平面的原点移动到指定点的位置	Utility Menu>WorkPlane>Offset WP to>Global Origin Utility Menu>WorkPlane>Offset WP to>Origin of Active CS Utility Menu>WorkPlane>Offset WP to>XYZ Locations
WPOFFS WPROTA	偏移或者旋转工作平面	Utility Menu>WorkPlane>Offset WP by Increments

(3) 已定义的工作平面的还原

尽管实际上不能存储一个工作平面，但用户可以在工作平面的原点创建一个局部坐标系，然后利用局部坐标系来还原一个已经定义的工作平面。具体方法见表 2-6。

表 2-6 工作平面的还原

步 骤	具体操作	命 令	GUI 操作路径
1	在工作平面的原点创建局部坐标系	CSWPLA	Utility Menu>WorkPlane>Local Coordinate Systems>Create Local CS>At WP Origin
2	利用局部坐标系还原已定义的工作平面	WPCSYS	Utility Menu>WorkPlane>Align WP with>Active Coord Sys Utility Menu>WorkPlane>Align WP with>Global Cartesian Utility Menu>WorkPlane>Align WP with>Specified Coord Sys

2.4 图形窗口显示控制

用户在分析问题的过程中，主要对图形窗口的模型进行操作。例如，在实体创建过程中，根据需要改变图形的观察角度，便于拾取等。因此，用户熟练掌握图形窗口相关的显示控制，将为其他操作提供方便。

2.4.1 图形的平移、缩放和旋转

对图形进行平移、缩放和旋转的操作通过两种途径可以实现。一是由应用菜单的 PlotCtrl 菜单中选择"Pan Zoom Rotate"选项，打开如图 2-8 (a) 所示"Pan-Zoom-Rotate"（平移缩放旋转）对话框，通过其上的按钮进行相关操作；二是通过图形窗口右侧的快捷键实现相关操作，如图 2-8 (b) 所示。

这两种方式的操作基本是一一对应的，主要功能如图 2-8 所示的说明，只要将鼠标放置在快捷上停留几秒钟，即可显示该键的功能，方便用户的选择。

"激活窗口编号"是指当前图形窗口的编号；"视角变化"是通过按钮选择直接将图形窗口中的图形对象置于主（俯）视图、前（后）视图、左（右）视图、正等轴侧等视角上，便于用户观察；"缩放"包括窗口缩放、取框缩放等；"平移"通过上、下、左、右箭头实现图形的平移；"绕轴旋转"允许用户在设定了"旋转角度增量"之后，指定图形对象绕指定轴进行顺、逆时针的旋转；"鼠标拖动"选项允许用户对图形对象进行自由的平移和旋转，按住鼠标左键上、下、左、右拖动实现平移，按住右键拖动实现旋转。

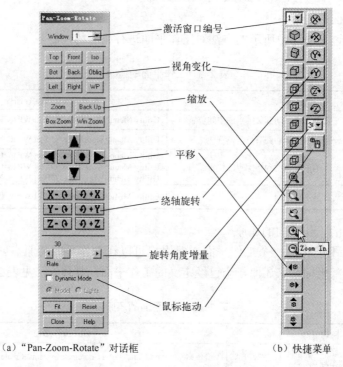

（a）"Pan-Zoom-Rotate"对话框　　　　（b）快捷菜单

图 2-8　图形平移、缩放和旋转控制

除了上述菜单可以控制图形窗口的显示，直接用鼠标不同键也可以实现图形的显示控制：同时按住键盘 Ctrl 键和鼠标左键，移动鼠标模型将随鼠标平移。

同时按住键盘 Ctrl 键和鼠标中键滚轮，向前移动移动鼠标放大模型，向后移动移动鼠标缩小模型。

同时按住键盘 Ctrl 键和鼠标中键滚轮，左右移动移动鼠标，则模型绕着屏幕的 Z 轴旋转。

同时按住键盘 Ctrl 键和鼠标右键，移动鼠标，模型将绕屏幕 X、Y 轴旋转。

2.4.2　Plot 菜单控制

Plot 菜单主要控制图形绘制和显示，打开的菜单选项如图 2-9 所示。这些选项允许用户有选择地绘制图形对象。

"Replot"选项用于重画，起到更新图形窗口的作用。

其余选项提供给用户绘制需要图元对象的功能。例如，选择"Lines"，图形窗口即显示所有线段，而隐藏了相应的面或者体（如果存在面或者体的话）。类似的，可以选择只显示点、面、体、单元、节点等。

2.4.3　PlotCtrls 菜单控制

图 2-9　Plot 菜单选项

PlotCtrls 菜单选项较多，囊括的功能也较多，包括图元标号控制、图形窗口的背景、字体、动画等。这里不一一详述，只介绍其中两个选项。

在 PlotCtrls 菜单中选择"Numbering"，打开如图 2-10 所示的"Plot Numbering Controls"（图元对象编号显示控制）对话框。通过选择复选框，就可以打开或者关闭显示图元对象的编号。例如，选中"Line numbers"右侧的复选框，即变为"On"状态，那么在图形窗口中的所有线段就显示出其编号。

图元的编号显示有 3 种方式：颜色、数字和二者兼有。这个功能的实现通过"Numbering shown with"右侧的下拉框进行选择。还以线段显示为例，如果选择"Colors only"，那么线段就以不同的颜色区分显示；如果选择"Numbers only"，线段就带有编号显示而颜色是相同的；如果选择"Colors & Numbers"，那么区分颜色同时带有编号显示；如果选择"no Color/Number"，则编号显示关闭。

在 PlotCtrls 菜单中选择"Symbols"选项，打开如图 2-11 所示"Symbols"（标志显示控制）对话框，通过复选框和下拉列表框选择图形窗口的标志显示。包括是否标志显示边界条件、面载荷、体载荷和其他一些关于坐标和网格的标志，以及选择标志的形式，如颜色或者箭头等。这些功能的提供和选择都是方便用户在分析过程中观察和标志模型对象。

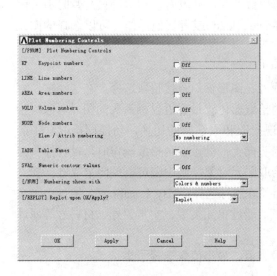

图 2-10 "图元对象编号显示控制"对话框

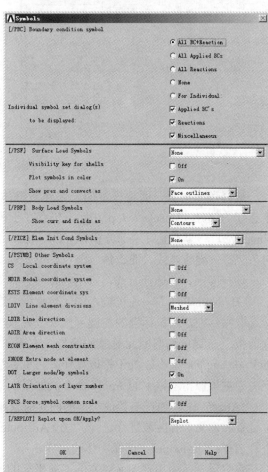

图 2-11 "标志显示控制"对话框

2.4.4 选取菜单与显示控制

ANSYS 中的多个命令涉及图元对象的拾取操作，即用鼠标确定模型的部分图元对象的集合。例如，将载荷施加到指定面、对指定实体进行网格划分、对相关几何体进行约束设置等。这些都要使用选取功能。选取操作是使用软件过程中经常用到的、也是非常实用的菜单项。

在应用菜单中选择 Utility Menu>Select>Entitys，弹出如图 2-12 所示 "Select Entities"（选择）对话框，其组成和使用方法如下。

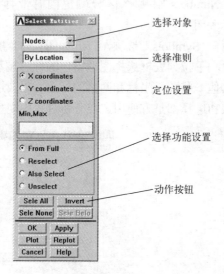

图 2-12 "选择"对话框及其功能

选择图元对象，即将模型的一部分从整体中分离出来，为下一步工作做准备。模型中未选择的部分 (Unselected portion) 仍存在于模型数据库，并没有被删除，只是暂时被关闭 (Inactive)，即不能对这部分执行 plot、list、delete、load 或者其他操作。可以选择的图元对象包括关键点、线、面、体、节点、单元等。

选择准则，即选择方式，常用的几种方式如下。

"By Num/Pick"，通过输入图元对象编号或者在图形窗口直接拾取选择；在选择窗口直接选取操作中，用鼠标键的左键可拾取或者取消拾取器位置最靠近鼠标箭头的图元对象，拾取前按下左键可询问图元对象的编号。右键实现拾取和取消间的切换，功能同拾取框中的 Pick 和 Unpick 命令。处于拾取操作时，鼠标箭头向上；处于取消拾取操作时，鼠标箭头向下。中键类似拾取框中的 Apply 命令，如果未拾取图元对象，则中键可以关闭拾取框。

"Attach to"，通过与其他类型的图元对象相关联进行选择；"By Location"，通过由"定位设置"定义选择区域进行选择；"By Attribute"，通过单元类型、实常数号、材料号等属性进行选择；"Exterior"，选择实体的边界。

定位设置，由指定图元对象的三向坐标的最大值、最小值来选择子集。

选择范围选项与选择子集的含义如图 2-13 所示。

第 2 章　ANSYS 基本操作

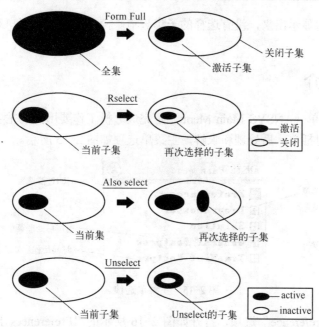

图 2-13　选择范围选项与选择子集的含义

动作按钮部分的"Sele All",全部选择该类型的图元对象;"Invert",反向选择,全部模型中除当前选择集以外的实体被选择。"Sele Belo",选择已选择图元对象以下的图元对象。例如,若当前某个面,则单击该按钮后,所属于该面的线和关键点被选中。"Sele None",撤销对该类型("选择实体类型"下拉列表框中选择的)所有的图元对象的选择。动作按钮选项与选择子集的含义如图 2-14 所示。

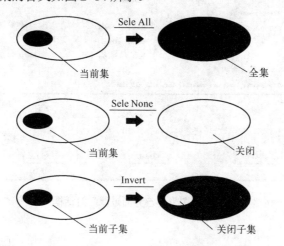

Sele All—激活整个模型;Sele None—关闭整个模型(与 Sele All 相反)
Invert—将整个模型的激活实体与关闭实体取反

图 2-14　动作按钮选项与选择子集的含义

选择子集之后,可以通过下部的不同按钮进行确认、显示、重新显示等操作,被选择的子集将在图形窗口显示出来，没有选择的子集被消隐掉，这样方便用户对于已选择对象的操作。

2.5 主菜单简介

ANSYS 的主菜单（ANSYS Main Menu）是完成分析工作要用到的主要部分，大部分功能都从这里实现，包括前、后处理和求解，主菜单选项如图 2-15 所示。

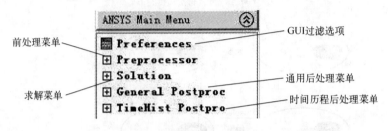

图 2-15 主菜单选项

首先，选择"Preference"选项，打开如图 2-16 所示的"Preferences for GUI Filtering"（图形用户界面过滤）对话框，通过复选框的选择对图形用户界面进行过滤。也就是说，当选择"Structural"时，后续就只显示与结构分析相关的菜单和选项，而与此无关的菜单和选项就被过滤掉而不再显示了。

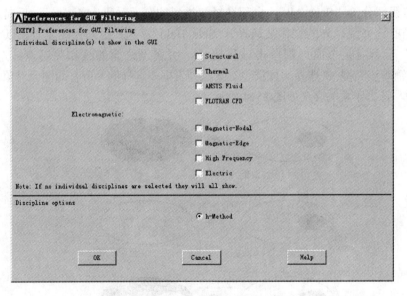

图 2-16 "图形用户界面过滤"对话框

2.5.1 前处理菜单

前处理（Preprocessor）菜单包括完成前处理器各项功能的选项，如图 2-17（a）所示，即完成用户建立有限元模型所需输入的资料，如实体模型的建立、单元属性的定义、节点、坐标资料，单元内节点排列次序、材料属性，单元划分的产生（即网格生成）等。这些功能的实现都由主菜单内的前处理菜单选项提供完成。

2.5.2 求解菜单

求解（Solution）菜单部分完成求解器提供的各项功能，如图 2-17（b）所示，可以选择分析类型、定义载荷和约束条件、求解追踪、求解等。

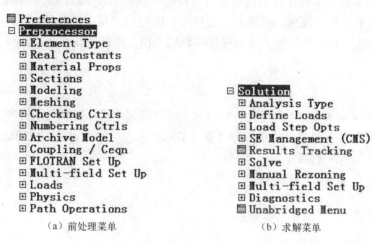

（a）前处理菜单　　　　　　　　（b）求解菜单

图 2-17　前处理和求解菜单选项

2.5.3 后处理菜单

后处理菜单包括两部分。

一是通用后处理（General Postprocessor）菜单，如图 2-18（a）所示，完成通用后处理器的各项功能，用于静态结构分析、屈曲分析及模态分析，将解题部分所得的解答如位移、应力、反力等资料，通过图形接口以各种不同表示方式显示出来。例如，位移或者应力的等值线图。

二是时间历程后处理（TimeHist Postprocessor）菜单，如图 2-18（b）所示，完成与时间相关后处理器的各项功能，用于动态结构分析、与时间相关的时域处理等。

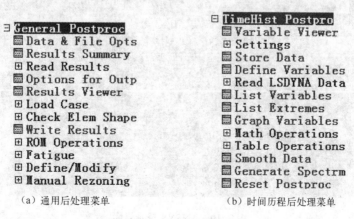

（a）通用后处理菜单　　　　　　　（b）时间历程后处理菜单

图 2-18　后处理菜单选项

2.6 上机指导

【上机目的】

掌握 ANSYS 的基本操作是使用和学习软件的良好开始。本章的基本操作包括如何启动 ANSYS 软件、工作平面概念的理解和一般使用、图形窗口显示控制的应用,初步了解应用菜单的功能。掌握 ANSYS 的相关基本操作是熟练、快捷地使用软件的基础。

【上机内容】

(1) 练习和掌握 ANSYS 交互式启动的方式,学习基本选项和参数的设置。
(2) 了解和熟悉软件窗口的各部分功能,基本菜单选项的内容和完成的功能。
(3) 工作平面的一般操作。
(4) 图形窗口显示控制的应用。

2.6.1 操作实训

实例 2.1 如何开始第一步

1. 创建工作文件夹
在用户指定的硬盘位置创建新的文件夹。例如,名称为"example"。

2. 软件启动
(1) 以交互模式启动 ANSYS 并选择产品模块

选择"开始",启动 ANSYS 选项菜单,选择"Mechanical APDL Product Launcher14.0"选项,打开如图 2-19 所示 ANSYS 登录界面。

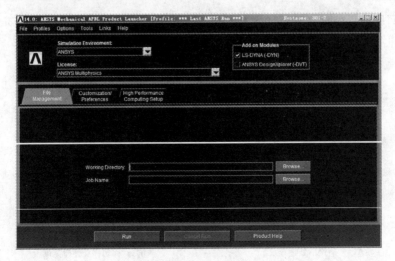

图 2-19 ANSYS 登录界面

在图 2-19 所示的"Simulation Environment"下拉式列表内选择分析环境,如"ANSYS";在"License"下拉列表框中选择分析模块,即 ANSYS 家族中众多产品的某一个,如这里选择"ANSYS Multiphsics"。

(2)指定文件名称和工作目录

在 ANSYS 登录界面中选择"File Management"选项,如图 2-20 所示。

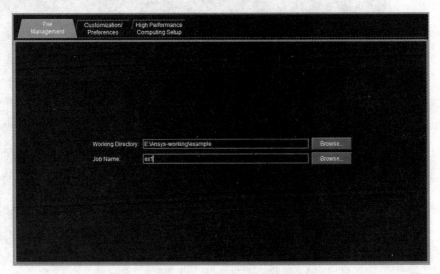

图 2-20 File Management 选项

在"Working Directory"中指定工作目录,即 ANSYS 运行过程产生的文件存放的位置。如选择刚才新建立的"example"文件夹。

在"Job Name"中指定工作文件的名称,默认条件下即为"file",这里指定为"ex1"。

(3)其他参数设置

在 ANSYS 登录界面中选择"Customization/Preferences"选项,如图 2-21 所示。

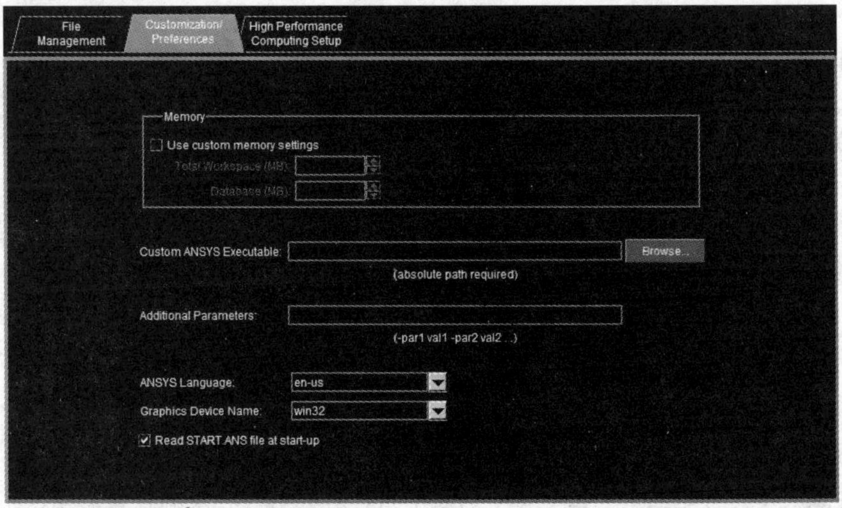

图 2-21 Customization 选项

通过相关选项设置内存等相关参数。这里不作任何改动，保持程序默认的数值。单击"Run"按钮，启动 ANSYS 程序。打开如图 2-22 所示 ANSYS 的窗口系统（GUI）。

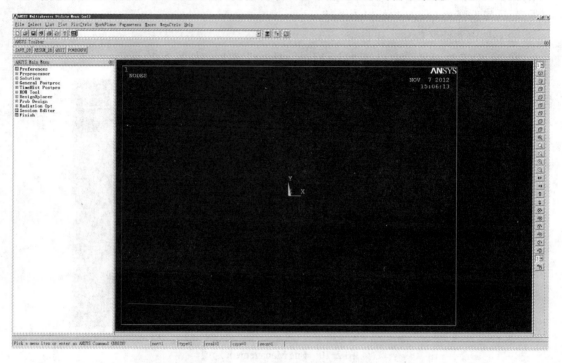

图 2-22　ANSYS 的窗口系统（GUI）

要点提示：一般来说，不是每一次启动程序都需要进行上述设置，如果使用产品、工作目录、文件名称等没有改变，用户可以直接启动程序，即选择"开始"菜单>启动"ANSYS"选项菜单>"ANSYS14.0"，因为程序是自动记录最近一次设置的参数。所以在开始一个新的分析时，建议通过上述步骤重新进行相关参数的设置。

3．分析前的准备工作

（1）指定标题

依次选择 Utility Menu>File>Change Title，在打开的"Chang Title"（更改标题）对话框内输入相关信息，如"This is an example"，如图 2-23 所示。设置完成后，出现在图形窗口下部的提示信息，如图 2-24 所示。

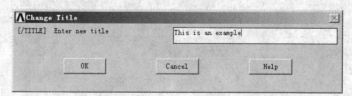

图 2-23　"更改标题"对话框

要点提示：标题显示在图形窗口的左下角，对分析过程没有任何影响，主要用于提示用户当前分析的一些相关信息。例如，分析的性质、状况和目的等。

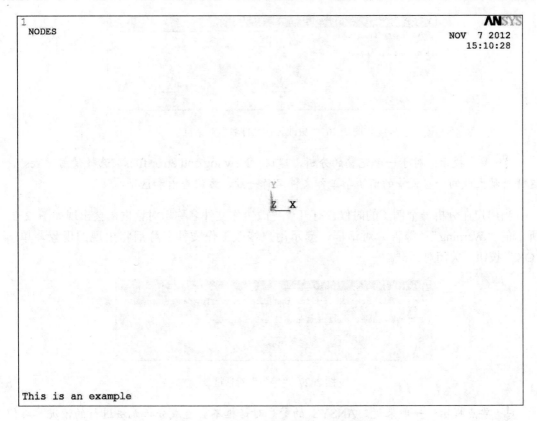

图 2-24 显示在图形窗口左下角的标题

(2) 清空数据库并开始新的分析

依次选择 Utility Menu>File>Clear & Start New,打开如图 2-25 所示的 "Clear Database and Start New"(清空数据库并开始新分析)对话框,选择 "Do not read file",单击 "OK" 按钮,即清除当前数据库,开始一个新的分析。

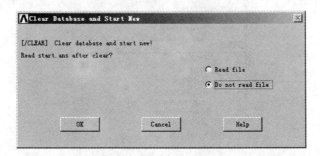

图 2-25 "清空数据库并开始新分析" 对话框

(3) 修改或者指定新的工作文件名称

依次选择 Utility Menu>File>Change Jobname,打开如图 2-26 所示的 "Change Jobname"(更改工作文件名)对话框,在 "Enter new jobname" 右侧的文本框中给出新的文件名,如图 "ex1-1";"New log and error files" 用于提示用户是否生成与新建工作文件名一致的 "log" 文件和 "error" 文件,一般选择 "Yes",最后单击 "OK" 按钮。

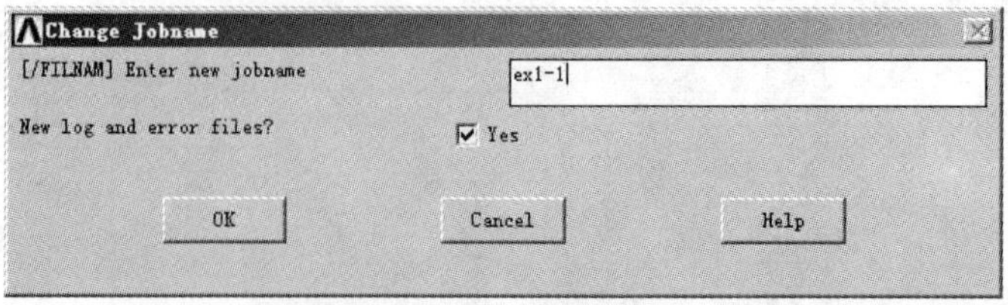

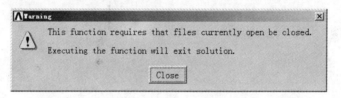

图 2-26 "更改工作文件名"对话框

⚜ 要点提示：对于一个完整的分析，建议"New log and error files"选择使用"Yes"，这样自动生成的一些文件的前缀与工作文件名称一致，方便查看和区别。

当用户在分析一个例子的时候，打开"更改工作文件名称"对话框，会出现如图 2-27 所示的"Warning"（警告）对话框，提示用户修改工作文件名称后将出现的现象，单击"OK"按钮，关闭对话框。

图 2-27 "警告"对话框

⚜ 要点提示：一般来说，ANSYS 的警告对话框不会造成分析无法进行的情况，类似于如图 2-27 的警告对话框具有提示和说明的作用，建议用户仔细阅读。

（4）修改或者指定新的工作目录

依次选择 Utility Menu>File>Chang Directory，打开如图 2-28 所示"浏览文件夹"对话框，在其上选择要更改的目标目录即可，单击"确定"按钮关闭对话框。

图 2-28 "浏览文件夹"对话框

4. 保存和恢复数据库

（1）保存数据库到当前文件名

依次选择 Utility Menu>File>Save as Jobname，即保存当前工作文件名称的数据库。

另一个更为简洁的方法是单击工具栏中的"SAVE_DB"按钮，如图 2-29（a）所示。

 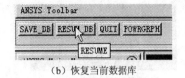

　　　　（a）保存当前数据库　　　　　　　　　（b）恢复当前数据库

图 2-29　ANSYS 工具栏中的保存与恢复按钮

（2）恢复当前数据库

依次选择 Utility Menu>File>Resume from Jobname，即恢复当前工作文件名称的数据库文件。

另一个更为简洁的方法是单击工具栏中的"RESUM_DB"按钮，如图 2-29（b）所示。

（3）保存数据库到指定文件名

依次选择 Utility Menu>File>Save as，在打开对话框上给出新的"db"文件名称，单击"OK"按钮即可。

（4）从指定文件名恢复数据库

依次选择 Utility Menu>File>Resume from，在打开对话框选择要恢复的数据库文件，单击"OK"按钮即可。

（5）退出 ANSYS

依次选择 Utility Menu>File>Exit，或者单击窗口右上角的关闭按钮，打开如图 2-30 所示"Exit from ANSYS"（退出 ANSYS）对话框，根据实际情况选择选项，一般选择"Save Everything"，单击"OK"按钮退出 ANSYS 程序。

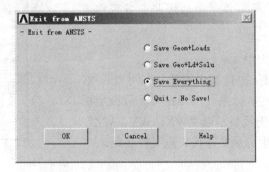

图 2-30　"退出 ANSYS"对话框

实例 2.2　工作平面的一般操作

1．工作平面的打开和关闭

（1）工作平面的打开和标志

依次选择 Utility Menu>WorkPlane>Display Working Plane，图形窗口即显示工作平面，如图 2-31（a）所示，区别于整体坐标系，三向坐标轴以"WX，WY，WZ"表示。

需要说明的是，工作平面的原始状态（即用户没有任何改动）是与整体坐标系重合的，为了显示清楚对工作平面进行了平移，如图 2-31（a）所示。

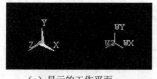 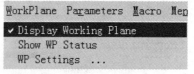

（a）显示的工作平面　　　　　　　　（b）关闭工作平面

图 2-31　工作平面的打开和关闭

（2）工作平面的关闭

依次选择 Utility Menu>WorkPlane>Display Working Plane，此时处于打开工作平面状态的选项前面有对勾显示，如图 2-31（b）所示，关闭之后对勾消失，图形窗口也不再显示工作平面。

要点提示：工作平面的打开和关闭只影响在图形窗口是否显示工作平面的位置和角度，并不影响工作平面的作用。也就是说，即使关闭了工作平面，只是不显示了，并不是工作平面的作用消失了。

2．工作平面相关参数的设置

依次选择 Utility Menu>WorkPlane>WP Settings，打开如图 2-32 所示的"WP Settings"（工作平面参数设置）对话框，用于工作平面相关参数的设置。

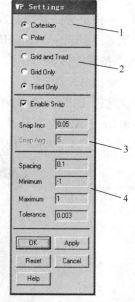

要点提示：一般的，工作平面的相关参数的默认设置值都可以满足用户要求，没有特殊需要不必更改设置。但用户有必要了解工作平面的哪些参数可以更改，如何更改。

（1）选择坐标系的类型

如图 2-32 所示，标注 1 指示的部分有两个选项，"Cartesian"表示笛卡儿坐标系，"Polar"表示极坐标系。选择以后图形窗口仍然显示以"WX，WY，WZ"标志坐标系，但对于极坐标系实际代表意义有变化。

（2）显示栅格

图 2-32　"工作平面参数设置"对话框

如图 2-32 所示，标注 2 指示的部分有 3 个选项，"Grid and Triad"表示显示工作平面的栅格和三向坐标标志，"Grid Only"表示只显示栅格，"Triad Only"表示只显示坐标标志。选择其中一项后，单击"Apply"按钮，图形窗口显示效果。例如，选择第 1 项后的效果如图 2-33 所示。默认选项为第 3 项，即只显示坐标标志。

（3）捕捉增量的设置

如图 2-32 所示，标注 3 指示的部分，使光标在图形窗口具有捕捉功能。首先选择"Enable Snap"激活捕捉功能，其次，在"Snap Incr"右侧编辑框内直接给出捕捉增量的数值。

（4）栅格的控制

栅格的疏密是可以控制的，即图 2-32 中标注 4 指示部分，通过具体数值可设置栅格的疏密。例如，将"Spacing"值改为"0.05"，单击"Apply"按钮，栅格密度比图 2-33 所示的加倍，如图 2-34 所示。

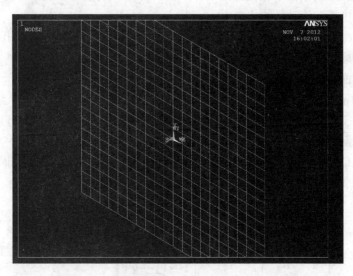

图 2-33　同时显示栅格和三向坐标标志的效果

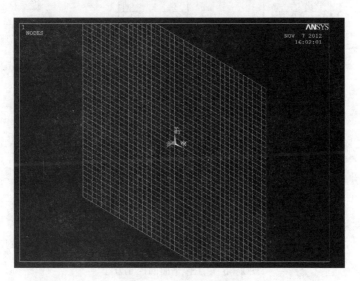

图 2-34　加密后的栅格

3．工作平面的平移和旋转

依次选择 Utility Menu>WorkPlane>Offset WP by Increments，打开如图 2-35（a）所示的"Offset WP"（工作平面控制）对话框，用于工作平面平移、旋转等的控制。

⚜ 要点提示：在创建图形对象时，经常遇到需要平移或者旋转工作平面的情况，利用增量形式，或者说，量化地控制工作平面的平移或旋转是非常重要的。

（1）工作平面的平移

如图 2-35（a）所示，标注 1 指示部分的按钮 X- 和 +X 分别表示沿 X 轴负向和正向移动工作平面；按钮 `Y-` 和 `+Y` 分别表示沿 Y 轴负向和正向移动工作平面；按钮 `Z-` 和 `+Z` 分别表示沿 Z 轴负向和正向移动工作平面。每按一次按钮，工作平面移动一个单位，这个单位的大小由拖动滚动条给出。

"X,Y,Z Offsets"下侧的编辑框可以直接给出移动的具体位置。例如，给出"10.5，0，0"，即表示工作平面原点沿 X 轴正向移动到 10.5 的位置。

（2）工作平面的旋转

如图 2-35（a）所示，标注 2 指示的部分的按钮 `X-⟲` 和 `⟳+X` 分别表示绕 X 轴顺时针和逆时针旋转工作平面；按钮 `Y-⟲` 和 `⟳+Y` 分别表示绕 Y 轴顺时针和逆时针旋转工作平面；按钮 `Z-⟲` 和 `⟳+Z` 分别表示绕 Z 轴顺时针和逆时针旋转工作平面。每按一次按钮，工作平面旋转一个单位角度。例如，图 2-35（a）所示拖动滚动条给出的 30°，即每次旋转角度为 30 度。

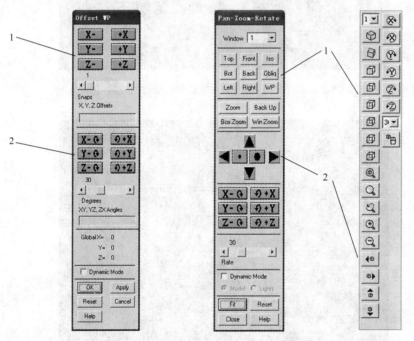

（a）"工作平面控制"对话框　（b）"平移-缩放-旋转"对话框　（c）"显示控制"工具栏

图 2-35　工作平面的控制方法

"XY，YZ，ZX Angles"下侧的编辑框可以直接给出旋转的具体位置，例如，给出"42，0，0"，即绕 Z 轴逆时针旋转 42°。

※ 要点提示：工作平面每一次的平移和旋转都是相对于当前工作平面原点的，与整体坐标系没有直接关系。

实例 2.3　图形窗口显示控制

依次选择 Utility Menu>PlotCtrls>Pan Zoom Rotate，打开如图 2-35（b）所示的"Pan-

Zoom-Rotate"(平移-缩放-旋转)对话框。该对话框用于控制图形对象在窗口的平移、缩放和旋转,方便用户的查看。窗口系统右侧的显示控制工具栏,如图 2-35(c)所示,具有相同的功能。且图 2-35(b)和图 2-35(c)的功能是一一对应的。例如,两图中标注 1、2 部分的功能一致。由于显示控制工具栏快捷方便,下面主要介绍其按钮的使用。

> 要点提示:显示控制可以使整体坐标系在视觉上平移、缩放和旋转,只是改变了观察图形对象的视角,并没有实际改变坐标系的位置。这是与工作平面的控制的本质区别,因此,用户一定要清楚二者作用的不同(虽然对话框按钮功能很相似)。

1. 默认视图

默认视图是程序预置一些常用视图,其按钮功能及坐标显示效果见表 2-7。

表 2-7 默认视图按钮及坐标显示效果

编号	按钮	坐标系显示效果	功能说明
1			正等轴的角度显示对象
2			斜视图
3			+Z 向视图(前视图)
4			−Z 向视图(后视图)
5			+X 向视图(右视图)
6	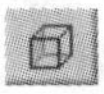		−X 向视图(左视图)
7			+Y 向视图(上视图)
8			−Y 向视图(下视图)

2. 图形的平移

按钮 和 控制图形对象在图形显示窗口左右平移,按钮 和 控制图形对象在图形显示窗口上下平移。

3. 图形的缩放

按钮 将图形对象放大到适合窗口大小,按钮 放大框选部分并置于窗口适合位置,按钮 将已放大的图形对象恢复到适合窗口大小,按钮 和 分别表示放大和缩小图形对象,每按一次放大或者缩小一倍。

4. 图形的旋转

按钮 和 分别表示绕 X 轴顺时针和逆时针旋转图形对象,按钮 和 分别表示绕

Y 轴顺时针和逆时针旋转图形对象，按钮 ⊘ 和 ⊘ 分别表示绕 Z 轴顺时针和逆时针旋转图形对象，每按一次旋转的角度由其下的下拉式选项框选择，默认数值为 30°。

⚜ 要点提示：按钮 ▣ 为鼠标拖动状态，在此状态下，按住鼠标左键直接拖动图形对象平移，按住鼠标右键直接拖动图形对象旋转。这个操作更自由、更方便，在实际用于观察图形对象时更多使用。

2.6.2 检测练习

练习 2.1 控制工作平面的平移
❓ **基本要求**

（1）将工作平面沿 X 轴平移至 5 的位置，沿 Y 轴平移至-2 的位置，沿 X 轴平移至 2 的位置。
（2）复原工作平面到整体坐标系原点。
（3）将工作平面直接平移至（7，-2，0）的位置。
（4）认真对比（1）和（3）。

🔖 **思路点睛**

（1）在工作平面控制对话框上，通过按钮分次实现工作平面平移；通过直接给出具体数值直接平移工作平面。
（2）依次选择 Utility Menu>WorkPlane>Align WP with>Global Cartesian，实现工作平面复原。

练习 2.2 控制工作平面的旋转
❓ **基本要求**

（1）将工作平面绕 X 轴旋转 30°，绕 Y 轴旋转-25°，绕 Z 轴旋转 45°。
（2）复原工作平面到整体坐标系原点。
（3）将工作平面直接旋转（30，-25，45）。
（4）（1）和（3）的操作是否等效。

🔖 **思路点睛**

（1）在工作平面控制对话框上，通过按钮分次实现工作平面旋转。
（2）通过直接给出具体数值直接旋转工作平面。

练习题

（1）启动 ANSYS 一般需要几个步骤？每一步完成哪些工作？
（2）进入 ANSYS 后，图形用户界面分几个功能区域？每个区域的作用是什么？
（3）ANSYS 提供多种坐标系供用户选择，主要介绍的 6 种坐标系的主要作用各是什么？
（4）工作平面是真实存在的平面吗？怎么理解工作平面的概念和作用？它和坐标系的关系是怎样的？

第 3 章　ANSYS 实体建模

本章主要介绍在 ANSYS 中实现实体建模的过程。

3.1 实体模型简介

AYSYS 的实体模型的建立与一般的 CAD 软件类似，利用点、线、面、体组合而成。实体模型几何图形决定之后，由边界来决定网格，即每一线段要分成几个元素或元素的尺寸是多大。决定了每个边元素数目或尺寸大小之后，ANSYS 的内建程序即能自动产生网格，即自动产生节点和单元。

3.1.1 实体建模的方法

实体模型建立的方法如下。

（1）由下往上法

由下往下法（bottom-up Method）是指由建立最低图元对象的点到最高图元对象的体，即先建立点，再由点连成线，然后由线组合成面，最后由面组合建立体。

（2）由上往下法

由上往下法（top-down Method）是指直接建立较高图元对象，其对应的较低图元对象一起产生，图元对象高低顺序依次为体、面、线、点。所谓布尔运算，是指图元对象相互加、减、组合等。

（3）混合使用前两种方法

依照使用者个人的经验，可结合前两种方法综合运用，但应考虑到要获得什么样的有限元模型，即在网格划分时，要产生自由网格划分或映射网格划分。自由网格划分时，实体模型的建立比较简单，只要所有的面或体能接合成一个体就可以，映射网格划分时，平面结构一定要四边形或三边形面相接而成，立体结构一定要六面体相接而成。

3.1.2 群组命令介绍

ANSYS 中 X 图元对象的名称见表 3-1，ANSYS 中 X 图元对象的群组命令见表 3-2。用户通过对群组命令的认识可以很快识别和应用于不同对象的命令操作。例如，关于关键点操作的群组命令都以"K"开头，其后是删除（DELE）、列表（LIST）、选择（SEL）等。

表 3-1　ANSYS 中 X 图元对象的名称

对象种类（X）	节点	元素	点	线	面	体
对象名称	X=N	X=E	X=K	X=L	X=A	X=V

表 3-2　ANSYS 中 X 图元对象的群组命令

群组命令	意义	例子
XDELE	删除 X 对象	LDELE 删除线
XLIST	在窗口中列示 X 对象	VLIST 在窗口中列出体资料
XGEN	复制 X 对象	VGEN 复制体
XSEL	选择 X 对象	NSEL 选择节点
XSUM	计算 X 对象几何资料	ASUM 计算面积的几何资料，如面积大小，边长，重心等
XMESH	网格化 X 对象	AMESH 面积网格化，LMESH，线的网格化
XCLEAR	清除 X 对象网格	ACLEAR 清除面积网格，VCLEAR，清除体积网格
XPLOT	在窗口中显示 X 对象	KPLOT 在窗口中显示点，APLOT，在窗口中显示面

3.2 基本图元对象的建立

3.2.1 点定义

实体模型建立时，点是最低级的图元对象，点即为机械结构中一个点的坐标，点与点连接成线，也可直接组合成面或体。点的建立按实体模型的需要而设定，但有时会建立辅助点以帮助其他命令的执行，如圆弧的建立。

依次选择 Main Menu>Preprocessor>Create>Key Point，将出现如图 3-1 所示的关键点定义的菜单选项，可以由不同方法实现点的建立。

1. 关键点的一般定义

对话框上前两项操作可以建立关键点（Keypoint）的坐标位置（X，Y，Z）及关键点的编号 NPT。

图 3-1　关键点定义的菜单选项

命令格式：K，NPT，X，Y，Z

菜单操作：Main Menu>Preprocessor>Create>Key Point>On Working Plane

　　　　　Main Menu>Preprocessor>Create>Key Point>In Active CS

选择关键点定义的菜单选项"On Working Plane"，则弹出如图 3-2（a）所示对话框，提示用户直接在图形窗口拾取要创建关键点的位置，就可以实现一个关键点的创建。这个对话框称作"拾取"对话框，在以后类似的操作中也会出现，只是根据目的的不同略有差异。例如，提示用户选择或者拾取点、线、面、体、节点、单元等。

选择关键点定义的菜单选项"In Active CS"，则弹出如图 3-2（b）所示对话框，用于在激活的坐标系下创建关键点。这个对话框的作用是和命令格式对应的，直接给定关键点的编号和 3 向坐标数值即可。需要说明的是，ANSYS 软件中，"OK"按钮的作用是确定一项操作，并同时关闭对话框；"Apply"按钮的作用是确定一项操作，并继续进行相同的操作。以如图 3-2（a）和图 3-2（b）的对话框为例，单击"OK"按钮就是确定创建一个关键点，同时关闭对话框，单击"Apply"按钮是完成了一个关键点的创建，然后对话框不消失，用户可以继续创建其他的关键点，只要给出不同的点的编号和坐标数值即可。

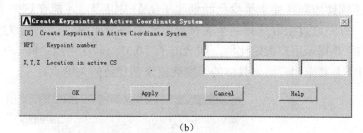

图 3-2 关键点一般定义

关键点编号的安排不影响实体模型的建立，关键点的建立也不一定要连号，但为了数据管理方便，定义关键点之前先规划好点的号码，有利于实体模型的建立。在不同坐标系下，关键点的坐标含义也略有变化。虽然仍以 X、Y、Z 表示，但在圆柱坐标系下，对应表达的是 R、θ、Z，球面坐标系下，对应表达 R、θ、Φ。

2．在已知线上定义关键点

图 3-1 上的第 3、4 项操作用于在已有线上建立关键点，方法如下。

命令格式：KL，NL1，RATIO，NK1

菜单操作：Main Menu>Preprocessor>Create>Key Point>On Line
　　　　　Main Menu>Preprocessor>Create>Key Point>On Line w/Ratio

这两项操作要求图形窗口中已经创建了相应的线段。"On Line"选项的操作灵活一些，通过"拾取"对话框提示用户选择创建一个关键点的线段及其位置，线段和位置的选择都是任意的，完全凭用户通过鼠标进行选择；"On Line w/Ratio"选项的操作类似，线段的选择是通过拾取实现的，关键点的位置是通过如图 3-3 所示对话框上给定具体比例来实现的。

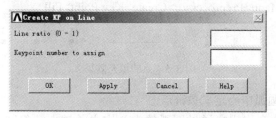

图 3-3 给定关键点在线段上的比例

3．在节点上生成关键点

图 3-1 上第 5 项选项用于在已建立的节点上生成关键点。该命令要求用户必须已经建立有限元模型，即有节点存在。通过拾取对话框选择相应的节点，然后在节点上生成关键点，方法如下。

命令格式：KNODE，NPT，NODE
菜单操作：Main Menu>Preprocessor>Create>Key Point>On Node

4．在关键点之间生成新的关键点

图 3-1 上第 6 项选项用于在关键点之间建立新的关键点，方法如下。

命令格式：KL，KP1，KP2，KPNEW，Type，VALUE
菜单操作：Main Menu>Preprocessor>Create>Key Point>KP between KPS

该项操作同样要求至少已经创建了两个关键点，才能在这两个关键点之间创建新的关键点。首先通过拾取选择两个关键点，然后弹出如图 3-4 所示对话框，其上有两个选项："RATI"是提示用户指定比例，如给出了"0.5"，即在两点之间的中点位置创建新的关键点；"DIST"是要求用户给出具体的长度数值来创建新的关键点。

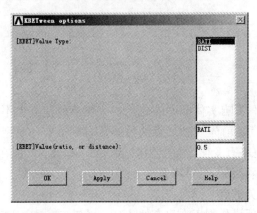

图 3-4　指定两点间新建关键点的位置

5．在关键点之间填充关键点

关键点的填充命令是在现有的坐标系下，自动在已有的两个关键点 NP1，NP2 间填充若干点，两点间填充点的个数（NFILL）及分布状态视其参数（NSTRT，NINC，SPACE）而定，系统设定为均分填充。如语句"KFILL，1，5"，则平均填充 3 个点在 1 和 5 之间。点的填充效果如图 3-5 所示。

命令格式：KFILL，NP1，NP2，NFILL，NSTRT，NINC，SPACE
菜单操作：Main Menu>Preprocessor>Create>Key Point>Fill

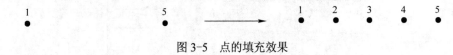

图 3-5　点的填充效果

6．由三点定义的圆弧中心定义关键点

关键点的定义命令允许用户通过圆弧的中心定义关键点，但圆弧线是由 3 个点确定的。方法如下。

命令格式：KCENTER，Type，VAL1，VAL2，VAL3，VAL4，KPNEW
菜单操作：Main Menu>Preprocessor>Create>Key Point>3 Keypoints
　　　　　Main Menu>Preprocessor>Create>Key Point>3 KPs and radius
　　　　　Main Menu>Preprocessor>Create>Key Point>Location on line

该项操作要求至少已经创建了 3 个关键点，然后通过这 3 个点确定的圆弧的中心点来创建新的关键点。"3 Keypoints"选项提示用户直接拾取 3 个关键点，程序自动在圆心位置创建关键点；"3 KPs and radius"表示在拾取了 3 个关键点后，在后续弹出的对话框上给出圆弧的半径，然后在圆心位置创建关键点；"Location on line"表示指定圆心在某条线段上，所以线段要求是已经创建的。

7．硬点

硬点实际上是一种特殊的关键点，它不改变模型的几何形状和拓扑结构。大多数关键点的命令同样适用于硬点，而且硬点有自己的命令集。关于硬点的知识在这里不多讲，在需要时请查阅相关资料和帮助文件。

3.2.2 线定义

建立实体模型时，线为面或体的边界，由点与点连接而成，构成不同种类的线。例如，直线、曲线、多义线、圆、圆弧等，也可直接由建立面或体而产生。线的建立与坐标系统有关。例如，直角坐标系为直线，圆柱坐标系下为曲线。

依次单击 Main Menu>Preprocessor>Create>Lines，打开如图 3-6 所示的线定义选项，用于实现不同线的建立。

从图 3-6 中可以看出，线的定义主要分为 4 部分：Lines（直线）、Arcs（圆弧）、Splines（多义线）和 Line Fillet（倒圆角）。

1．直线的定义

依次选择 Main Menu>Preprocessor>Create>-Lines->-Lines，将打开如图 3-7 所示的 Lines 子菜单以通过不同的方式实现线的建立。

图 3-6 线定义选项　　　　图 3-7 线段定义选项

（1）通过关键点建立线段

通过直接拾取两个已经建立好的关键点建立直线，该命令建立的直线与激活坐标系的状态无关，命令格式及操作如下。

命令格式：LSTR，P1，P2

菜单操作：Main Menu>Preprocessor>Create>Lines>Straight Line

下述命令也是通过已有关键点建立线段，但所建立线段的形状与激活坐标系有关，可为直线或曲线。

命令格式：L，P1，P2，NDIV，SPACE，XV1，YV1，ZV1，XV2，YV2，ZV2

菜单操作：Main Menu>Preprocessor>Create>Lines>In Active Coord

下述命令生成在一个面上两关键点之间最短的线，因此要求有已经创建的面存在。

命令格式：L，P1，P2，NAREA
菜单操作：Main Menu>Preprocessor>Create>Lines>Overlaid on Area

（2）切线的建立

下述命令生成与已有线段相切的新线段，且两条线段有共同的终点。需要说明的是，在定义新线段之前，要先定义好新线段的另一个端点，而且相切处的状态可以通过向量的形式进行指定。

命令格式：LTAN，NL1，P3，XV3，YV3，ZV3
菜单操作：Main Menu>Preprocessor>Create>Lines>Tangent to Line

首先通过拾取已有线段，然后拾取切点，拾取新建线段的另一个端点，弹出如图 3-8（a）所示的对话框，确定之后按压"OK"按钮得到如图 3-8（b）所示的效果，其中 L1 是已知线段，点 1 为切点，点 3 为新线段的另一端点，L2 是新创建得到的切线。

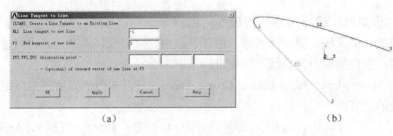

图 3-8 与已知一条线段相切线的建立

下述命令生成一条与已知两条线同时相切的新线段，该命令与"LTAN"命令类似，只是新创建的线段同时与两条已知线段相切。

命令格式：L2TAN，NL1，NL2
菜单操作：Main Menu>Preprocessor>Create>Lines>Tan to 2 Lines

（3）通过角度控制建立线段

下述命令生成与已知线有一定角度的新直线，而且需要事先定义新直线的另一端点。略有不同的是，第 1 个操作选项允许用户指定两线所夹的角度，第 2 个操作选项直接生成垂直线（即两线夹角为 90°）。

命令格式：LANG，NL1，P3，ANG，PHIT，LOCAT
菜单操作：Main Menu>Preprocessor>Create>Lines>AT Angle to Line
　　　　　Main Menu>Preprocessor>Create>Lines>Normal to Line

下述命令生成与两条已知线段成一定角度的新线段。操作与"LANG"命令相似。

命令格式：L2ANG，NL1，P3，ANG，PHIT，LOCAT
菜单操作：Main Menu>Preprocessor>Create>Lines>AT Angle to 2 Line
　　　　　Main Menu>Preprocessor>Create>Lines>Normal to 2 Line

2．圆弧的建立

依次选择 Main Menu>Preprocessor>Create>Lines>Arcs，打开如图 3-9 所示的圆弧定义选项菜单，可以通过不同的方式实现圆弧的建立。

（1）由点产生圆弧

命令格式：LARC，P1，P2，PC，RAD

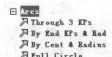

图 3-9 圆弧定义选项

菜单操作：Main Menu>Preprocessor>Create>Arcs>Through 3 Kps

　　　　　Main Menu>Preprocessor>Create>Arcs>By End KPs & Rad

定义两点（P1，P2）间的圆弧线（Line of Arc），其半径为 RAD，若 RAD 的值没有输入，则圆弧的半径直接从 P1，PC 到 P2 自动计算出来。不管现在坐标为何，线的形状一定是圆的一部分。PC 为圆弧曲率中心部分任何一点，不一定是圆心，如图 3-10 所示。

图 3-10　圆弧的产生

（2）圆及圆弧的定义

命令格式：CIRCLE，PCENT，RAD，PAXIS，PZERO，ARC，NSEG

菜单操作：Main Menu>Preprocessor>Create>Arcs>By End Cent & Radius

　　　　　Main Menu>Preprocessor>Create>Arcs>Full Circle

此命令会产生圆弧线（CIRCLE Line），该圆弧线为圆的一部分，依参数状况而定，与目前所在的坐标系统无关，点的号码和圆弧的线段号码会自动产生。PCENT 为圆弧中心点坐标号码；PAXIS 为定义圆心轴正向上任意点的号码；PZERO 为定义圆弧线起点轴上的任意点的号码，此点不一定在圆上；RAD 为圆的半径，若此值没有给定，则半径的定义为 PCENT 到 PZERO 的距离；ARC 为弧长（以角度表示），若输入为正值，则由起点轴产生一段弧长，若没输数值，产生一个整圆；NSEG 为圆弧欲划分的段数，此处段数为线条的数目，不是有限元网格化时的数目。

3．多义线的建立

依次选择 Main Menu>Preprocessor>Create>Lines>Splines，打开如图 3-11 所示的多义线定义选项菜单，可以实现多义线的建立。

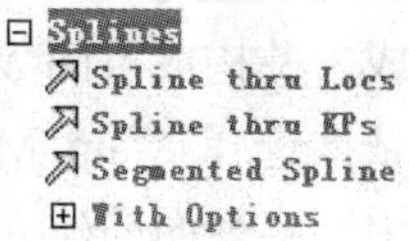

图 3-11　多义线定义选项

（1）定义通过若干关键点的样条曲线

命令格式：BSPLIN，P1，P2，P3，P4，P5，P6，XV1，YV1，ZV1，XV6，YV6，ZV6

菜单操作：Main Menu>Preprocessor>Create>Splines>Spline thru KPs

　　　　　Main Menu>Preprocessor>Create>Splines>Spline thru Locs

　　　　　Main Menu>Preprocessor>Create>Splines>With Options>Spline thru KPs

　　　　　Main Menu>Preprocessor>Create>Splines>With Options>Spline thru Locs

（2）定义通过一系列关键点的多义线

该命令与操作要求已建立好若干关键点，即 P1，…，P6，然后生成以这些关键点拟合得到的多义线。

命令格式：SPLINE，P1，P2，P3，P4，P5，P6，XV1，YV1，ZV1，XV6，YV6，ZV6

菜单操作：Main Menu>Preprocessor>Create>Splines>Segmented Spline

　　　　　Main Menu>Preprocessor>Create>Splines>With Options>Segmented Spline

该命令与操作要求已建立好若干关键点（P1～P6），然后生成以这些关键点拟合得到的多义线。

4．倒圆角的实现

命令格式：LFILLT，NL1，NL2，RAD，PCENT

菜单操作：Main Menu>Preprocessor>Create>Lines>Line Fillet

此命令是在两条相交的线段（NL1，NL2）间产生一条半径等于 RAD 的圆角线段，同时自动产生 3 个点，其中两个点在 NL1、NL2 上，是新曲线与 NL1，NL2 相切的点，第 3 个点是新曲线的圆心点（PCENT，若 PENT=0，则不产生该点），新曲线产生后原来的两条线段会改变，新形成的线段和点的号码会自动编排上去，如图 3-12 所示。

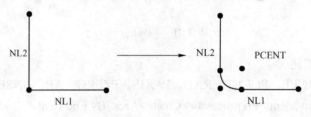

图 3-12　产生圆角

5．其他

用户还可以通过复制、镜像等方法从已知线段生成新的线段，通过关键点的延伸和旋转也可以实现新线段的生成。

用户可以对线段进行查看、选择和删除的操作。

3.2.3　面定义

实体模型建立时，面为体的边界，由线连接而成，面的建立可由点直接相接或线段围接而成，并构成不同数目边的面积。也可直接建构体而产生面。

依次选择 Main Menu>Preprocessor>Create>Areas，打开如图 3-13 所示的面定义选项菜单，用于实现面的建立。

从图 3-13 中可以看出，要实现面的定义可以通过几种途径：Arbitrary（任意形状的面）、Rectangle（矩形面）、Circle（圆形面）、Polygon（多边形面）和 Area Fillet（面倒圆角）。

1．任意面的定义

依次选择 Main Menu>Preprocessor>Create>Areas>Arbitrary，打开如图 3-14 所示的任意面定义选项菜单，用于实现任意面的建立。

图 3-13　面定义选项　　　　图 3-14　任意面定义选项

该菜单上的操作可以实现通过点、线直接生成面，还可以偏移、复制生成新的面，同时可以通过引导线生成"蒙皮"似的光滑曲面。

(1) 由点直接生成面

命令格式：A，P1，P2，P3，P4，P5，P6，P7，P8，P9

菜单操作：Main Menu>Preprocessor>Create>Arbitrary>Through KPs

此命令用已知的一组点（P1，…，P9）来定义面（Area），最少使用 3 个点才能形成面，同时产生围绕该面的线段。点要依次序输入，输入的顺序会决定面的法线方向。如果此面超过了 4 个点，则这些点必须在同一个平面上，否则不能成功创建面，如图 3-15 所示。

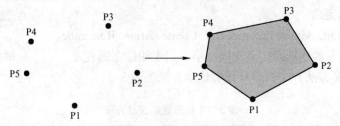

图 3-15　由点生成面的过程

(2) 由线生成面

命令格式：AL，L1，L2，L3，L4，L5，L6，L7，L8，L9，L10

菜单操作：Main Menu>Preprocessor>Create>Arbitrary>By Lines

此命令由已知的一组直线（L1，…，L10）围绕而成面，至少需要 3 条线段才能形成平面，线段的号码没有严格的顺序限制，只要它们能完成封闭的面即可。同时，若使用超过 4 条线段去定义平面时，所有的线段必须在同一平面上，以右手定则来决定面的方向。

(3) "蒙皮"面的定义

命令格式：ASKIN, NL1, NL2, NL3, NL4, NL5, NL6, NL7, NL8, NL9

菜单操作：Main Menu>Preprocessor>Create>Arbitrary>By Skinning

"蒙皮"面的定义类似于中国古代的灯笼，有"骨架"和"灯笼面"。因此，在生成"蒙皮"面之前需首先建立好导引线（相当于"骨架"），如图 3-16（a）所示，相当于蒙皮的框架，然后执行该命令，生成面（相当于"灯笼面"），如图 3-16（b）。如果所建立的引导线不是共面的，将生成三维的面。

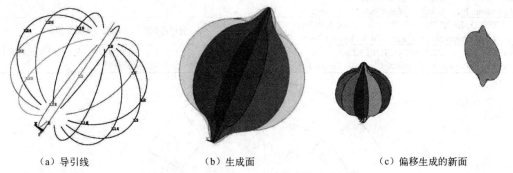

(a) 导引线　　　　(b) 生成面　　　　(c) 偏移生成的新面

图 3-16　"蒙皮"面和偏移面的生成过程

(4) 通过偏移定义新的面

命令格式：AOFFST, NAREA, DIST, KINC

菜单操作：Main Menu>Preprocessor>Create>Arbitrary>By Offset

该命令也需要定义好原始的面，由这个面生成新的偏移面。如对图 3-16（b）所示的蒙皮面进行偏移如图 3-16（c）。生成的偏移面可以和原面保持等大，也可以放大。

（5）通过复制定义新的面

命令格式：ASUB，NA1，P1，P2，P3，P4

菜单操作：Main Menu>Preprocessor>Create>Arbitrary>Overlaid on Area

该命令是将定义好的原始面（一般是形状比较复杂的面）的部分从中分离出来，并覆盖原始面。命令所需要的关键点及其相关的线段都必须是在原始面上已经存在的。

2．矩形面的定义

依次选择 Main Menu>Preprocessor>Create>Areas>Rectangle，打开如图 3-17 所示的矩形面定义选项菜单，用于矩形面的建立。

矩形面的定义方法有 3 种，具体的建立方法见表 3-3。

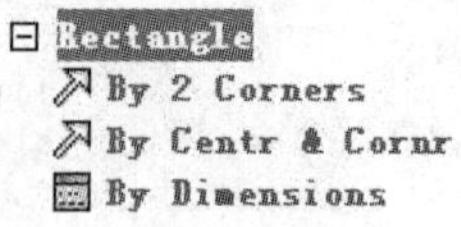

图 3-17 矩形面定义选项

表 3-3 矩形面的建立方法

命令及菜单操作	意 义
BLC4, XCORNER, YCORNER, WIDTH, HEIGHT, DEPTH Main Menu>Preprocessor>Create>Rectangle>By 2 Corners	通过控制矩形的一个角点坐标和长、宽来定义矩形面
BLC5, XCENTER, YCENTER, WIDTH, HEIGHT, DEPTH Main Menu>Preprocessor>Create>Rectangle>By Centr & Cornr	通过控制矩形的中心点的坐标和长、宽来定义矩形面
RECTNG, X1, X2, Y1, Y2 Main Menu>Preprocessor>Create>Rectangle>By Dimensions	通过控制矩形的两个对角点的坐标来定义矩形面

3．圆形面的定义

依次选择 Main Menu>Preprocessor>Create>Areas>Circle，打开如图 3-18 所示的圆形面定义选项菜单，用于圆形面的建立。

圆形面的定义方法见表 3-4，各参数的含义如图 3-19 所示。

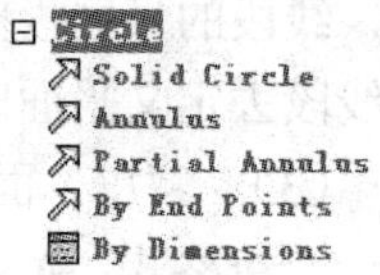

图 3-18 圆形面定义选项

表 3-4 圆形面的建立方法

命令及菜单操作	含 义
CYL4，XCENTER, YCENTER, RAD1, THETA1, RAD2, THETA2, DEPTH Main Menu>Preprocessor>Create>Circle>Solid Circle Main Menu>Preprocessor>Create>Circle>Annulus Main Menu>Preprocessor>Create>Circle>Partial Annulus	通过控制圆形中心点坐标和半径的方式定义实心圆形面、环形面和部分环形面（通过给定中心角度）
CYL5, XEDGE1, YEDGE1, XEDGE2, YEDGE2, DEPTH Main Menu>Preprocessor>Create> Circle>By End Points	通过控制圆形直径的方式定义圆形面
PCIRC, RAD1, RAD2, THETA1, THETA2 Main Menu>Preprocessor>Create> Circle>By Dimensions	通过控制圆形面的尺寸（内、外圆半径、中心角大小）来定义圆形面

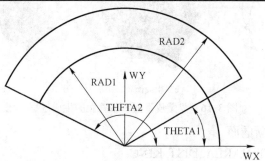

图 3-19 圆形面的创建及各参数意义

4．多边形面的定义

依次选择 Main Menu>Preprocessor>Create>Areas>Polygon 操作，将有如图 3-20 所示的多边形面定义选项用于各种正多边形面的建立。

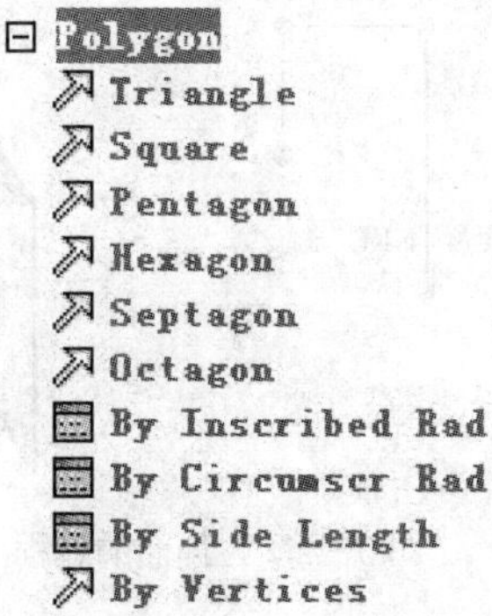

```
Polygon
  Triangle
  Square
  Pentagon
  Hexagon
  Septagon
  Octagon
  By Inscribed Rad
  By Circumscr Rad
  By Side Length
  By Vertices
```

图 3-20　多边形面定义选项

该菜单上的选项允许用户通过系统定义好的方式直接生成三角形、正方形、正五边形、正六边形、正七边形和正八边形，也可以通过给定边数和角度等方式定义需要的多边形面。上述选项操作都很简单、清楚，这里就不再赘述。

5．倒圆角面

命令格式：AFILLET，NA1，NA2，RAD

菜单操作：Main Menu>Preprocessor> Create>Areas>Area Fillet

该命令与对相交线进行倒圆角很相似，需要指定要倒圆角的两相交面和倒角角度，如图 3-21（a）所示，生成效果如图 3-21（b）所示。

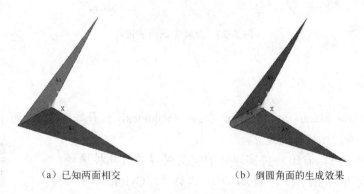

（a）已知两面相交　　　　　　　（b）倒圆角面的生成效果

图 3-21　倒圆角面的过程

6．通过拉伸和旋转线生成面

（1）由一组线沿一定路径拉伸生成面

命令格式：ADRAG，NL1，NL2，NL3，NL4，NL5，NL6，NLP1，NLP2，NLP3，NLP4，NLP5，NLP6

菜单操作：Main Menu>Preprocessor>Operator>Extrude/Sweep>Along Lines

NL1～NL6 为要拖拉的定义线段，NLP1～NLP6 为定义路径，如图 3-22 所示。

（2）一组线绕指定轴旋转生成面

命令格式：AROTAT，NL1，NL2，NL3，NL4，NL5，NL6，PAX1，PAX2，ARC，NSEG

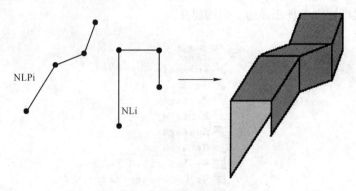

图 3-22　拉伸面的过程

菜单操作：Main Menu>Preprocessor>Operator>Extrude/Sweep>About Axis

建立一组圆柱型的面（Area），方式为：一组线段绕轴旋转产生。PAX1，PAX2 为轴上的任意两点，并定义轴的方向，旋转一组已知线段（NL1，…，NL6），以已知线段为起点，旋转角度为 ARC，NSEG 为在旋转角度方向可分的数目，如图 3-23 所示。

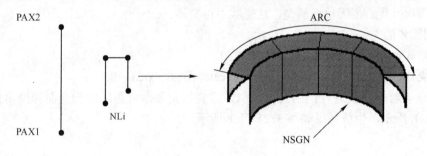

图 3-23　旋转生成面的过程

3.2.4　体定义

依次选择 Main Menu>Preprocessor>Create>Volumes，打开如图 3-24 所示的体定义选项菜单，用于实现各种形状体的建立。

从图 3-24 中可以看出，要实现体的定义可以通过几种途径：Arbitrary（任意形状的体）、Block（块状体）、Cylinder（圆柱体）、Prism（棱柱体）、Sphere（球体）、Cone（圆锥体）和 Torus（圆环体）。

定义体的命令使用与面定义十分相似，而且菜单清楚，用户可以一目了然。

图 3-24　体定义选项

1．任意体的定义

依次选择 Main Menu>Preprocessor>Create>Volumes>Arbitrary，打开如图 3-25 所示的 Arbitrary 任意体定义选项菜单，用于实现任意形状体的建立体为最高级图元对象，最简单体的定义为点或面直接生成。如图 3-25 上的两个选项允许用户通过点和面直接创建体。

图 3-25 任意体定义选项

（1）由点直接生成体

命令格式：V，P1，P2，P3，P4，P5，P6，P7，P8

菜单操作：Main Menu>Preprocessor>Create> Volumes>Arbitrary>Through KPs

此命令由已知的一组点（P1，…，P8）定义体（Volume），同时也产生相应的面和线。由点组合时，要注意点的编号，不同顺序的点的选取可以得到不同形状的体，如图 3-26 所示，图形下部的命令格式表示不同点的顺序生成了不同形状的体。

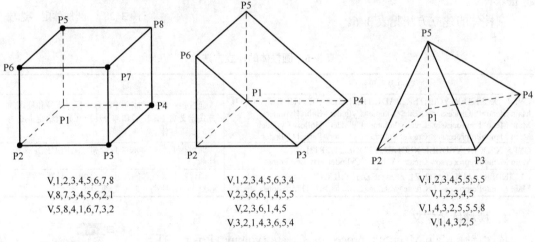

图 3-26 由点生成体

（2）由面直接生成体

命令格式：VA，A1，A2，A3，A4，A5，A6，A7，A8，A9，A10

菜单操作：Main Menu>Preprocessor>Create> Volumes>Arbitrary>By Areas

Main Menu>Preprocessor>Create>Volume by Areas

Main Menu>Preprocessor>Geom Repair>Create Volume

定义由已知的一组面（VA1，…，VA10）包围成一个体，至少需要 4 个面才能围成一个体，该命令适用于所建立体多于 8 个点时。

2．块状体的定义

依次选择 Main Menu>Preprocessor>Create>Volumes>Block，打开如图 3-27 所示的块状体定义选项菜单，可以通过不同方式定义块状体。

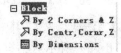

图 3-27 块状体定义选项

块状体的定义方法有 3 种，见表 3-5。

表 3-5　块状体的建立方法

命令及菜单操作	意　义
BLC4, XCORNER, YCORNER, WIDTH, HEIGHT, DEPTH Main Menu>Preprocessor>Create>Volume>Block>By 2 Corners & Z	通过控制块状体（长方体）的一个角点坐标和长、宽、高来定义体
BLC5, XCENTER, YCENTER, WIDTH, HEIGHT, DEPTH Main Menu>Preprocessor>Create>Volume>Block>By Center , Corner , Z	通过控制块状体的中心点的坐标和长、宽、高来定义体
BLOCK, X1, X2, Y1, Y2, Z1, Z2 Main Menu>Preprocessor>Create>Volume>Block>By Dimensions	通过控制块状体的两个对角点的三向坐标来定义体

3．圆柱体的定义

依次选择 Main Menu>Preprocessor>Create>Volume>Cylinder，打开如图 3-28 所示的圆柱体定义选项菜单，用于圆柱体的建立。

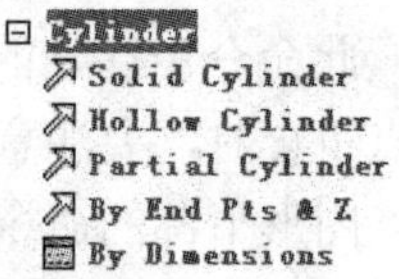

圆柱体的建立方法见表 3-6。

图 3-28　圆柱体定义选项

表 3-6　圆柱体的建立方法

命令及菜单操作	意　义
CYL4，XCENTER, YCENTER, RAD1, THETA1, RAD2, THETA2, DEPTH Main Menu>Preprocessor>Create>Volume>Cylinder >Solid Cylinder Main Menu>Preprocessor>Create>Volume>Cylinder >Hollow Cylinder Main Menu>Preprocessor>Create>Volume>Cylinder >Partial Cylinder	通过控制圆柱体底面中心点坐标、半径和柱高的方式定义实心、空心和部分环形（通过给定中心角度）底圆柱体
CYL5, XEDGE1, YEDGE1, XEDGE2, YEDGE2, DEPTH Main Menu>Preprocessor>Create> Volume>Cylinder >By End Points	通过控制圆柱体底面直径和柱高的方式定义圆柱体
CYLINDER, RAD1, RAD2, Z1, Z2, THETA1, THETA2 Main Menu>Preprocessor>Create>Volume>Cylinder >By Dimensions	通过控制圆柱体的尺寸（底面内、外圆半径、中心角大小、柱高）来定义圆形面

4．棱柱体的定义

依次选择 Main Menu>Preprocessor>Create>Volume>Prism，打开如图 3-29 所示的棱柱体定义选项菜单，用于各种底面为正多边形的棱柱体建立。

与多边形面的定义相似，只是多一步操作，即需要用户指定棱柱体的高度。

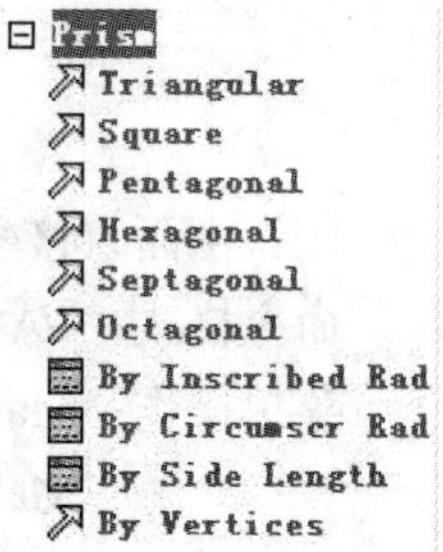

5．球体的定义

依次选择 Main Menu>Preprocessor>Create>Volume>Sphere，打开如图 3-30 所示的球体定义选项菜单，用于球形体的建立。

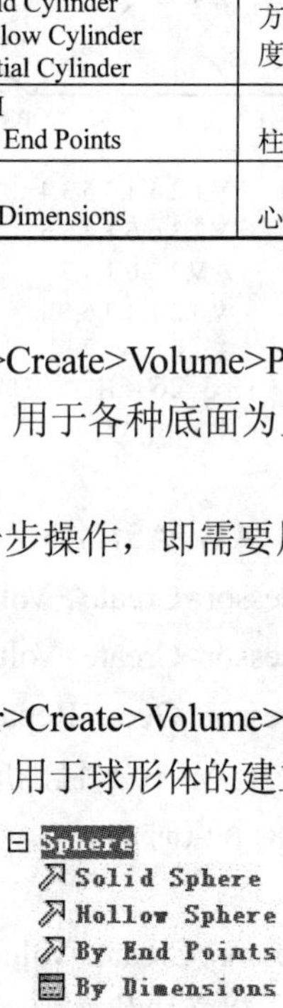

图 3-29　棱柱体定义选项

图 3-30　球体定义选项

与定义圆形面相似，球形体的建立方法见表 3-7。其中，通过控制尺寸即"By Dimensions"选项定义空心球时将弹出如图 3-31（a）所示对话框，用户给定相应参数就可以创建如图 3-31（b）所示的效果。

表 3-7 球形体的建立方法

命令及菜单操作	意　义
SPH4，XCENTER, YCENTER, RAD1, RAD2 Main Menu>Preprocessor>Create>Volume>Sphere >Solid Sphere Main Menu>Preprocessor>Create>Volume>Sphere>Hollow Sphere	通过控制球体中心点坐标和半径的方式定义实心或者空心（通过给定中心角度）球体
SPH5, XEDGE1, YEDGE1, XEDGE2, YEDGE2 Main Menu>Preprocessor>Create>Volume>Sphere>By End Points	通过控制球体直径的方式定义体
SPHERE, RAD1, RAD2, THETA1, THETA2 Main Menu>Preprocessor>Create>Volume>Sphere >By Dimensions	通过控制球体的尺寸（内、外圆半径、中心角大小）来定义球形体

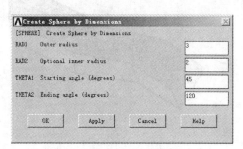
（a）定义空心球相关参数

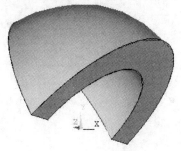
（b）空心球效果

图 3-31 空心球的创建

6．圆锥体的定义

依次选择 Main Menu>Preprocessor>Create>Volume>Cone，打开如图 3-32 所示的圆锥体定义选项菜单，用于圆锥形体的建立。

圆锥体（包括圆台）的定义有两种方式，一是通过"By Picking"选项，即在图形窗口用鼠标直接定义，指定圆锥体上、下底面的半径和圆锥高度；二是通过"By Dimensions"选项，通过对话框来控制圆锥体的尺寸（上、下底面圆半径、中心角大小），以定义圆锥体和部分圆锥体。

图 3-32 圆锥体定义选项

7．圆环体的定义

命令格式：TORUS，RAD1，RAD2，RAD3，THETA1，THETA2

菜单操作：Main Menu>Preprocessor>Create>Volume>Torus

通过对如图 3-33（a）所示的对话框给定半径参数（实心、空心）、转角参数（圆环体或者部分圆环体）就可以得到如图 3-33（b）所示的实体。

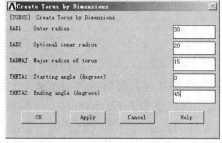
（a）设定相关参数

（b）圆环体效果

图 3-33 圆环体的创建

8. 通过拉伸和旋转面生成体

（1）由一组面沿一定的路径拉伸生成体

命令格式：VDRAG，NA1，NA2，NA3，NA4，NA5，NA6，NLP1，NLP2，NLP3，NLP4

菜单操作：Main Menu>Operate>Extrude/Sweep>Along Lines

体（Volume）的建立是由一组面（NA1，…，NA6），以线段（NL1，…，NL6）为路径，拉伸而成，如图3-34所示。

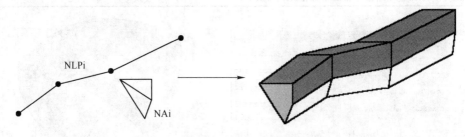

图3-34 拉伸生成体

（2）由一组面绕指定的轴旋转生成体

命令格式：VROTAT，NA1，NA2，NA3，NA4，NA5，NA6，PAX1，PAX2，ARC，NSEG

菜单操作：Main Menu>Operate>Extrude/Sweep>About Axis

将一组面（NA1，…，NA6）绕轴 PAX1，PAX2 旋转而成柱形体，以已知面为起点，ARC 为旋转的角度，NSEG 为整个旋转角度中欲分的数目，如图3-35所示。

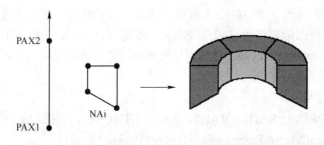

图3-35 旋转生成体

3.3 用体素创建 ANSYS 对象

3.3.1 体素的概念

ANSYS 中体素（Primitive）是指预先定义好的具有共同形状的面或体。利用它可直接建立某些形状的高级对象。例如，前述提到的矩形、正多边形、圆柱体、球体等，高级对象的建立可节省很多时间，其所对应的低级对象同时产生，且系统给予最小的编号。在应用"体素"创建对象时，通常要结合一定的布尔操作才能完成实体模型的建立。常用的 3-D 及 3-D 体素如图3-36所示。

第 3 章 ANSYS 实体建模

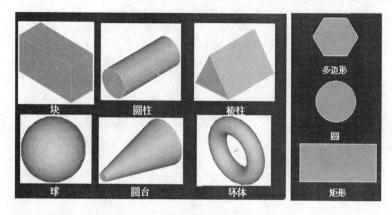

图 3-36 常用的 3-D 及 3-D 体素

需要注意的是，3-D 对象是具有高度的，且高度必须在 Z 轴方向，如欲在非原点坐标建立 3-D 体素对象，必须移动工作平面至所需的点上；对象的高度非 Z 轴的，必须旋转工作平面。

上述体素创建的具体过程在前面图元对象的学习中已经讲述过了，这里不再重复。

3.3.2 布尔操作

布尔操作可对几何图元进行布尔计算，它们不仅适用于简单的图元，也适用于从 CAD 系统中导入的复杂几何模型。

依次选择 Main Menu>Preprocessor>Modeling-Operate>Booleans，打开如图 3-37 所示的布尔操作选项菜单。

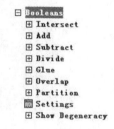

图 3-37 布尔操作选项

1. 加

加（Add）是指把两个或者多个实体合并为一个，实现过程如图 3-38 所示，面 A1 和面 A2 经过"加"的过程变为一个面 A3。

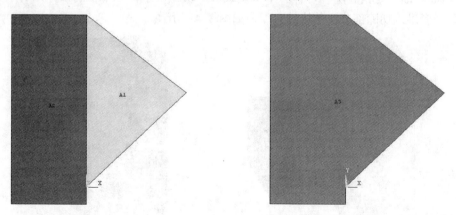

图 3-38 "加"的过程

2. 粘接

粘接（Glue）是指把两个或者多个实体粘合在一起，如图 3-39 所示。两个面也成为一个面，但在其接触面上具有共同的边界。该方法在处理两个不同材料组成的实体时比较方便。

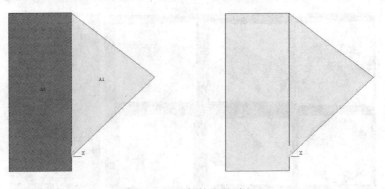

图 3-39 "粘接"的过程

3. 搭接

搭接（Overlap）类似于粘接运算，但要求输入的实体之间有重叠，搭接之后变为接触边界共有的 3 个体，如图 3-40 所示。

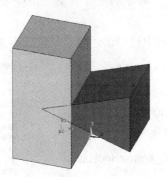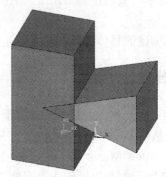

图 3-40 "搭接"的过程

4. 减

减（Subtract）是指删除"母体"中一块或者多块与"子体"重合的部分，对于建立带孔的实体或者准确切除部分实体比较方便，如图 3-41 所示。

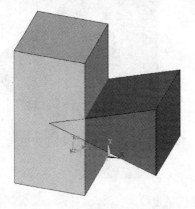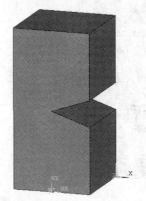

图 3-41 "减"的过程

5. 切分

切分（Divide）是指把一个实体分割为两个或者多个，分割后得到的实体仍通过共同的边界连接在一起,如图 3-42 所示。"切割工具"可以是工作平面,自定义面或者线,甚至是体。在网格划分时,通过对实体的分割可以把复杂的实体变为简单的体,便于实现均匀网格划分。

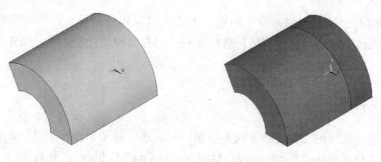

图 3-42 "切分"的过程

6. 相交

相交(Intersect)是指保留两个或者多个实体重叠的部分。如果是两个以上的实体,如图 3-43(a)所示,则有两种相交方式的选择:一是公共相交,只保留全部实体的共有部分,如图 3-43(b)所示;二是两两相交,则保留每一对实体间共同的部分,如图 3-43(c)所示。

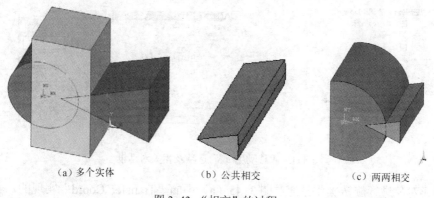

(a) 多个实体　　　　　　(b) 公共相交　　　　　　(c) 两两相交

图 3-43 "相交"的过程

7. 互分

互分(Partition)是指把两个或者多个实体相互分为多个实体,但相互之间仍通过共同的边界连接在一起。该命令在寻找两条相交线交点并保留原有线的处理时很方便,相交的 3 个体 V1,V2 和 V3,互分以后得到 7 个体,如图 3-44 所示。

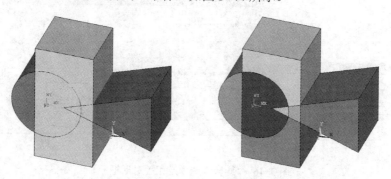

图 3-44 "互分"的过程

3.4 图元对象的其他操作

在实体模型的创建过程中，除了应用基本图元对象和体素以外，还可以根据具体情况采用其他一些操作。例如，对相同结构进行复制、对称结构进行镜像等，操作的对象可以是单个图元，也可以是组合后的实体模型。

3.4.1 移动和旋转

如果所创建的实体图元位置和方向不理想，可以通过移动和旋转来进行调整。

依次选择 Main Menu>Preprocessor>Modeling>Move/Modify，打开如图 3-45（a）所示的"Move/Modify"（移动/修改）选项。

该部分提供了图元对象移动的选项，包括点（一组点或者单个点）、线、面、体、节点等。以体为例，选择"Volumes"选项，需用户在图形窗口指定要移动的体，确定之后打开如图 3-45（b）所示"Move Volumes"对话框，在对话框上给定要移动的方向和距离就可以实现体的移动。

图 3-45 "移动/修改"选项及相关对话框

对图元对象进行旋转操作是通过图 3-45（a）中的"Transfer Coord"实现的，其选项如图中所示。仍以体为例，选择"Volumes"选项，需用户在图形窗口指定要旋转的体，确定之后打开如图 3-46（b）所示的旋转体对话框。从对话框上的选项要求可以看出，在进行旋转之前，需要事先定义一个局部坐标系，就是要把体旋转到什么位置。对话框上的其他选项还可以指定关键点的增量值，可以选择将体和划分后的单元一起进行旋转。

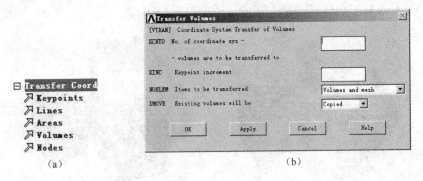

图 3-46 "旋转"选项及相关对话框

3.4.2 复制

依次选择 Main Menu>Preprocessor>Modeling>Copy，打开如图 3-47（a）所示的复制选项。

仍以体为例，选择"Volumes"选项，需用户在图形窗口指定要复制的体，确定之后打开如图 3-47（b）所示的复制体对话框。在对话框上给定要复制的份数、要复制的位置、关键点的增量值、复制内容（体或者网格）就可以实现复制。需要说明的是，如果要实现在圆周上的复制，就要将坐标系变为柱坐标系下，其余操作是相同的。

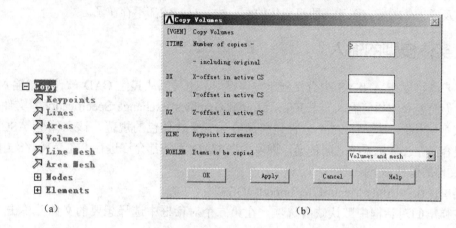

图 3-47 "复制"选项及相关对话框

3.4.3 镜像

依次选择 Main Menu>Preprocessor>Modeling>Reflect，打开如图 3-48（a）所示的镜像选项。

仍以体为例，选择"Volumes"选项，需要用户在图形窗口指定要镜像的体，确定之后打开如图 3-48（b）所示"镜像体"对话框。在对话框上选择关于哪个面（或者沿哪个坐标轴）进行镜像、关键点的增量值、复制内容（体或者网格）就可以实现镜像。

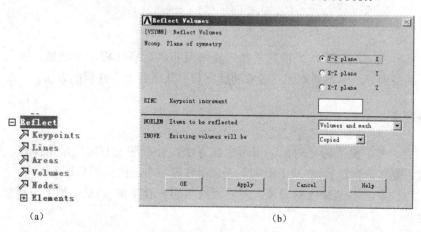

图 3-48 "镜像"选项及相关对话框

3.4.4 删除

图元对象的删除很简单，方法如下。

菜单操作：Main Menu>Preprocessor>Modeling>Delete

选择要删除的内容，然后在图形窗口指定目标图元就可以实现删除。需要注意的是，ANSYS 中的图元是分等级的，也就是说，如果选择只删除"体"，那么删除之后，虽然体是不存在了，但组成体的面、线、点还在；如果选择删除"体及以下图元"，那么操作之后，体及低于体的所有图元（即组成体的面、线、点）就都不存在了。

3.5 实体模型的输入

用户既可以在 ANSYS 中直接创建实体模型，也可以从其他 CAD 软件包中输入实体模型。我们简要介绍如何输入一个 IGES（Initial Graphics Exchange Specification）文件，IGES 是用来把实体几何模型从一个软件包传递给另一个软件包的规范，该文件是 ASCII 码文件，很容易在计算机系统之间传递，许多大型 CAD 系统都允许进行。在 ANSYS 中，输入 IGES 文件的操作如下。

菜单操作：Utility Menu>File>Import>IGES

在弹出的对话框中默认缺省选项，在第二个对话框中选择想要的文件并单击"OK"按钮。

需要说明的是，使用 IGES 输入实体模型，由于选项的不同，有时可能失败，有时输入的实体模型会丢失一些信息，有时要对输入后的模型进行进一步的修改和完善。

3.6 上机指导

学习利用 ANSYS 的"体素"概念、布尔操作、图元对象的复制等方法实现"由上到下"的实体模型建立过程，以及综合运用各种方法建模的练习。了解由其他建模软件导入模型的过程。进一步熟练相关菜单的主要功能。

【上机目的】

创建实体的方法、工作平面的平移、旋转及布尔运算（相减、粘接、搭接、模型体素的合并）的使用等。熟悉基本图元对象的建立和"从下到上"建模的方法。

【上机内容】

（1）点、线、面等图元对象的常用定义方法；针对图元对象的常用操作，包括布尔运算、镜像、复制、删除等。"从下到上"建立实体模型方法的运用和练习。

（2）用体素创建 ANSYS 对象及对图元对象的一般操作；"从上到下"建立实体模型方法的运用。

（3）实体建模方法的综合练习。

3.6.1 操作实例

实例 3.1　轴承座的分析（几何建模）

用户自定义文件夹，以"ex31"为文件名开始一个新的分析。

问题描述：轴承座 2D 平面图如图 3-49 所示，图中列出该轮的基本尺寸，在 ANSYS 中建立该轴承座几何模型。

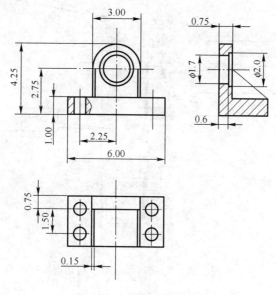

图 3-49　轴承座

1. 创建基座模型

（1）生成长方体

依次选择 Main Menu>Preprocessor>Create>Block>By Dimensions，在打开的"Create Block by Dimensions"（由尺寸控制创建长方体）对话框中，输入"X1=0，X2=3，Y1=0，Y2=1，Z1=0，Z2=3"，单击"OK"按钮，即生成长方体，如图 3-50 所示。

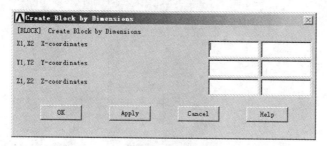

图 3-50　"由尺寸控制创建长方体"对话框

（2）平移并旋转工作平面

依次选择 Utility Menu>WorkPlane>Offset WP by Increments，在打开的浮动对话框中的

"X，Y，Z Offsets"输入"2.25，1.25，0.75"，单击"Apply"按钮，实现工作平面的平移；在"XY，YZ，ZX Angles"输入"0，-90，0"，单击"OK"按钮，实现工作平面的旋转。工作平面控制对话框上有主要功能说明，如图3-51所示。

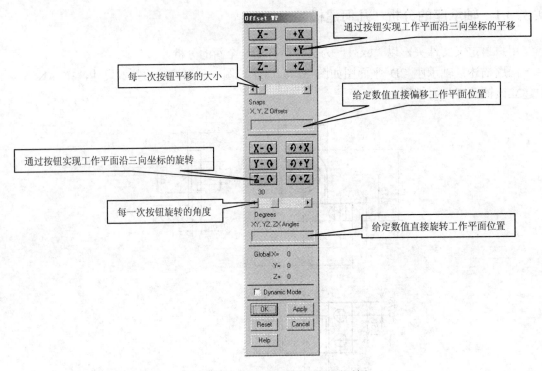

图3-51 "工作平面控制"对话框

（3）创建圆柱体

依次选择 Main Menu>Preprocessor>Create>Cylinder>Solid Cylinder，在弹出的"Solid Cylinder"（实体圆柱体创建）对话框中，在"Radius"中输入"0.75/2"；在"Depth"中输入"-1.5"，单击"OK"按钮，如图3-52所示。

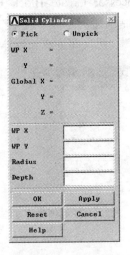

图3-52 "实体圆柱体创建"对话框

第3章 ANSYS 实体建模

（4）拷贝生成另一个圆柱体

依次选择 Main Menu>Preprocessor>Copy>Volume，弹出"拾取"对话框，用户根据指示拾取已创建的圆柱体，单击"Apply"按钮，在弹出的如图 3-47（b）对话框的"DZ"位置输入"1.5"，单击"OK"按钮。

（5）从长方体中减去两个圆柱体

依次选择 Main Menu>Preprocessor>Operate>Subtract Volumes，首先拾取被减的长方体，单击"Apply"按钮，然后拾取要减去的两个圆柱体，单击"OK"按钮。其结果如图 3-53（a）所示。

（6）使工作平面与总体笛卡儿坐标系一致

依次选择 Utility Menu>WorkPlane>Align WP with> Global Cartesian，操作完成则将工作平面恢复到总体笛卡儿坐标的位置。

2．创建支撑部分

（1）显示工作平面

依次选择 Utility Menu>WorkPlane -> Display Working Plane（toggle on），操作完成后图形窗口即显示工作平面的位置。总体坐标系的 3 个轴以"X，Y，Z"标志，工作平面的 3 个轴以"WX，WY，WZ"为标志。

（2）创建长方体块

依次选择 Main Menu>Preprocessor >Modeling-Create>Volumes-Block> By 2 corners & Z，弹出"Block by 2 Corners & Z"（由对角和高度控制长方体）对话框，如图 3-54 所示。在参数表中输入数值：WPX = 0，WPY = 1，Width = 1.5；Height = 1.75，Depth = 0.75，单击"OK"按钮。其结果如图 3-53（b）所示。

确认操作无误后，在工具栏（Toolbar）中选择保存数据库按钮（SAVE_DB），保存数据库文件。

（3）偏移工作平面到轴瓦支架的前表面

依次选择 Utility Menu>WorkPlane> Offset WP to> Keypoints，在刚刚创建的实体块的左上角拾取关键点，单击"OK"按钮。其结果如图 3-53（c）所示。

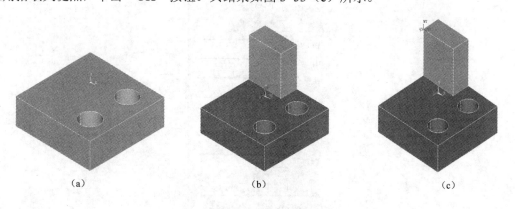

图 3-53 基座的创建

确认操作无误后，在工具栏（Toolbar）中选择保存数据库按钮（SAVE_DB），保存数据库文件。

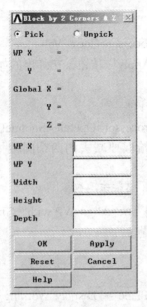

图 3-54 "由对角和高度控制长方体"对话框

(4) 创建轴瓦支架的上部

依次选择 Main Menu>Preprocessor> Modeling-Create> Volumes-Cylinder> Partial Cylinder，弹出"Partial Cylinder"（创建部分圆柱体）对话框，如图 3-55 所示。在创建圆柱的参数表中输入下列参数："WP X = 0，WP Y = 0，Rad-1 = 0，Theta-1 = 0；Rad-2 = 1.5，Theta-2 = 90，Depth = -0.75"，单击"OK"按钮。其结果如图3-56（a）所示。

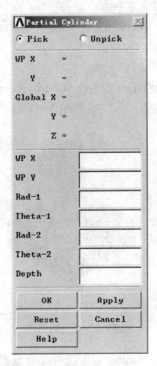

图 3-55 "创建部分圆柱体"对话框

确认操作无误后，在工具栏（Toolbar）中选择保存数据库按钮（SAVE_DB），保存数据库文件。

（5）在轴承孔的位置创建两个圆柱体为布尔操作生成轴孔做准备

依次选择 Main Menu>Preprocessor>Modeling-Create>Volume-Cylinder> Solid Cylinder，在弹出对话框（如图 3-52）中输入下列参数："WP X = 0，WP Y = 0，Radius = 1，Depth = −0.15"；单击"Apply"按钮，输入参数："WP X = 0，WP Y = 0，Radius = 0.85，Depth = −2"，单击"OK"按钮，完成大小两个圆柱体的创建。其结果如图 3-56（b）所示。

（6）从轴瓦支架"减"去圆柱体形成轴孔

依次选择 Main Menu>Preprocessor>Modeling-Operate>Subtract>Volumes，拾取构成轴瓦支架的两个体，作为布尔"减"操作的母体，单击"Apply"按钮；拾取大圆柱作为要"减"去的对象，单击"Apply"按钮。

再次拾取构成轴瓦支架的两个体，单击"Apply"按钮；拾取小圆柱体作为要"减"去的对象，单击"OK"按钮。其结果如图 3-56（c）所示。

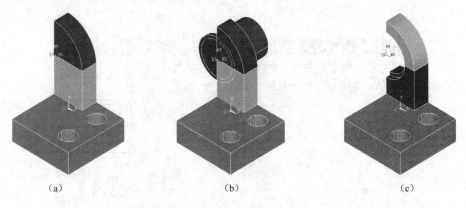

图 3-56　支撑部分的创建

确认操作无误后，在工具栏（Toolbar）中选择保存数据库按钮（SAVE_DB），保存数据库文件。

（7）合并重合的关键点

依次选择 Main Menu>Preprocessor>Numbering Ctrls>Merge Items，弹出"Merge Coincident or Equivalently Defined Items"对话框。将 Label 设置为"Keypoints"，单击"OK"按钮，如图 3-57 所示。

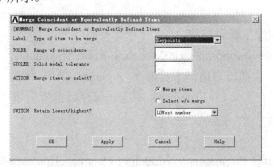

图 3-57　"合并选项"对话框

3. 创建筋板部分

（1）在底座的上部前面边缘线的中点建立一个关键点

依次选择 Main Menu>Preprocessor>Modeling-Create>Keypoints>KP between KPs，拾取底座的上部前面边缘线的两个关键点，单击"OK"按钮；在弹出对话框中输入 RATI = 0.5，单击"OK"按钮。

（2）创建一个三角面

依次选择 Main Menu>Preprocessor>Modeling-Create>Areas-Arbitrary>Through KPs，拾取上述新建的关键点，拾取轴承孔座与整个基座的交点，拾取轴承孔上下两个体的交点，单击"OK"按钮，由选中的3个点创建三角形面。

（3）沿面的法向拖拉三角面形成一个三棱柱

依次选择 Main Menu>Preprocessor>Modeling-Operate>Extrude>Areas-Along Normal，拾取新建的三角形面，单击"OK"按钮；弹出"Extrude Area along Normal"（定义拉伸长度）对话框，输入 DIST=0.15，厚度的方向指向轴承孔中心，单击"OK"按钮，如图 3-58 所示。

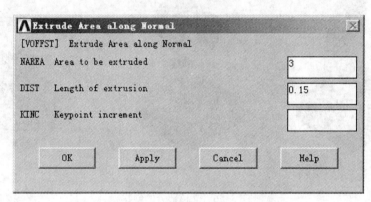

图 3-58 "定义拉伸长度"对话框

确认操作无误后，在工具栏（Toolbar）中选择保存数据库按钮（SAVE_DB），保存数据库文件。

（4）关闭工作平面的显示

依次选择 Utility Menu>WorkPlane>Display Working Plane（toggle off）。菜单项前面的对勾消失，即取消工作平面的显示，如图 3-59（a）所示。

4. 生成整个模型

（1）沿坐标平面镜像生成对称部分

依次选择 Main Menu>Preprocessor>Modeling-Reflect>Volumes，在弹出的"拾取"对话框中拾取"All"按钮，在弹出对话框中拾取 Y-Z plane，单击"OK"按钮。

确认操作无误后，在工具栏（Toolbar）中选择保存数据库按钮（SAVE_DB），保存数据库文件。

（2）粘接所有体

依次选择 Main Menu>Preprocessor>Modeling-Operate> Booleans-Glue> Volumes，在弹出的"拾取"对话框中拾取"All"按钮。其结果如图 3-59（b）所示。

第3章 ANSYS 实体建模

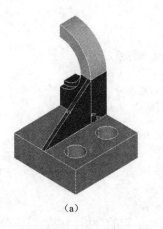 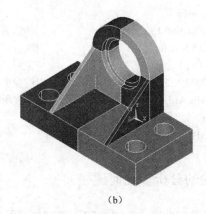

(a) (b)

图 3-59 实体模型的完成

确认操作无误后,在工具栏(Toolbar)中选择保存数据库按钮(SAVE_DB),保存数据库文件。

5. 命令流

```
/PREP7
BLOCK,,3,,1,,3              !生成长方体
WPOFF,2.25,1.25,0.75
WPROT,0,-90,0               !偏移工作平面

CYL4, , ,0.75/2, , , ,-1.5
VSEL,S, , ,2
VGEN,2,ALL, , , , ,1.5, ,0  !生成两个圆柱
ALLSEL,ALL
VSBV,1,2
VSBV,4,3                    !生成两个圆孔
WPCSYS,-1,0                 !恢复到原始坐标系
WPSTYLE,,,,,,,,1            !打开工作平面
BLC4, ,1,1.5,1.75,0.75      !创建长方体块
KWPAVE, 20                  !偏移工作平面到关键点
CYL4, , , , ,1.5,90,-0.75
CYL4, , ,1, , , ,-0.15
CYL4, , ,0.85, , , ,-2
VSEL,S,,,2,3
CM, volum, VOLU
ALLSEL,ALL
VSBV, volum, 4
VSEL,S,,,6,7
CM, volum, VOLU
ALLSEL,ALL
VSBV, volum, 5              !创建支撑部分
NUMMRG, KP, , , ,LOW        !合并关键点
KBETW,8,7,0, RATI,0.5,
```

```
A,13,18,19
VOFFST,9,-0.15, ,           !创建筋板
WPCSYS,-1,0                 !恢复到原始坐标系
WPSTYLE,,,,,,,,0            !关闭工作平面
VSYMM,X,ALL, , ,0,0         !镜像生成对称部分
VGLUE,ALL                   !粘接所有体
SAVE
FINISH
```

实例 3.2 轮的分析（几何建模）

用户自定义文件夹，以 "ex32" 为文件名开始一个新的分析。或者，更改工作文件目录和名称。

根据用户自己的习惯，选择打开工作平面。

1. 旋转截面的创建

依次选择 Main Menu>Preprocessor>Modeling>Create>KeyPoints>In Active CS，创建 10 个关键点，见表 3-8。

表 3-8 10 个关键点的编号和坐标值

编号	X	Y	Z	编号	X	Y	Z
1	2	0	0	6	16	6	0
2	2	3	0	7	17	6	0
3	4	3	0	8	18	0	0
4	5	1	0	9	0	0	0
5	15	1	0	10	0	5	0

依次选择 Main Menu>Preprocessor>Modeling>Create>Lines>Lines>Straight Line，弹出"拾取"对话框，拾取关键点，连接成直线，如图 3-60（a）所示。

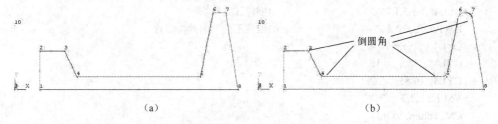

图 3-60 截面线框创建过程

依次选择 Main Menu>Preprocessor>Modeling>Create>Lines>Line Fillet，在如图 3-60（b）所示的 5 个位置倒圆角，圆角半径均为 0.5。

依次选择 Main Menu>Preprocessor>Modeling>Create>Areas>Arbitrary>By Lines，弹出"拾取线"对话框，选择"LOOP"，然后拾取任意直线，单击"OK"按钮，生成由线围成的面。

依次选择 Main Menu>Preprocessor>Modeling>Reflect>Areas，将新生成面相对于 Y 轴镜像。

依次选择 Main Menu>Preprocessor>Modeling>Operate>Booleans>Add>Areas，弹出"拾取面"对话框，单击"Pick All"按钮，单击"OK"按钮，如图3-61（a）所示。

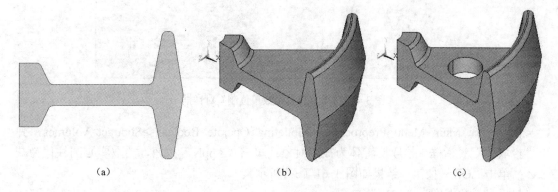

图 3-61　1/8 扇区实体创建过程

2．1/8 扇区实体的创建

依次选择 Main Menu>Preprocessor>Modeling>Operate>Extrude>Areas>About Axis，弹出"拾取面"对话框，拾取新生成的面，单击"Apply"按钮，弹出"拾取关键点"对话框。拾取关键点 2 和 22，单击"OK"按钮，打开如图3-62所示的"Sweep Areas about Axis"（旋转拉伸面）对话框，在"ARC Arc length in degrees"右侧的编辑框输入旋转的角度为 –45°，如图3-61（b）所示。

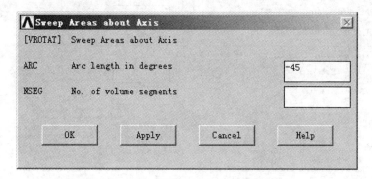

图 3-62　"旋转拉伸面"对话框

依次选择 Utility Menu>WorkPlane>Offset WP by Increments，绕 X 轴顺时针旋转 90°；沿 Z 轴负向平移 2 个单位。

依次选择 Utility Menu>Parameters>Angular Unit，打开如图3-63所示的"Angular Units for Parametric Functions"（设置三角函数单位值）对话框，在"Units for angular"下拉列表框中选择"Degrees　DEG"，单击"OK"按钮。

依次选择 Main Menu>Preprocessor>Modeling>Create>Volumes>Cylinder>Solid Cylinder，在打开的对话框中，"WP　X"右侧的编辑框输入圆柱底面圆心在工作平面上的 X 向坐标"10*COS（22.5）"；在"WP　Y"右侧的编辑框输入圆柱底面圆心在工作平面上的 Y 向坐标"10*SIN（22.5）";在"Radius"右侧的编辑框输入空心圆柱内圆半径"2";在"Depth"右侧的编辑框输入空心圆柱高度"5",单击"OK"按钮。

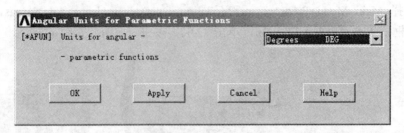

图 3-63 "设置三角函数单位制"对话框

依次选择 Main Menu>Preprocessor>Modeling>Operate>Booleans>Subtract>Volumes,弹出"拾取体"对话框,拾取旋转体为被减对象;单击"Apply"按钮,拾取实心圆柱体为减去体;单击"OK"按钮。结果如图 3-61（c）所示。

最后另存数据库为"ex32"。

3. 完整实体的创建

依次选择 Utility Menu>WorkPlane>Offset WP by Increments,沿 X 轴正向平移 2 个单位。

依次选择 Utility Menu>WorkPlane>Local Coordinate Systems>Create Local CS>At WP Origin,打开如图 3-64 所示的"Create Local CS at WP Origin"（在工作平面原点创建局部坐标系）对话框。

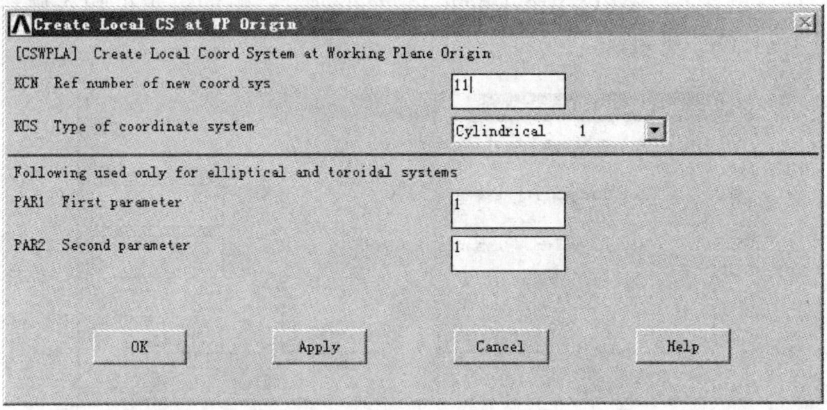

图 3-64 "在工作平面原点创建局部坐标系"对话框

在"KCN Ref number of new coord sys"右侧的编辑框默认局部柱坐标系编号为"11";在"KCS Type of coordinate system"下拉列表框中选择"Cylindrical 1";其余选项默认。单击"OK"按钮。创建局部柱坐标系的同时激活为当前坐标系。

依次选择 Main Menu>Preprocessor>Modeling>Copy>Volumes,选中相减后所得到的模型,单击"OK"按钮。打开如图 3-65 所示的"Copy Volumes"（复制体）对话框,在"ITIME Number of copies"右侧的编辑框输入复制的份数"8",即复制 8 份;在"DY Y-offset in active CS"右侧的编辑框输入每一复制品的 Y 向增量为"45",即在柱坐标系的增量为 45 度,单击"OK"按钮,如图 3-66（a）所示。

第 3 章 ANSYS 实体建模

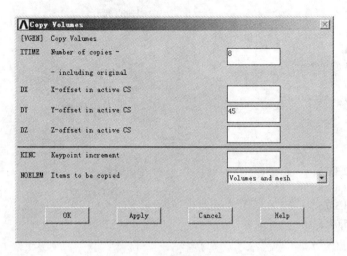

图 3-65 "复制体"对话框

依次选择 Main Menu>Preprocessor>Modeling>Operate>Booleans>Add>Volumes，弹出"拾取体"对话框，单击"Pick All"按钮，再单击"OK"按钮，结果如图 3-66（b）所示。

可以适当做些清理工作，如面的合并等，结果如图 3-66（c）所示。

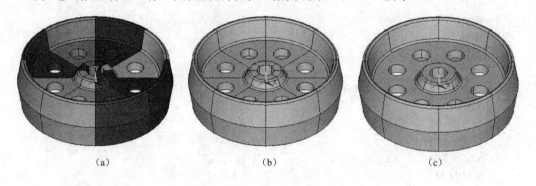

图 3-66 完整实体创建过程

最后保存数据库文件。

4. 命令流

```
/PREP7
K,1,2,0,0,                              !创建关键点
K,2,2,3,0,
K,3,4,3,0,
K,4,5,1,0,
K,5,15,1,0,
K,6,16,6,0,
K,7,17,6,0,
K,8,18,0,0,
K,9,0,0,0,
K,10,0,5,0,
```

```
LSTR,1,2                              !创建直线
LSTR,2,3
LSTR,3,4
LSTR,4,5
LSTR,5,6
LSTR,6,7
LSTR,7,8
LSTR,1,8

LFILLT,2,3,0.5,,                      !创建圆角
LFILLT,3,4,0.5,,
LFILLT,4,5,0.5,,
LFILLT,5,6,0.5,,
LFILLT,6,7,0.5,,

AL,ALL                                !创建面
ARSYM,Y,ALL,,,,0,0                    !创建镜像
AADD,ALL                              !面相加
VROTAT,3,,,,,,9,10,45,,               !创建部分旋转体

wpro,,-90,                            !工作平面旋转、偏移
wpof,,,-2

*AFUN,DEG                             !选择角度单位制
CYL4,10*COS(22.5),10*SIN(22.5),2,,,5  !创建实心圆柱体
VSBV,1,2                              !体相减

CSWPLA,11,1,1,1,                      !激活柱坐标系
VGEN,8,ALL,,,,45,,,0                  !创建完整镜像
VADD,ALL                              !体相加

SAVE
```

实例 3.3 工字截面梁

用户自定义文件夹，以"ex33"为文件名开始一个新的分析。或者，更改工作文件目录和名称。

1. 创建工字断面

依次选择 Main Menu>Preprocessor>Modeling>Create>Areas>Rectangle>By Dimensions，打开如图 3-67 所示的"Create Rectangle by Dimensions"（按尺寸创建矩形面）对话框。

在"X1,X2   X-coordinates"右侧的编辑框输入"0,0.08"，在"Y1,Y2   Y-coordinates"右侧的编辑框输入"0,0.02"，单击"Apply"按钮；继续建立两个矩形面，数值大小分别为"（0,0.02）（0,0.12）"、"（0,0.04）（0.1,0.12）"，最后一个矩形面完成后，单击"OK"按钮。其结果如图 3-68（a）所示。

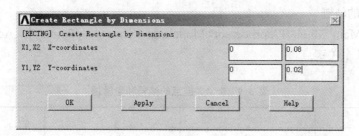

图 3-67 "按尺寸创建矩形面"对话框

依次选择 Main Menu>Preprocessor>Modeling>Reflect>Areas，弹出"拾取面"对话框，单击"Pick All"按钮，单击"OK"按钮，打开如图 3-69 所示的"Reflect Areas"（镜像面）对话框，在"Ncomp Plane of symmetry"单击按钮组中选择"Y-Z plane X"，即相对于 X 轴镜像，单击"OK"按钮。其结果如图 3-68（b）所示。

依次选择 Main Menu>Preprocessor>Modeling>Operate>Booleans>Add>Areas，弹出"拾取面"对话框，单击"Pick All"按钮，单击"OK"按钮。生成的工字截面如图 3-68（c）所示。

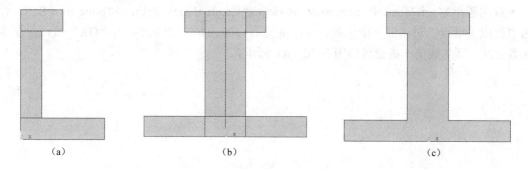

图 3-68 工字截面生成过程

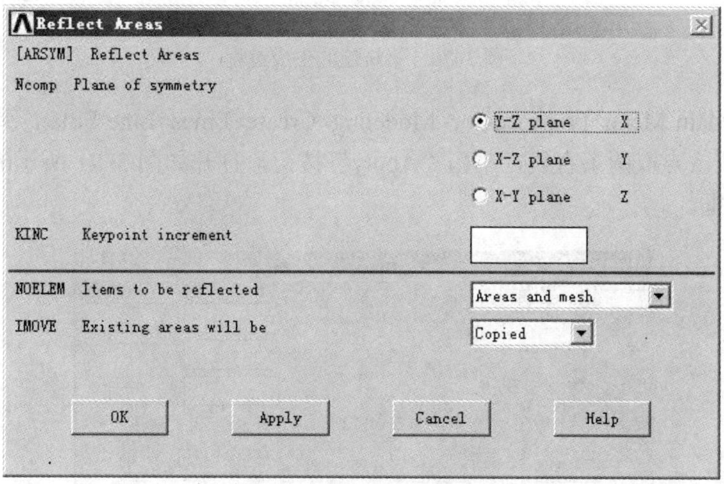

图 3-69 "镜像面"对话框

2. 生成梁的轨迹

依次选择 Main Menu>Preprocessor>Modeling>Create>KeyPoints>In Active CS，创建表 3-9 所示的 5 个关键点。

表 3-9 5 个关键点的编号和坐标值

编 号	X	Y	Z
100	0	0	0
200	0.1	0	0.5
300	1.0	0	1.0
400	1.5	0	2
500	0	0	3

依次选择 Main Menu>Preprocessor>Modeling>Create>Lines>Lines>Straight line，弹出"拾取关键点"对话框，鼠标点取 100、200，单击"Apply"按钮，即在关键点 100 和 200 之间建立直线；再次拾取 200、300，创建第二条直线，单击"OK"按钮，完成直线的创建。

依次选择 Main Menu>Preprocessor>Modeling>Create>Lines>Splines>Spline thru KPs，弹出"拾取关键点"对话框，鼠标依次点取关键点 300、400、500，单击"OK"按钮，生成样条曲线。新生成的 3 条曲线如图 3-70（a）所示。

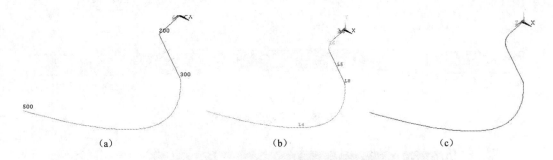

图 3-70 梁轨迹的生成过程

依次选择 Main Menu>Preprocessor>Modeling>Create>Lines>Line Fillet，弹出"拾取线"对话框，鼠标依次点取两条直线，单击"Apply"按钮，打开如图 3-71 所示的"Line Fillet"（倒圆角）对话框。

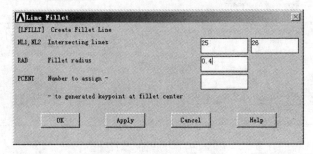

图 3-71 "倒圆角"对话框

第 3 章　ANSYS 实体建模

在"RAD Fillet radius"右侧的编辑框中输入倒圆角半径"0.4",单击"Apply"按钮;再次拾取相交的样条曲线和直线,倒圆角半径"0.4"。其结果如图 3-70(b)所示。

依次选择 Main Menu>Preprocessor>Modeling>Operate>Booleans>Add>Lines,弹出"拾取线"对话框,鼠标拾取组成轨迹的所有线(注意圆角是独立的圆弧线,不要遗漏),单击"OK"按钮,打开如图 3-72 所示的"Add Lines"(线相加提示)对话框,单击"OK"按钮。生成的工字梁的轨迹曲线如图 3-70(c)所示。

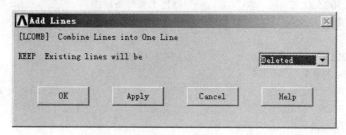

图 3-72　"线相加提示"对话框

3. 工字截面梁的创建

依次选择 Main Menu>Preprocessor>Modeling>Operate>Extrude>Areas>Along Line,弹出"拾取面"对话框,鼠标点取生成的工字截面,单击"OK"按钮,弹出"拾取线"对话框,拾取代表轨迹的曲线,单击"OK"按钮,即将工字截面沿曲线拉伸,如图 3-73 所示。

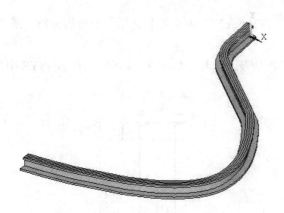

图 3-73　工字截面梁实体模型

最后保存数据库文件。

4. 命令流

```
/PREP7
RECTNG,0,0.08,0,0.02,          !创建工字梁部分截面
RECTNG,0,0.02,0,0.12,
RECTNG,0,0.04,0.1,0.12,

ARSYM,X,ALL,,,,0,0             !镜像创建完整截面
K,100,0,0,0,                   !创建 5 个关键点
K,200,0.1,0,0.5,
```

```
K,300,1,0,1,
K,400,1.5,0,2,
K,500,0,0,3,

LSTR,100,200                    !创建2条直线
LSTR,200,300

KSEL,S,,,300,500                !创建1条样条曲线
BSPLIN,300,400,500

LFILLT,25,26,0.4,,              !创建曲线圆角
LFILLT,26,27,0.4,,

LSEL,S,,,25,29                  !合并曲线
LCOMB,ALL,,0

ALLSEL
VDRAG,ALL,,,,,,25               !拉伸成型
SAVE
```

实例 3.4 六角圆头螺杆

用户自定义文件夹，以"ex34"为文件名开始一个新的分析。或者，更改工作文件目录和名称。

问题描述：螺杆的结构及几何尺寸如图 3-74 所示，在 ANSYS 中建立几何模型。

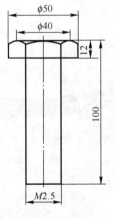

图 3-74 螺杆

1．六角圆头的创建

依次选择 Main Menu>Preprocessor>Modeling>Create>Volumes>Cone>By Dimensions，打开如图 3-75 所示的"Create Cone by Dimensions"（由尺寸创建圆台）对话框。

在"RBOT Bottom radius"右侧的编辑框输入圆台底部的半径"10"；在"RTOP Optional top radius"右侧的编辑框输入圆台顶部的半径"2"；在"Z1,Z2 Z-coordinates"右

侧的编辑框分别输入圆台顶部、底部的 Z 向坐标，即圆台的高度；在"THETA1 Starting angle（degrees）"右侧的编辑框输入圆台起始角度"0"；在"THETA2 Ending angle（degrees）"右侧的编辑框输入圆台起始角度"360"，单击"OK"按钮，结果如图 3-76（a）所示。

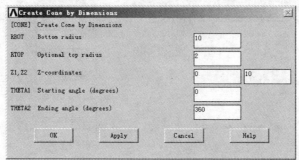

图 3-75 "由尺寸创建圆台"对话框

依次选择 Main Menu>Preprocessor>Modeling>Create>Volumes>Prism>By Inscribed Rad，打开如图 3-77 所示的"Prism by Inscribed Radius"（由内接圆半径创建棱柱）对话框，在"Z1,Z2 Z-coordinates"右侧的编辑框分别输入棱柱顶部、底部的 Z 向坐标，即棱柱的高度；在"NSIDES Number of sides"右侧的编辑框输入棱柱的边数"6"，即六棱柱；在"MINRAD Minor（inscribed）radius"右侧的编辑框输入内接圆的半径"2"，单击"OK"按钮，结果如图 3-76（b）所示。

依次选择 Main Menu>Preprocessor>Modeling>Operate>Booleans>Interaect>Common>Volumes，弹出"拾取体"对话框，单击"Pick All"按钮，单击"OK"按钮，对圆台和六棱柱进行公关相交运算，如图 3-76（c）所示。

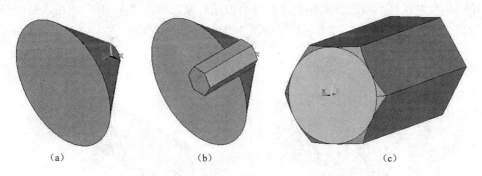

图 3-76 六角圆头创建过程

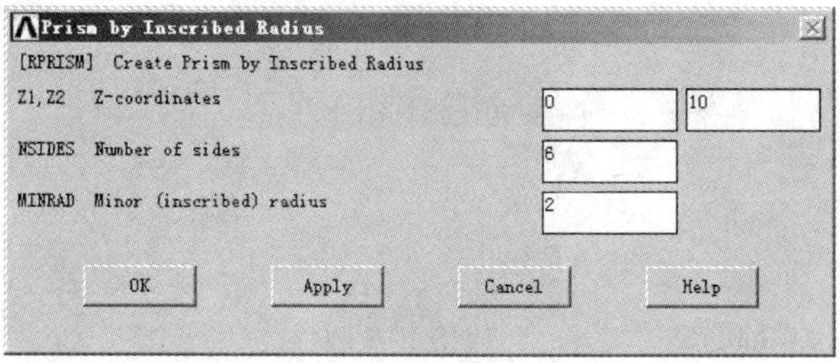

图 3-77 "由内接圆半径创建棱柱"对话框

2. 螺杆的创建

依次选择 Main Menu>Preprocessor>Modeling>Create>Volumes>Cylinder>By Dimensions，打开如图 3-78 所示的"Create Cylinder by Dimensions"（由尺寸创建圆柱体）对话框。

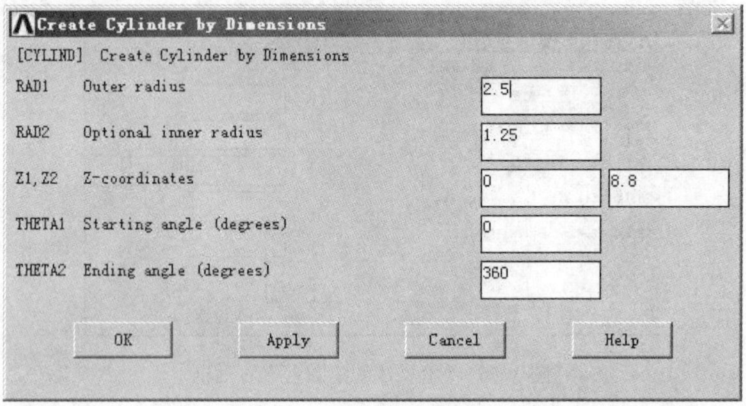

图 3-78 "由尺寸创建圆柱体"对话框

在"RAD1 Outer radius"右侧的编辑框输入圆柱体外圆半径"2.5"；在"RAD2 Optional inner radius"右侧的编辑框输入圆柱体内圆半径"1.25"，即建立一个空心圆柱体；在"Z1,Z2 Z-coordinates"右侧的编辑框分别输入棱柱顶部、底部的 Z 向坐标，即圆柱体的高度；在"THETA1 Starting angle（degrees）"右侧的编辑框输入圆柱起始角度"0"；在"THETA2 Ending angle（degrees）"右侧的编辑框输入圆柱终止角度"360"，单击"OK"按钮，结果如图 3-79（a）所示。

依次选择 Main Menu>Preprocessor>Modeling>Operate>Booleans>Subtract>Volumes，弹出"拾取体"对话框，拾取公关相交所得体为被减对象，单击"Apply"按钮，拾取空心圆柱体为减去体，单击"OK"按钮，结果如图 3-79（b）所示。

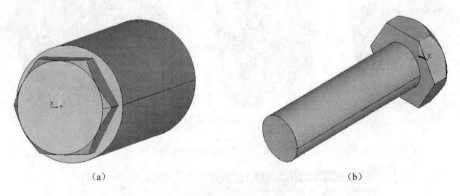

(a)　　　　　　　　　　　　　　(b)

图 3-79　螺杆创建过程

3. 命令流

/PREP7
CONE,10,2,0,10,0,360,　　　　　!创建锥形圆台
RPRISM,0,10,6,,,2,　　　　　　　!创建六棱柱

```
VINV,ALL                        !相交运算
CYLIND,2.5,1.25,0,8.8,0,360,    !创建空心圆柱体
VSBV,3,1                        !相减运算
ALLSEL
SAVE
```

实例 3.5 零件一

用户自定义文件夹,以"ex35"为文件名开始一个新的分析。或者,更改工作文件目录和名称。

根据用户自己的习惯,选择打开工作平面。

问题描述:零件一的结构和基本尺寸如图 3-80 所示,在 ANSYS 中建立该几何模型。

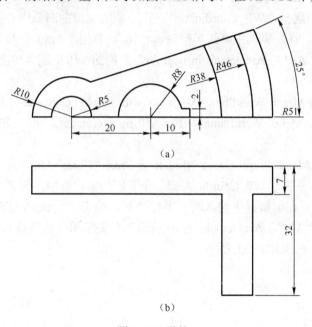

图 3-80 零件一

1. 创建复杂断面

依次选择 Main Menu>Preprocessor>Modeling>Create>Lines>Arcs>By Cent & Radius,弹出"拾取"对话框,选择"Global Cartesian",在下侧的编辑框输入圆弧中心坐标"0,0,0"。单击"Apply"按钮,在编辑框中输入圆弧半径"5",单击"Apply"按钮,打开如图 3-81 所示的"Arc by Center & Radius"(指定圆弧角度)对话框。

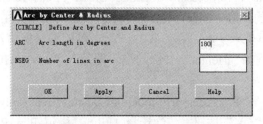

图 3-81 "指定圆弧角度"对话框

在"ARC Arc length in degrees"右侧的编辑框输入圆弧角度"180"。重复上述操作生成其余圆弧,相关数值见表3-10。最后效果如图3-82(a)所示。

表 3-10 圆弧的相关数值

圆心坐标	半 径	圆弧角度
0,0,0	38	30
0,0,0	46	30
0,0,0	51	25

依次选择 Utility Menu>WorkPlane>Offset WP by Increments,绕Z轴逆时针旋转60°。

依次选择 Main Menu>Preprocessor>Modeling>Create>Lines>Arcs>By Cent & Radius,弹出"拾取"对话框,选择"WP Coordinates",在下侧的编辑框圆弧中心坐标输入"0,0,0",单击"Apply"按钮,在编辑框中圆弧半径输入"10",单击"Apply"按钮,打开如图 3-81所示的对话框,在"ARC Arc length in degrees"右侧的编辑框圆弧角度输入"120",单击"OK"按钮。

依次选择 Utility Menu>WorkPlane>Align WP with>Global Cartesian,复原工作平面。

依次选择 Utility Menu>WorkPlane>Offset WP by Increments,沿X轴正向平移工作平面20个单位。

依次选择 Main Menu>Preprocessor>Modeling>Create>Lines>Arcs>By Cent & Radius,弹出"拾取"对话框,选择"WP Coordinates",在下侧的编辑框输入圆弧中心坐标"0,0,0",单击"Apply"按钮,在编辑框中输入圆弧半径"8",单击"Apply"按钮,打开如图 3-81所示的对话框,在"ARC Arc length in degrees"右侧编辑框输入圆弧角度"180",单击"OK"按钮,结果如图3-82(b)所示。

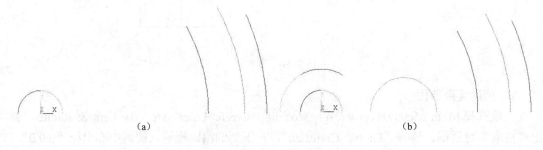

图 3-82 圆弧生成的过程

依次选择 Main Menu>Preprocessor>Modeling>Create>Areas>Rectangle>By 2 Corners,打开如图 3-83(a)所示的"Rectangle by 2 Corners"(由两个角点生成矩形面)对话框。在"WP X"右侧的编辑框输入"0",在"WP Y"右侧的编辑框输入"0",在"Width"右侧的编辑框输入"10",在"Height"右侧的编辑框输入"2",单击"OK"按钮,结果如图 3-83(b)所示。

依次选择 Main Menu>Preprocessor>Modeling>Delete>Areas only,弹出"面拾取"对话框,拾取矩形面,单击"OK"按钮。依次选择 Utility Menu>Plot>Replot,刷新图形窗口,

如图 3-83（c）所示。

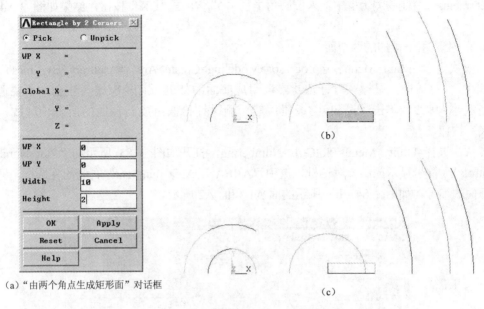

(a)"由两个角点生成矩形面"对话框

图 3-83　两个角点生成矩形面的过程

依次选择 Main Menu>Preprocessor>Modeling>Create>Lines>Lines>Straight line，弹出"拾取关键点"对话框，拾取相应的关键点，生成 4 条直线。上方的轮廓线需要连接最右侧圆弧上端的关键点，创建直线效果如图 3-84（a）所示。

依次选择 Main Menu>Preprocessor>Modeling>Operate>Booleans>Partition>Lines，弹出"拾取线"对话框，拾取矩形线框与圆弧线相交的两条直线及圆弧线，单击"Apply"按钮，即将两条线互分为 4 条线。拾取与内侧两圆弧线相交的两条直线，单击"OK"按钮，将四条线互分。

依次选择 Main Menu>Preprocessor>Modeling>Delete>Lines and Below，弹出"线拾取"对话框，拾取不需要的线，单击"OK"按钮，结果如图 3-84（a）所示。

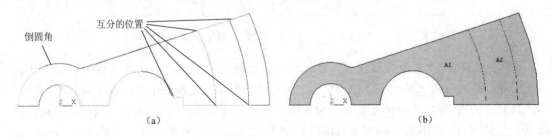

图 3-84　线生成面的过程

要点提示：从删除的操作选项可以明显看出图元对象的等级之分。例如，上述操作中，指定删除了最高等级的面，而低级的线和点依然存在。指定删除线及以下图元对象时，不仅线删除了，低级的点也同时删除了。

依次选择 Main Menu>Preprocessor>Modeling>Create>Lines>Line Fillet，弹出"拾取线"

对话框，鼠标依次点取斜直线与圆弧线，单击"Apply"按钮，在打开的对话框中"RAD Fillet radius"右侧的编辑框中输入倒圆角半径"2"，单击"OK"按钮，结果如图 3-84（a）所示。

2．生成用于拉伸的两个面

依次选择 Main Menu>Preprocessor>Modeling>Create>Areas>Arbitrary>By lines，弹出"拾取线"对话框，鼠标顺时针依次点取组成底面的外侧所有轮廓线（注意，不要遗漏倒圆角底小圆弧），单击"Apply"按钮；然后顺时针拾取组成凸台面的所有轮廓线，单击"OK"按钮。

依次选择 Utility Menu>PlotCtrls>Numbering，打开如图 3-85 所示的"Plot Numbering Controls"（符号显示控制）对话框，选中"AREA Area numbers"右侧的复选框，即表示打开面的编号，如图 3-84（b）所示的面 A1 和面 A2 所示。

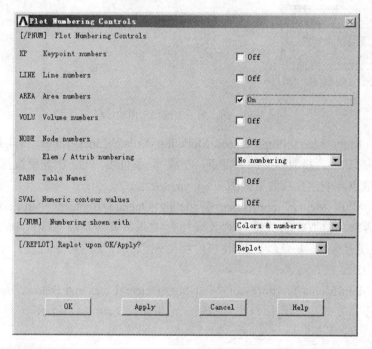

图 3-85　"符号显示控制"对话框

⚜ 要点提示："符号显示控制"对话框，用于控制是否显示图元对象的编号、以什么方式显示。该对话框上部的"Off/On"复选框用于控制编号是否显示，可以选择其中一个，如上述的"面"，即打开面编号显示；如果同时选择"面"和"线"，则面和线都显示相应的编号。"Numbering shown with"下拉列表用于控制显示的方式，目前状态是"Colors & numbers"，即图元对象同时以编号和颜色区分。

3．生成实体

依次选择 Main Menu>Preprocessor>Modeling>Operate>Extrude>Areas>Along Normal，弹出"拾取面"对话框，拾取面 A1，单击"Apply"按钮，打开如图 3-86 所示的"Extrude Area along Normal"（沿法向拉伸面）对话框。

第 3 章 ANSYS 实体建模

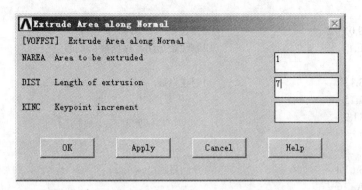

图 3-86 "沿法向拉伸面"对话框

在"DIST Length of extrusion"右侧的编辑框拉伸的厚度输入"7",单击"Apply"按钮,结果如图 3-87(a)所示;继续拾取面 A2,拉伸厚度为 25,单击"OK"按钮,结果如图 3-87(b)所示。

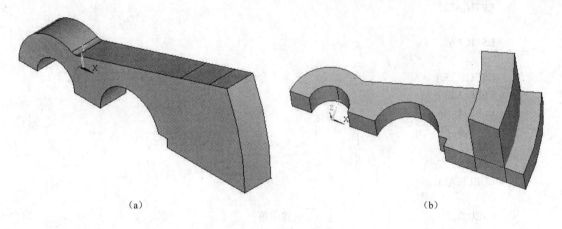

图 3-87 拉伸生成体的过程

最后保存数据库。

4. 命令流

```
/PREP7
K,100,0,0,0,                    !创建两个关键点
K,200,20,0,0,

CIRCLE,100,5,,,180,,            !创建圆弧线
CIRCLE,100,38,,,30,,
CIRCLE,100,46,,,30,,
CIRCLE,100,51,,,25,,
CIRCLE,100,10,,,180,3,
LDELE,6,,,1

wpof,20
CIRCLE,200,8,,,180,,
```

```
BLC4,0,0,10,2              !创建矩形
ADELE,1                    !删除矩形面,保留线、点部分

LSTR,3,13                  !创建直线
LSTR,1,15
LSTR,11,9
LSTR,17,8

LSEL,S,,,3,4               !分割直线
LSEL,A,,,16
LPTN,ALL

LSEL,S,,,6
LSEL,A,,,10
LSEL,A,,,12
LPTN,ALL

LSTR,4,6

LSEL,S,,,3,4               !删除多余线
LSEL,A,,,13
LSEL,A,,,16
LSEL,A,,,19
LSEL,A,,,21
LSEL,A,,,27
LDELE,ALL,,,1

LSEL,S,,,7                 !创建圆角
LSEL,A,,,23
LFILLT,7,23,2,,

LSEL,S,,,1,3               !创建底面
LSEL,A,,,5
LSEL,A,,,7,9
LSEL,A,,,11
LSEL,A,,,14,15
LSEL,A,,,17
LSEL,A,,,22,26
AL,ALL

LSEL,S,,,6                 !创建凸台面
LSEL,A,,,18
LSEL,A,,,20
LSEL,A,,,24
AL,ALL
```

VOFFST,1,7, ,   !拉伸成型
VOFFST,2,25, ,

ALLSEL
SAVE

实例 3.6 零件二

用户自定义文件夹，以"ex36"为文件名开始一个新的分析。或者，更改工作文件目录和名称。

根据用户自己的习惯，选择打开工作平面。

问题描述：零件二的结构和基本尺寸如图 3-88 所示，在 ANSYS 中建立几何模型。

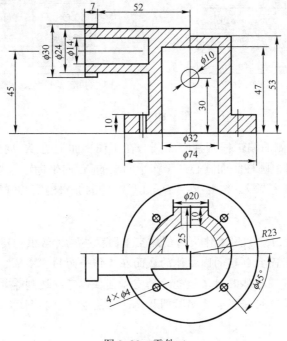

图 3-88 零件二

1. 底部的创建

依次选择 Main Menu>Preprocessor>Modeling>Create>Volumes>Cylinder>Hollow Cylinder，打开如图 3-89（a）所示的"Hollow Cylinder"（利用工作平面创建空心圆柱体）对话框。在"WP X"右侧的编辑框圆柱底面圆心在工作平面上的 X 向坐标输入"0"；在"WP Y"右侧的编辑框圆柱底面圆心在工作平面上的 Y 向坐标输入"0"；在"Rad-1"右侧的编辑框空心圆柱内圆半径输入"16"；在"Rad-2"右侧的编辑框空心圆柱外圆半径输入"37"；在"Depth"右侧的编辑框给出空心圆柱高度输入"10"，单击"OK"按钮。

依次选择 Utility Menu>WorkPlane>Offset WP by Increments，绕 Z 轴逆时针旋转 45°。

依次选择 Main Menu>Preprocessor>Modeling>Create>Volumes>Cylinder>Solid Cylinder，打开如图 3-89（b）所示的"Solid Cylinder"（利用工作平面创建实心圆柱体）对话框。

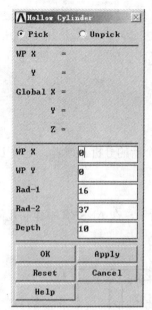   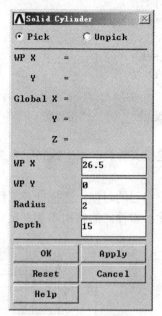

(a) "利用工作平面创建空心圆柱体"对话框　　(b) "利用工作平面创建实心圆柱体"对话框

图 3-89　创建柱体

在"WP X"右侧的编辑框圆柱底面圆心在工作平面上的 X 向坐标输入"26.5";在"WP Y"右侧的编辑框圆柱底面圆心在工作平面上的 Y 向坐标输入"0";在"Radius"右侧的编辑框实心圆柱半径输入"2";在"Depth"右侧的编辑框实心圆柱高度输入"15",单击"OK"按钮。

⚜ 要点提示:使用"利用工作平面创建空心圆柱体"对话框创建的空心圆柱体与工作平面的位置密切相关,而且创建的圆柱体的底面在工作平面的"X-Y"平面上,且 Z 向坐标为零。与"由尺寸创建圆柱体"对话框创建的空心圆柱体可以达到等效的作用,而"利用工作平面创建空心圆柱体"对话框创建实心圆柱体的方法也可以和利用工作平面创建实心圆柱体对话框等效。

依次选择 Main Menu>Preprocessor>Modeling>Reflect>Volumes,将小实心圆柱体相对于 Y 轴镜像,再将已有的两个小实心圆柱体相对于 X 轴镜像即可,结果如图 3-90(a)所示。

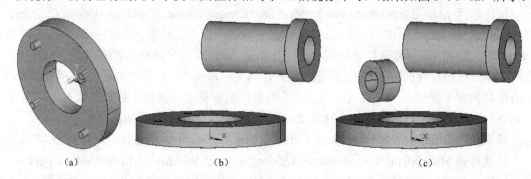

图 3-90　零件创建过程

依次选择 Main Menu>Preprocessor>Modeling>Operate>Booleans>Subtract>Volumes，弹出"拾取体"对话框，拾取空心大圆柱体被减对象，单击"Apply"按钮，拾取 4 个实心小圆柱体为减去体，单击"OK"按钮。

2．三个成角度圆柱体的创建

依次选择 Utility Menu>WorkPlane>Offset WP by Increments，将工作平面平移到（52,0,45）；绕 Z 轴顺时针旋转 45 度，再绕 Y 轴旋转 90°。

依次选择 Main Menu>Preprocessor>Modeling>Create>Volumes>Cylinder>By Dimensions，创建空心圆柱体 1，内径为 7，外径为 15，高度为 0～7；创建空心圆柱体 2，内径为 7，外径为 12，高度为 7～52，结果如图 3-90（b）所示。

依次选择 Utility Menu>WorkPlane>Align WP with>Global Cartesian，复原工作平面。

依次选择 Utility Menu>WorkPlane>Offset WP by Increments，沿 Z 轴正向平移工作平面为 30 个单位；绕 Z 轴顺时针旋转为 30°；绕 Y 轴顺时针旋转为 90°；沿 Z 轴负向平移为 25 个单位。

依次选择 Main Menu>Preprocessor>Modeling>Create>Volumes>Cylinder>By Dimensions，创建空心圆柱体 3，内径为 5，外径为 10，高度为 0～10，结果如图 3-90（c）所示。

依次选择 Utility Menu>WorkPlane>Align WP with>Global Cartesian，复原工作平面。

依次选择 Main Menu>Preprocessor>Modeling>Create>Volumes>Cylinder>Solid Cylinder，创建实心圆柱体 4，半径为 23，高度为 53；创建实心圆柱体 5，半径为 16，高度为 47；结果如图 3-91（a）所示。

依次选择 Main Menu>Preprocessor>Modeling>Operate>Booleans>Add>Volumes，弹出"拾取体"对话框，拾取底部实体、空心圆柱体 1、空心圆柱体 2、空心圆柱体 3、实心圆柱体 4，单击"OK"按钮。

依次选择 Main Menu>Preprocessor>Modeling>Operate>Booleans>Subtract>Volumes，弹出"拾取体"对话框，拾取相加得到的体为被减对象，单击"Apply"按钮，拾取实心圆柱体 5 为减去体，单击"OK"按钮，结果如图 3-91（b）所示。

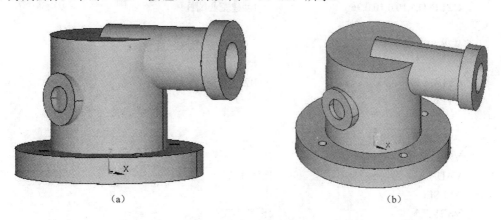

(a)   (b)

图 3-91　零件创建过程

⚜ 要点提示：利用体素创建互成一定角度的实体时，工作平面的平移和旋转是不可缺少的，因为体素的定义与工作平面相关，即体素的基本参数都是相对于工作平面定义的。

3. 命令流

```
/PREP7
CYL4,0,0,16, ,37, ,10              !创建空心圆柱体
wpro,45,,                          !工作平面绕 Z 轴逆时针旋转 45 度
CYL4,26.5,0,2, , , ,15             !创建小实心圆柱体

VSEL,S,,,2                         !创建小实心圆柱体镜像
VSYMM,Y,ALL, , , ,0,0
VSEL,S,,,2,3
VSYMM,X,ALL, , , ,0,0

ALLSEL
VSBV,1,ALL                         !模型相减

K,100,52,0,45,                     !创建关键点
KWPAVE,100                         !工作平面移动、旋转
wpro,-45,,
wpro,,,-90

CYLIND,7,15,0,7,0,360,             !创建空心圆柱体
CYLIND,7,12,7,52,0,360,

WPCSYS,-1,0                        !工作平面移动、旋转
wpof,,,30
wpof,-15,
wpro,,90,

CYLIND,5,10,0,10,0,360,            !创建空心圆柱体

WPCSYS,-1,0

CYL4, , ,23, , , ,53               !创建实心圆柱体
CYL4, , ,16, , , ,47

VSEL,S,,,1,4
VSEL,A,,,6
VADD,ALL                           !模型相加
ALLSEL
VSBV,7,5                           !模型相减

SAVE
```

3.6.2 检测练习

练习 3.1 零件三的建模

综合运用实体建模方法实现的实体模型如图 3-92 所示。

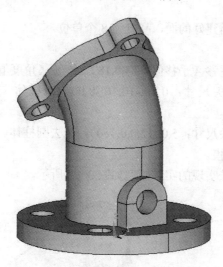

图 3-92 零件三

1．创建底座

（1）创建空心圆柱体 1（相关尺寸：40,15,0,8,0,360）。

（2）创建关键点 100（坐标值：0,0,0），关键点 200（坐标值：50,50,0），在两点之间创建关键点 300（距离点 100 为 30）。

（3）偏移工作平面到关键点 300，并旋转（角度值：45,0,0）工作平面。

（4）创建实心圆柱体 1（相关尺寸：5,0,0,10,0,360），映射圆柱体 1 到其他 3 个位置。

（5）从空心圆柱体 1 中减去 4 个小圆柱体，删除关键点 100、200、300。

2．创建中间部分

（1）复原工作平面到整体坐标系原点，创建空心圆柱体 2（相关尺寸：20,15,8,40,0,360）。

（2）创建关键点 200（坐标值：-30,0,40），偏移工作平面到该点，并旋转（角度值：0,90,0）工作平面。

（3）创建环状体（相关尺寸：30,20,15,0,45），将所有体相加。

3．创建上部分

（1）取顶面圆心为关键点 300（KBETW,68,70,300,RATI,0.5），偏移工作平面到该点，并旋转（角度值：45,0,0）、（角度值：0,-90,0）工作平面两次。

（2）删除辅助关键点 200、300；创建空心圆面 1（相关尺寸：25,15,0,360）。

（3）平移工作平面（平移值：28,0,0），创建两个实心圆面（相关尺寸：7,0,0,360）、（相关尺寸：4,0,0,360）。

（4）从大的实心圆面减去小的实心圆面，并将得到的面与空心圆面 1 相加。

（5）倒圆角（半径5），新增部分由线生成面，并与现有面合并。

（6）依次对工作平面进行平移（平移值：-28,0,0）、旋转（角度值：-120,0,0）、平移（平移值：28,0,0），创建两个实心圆面（相关尺寸：7,0,0,360）、（相关尺寸：4,0,0,360）；减去小圆面，并将两面相加；倒圆角（半径5），新增部分由线生成面，并与现有面合并。

（7）重复步骤（6）。

（8）沿法线方向拉伸新建好的面，高度为8个单位。

4．创建右侧部分

（1）复原工作平面，平移（平移值：24,0,18）、旋转（角度值：0,0,90）工作平面。

（2）创建块状体（相关尺寸：0,10,-10,10,-8,0），圆柱体（10,0,-8,0,90,270），将所有体相加。

（3）创建圆柱体（相关尺寸：5,0,-12,0,0,360），减去圆柱体。

练习3.2　零件四的建模

综合运用实体建模方法实现的实体模型如图3-93所示。

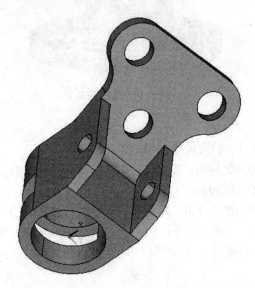

图3-93　零件四

5．创建基座

（1）创建块体1（相关尺寸：0,20,-20,20,0,35）和圆柱体1（相关尺寸：20,0,0,35,90,270）。

（2）创建圆柱体2（相关尺寸：15,0,0,40,0,360），并从块体和圆柱体1中减去圆柱体2。

（3）平移工作平面（平移值：0,0,10），创建块体2（相关尺寸：-20,0,-30,30,0,10），并从现有体中减去块体2。

6．创建倾斜部分

（1）平移（平移值：20,0,25）、旋转（角度值：0,0,-30）工作平面，创建块体3（相关尺寸：-5,50,-20,20,-5,0）（该块体尺寸略大，便于与现有体结合）。

（2）为了减去多余部分，用相交面切分新建块体，将多余部分删除，然后现有的两

（3）倒圆角面，增加部分由线生成面，由面生成体，现有的 3 个体相加。

（4）平移工作平面（平移值：15,0,0），创建圆柱体 3（相关尺寸：6,0,-5,5,0,360），从现有体中减去圆柱体 3。

（5）平移工作平面（平移值：23,20,0），创建圆柱体 4（相关尺寸：12,0,-5,0,0,180）、圆柱体 5（相关尺寸：6,0,-5,5,0,360），将现有体与圆柱体 4 相加，并减去圆柱体 5。

（6）平移工作平面（平移值：0,-40,0），创建圆柱体 6（相关尺寸：6,0,-5,5,0,360）、圆柱体 7（相关尺寸：12,0,-5,0,180,360），将现有体与圆柱体 7 相加，并减去圆柱体 6。

（7）倒圆角面，增加部分由线生成面，由面生成体，现有的 3 个体相加。

7．创建肋板

（1）将工作平面平移到关键点 4（肋板最下点），在现有工作平面上创建关键点（稍长一些，坐标值：40,0,0），两点连线。

（2）将肋板左边（共 3 条线）复制（距离 15,0,5），然后合并。

（3）4 条相交线互分，删除多余线，倒圆角。

（4）由线生成面（各线编号：75,83,107,94,95,66,78）（注意不要用圆角面部分的线，否则所建面可能与现有体不相交）。

（5）将工作平面复原至总体坐标原点，平移（平移值：28,-20,18）、旋转（角度值：0,90,0）工作平面。

（6）创建圆面（相关尺寸：4,0,0,360），减去圆面。

（7）拉伸肋板面成体（注意法线方向决定拉伸值的正负）；将生成体复制到对称位置（0,35,0）；将所有体相加。

8．完善模型

将有相交面进行相加。

练习 3.3　回转类零件

基本要求

运用"由下向上"方法创建如图 3-94（a）剖面的实体。

思路点睛

（1）通过创建关键点生成如图 3-94（b）形状的截面线框，由线生成面。

（2）依次选择 Main Menu>Preprocessor>Modeling>Operate>Extrude>Areas>About Axis，绕轴旋转面生成体，如图 3-94（c）所示。需要注意的是，该操作要求事先定义轴，轴的定义不必生成线，有两个关键点即可。

练习 3.4　列车轮轨

基本要求

（1）创建如图 3-95（a）所示的截面形状的铁轨踏面，并拉伸成体。

（2）创建如图 3-95（b）所示的列车车轮的实体模型。

（3）创建如图 3-95（c）所示的轮轨关系。

思路点睛

（1）由于列车轮轨形状复杂，在 ANSYS 中直接建模并不是很方便，可以采用其他建模软件完成建模，并保存为 IGES 文件。

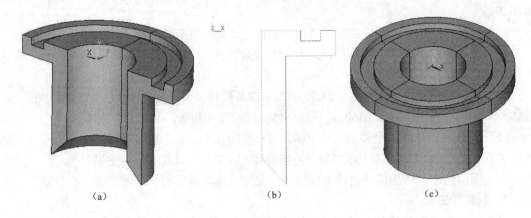

图 3-94　回转类零件的创建

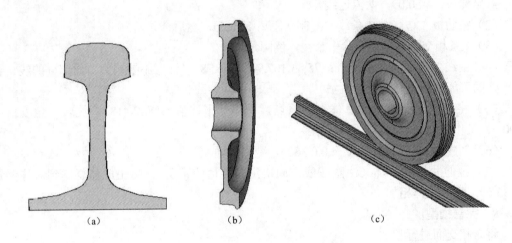

图 3-95　列车轮轨及几何关系

（2）依次选择 Utility Menu>File>Import>IGES，打开如图 3-96 所示的 "Import IGES File"（导入 IGES 文件选项）对话框，单击 "OK" 按钮，即选择默认选项。打开如图 3-97 所示的 "Import IGES File"（指定 IGES 文件）对话框，单击 "Browse" 按钮，选择已经创建的 IGES 文件，单击 "OK" 按钮，即可以把模型导入。

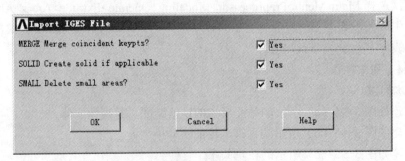

图 3-96　"导入 IGES 文件选项" 对话框

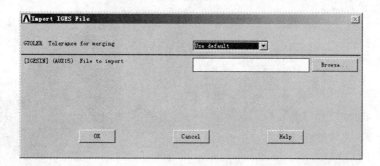

图 3-97 "指定 IGES 文件"对话框

✦ 要点提示：导入的模型会出现一些问题。例如，一些倒角等细小结构的丢失，需要用户对导入以后的模型进行修复。具体程度要看模型的复杂程度和出现问题的多少。

练习 3.5 机匣盖

基本要求

创建如图 3-98 所示的带锪平孔、键槽、肋板和凸台的机匣盖模型。

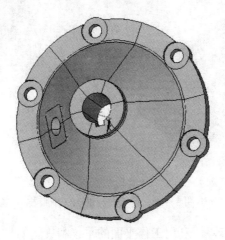

图 3-98 机匣盖模型

思路点睛

（1）通过定义关键点、由点连线、倒圆角等方法生成如图 3-99（a）所示的截面框。其中，依次选择 Main Menu>Preprocessor>Modeling>Create>Lines>Lines>At angle to line，定义两条平行斜线。

（2）由线框生成面，由面绕定轴旋转生成体，如图 3-99（b）所示。

（3）利用工作平面的平移和旋转，或者三角函数的方法，创建锪平孔，如图 3-100（a）所示。

（4）在整体坐标系的"X-Y"平面创建肋板的一个面，绕轴旋转得到原始肋板实体。

（5）定义局部柱坐标系，复制原始肋板实体到肋板位置，删除原始肋板实体，如图 3-100（b）所示。

（6）在局部柱坐标系下，复制如图 3-100（b）所示的实体，生成整个实体，如图 3-101（a）所示。

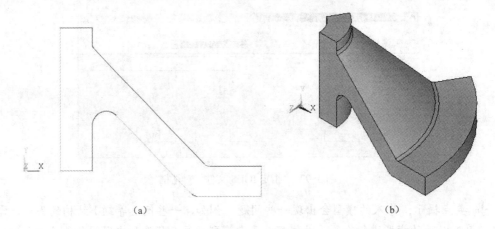

图 3-99　由截面旋转成体的过程

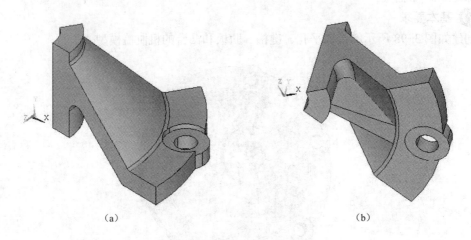

图 3-100　锪平孔与肋板生成过程

（7）恢复整体直角坐标系，利用工作平面的平移和旋转创建键槽孔。

（8）创建凸台表面的圆角矩形，拉伸生成体，利用体加、减等布尔操作，最后创建如图 3-101（b）所示的机匣盖模型。

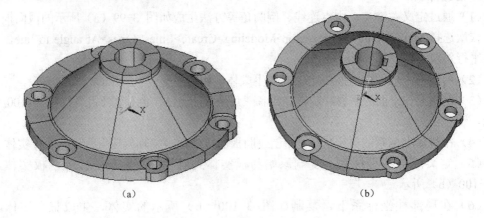

图 3-101　整体与键槽生成过程

练习题

（1）实体模型建立的方法有 3 种，各有什么特点？

（2）基本图元对象包括点、线、面和体，掌握不同的实现方法是实现实体建模的基础之一。基本图元对象的定义方法各有几种？布尔操作实现几种功能？

（3）体素的概念是什么？布尔操作实现几种功能？

（4）图元对象的移动、选择、复制和镜像操作如何实现？

第 4 章 ANSYS 网格划分

有限元方法分析问题的重要步骤之一就是实体模型的离散化。ANSYS 提供了方便、快捷、有效的功能实现实体模型的网格划分。本章介绍在 ANSYS 中实现网格划分的一般步骤、如何选择或者定义单元与材料的属性、如何应用网格划分工具对实体进行网格化及网格的直接生成等。网格划分的好坏直接影响计算结果的准确性和有效性，因此在学会一般意义上的网格划分方法的基础上，应该掌握一些必要的技巧，才可以得到理想的有限元模型。

4.1 区分实体模型和有限元模型

现今所有的有限元分析都使用实体建模（类似于 CAD），ANSYS 以数学的方式表达结构的几何形状。也就是说，所得到的模型是实际问题中结构几何形状的抽象，也就是实体模型。但是实体模型并不是可以进行求解的模型，必须在里面填充节点和单元（即网格划分过程），并且在几何边界上施加约束和载荷（即加载过程），也就是得到所说的有限元模型。

简单地说，实体模型是不参与求解的，即使在实体模型直接施加载荷或约束，也最终传递到有限元模型（即节点和单元）进行求解。可以说，建立实体模型是为有限元模型的创建做基础的。不是所有的问题都需要从实体模型的创建开始，所以 ANSYS 提供了直接生成节点和单元的方法，方便用户创建有限元模型。

实体模型和有限元模型的比较如图 4-1 所示。

图 4-1 实体模型和有限元模型的比较

4.2 网格化的一般步骤

（1）建立并选取单元数据

第 1 步是建立单元的数据，这些数据包括单元的种类（TYPE）、单元的几何常数（R）、单元的材料性质（MP）、单元形成时所在的坐标系统及单元截面属性（SECTYPE），也就是说当对象进行网格化分后，单元的属性是什么。当然可以设定不同种类的单元，相同的单元又可设定不同的几何常数，也可以设定不同的材料特性，以及不同的单元坐标系统。

（2）设定网格建立所需的参数

第 2 步即可进行设定网格划分的参数，最主要是定义对象边界单元的大小和数目。网格设定所需的参数，将决定网格的大小、形状，这一步非常重要，将影响分析时的正确性和经济性。网格划分得较细也许会得到很好的结果，但并非网格划分得越细，得到的结果就越好。因为网格太密太细，会占用大量的分析时间。有时较细的网格与较粗的网格比较起来，较细的网格分析的精确度只增加百分之几，但占用的计算机资源比起较粗的网格却是数倍之多，同时在较细的网格中，常会造成不同网格划分时连接的困难。所以要在计算精度和计算时间的经济性之间找到合适的平衡点。

（3）产生网格

完成前两步即可进行网格划分，如果不满意网格化的结果，也可清除网格，重新定义单元的大小、数目，再进行网格化，直到得到满意的有限元模型为止。

实体模型的网格化可分为自由网格化（Free Meshing）及映射网格化（Mapped Meshing）两种不同的网格化。不同网格化的方法对建构的实体模型是有不同要求的，自由网格化时对实体模型的构建要求简单，无较多限制。反之，映射网格化对实体模型的建立就有一些要求和限制，否则难以实现映射网格的划分。

4.3 单元属性定义

单元属性的定义包括单元形状的选择、实常数的定义、材料的定义。在网格划分之前，必须分配相应的单元属性。

4.3.1 单元形状的选择

ANSYS 为用户提供了大量可以选择的，不同形状、不同用途的单元。在 2-D 结构中可分为四边形和三角形，在 3-D 结构中可分为六面体和角锥体。根据不同的网格划分方法，将会产生不同的单元，如映射网格划分一般得到四边形或者六面体形状的网格。从已有单元库中选择单元形状可以通过以下方法完成。

命令格式：ET，ITYPE, Ename, KOP1, KOP2, KOP3, KOP4, KOP5, KOP6, INOPR

菜单操作：Main Menu>Preprocessor>Element Type>Add/Edit/Delete

在弹出的如图 4-2（a）所示的对话框上单击"Add"按钮，弹出如图 4-2（b）所示的对话框。

在图 4-2（b）中的左侧列出了单元类型，如梁单元（Beam）、实体单元（Solid）等，右侧列出相应的性质（三维还是二维单元）和编号，如质量单元是三维的，为 21 号单元；下侧是用户选择的单元编号。例如，同一个问题中用户选择了若干种单元，而质量单元为第 2 种单元，那么这个位置的单元编号即为 2。

通过"Apply"按钮可以连续选择需要的单元，完成后单击"OK"按钮。选择好的单元将列在如图 4-2（a）所示的对话框中，此时"Option"按钮和"Delete"按钮将变为可用的，"Option"按钮是对单元特性的进一步定义，但不是所有单元都需要定义，用户要根据所用单元的特点和要求来操作；"Delete"按钮允许用户从列表中删除已经选择的单元类型。

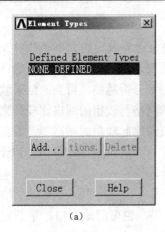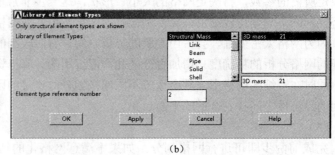

图 4-2　单元选择

4.3.2　单元实常数的定义

实常数的定义是为单元服务的，也就是说，实常数是单元特性的进一步描述。不是所有单元都需要定义实常数，实常数只是某些单元特有的参数，而且不同单元实常数代表的意义也不同。例如，对于壳单元，实常数代表的是壳的厚度。ANSYS 14.0 中的大部分壳单元和梁单元时常数定义已经无法使用 GUI 定义，但是使用命令流语言 APDL 依然可以有效加载；同时 GUI 操作中单元截面定义可以对实常数定义起到替代作用。

命令格式：R, NSET, R1, R2, R3, R4, R5, R6

菜单操作：Main Menu>Preprocessor>Real Constants>Add/Edit/Delete

以壳单元为例，在弹出的如图 4-3（a）所示的对话框上单击"Add"按钮，将弹出"Element Type for Real Constants"对话框，其上列出了所有用户已经选择的单元类型，选择需要定义的单元类型，如图 4-3（b）所示，然后单击"OK"按钮，在弹出的对话框上定义实常数，如图 4-3（c）所示。

图 4-3　单元实常数的定义

第 4 章 ANSYS 网格划分

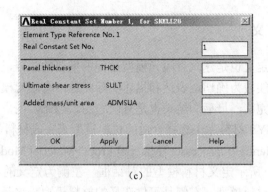

(c)

图 4-3 单元实常数的定义（续）

4.3.3 单元截面的定义

单元截面定义也是为单元服务的，是单元特性的进一步描述。不是所有单元都需要定义实截面，截面定义只是某些单元特有的参数。如梁单元的横截面形状的说明和壳单元的厚度设定等。

命令格式：SECTYPE, SECID, Type, Subtype, Name, REFINEKEY

菜单操作：Main Menu>Preprocessor>Sections>Axis>Add

Main Menu>Preprocessor>Sections>Beam>Common Sections

Main Menu>Preprocessor>Sections>Contact>Add

Main Menu>Preprocessor>Sections>Joints>Add / Edit

Main Menu>Preprocessor>Sections>Pipe>Add

Main Menu>Preprocessor>Sections>Shell>Lay-up>Add / Edit

梁单元的横截面属性的定义如图 4-4（a）所示，横截面形状为工字梁，几何尺寸如图所示。壳单元的厚度为 0.2，如图 4-4（b）所示。

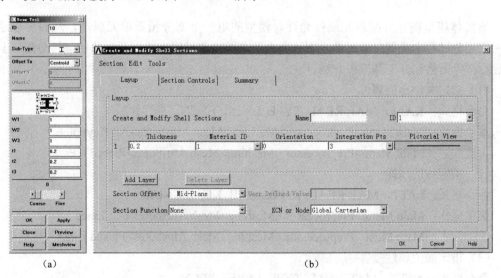

(a) (b)

图 4-4 "梁单元和壳单元截面定义"对话框

4.3.4 单元材料的定义

材料模型的抽象与定义也是建立有限元模型过程中重要的部分，直接影响分析的结果。如果材料模型的选择不能较为确切地表达和描述实际问题，有限元模型的建立就是失败的。无论其他步骤做得多么完美，最后的结果也是有问题的。因此，用户需要依据专业知识来表达材料特性，并从 ANSYS 材料库中选择合适的材料模型来完成材料的建立。

菜单操作：Main Menu>Preprocessor>Material Props>Material Models

弹出如图 4-5（a）所示定义材料模型的对话框，左侧为定义的材料模型的编号，同一个问题中可以有不同的材料模型；右侧是可供选择的材料模型，这是一个树状的列表，双击图标可以层层打开。例如，在右侧依次"Structural>Linear>Elastic>Isotropic"双击图标则打开的是线性弹性各向同性材料的定义，如图 4-5（b）所示，这个模型需要用户给出两个参数，即弹性模量和泊松比。

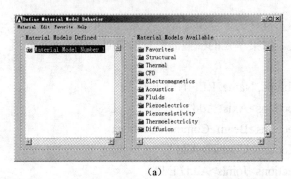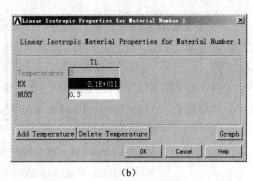

(a)　　　　　　　　　　　　　　　　(b)

图 4-5　材料模型的定义

4.3.5 单元属性的分配

给实体模型图元分配单元属性允许对模型的每一个部分预置单元属性，从而可以避免在网格划分过程中重置单元属性。下述命令及菜单操作可以完成图元对象的属性分配，具体的过程在"网格划分工具"中介绍。

（1）指定关键点的属性

命令格式：KATT，MAT, REAL, TYPE, ESYS，SECN

菜单操作：Main Menu>Preprocessor>Meshing>Mesh Attributes>All Keypoints
　　　　　Main Menu>Preprocessor> Meshing>Mesh Attributes>Picked KPs

（2）指定线的属性

命令格式：LATT，MAT, REAL, TYPE, --, KB, KE, SECNUM

菜单操作：Main Menu>Preprocessor> Meshing>Mesh Attributes>All Lines
　　　　　Main Menu>Preprocessor> Meshing>Mesh Attributes>Picked Lines

（3）指定面的属性

命令格式：AATT，MAT, REAL, TYPE, ESYS，SECN

菜单操作：Main Menu>Preprocessor> Meshing>Mesh Attributes>All Areas
　　　　　Main Menu>Preprocessor> Meshing>Mesh Attributes>Picked Areas

（4）指定体的属性

命令格式：VATT，MAT, REAL, TYPE, ESYS，SECN

菜单操作：Main Menu>Preprocessor> Meshing>Mesh Attributes>All Volumes
　　　　　Main Menu>Preprocessor> Meshing>Mesh Attributes>Picked Volumes

4.4 网格划分

4.4.1 网格划分工具

网格划分工具是网格控制的一种快捷方式，它能方便地实现单元属性控制、智能网格划分控制、尺寸控制、自由网格划分和映射网格划分、执行网格划分、清除网格划分及局部细分。网格划分工具各部分的功能如图 4-6 所示。

程序默认为自由网格划分，单元形状以四边形、六面体优先，三角形、角锥单元次之。网格化时，如果实体模型能够实现映射网格化，而且相对应边长度约相等，则以映射网格化优先考虑进行。

启动网格划分工具的方法如下。

菜单操作：Main Menu>Preprocessor>Meshing>MeshTool，即打开如图 4-6 的"网格划分工具浮动"对话框。

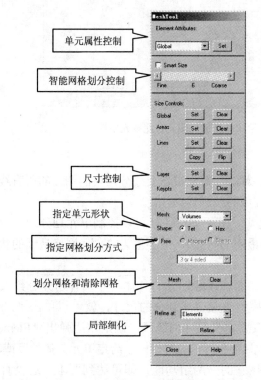

图 4-6 "网格划分工具浮动"对话框

1. 单元属性控制

该部分控制分配单元属性。下拉式框内可以选择"Global"、"Volumes"、"Areas"、"Lines"和"KeyPoints",即给实体模型中的全部图元、体、面、线和关键点分配单元属性。

选择好上述内容后,单击右侧"Set"按钮,在打开如图 4-7 所示的对话框上指定单元类型(TYPE)、材料(MAT)、实常数(REAL)、单元坐标系统(ESYS)和截面编号(SECNUM),以上都是下拉式列表,用户需从已定义好的内容中进行选择。例如,用户已经选择并定义了若干种单元,在"Element type number"右侧下拉式列表中都有显示并可以指定,图 4-7 中显示的是用户已经定义的 1 号单元为"SHELL181";而材料模型、实常数和截面编号都没有事先定义,则右侧下拉式列表中显示"None defined"。

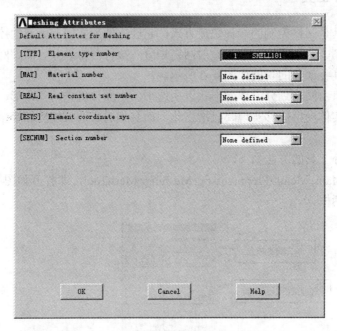

图 4-7　给实体模型的图元分配单元属性

2. 智能网格划分控制

智能网格划分,即 SmartSizing 算法。首先根据要划分网格的图元的所有线来估算单元的边长,然后对实体中的弯曲近似区域的线进行细化。

当用户选中了"Smart Size"之后,其下的滑块就可以控制单元划分的尺度,默认状态的值为"6",最大值为"10"(网格最粗的状态),最小值为"1"(网格最细的状态)。

3. 尺寸控制

尺寸控制是通过指定整体图元、面、线等划分的具体尺寸或者划分份数来控制网格划分的密度。例如,用户想指定实体模型中某些线划分的尺寸,就可以单击"Lines"右侧的"Set"按钮,然后在实体模型上拾取要定义尺寸的线段,确定以后弹出"Element Sizes on Picked Lines"(单元尺寸的控制)如图 4-8 所示的对话框,给定单元具体长度或者份数。

网格划分工具中,我们一般只用它的一两组功能,即可达到要求。这里有必要知道尺寸控制的优先级。

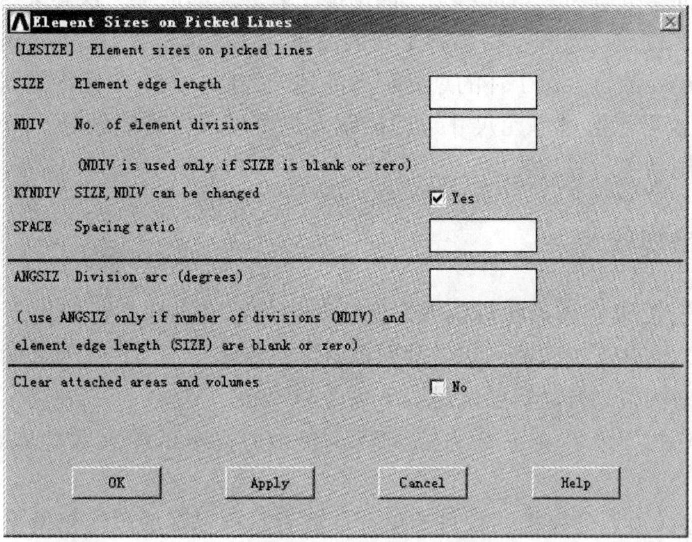

图 4-8 "单元尺寸的控制"对话框

（1）默认单元尺寸控制

最先考虑线的划分；关键点附近的单元尺寸作为第 2 级考虑对象；总体单元尺寸作为第 3 级考虑对象；最后考虑默认尺寸。

（2）智能单元尺寸的优先顺序

最先考虑线的划分；关键点附近的单元尺寸作为第 2 级考虑对象，当考虑到小的几何特征和曲率时，可以忽略它；总体单元尺寸作为第 3 级考虑对象，当考虑到小的几何特征和曲率时，可以忽略它；最后考虑智能单元尺寸设置。

4．指定单元形状与网格划分方式

首先在"Mesh"右侧的下拉式列表中选择要划分的对象（体、面、线、关键点），然后确定单元的形状，是"Tet"还是"Hex"。这个选项与网格划分方式是紧密相连的，如果选择"Tet"，下面的网格划分方式自动变为"Free"，即自由网格划分；否则对应的是"Map"（映射网格划分）或者"Sweep"（扫掠网格划分）。

5．执行网格划分和清除网格

将上述参数设置完成之后，就可以通过"Mesh"按钮进行网格划分，这部分是由程序根据用户的设置自动进行。

如果用户对划分好的网格不满意，可以通过"Clear"按钮将其清除。

4.4.2 自由网格划分

自由网格划分对实体模型的几何形状没有特殊的要求，无论其是否规则都可以实现网格化。一些局部细小区域的网格划分也选择自由网格划分方法。

所用的单元形状取决于划分对象，对面进行划分时，自由网格可以由四边形、三角形或者二者混合划分组成。也就是说，如果用户不是指定必须产生三角形单元的情况下，当面边界线分割数目为偶数时，生成的网格将会全部是四边形，并且单元质量较好；反之，形状很差的四边形单元会分解为三角形单元，即出现二者混合的情况。这要求用户在划分网格时要适当进行处理。例如，选择支持多种形状的面单元或者通过打开"Smart Size"选项来让程序决定合适的单元数目。对于体的划分和面的划分类似，只是单元将是四面体或六面体。

网格的密度既可以通过单元尺寸进行控制，也可以采用智能划分。一般的，在自由网格划分时推荐使用智能尺寸设置。

4.4.3 映射网格划分

映射网格划分要求实体形状规则或者满足一定的准则，用户可以指定程序全部使用四边形、三角形、六面体产生映射网格，其网格密度也依赖于当前单元尺寸的设置。

要实现面映射网格划分，需要满足以下条件。

① 该面必须由 3 或者 4 条线组成，有 3 条边时划分的单元数为偶数且各边单元数相等。

② 面的对边必须划分为相同数目的单元，或者是可以形成过渡形网格划分的情况，如图 4-9 所示。

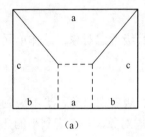
(a)

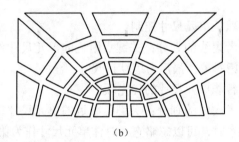
(b)

图 4-9 面的过渡映射网格划分

③ 网格划分必须设置为映射网格（命令格式：MSHKEY，1），根据单元类型和形状的设置，可以得到全部是四边形或者三角形的映射网格。

④ 如果面的边数多于 4 条，可以将部分线合并或者连接起来使边数降为 4 条。线的合并命令优先于线连接命令。

线合并命令在实体建模中已经讲过，不再重复。线连接命令如下。

命令格式：LCCAT，NL1，NL2

菜单操作：Main Menu>Preprocessor>Meshing>Mesh>Areas>Mapped>Concatenate>Lines
　　　　　Main Menu>Preprocessor>Meshing>Mesh>Volumes>Mapped>Concatenate>Lines

对于使用 IGES 默认功能输入的模型不能使用线连接命令，只能使用线合并命令进行操作。

要实现体全部是六面体形状的映射网格化，需要满足以下条件。

① 该体应为块状（6 个面组成）、楔形、棱柱（5 个面组成）、四面体（4 个面组成）。如果是棱柱或者四面体，三角形面上的单元分割数必须是偶数。

② 对边必须划分为相同数目的单元，或者是可以形成过渡形网格划分的情况，如图 4-10 所示。（注意图中箭头指示的边的划分数目）

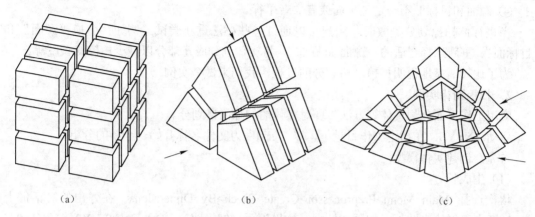

图 4-10 体的过渡映射网格划分

③ 如果体的面数多于 4 个,可以将部分面合并或者连接起来使面数下降。

与线的操作类似,面连接命令如下。

命令格式:ACCAT,NA1,NA2

菜单操作:Main Menu>Preprocessor>Meshing>Mesh>Volumes>Mapped>Concatenate>Areas

一般情况下,当两面为平面或者共面时,面相加的效果比面连接要好。而且,在进行面连接之后一般还要进行线连接的操作。但要连接的两个面都由 4 条线组成时(无连接线),线连接操作会自动进行。

面连接同样不支持使用 IGES 默认功能输入的模型,也只有使用面相加命令来实现合并面的目的。

4.4.4 扫掠生成网格

1. 扫掠网格的使用

通过扫掠方式对体进行网格划分的基本过程是从体的一边界面(称为源面)扫掠整个体至另一界面(称为目标面)结束生成网格。体扫掠生成网格的优点如下。

① 适合对输入的实体模型进行网格划分。

② 对于不规则的体要生成六面体网格时,可以通过将体分解成若干可扫掠的部分来实现。

③ 体扫略对源面划分使用的单元没有限制。

在网格划分工具当中我们介绍了如何激活扫掠划分的操作,一旦选择了"Sweep"选项,其下相应的下拉式列表也随之激活,它允许用户设置"源面/目标面"的指定方式,一是程序自动选择,二是由用户指定。那么,什么样的实体可以进行扫掠划分?对"源面/目标面"的要求又是什么呢?

① 体的拓扑结构能够进行扫掠,也就是说,可以找到合适的"源面/目标面"。

② 如果有合适的"源面/目标面",不要求实体模型是等截面的,但截面的变化是线性的才有较好的结果。

③ 源面和目标面的形状可以不同,但拓扑结构相同时,也可以成功进行扫掠操作。

④ 源面和目标面不一定是平面或者二者平行。

当进行体扫掠划分失败时，用户可以通过一些办法重新尝试。例如，交换"源面"和"目标面"、重新选择合适的"源面/目标面"、将实体划分成几部分以减少扫掠的长度等。

为了比较清楚地说明扫掠网格划分的过程，我们来做个实例。

2．扫掠网格实例

应用工作平面分割实体等方法实现对实体的扫掠网格划分。

启动 ANSYS，在指定工作目录下，以"grid"为文件名称开始一个新的分析。

首先，创建实体模型。

（1）生成长方体

依次选择 Main Menu>Preprocessor>Create>Block>By Dimensions，在弹出的对话框上（第 3 章中已经给出图形、相同对话框，这里不再详细说明），输入 X1=0，X2=4，Y1=0，Y2=2，Z1=0，Z2=2，单击"OK"按钮。

（2）平移工作平面

依次选择 Utility Menu>WorkPlane>Offset WP by Increments，在打开的浮动对话框中的"X，Y，Z Offsets"输入"1，1，0"，单击"OK"按钮。

（3）创建第 1 个圆柱体

依次选择 Main Menu>Preprocessor>Create>Cylinder>Solid Cylinder，在弹出对话框上的"WP X"和"WP Y"中输入"0"，在"Radius"输入"0.4"，"Depth"输入"2"，单击"OK"按钮。

（4）平移并旋转工作平面

依次选择 Utility Menu>WorkPlane>Offset WP by Increments，在打开的浮动对话框中的"X，Y，Z Offsets"输入"2，-1，1"，单击"OK"按钮；在"XY，YZ，ZX Angles"输入"0，-90，0"，单击"OK"按钮。

（5）创建第 2 个圆柱体

依次选择 Main Menu>Preprocessor>Create>Cylinder>Solid Cylinder，在弹出对话框上的"WP X"和"WP Y"中输入"0"，在"Radius"输入"0.4"，"Depth"输入"2"，单击"OK"按钮。

（6）将工作平面恢复到原始位置

依次选择 Utility Menu>WorkPlane>Align WP with>Global Cartesian……即可将工作平面恢复到原始位置。

（7）将两个圆柱体从长方体中减去

依次选择 Main Menu>Preprocessor>Modeling-Operate>Subtract>Volumes，首先拾取长方体作为布尔"减"操作的母体，单击"Apply"按钮；拾取第 1 个圆柱作为要"减"去的对象，单击"Apply"按钮。再次拾取长方体，单击"Apply"按钮；拾取第 2 圆柱体，单击"OK"按钮，如图 4-11（a）所示。最后，选择单元并划分网格。

（8）选择单元

依次选择 Main Menu>Preprocessor>Element Type>Add/Edit/Delete，在弹出的对话框中选择"Add"按钮，在左侧"Structural"中选择"Solid"，然后从右侧选择"Brick 8node 185"，单击"OK"按钮，单击"CLOSE"按钮。

（9）平移并旋转工作平面

依次选择 Utility Menu>WorkPlane>Offset WP by Increments，在打开的浮动对话框中的"X，Y，Z Offsets"输入"2，0，0"，单击"OK"按钮；"XY，YZ，ZX Angles"输入"0，0，90"，单击"OK"按钮。

（10）用工作平面切分长方体

依次选择 Main Menu>Preprocessor> Modeling-Operate>Divide> Volu by WorkPlane，拾取要切分的体，单击"OK"按钮。

（11）将工作平面恢复到原始位置

依次选择 Utility Menu>WorkPlane>Align WP with>Global Cartesian，如图 4-11（b）所示。

（12）打开网格划分根据并设置网格大小

依次选择 Main Menu>Preprocessor>MeshTool，在打开的对话框上的"Size Control"中选择"Lines"，单击右侧的"set"按钮，拾取需要设置的该实体上每一条直线（注意：不要选中圆弧），单击"OK"按钮，在打开的对话框上的"NDIV"输入 10，单击"OK"按钮。

（13）实现映射网格划分

在 MeshTool 对话框上指定"Mesh"为"Volumes"，在"Shape"中选择"Hex/Wedge"和"Sweep"，单击"Sweep"按钮，拾取要划分网格的实体，单击"OK"按钮。划分网格后的效果如图 4-11（c）所示。

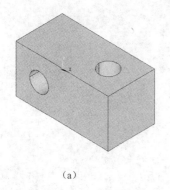 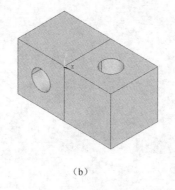 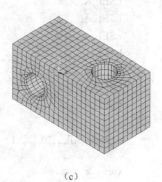

(a)　　　　　　　　　(b)　　　　　　　　　(c)

图 4-11　扫掠网格划分

3．命令流

```
/PREP7
BLOCK,0,4,0,2,0,2,
wpoff,1,1,0
CYL4,0,0,0.4, , , ,2
wpoff,2,-1,1
wprot,0,-90,0
CYL4,0,0,0.4, , , ,2
WPCSYS,-1,0
VSBV,1,2
VSBV,4,3
```

```
ET,1,SOLID185

wpoff,2,0,0
wprot,0,0,90
VSBW,1
WPCSYS,-1,0

LSEL,S, , ,1
LSEL,A, , ,3
LSEL,A, , ,6
LSEL,A, , ,8
LSEL,A, , ,9
LSEL,A, , ,10
LSEL,A, , ,11
LSEL,A, , ,12
LSEL,A, , ,33
LSEL,A, , ,34
LSEL,A, , ,35
LSEL,A, , ,36
LSEL,A, , ,37
LSEL,A, , ,38
LSEL,A, , ,39
LSEL,A, , ,40
LSEL,A, , ,41
LSEL,A, , ,42
LSEL,A, , ,43
LSEL,A, , ,14

LESIZE,All, , ,10, , , , ,1

VSEL,S, , ,3
VSWEEP,ALL

VSEL,S, , ,2
VSWEEP,ALL
SAVE
```

4.5 网格的局部细化

网格的局部细化属于 ANSYS 修改模型的方法之一，本节主要介绍对特殊形状和需求的实体进行网格局部细化的过程、高级参数的控制、细化后原有单元属性和载荷的转换、局部细化网格具有的特征等。

4.5.1 局部细化一般过程

用户在学习了前述的网格划分操作之后，就可以完成网格的划分工作，但在如下情况下,用户可以进一步考虑进行网格的局部细化处理。

① 用户在完成了模型的网格划分之后,希望在模型的某一指定区域内得到更好的网格。

② 用户已经完成了分析过程,但根据计算结果希望在感兴趣的区域得到更为精细的求解。

值得说明的是,对于所有由四面体组成的面网格和体网格,ANSYS 程序允许用户在指定的节点、单元、关键点、线或者面的周围进行局部网格细化。由非四面体所组成的网格(如六面体、楔形、棱锥)不能进行局部网格细化。那么,一般网格细化的步骤是什么呢?

首先,选择图元(或者一组图元)为对象,围绕其进行网格细化。

其次,指定细化程度,即指定细化区域相对于原有网格的尺寸。细化后的单元一定比原有单元小。

使用网格划分工具上的局部细化部分,或者通过命令格式,或者菜单操作都可以实现网格细化过程。例如,对如图 4-12(a)所示已经划分好的网格进行局部细化操作的过程和效果如下。

(1)围绕指定节点进行细化操作

命令格式:NREFINE, NN1, NN2, NINC, LEVEL, DEPTH, POST, RETAIN

菜单操作:Main Menu>Preprocessor>-Meshing-Modify Mesh>Refine At> Nodes

该操作指定了左上角的某个节点,效果如图 4-12(b)所示。

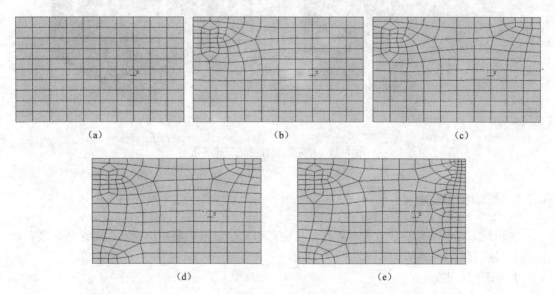

图 4-12 在指定区域进行网格局部细化

(2)围绕指定单元进行细化操作

命令格式:EREFINE, NE1, NE2, NINC, LEVEL, DEPTH, POST, RETAIN

菜单操作:Main Menu>Preprocessor>Meshing>Modify Mesh>Refine At> Elements

该操作指定了右上角的一个单元,效果如图 4-12(c)所示。

(3)围绕指定关键点进行细化操作

命令格式:KREFINE, NP1, NP2, NINC, LEVEL, DEPTH, POST, RETAIN

菜单操作：Main Menu>Preprocessor>Meshing>Modify Mesh>Refine At> Keypoints
该操作指定了左下角的关键点，效果如图 4-12（d）所示。

（4）围绕指定线段进行细化操作

命令格式：LREFINE, NL1, NL2, NINC, LEVEL, DEPTH, POST, RETAIN

菜单操作：Main Menu>Preprocessor>Meshing>Modify Mesh>Refine At> Lines
该操作指定了长方形的右边，效果如图 4-12（e）所示。

（5）围绕指定面进行细化操作

命令格式：AREFINE, NA1, NA2, NINC, LEVEL, DEPTH, POST, RETAIN

菜单操作：Main Menu>Preprocessor>Meshing>Modify Mesh>Refine At> Areas
该操作对已经划分好单元的如图 4-13（a）所示的长方体的两个面进行了程度不同的细化操作。对面向读者的左侧面进行了程度最低（LEVEL=1）的细化，对右侧面进行了程度最高（LEVEL=5）的细化，效果如图 4-13（b）所示。

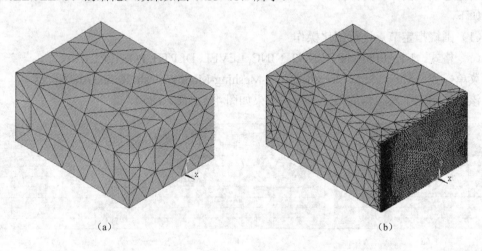

图 4-13 指定面进行网格局部细化

4.5.2 高级参数的控制

实现局部细化的命令或者菜单操作过程中，有几个参数需要用户指定，对这些高级参数的控制可以有效达成用户对局部细化的要求。

1. 细化的程度

局部细化中的"LEVEL"参数用来指定细化的程度。"LEVEL"取值必须是从 1～5 的整数，取值为 1 时细化的程度最低，此时在细化区域得到的单元边界长度大约是原有单元边界长度的 1/2；取值为 5 时细化的程度最高，此时得到的单元边界长度大约是原有单元边界长度的 1/9。那么，取值为 2、3、4 时，得到的单元长度分别大约是原有单元长度的 1/3、1/4、1/8。

"LEVEL"数值的选择与参数"RETAIN"也是有关系的，相关内容在后面介绍。

2. 细化的深度

局部细化中的"DEPTH"参数用来指定细化的深度，即指定图元周围有多少单元要被细化。默认状态下，取值为 0，即只有所选图元外面的一个单元参与细化。当取值逐渐增大时，参与细化的单元也随之增加。例如，当用户指定对某一边界线里侧的单元进行细化时，默认设置下只对里侧一层单元进行局部细化，如图 4-14（a）；当取值为 1 时，对里侧两层单元进行细化，如图 4-14（b）；以此类推。但细化深度不是无限制的，当取值为 2 时，针对图 4-13 中的情况就已经是对全部单元进行细化，即使用户继续增加取值，也没有变化，也就是细化深度达到最大。

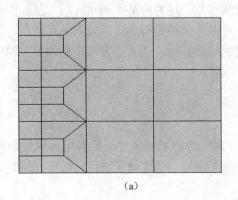 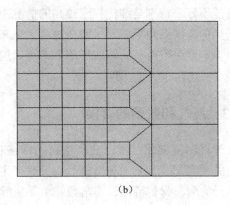

图 4-14　细化深度的意义

3. 细化区域的后处理

作为细化过程的一部分，细化区域的后处理是指原始单元分裂后，新生单元与老单元之间如何过渡和连接。用户由此可以选择"光滑和清理"、只进行光滑操作，或者二者皆不。这项参数的控制通过"POST"来实现。

选项指定为"OFF"时的效果如图 4-14 所示，新旧单元之间没有过渡；当选项指定为"Clean & Smooth"时，程序自动在新旧单元之间进行光滑和清理工作，效果如图 4-15（a）所示；当选项指定为"Smooth"时，程序只进行光滑处理，效果如图 4-15（b）所示。通过上述效果的对比可以发现，适当的后处理选项和操作可以改善单元的形状质量。

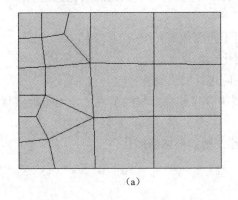 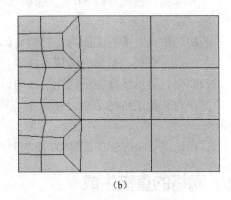

图 4-15　后处理选项的效果

4. 四边形单元是否保留的问题

用户在对四边形网格进行细化时，希望细化后得到的单元还是四边形，是否能够保留四边形的控制通过参数"RETAIN"来实现。

默认状态下,参数设置为"ON",这意味着细化过程不会引入三角形单元。如果设置为"OFF",为了保持新旧单元之间的连续过渡,有可能会包含一定数量的三角形单元,但通过"清理"操作可以使三角形单元保持在最少的状态。

对于四边形单元而言,在"RETAIN"打开状态下增加或者减少"LEVEL"取值不一定就能够得到希望的细化结果。即使细化成功,所有四边形单元都保留下来,某些单元的形状也可能不好,特别是细化程度较高的情况下会更加严重,这样势必影响单元的质量。因此,有适当的少量三角形单元保留在过渡区域未必不可取,目的是得到比较好的单元质量。如果用户一定要保留所有的四边形单元,可以通过增加细化深度,或者设置清理操作等来避免或者减少三角形单元的出现。

4.5.3 属性和载荷的转换

通过网格细化过程,会产生新的网格状态,这些新的单元属性与原有单元属性是什么样的关系呢?事实上,与旧单元相关联产生的新单元属性自动继承了旧单元的单元属性,包括单元类型、材料特性、实常数和单元坐标系。

由于 ANSYS 允许用户将载荷施加在实体模型或者有限元模型上,载荷的转换有着不同的处理方式。对于实体模型加载,相应的载荷和边界条件在求解之前将转换到节点和单元上,因此实体模型载荷将正确地转换到细化产生的新单元和节点上;对于有限元载荷(即加在节点和单元上的载荷)就不能直接转换到细化后的新单元和节点上,而且程序不允许用户对带有载荷的单元进行细化操作,除非用户先将所加载荷删除,细化结束后再重新加载。

4.5.4 局部细化的其他问题

对于网格的局部细化操作,用户还需要注意以下问题。

① 网格细化只对用户指定的单元内进行,对其他单元没有影响。

② 如果用户使用"LESIZE"控制线段的分割数,这些将会受到随后细化过程的影响,即会改变线的分割数。

③ 局部细化对所有的面网格有效,但只能用于四面体单元组成的体网格中。

④ 对包含有接触单元的区域不能进行网格细化。

⑤ 如果有梁单元存在于细化区域附近,也不能进行细化操作。

⑥ 在有初始条件的节点、耦合节点或者模型中存在约束方程的节点上,也不能实现细化操作。

⑦ 在使用 ANSYS/LS-DYNA 模块时,不推荐使用局部网格细化。

4.6 网格的直接生成

通过实体建模后划分网格是最常用的实现有限元模型处理的一种方法,也是简便易行的方法之一。但有些情况下用户需要直接定义节点或者单元,进而生成网格,所以本节介绍使用直接生成网格方法中节点和单元的定义。

4.6.1 关于节点的操作

1. 定义节点

（1）定义单个节点

命令格式：N, NODE, X, Y, Z, THXY, THYZ, THZX

菜单操作：Main Menu>Preprocessor>Create>Nodes>In Active CS

Main Menu>Preprocessor>Create>Nodes>On Working Plane

在实际操作中，可以打开工作平面的捕捉功能，然后在图形窗口可以比较准确地通过拾取建立用户需要的节点。

（2）在已有关键点处定义节点

命令格式：NKPT, NODE, NPT

菜单操作：Main Menu>Preprocessor>Create>Nodes>On Keypoint

上述命令中的两个参数一个代表所建节点的编号，一个表示关键点的编号。如果"NPT"取值为"ALL"，那么在所有关键点处都会建立一个相应的节点。

（3）移动节点到交点处

命令格式：MOVE, NODE, KC1, X1, Y1, Z1, KC2, X2, Y2, Z2

菜单操作：Main Menu>Preprocessor> Move / Modify>To Intersect

该命令的操作是与坐标相关的，而且命令可以计算或者直接选取交点的位置。

（4）在两节点连线上生成节点

命令格式：FILL, NODE1, NODE2, NFILL, NSTRT, NINC, ITIME, INC, SPACE

菜单操作：Main Menu>Preprocessor> Create>Nodes>Fill between Nds

（5）复制节点

命令格式：NGEN, ITIME, INC, NODE1, NODE2, NINC, DX, DY, DZ, SPACE

菜单操作：Main Menu>Preprocessor>Modeling>Copy>Nodes>Copy

该命令的操作通过将已有节点复制到指定位置。下面的命令也可以实现复制功能，但略有不同，是通过控制新建节点与原有节点之间三向坐标的比例来实现的。

命令格式：NSCALE，INC, NODE1, NODE2, NINC, RX, RY, RZ

菜单操作：Main Menu>Preprocessor>Copy>Scale & Copy

Main Menu>Preprocessor>Move / Modify>Scale & Move

Main Menu>Preprocessor>Operate>Scale>Scale & Copy

Main Menu>Preprocessor>Operate>Scale>Scale & Mov

（6）映像节点集

命令格式：NSYM, Ncomp, INC, NODE1, NODE2, NINC

菜单操作：Main Menu>Preprocessor> Modeling>Reflect>Nodes

该命令的操作与前面接触到的映像操作类似，只是映像的对象是一组已经定义好的节点。

（7）在弧线的曲率中心定义节点

命令格式：CENTER, NODE, NODE1, NODE2, NODE3, RADIUS

菜单操作：Main Menu>Preprocessor> Create>Nodes>At Curvature Ctr

该命令的操作与"通过三点定义的圆弧中心定义关键点"的操作比较相似，允许用户指定弧线（或者3个节点）和曲率半径，然后在曲率中心处定义节点。

2．查看和删除节点

当使用直接法定义节点时，用户常常需要查看节点的列表来掌握节点的编号、坐标等信息。通过下列方法可以实现节点的查看：

命令格式：NLIST, NODE1, NODE2, NINC, Lcoord, SORT1, SORT2, SORT3

菜单操作：Utility Menu>List> Nodes

　　　　　Utility Menu>List>Picked Entities>Nodes

对已经定义好的节点用户还可以删除掉，一般在删除节点的同时，与节点相关的边界条件、载荷、耦合或者约束方程的定义也将随之删除。

命令格式：NDELE, NODE1, NODE2, NINC

菜单操作：Main Menu>Preprocessor>Delete>Nodes

3．移动节点

节点的移动实际上可以理解为对节点的修改，即修改已经定义的节点的坐标。

命令格式：NMODIF, NODE, X, Y, Z, THXY, THYZ, THZX

菜单操作：Main Menu>Preprocessor>Create>Nodes>By Angles

　　　　　Main Menu>Preprocessor>Move / Modify>By Angles

　　　　　Main Menu>Preprocessor>Move / Modify>Set of Nodes

　　　　　Main Menu>Preprocessor>Move / Modify>Single Node

4．计算两节点间的距离

命令格式：NDIST，ND1，ND2

菜单操作：Main Menu>Preprocessor>Modeling-Check Geom>ND distances

该命令的结果是给出列表将用户计算的两节点之间的距离，三向坐标的增量等信息汇报给用户。

5．节点数据文件的读写

ANSYS 允许用户将已经生成的节点数据读入，这样方便与其他 CAD 程序相连。相反的，ANSYS 也可以将节点数据文件输出。两项操作传递的文件格式是 ASCII 形式的。

（1）从节点文件读入节点数据

命令格式：NRRANG, NMIN, NMAX, NINC

菜单操作：Main Menu>Preprocessor>Create>Nodes>Read Node File

该命令允许用户指定文件某个范围内的节点，并将其读入。

（2）从文件读入节点

命令格式：NREAD, Fname, Ext, Dir

菜单操作：Main Menu>Preprocessor>Create>Nodes>Read Node File

该命令允许用户指定读入文件的名称、扩展名和路径，并将其读入。这个操作是方便用户将其他程序生成的节点数据文件载入 ANSYS 中。

（3）将节点数据写入文件

命令格式：NWRITE, Fname, Ext, Dir, KAPPND

菜单操作：Main Menu>Preprocessor>Create>Nodes>Write Node File
该命令允许用户指定文件的名称、扩展名和路径，并将节点数据写入。

4.6.2 关于单元的操作

直接定义单元和从实体划分单元的共同之处就是需要实现定义好单元的属性，并进行属性的分配。但是直接定义单元之前还需要定义好节点，并且是适合单元的节点数。例如，要定义一个四边形单元至少要有 4 个节点存在。

1．定义单元

一旦设置好了单元属性，就可以通过已定义好的节点来定义单元了。事实上，节点的数目和输入顺序是由单元类型决定的。

（1）单元的定义

命令格式：E, I, J, K, L, M, N, O, P

菜单操作：Main Menu>Preprocessor>Create>Elements>Auto Numbered-Thru Nodes
　　　　　Main Menu>Preprocessor>Create>Elements>User Numbered-Thru Nodes

命令中的 8 个参数代表单元的节点和排列顺序。而且如果使用命令定义单元只能定义 8 个节点。对于多于 8 个节点的单元，如常见的 20 节点块单元，还需要"EMORE 命令来定义其他的节点。

（2）复制单元

命令格式：EGEN, ITIME, NINC, IEL1, IEL2, IEINC, MINC, TINC, RINC, CINC, SINC, DX, DY, DZ

菜单操作：Main Menu>Preprocessor>Modeling>Copy>Auto Numbered

（3）映像单元

命令格式：ESYM, --, NINC, IEL1, IEL2, IEINC

菜单操作：Main Menu>Preprocessor>Modeling>Reflect> Auto Numbered

该命令的操作与前面接触到的映像操作类似，只是映像的对象是一组已经定义好的单元。

上述复制和映像操作不生成节点，用户必须实现定义节点，才能实现单元的复制或者映像。新产生的单元属性与原有单元的属性保持一致，当前设置对其没有影响。

2．查看和删除单元

与定义节点时类似，如果用户需要查看单元的列表可以通过下列方法可以实现。

命令格式：ELIST, IEL1, IEL2, INC, NNKEY, RKEY

菜单操作：Utility Menu>List>Elements
　　　　　Utility Menu>List>Picked Entities>Elements

删除已经定义单元的操作如下。

命令格式：EDELE, IEL1, IEL2, INC

菜单操作：Main Menu>Preprocessor>Delete>Elements

3．单元数据文件的读写

和读写节点数据文件一样，ANSYS 允许用户读写单元数据文件。

(1) 从单元文件读入单元数据

命令格式：ERRANG, EMIN, EMAX, EINC

菜单操作：Main Menu>Preprocessor>Create>Elements>Read Element File

该命令允许用户指定文件某个范围内的单元，并将其读入。

(2) 从文件读入单元

命令格式：EREAD, Fname, Ext, Dir

菜单操作：Main Menu>Preprocessor>Create>Elements>Read Element File

该命令允许用户指定读入文件的名称、扩展名和路径，并将其读入。这个操作是方便用户将其他程序生成的单元数据文件载入到 ANSYS 中来。

(3) 将单元数据写入文件

命令格式：EWRITE, Fname, Ext, Dir, KAPPND, Format

菜单操作：Main Menu>Preprocessor>Create>Elements>Write Element File

该命令允许用户指定文件的名称、扩展名和路径，并将单元数据写入。

4.7 网格的清除

有限元模型的等级是优于实体模型的，也就是说当划分好网格之后，用户如果想删除或者修改实体模型是不能直接实现的，必须要先将网格清除才能进行。清除命令可以认为是网格生成的反过程。清除操作可以通过两种方式进行，一是通过网格划分工具对话框上的"Clear"按钮，二是通过菜单选项。

"Clear"按钮的使用十分方便，单击该按钮，在图形窗口直接拾取要清除的网格就可以了。当然，图形窗口要存在已经创建好的有限元模型，这个操作才有效。

菜单操作：Main Menu>Preprocessor>Meshing>Clear

通过如图 4-16 所示菜单选项也可以实现网格的清除操作。例如，选择"Volumes"，就可以将与选定体相联系的节点和体单元清除。

一般的，在完成一次网格清除工作之后，程序会报告用户有多少图元被清除了。

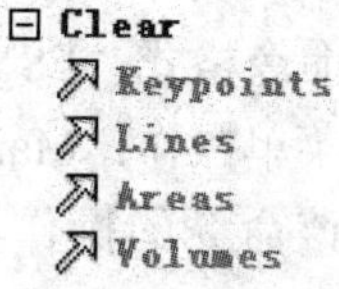

图 4-16 网格清除选项

4.8 网格划分的其他方法

有限元网格的好坏直接关系到计算与分析的准确度，是有限元分析的关键。良好的网格是提高仿真可信度的前提，粗糙的网格将得不精确，甚至错误的结果。

实际工程问题通常具有复杂的结构，若直接建立其有限元模型将十分困难。一般采用专业的 CAD 软件进行实体建模，如 Pro/E、SolidWorks、CATIA 和 UG 等。

不同的分析目的对于模型的要求也不同。如果只关心结构整体，则可以将结构的细小特征压缩。例如，要分析结构整体模态，则可去掉小的圆角、倒角和螺栓孔等。若需要关注结构细节，则需要建立结构的细节特征。例如，要分析螺栓孔附近的应力情况，则需要建立完整的螺栓孔。若还需要考察螺纹强度，则需要建立真实的螺纹模型。

对于这些不同的要求，ANSYS 的前处理功能完全不能满足。一般来说，CAE 分析工程师 80%的时间都花费在有限元网格模型的建立和修改上。一个功能强大、使用方便的有限元前处理工具，对于提高有限元分析工作的质量和效率都具有十分重要的意义。在 CAE 领域 HyperMesh 具备强大的前处理功能，已成为世界公认的有限元前处理标准。

HyperMesh 11.0 扩展了对 ANSYS 求解器的支持，包括单元类型、求解方法和文件格式。首次启动 HyperMesh 11.0，将弹出"User Profiles"（加载 ANSYS 模板）对话框，需要用户指定求解模板，同时，并单击"OK"按钮，以设置默认加载 ANSYS 模板，如图 4-17 所示。

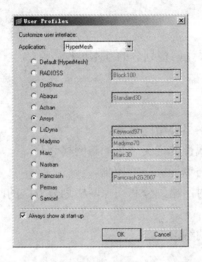

图 4-17 "加载 ANSYS 模板"对话框

也可以在启动 HyperMesh 后，通过菜单栏 Preferences>User Profiles…设置求解器模板。HyperMesh 可以定义 ANSYS 单元、载荷和边界条件，然后输出为.CDB 模型文件，以供 ANSYS 求解。新版 ANSYS（如 ANSYS 14.0 等）采用 BLOCK 格式写出.CDB 模型文件。HyperMesh 11.0 的与 ANSYS 的输入、输出接口如图 4-18 所示。

（a）输入接口

（b）输出接口

图 4-18 HyperMesh 11.0 模型与 ANSYS 的输入/输出接口

4.9 上机指导

掌握 ANSYS 网格划分的基本方法，包括直接法创建有限元模型的过程、基本图元对象（点、线、面）单元属性的定义、分配与网格划分、初步了解和掌握网格划分工具的功能等。熟悉 ANSYS 网格划分的基本方法，自由网格划分、映射网格划分及扫掠网格划分的应用及适用条件，通过线、面等控制单元尺寸的应用和网格的局部细分等。

【上机目的】

了解和掌握 ANSYS 有限元网格划分的基本过程。

【上机内容】

（1）直接法创建有限元网格模型的过程。
（2）点、线、面的单元属性的定义、分配与网格划分。
（3）自由网格划分过程与单元大小的控制。
（4）自由网格划分、映射网格划分和扫掠网格划分方法的应用。
（5）网格的局部细化。
（6）实体模型网格划分的练习。

4.9.1 操作案例

实例 4.1 轴承座的分析（网格划分）

以下对第 5 章实例中建立的实体模型基础进行网格划分。

进入指定工作目录下，以"ex41"作名称，恢复第 3 章创建的轴承座模型储存的数据。

🔹 要点提示：恢复已保存过的数据库有两种方式：一是从工具栏中直接单击"RESUME"按钮（Toolbar：RESUME），是将当前同名的数据库恢复；二是从应用命令菜单的"File"中选择相应选项，可以恢复同名或者异名的数据库。ANSYS 没有"Undo"操作，通过恢复上一步保存的数据库，可以起到"撤销"的作用，因此需要初学者注意这一点，适时选择保存和恢复数据库操作。

1. 定义材料特性

依次选择 Main Menu>Preprocessor> Material Props> Structural-Linear-Elastic-Isotropic，在弹出的对话框内设定"Young's Modulus　EX"为"30e6"，单击"OK"按钮。

确定操作无误后，在工具栏（Toolbar）中选择保存数据库按钮（SAVE_DB），保存数据库文件。

2. 单元类型的选择

依次选择 Main Menu>Preprocessor>Element Type>Add/Edit/Delete，在弹出的对话框中选

择"Add"按钮,在左侧"Structural"中选择"Solid",然后从右侧选择"Brick 8node 185",单击"OK"按钮,单击"CLOSE"按钮。

3. 划分单元

Main Menu>Preprocessor> MeshTool...,启动网格划分工具,将智能网格划分器(Smart Sizing)设定为"on";将滑动码设置为"8"(可选:如果你的计算机速度很快,可将其设置为"7"或更小值来获得更密的网格);确认 MeshTool 的各项为"Volumes"、"Tet"和"Free";单击"MESH"按钮,然后选择"Pick All"按钮,单击"OK"按钮。关闭"MeshTool"对话框,如图4-19所示。

图 4-19 自由网格划分

确定操作无误后,在工具栏(Toolbar)中选择保存数据库按钮(SAVE_DB),保存数据库文件。

4. 命令流

```
/PREP7
MP,EX,1,30e6            !定义材料参数
MP,PRXY,1,0.3
MP,DENS,1,7.8e-4

SAVE

ET,1,SOLID185           !定义单元类型 solid185

SMRT,6                  !划分单元尺寸
SMRT,8
MSHAPE,1,3D
MSHKEY,0

ALLSEL
VMESH,All               !划分单元

ALLSEL
SAVE
```

实例 4.2 轮的分析(网格划分)

进入指定工作目录下,恢复第3章中创建轮的几何模型,将轮的1/8对称部分实体恢复。

1. 对称结构实体的恢复与分割

依次选择 Utility Menu>WorkPlane>Chang Active CS to>Global Cartesian,激活整体直角坐标系。

依次选择 Utility Menu>WorkPlane>Align WP with>Global Cartesian,将工作平面复原。

依次选择 Main Menu>Preprocessor>Modeling>Copy>Lines,拾取如图 4-20(a)所示两段圆弧线,沿 Y 向、-Y 向各复制 10 个单位。

依次选择 Main Menu>Preprocessor>Modeling>Create>Lines>Lines>Straight line，分别连接上下两端圆弧对应的端点生成 4 条直线。

依次选择 Main Menu>Preprocessor>Modeling>Create>Areas>Arbitrary>By Lines，分别拾取上下两端圆弧以及生成的直线，创建两个曲面。

依次选择 Main Menu>Preprocessor>Modeling>Operate>Booleans>Divide>Volume by Area，弹出"拾取体"对话框，拾取轮的实体。单击"Apply"按钮，拾取两个新生成的面，单击"OK"按钮，将实体分为 3 部分，如图 4-20（b）所示。

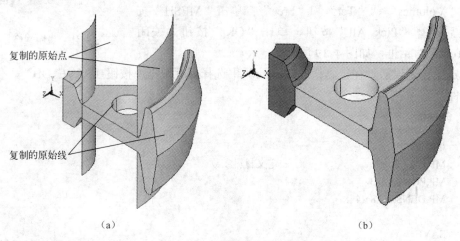

图 4-20　机翼网格划分过程

> 要点提示：通过布尔操作划分之后的体与真正的 3 个实体是不一样的，划分后的实体虽然分开，但是相交的面是共用的。这样的实体关系可以继续后面的网格划分，而且仍然是针对整个实体的网格划分（如上面的轮），而不是 3 个不相关的实体。将形状较为复杂的实体划分为若干规则的实体，是网格划分中经常使用的技巧之一。

2. 单元属性定义

依次选择 Main Menu>Preprocessor>Element Type>Add/Edit/Delete，定义"SOLID185"单元类型。

依次选择 Main Menu>Preprocessor>Material Props>Material Models，定义各向同性弹性材料模型，弹性模量"200"，泊松比"0.3"，密度"7.8e-6"。

依次选择 Main Menu>Preprocessor>Meshing>Mesh Tool，打开网格划分工具对话框。在单元分配属性部分，在下拉列表中选择"Volums"。单击"Set"按钮，弹出"拾取体"对话框，拾取所有实体，单击"OK"按钮，将单元 1、材料 1 分配给体。

3. 智能尺寸控制与扫掠网格划分

依次选择 Main Menu>Preprocessor>Meshing>Mesh Tool，打开网格划分工具对话框。在智能网格大小控制选项部分，选中"Smart"，默认其下滑动条的位置。

打开"网格划分工具"对话框。在网格划分部分，在"Mesh"右侧选择"Volumes"，同时选择"Hex/Wedge"和"Sweep"。在其下的下拉列表中选择"Auto Src/Trg"。单击"Mesh"按钮，弹出"拾取体"对话框，拾取左侧实体模型，单击"Apply"按钮，划分结果如图 4-21（a）所示。

拾取中间部分实体,单击"Apply"按钮,划分结果如图 4-21(b)所示。
拾取右侧部分实体,单击"OK"按钮,划分结果如图 4-21(c)所示。

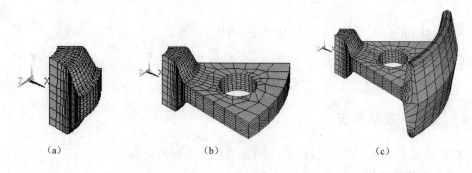

图 4-21　扫掠网格划分过程

最后保存数据库文件。

4. 命令流

```
/PREP7
CSYS,0                    !激活笛卡儿坐标系
WPCSYS,-1,0               !恢复工作平面

LSEL,,,,64,65             !复制圆弧线
LGEN,2,ALL,,,,10,,,0
LGEN,2,ALL,,,,-10,,,0

LSTR,57,61                !创建直线
LSTR,59,63
LSTR,58,62
LSTR,56,60

LSEL,S,,,73               !创建曲面
LSEL,A,,,75
LSEL,A,,,79
LSEL,A,,,82
AL,ALL
LSEL,S,,,74
LSEL,A,,,76
LSEL,A,,,80,81
AL,ALL

LSEL,S,,,6                !利用曲面划分实体
LSEL,A,,,17
VSBA,3,ALL

ET,1,SOLID185             !定义单元类型
MP,EX,1,200               !定义材料参数
MP,PRXY,1,0.3
MP,DENS,1,7.8e-6
```

```
            VSEL,,,,ALL
            VATT,1,,1,0

            SMART,6                    !扫略划分网格
            VSWEEP,ALL

            SAVE
```

实例 4.3   弹簧-质量系统

用户自定义文件夹,以"ex43"为文件名开始一个新的分析。

1. 单元属性的定义

依次选择 Main Menu>Preprocessor>Element Type>Add/Edit/Delete,打开如图 4-22 的"Element Types"(单元类型选择)对话框。单击"Add"按钮,打开如图 4-23 所示的"Library of Element Types"(单元类型库)对话框,在左侧的列表框内选择"Structural Mass",右侧的列表框将显示"3D mass21"。单击"OK"按钮,回到"Element Type(单元类型选择)"对话框。单击"Add"按钮,在单元类型库对话框中选择"Combination"下的"Spring-damper 14",单击"OK"按钮。

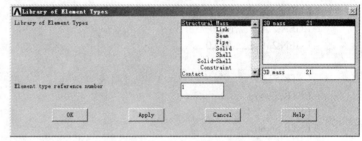

图 4-22 "单元类型选择"对话框   图 4-23 "单元类型库"对话框

再次回到"单元类型选择"对话框,此时列表中已定义了两种单元。选中"COMBIN14",此时"Option"按钮由灰变亮,单击"Option"按钮,打开如图 4-24"COMBIN14 element type options"(COMBIN14 单元选项设置)对话框。在"DOF select for 1D behavior   K2"下拉列表中选择"Longitude UY DOF",单击"OK"按钮。

图 4-24 "COMBIN14 单元选项设置"对话框

依次选择 Main Menu>Preprocessor>Real Constants>Add/Edit/Delete，在弹出的"单元实常数列表"对话框上单击"Add"按钮，打开如图 4-25 所示的"Element Type for Real Constant"（单元实常数定义）对话框。先选中"Type 1 MASS21"，单击"OK"按钮，打开如图 4-26 所示的"Real Constant Set Number 1，for MASS21"（质量单元实常数定义）对话框，在"Mass in Y direction"右侧的编辑框输入"100"，单击"OK"按钮。

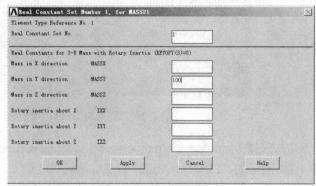

图 4-25 "单元实常数定义"对话框　　　　图 4-26 "质量单元实常数定义"对话框

回到"单元实常数列表"对话框上，单击"Add"按钮，再次打开"单元实常数"对话框。选中"Type 2 COMBIN14"，单击"OK"按钮，打开如图 4-27 所示的"Real Constant Set Number 2，for COMBIN14"（弹簧单元实常数定义）对话框，在"Spring constant"右侧的编辑框内输入弹簧的刚度"100"，单击"OK"按钮。

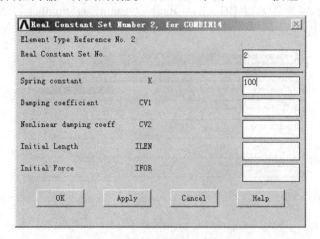

图 4-27 "弹簧单元实常数定义"对话框

回到"单元实常数列表"对话框，显示"Set 1"，"Set 2"列表，单击"CLOSE"按钮关闭对话框，完成单元实常数的定义。

2．直接法创建有限元网格

依次选择 Main Menu>Preprocessor>Modeling>Create>Nodes>In Active CS，打开如图 4-28 的"Create Nodes in Active Coordinate System"（在当前坐标系下创建节点）对话框，在"NODE Node number"右侧的编辑框输入节点的编号"1"；在"X,Y,Z Location in active CS"右侧的编辑框输入节点的三向坐标,单击"Apply"按钮;创建编号为"2",坐标为(1,0,0)的节点,单击"OK"按钮。

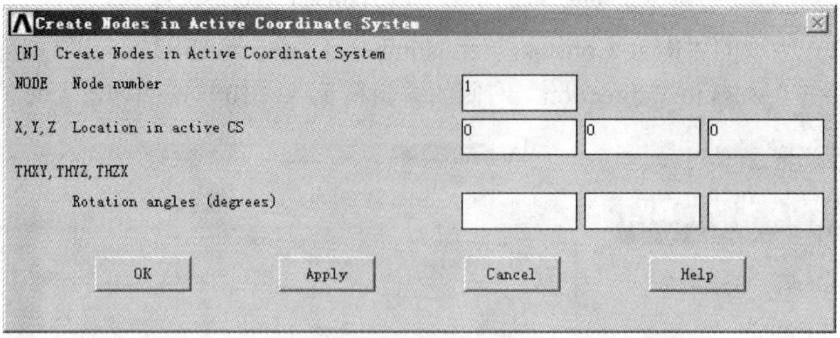

图 4-28 "在当前坐标系下创建节点"对话框

依次选择 Main Menu>Preprocessor>Modeling>Create>Elements>Elem Attributes,打开如图 4-29 所示的"Element Attributes"(单元属性定义)对话框,在"[Type] Element type number"下拉列表框中选择"1 MASS21";在"[REAL] Real constant set number"右侧下拉框中选择"1",单击"OK"按钮。

依次选择 Main Menu>Preprocessor>Modeling>Create>Elements>Auto Numbered>Thru Nodes,弹出"节点拾取"对话框,用鼠标拾取节点 2,单击"OK"按钮。

依次选择 Main Menu>Preprocessor>Modeling>Create>Elements>Elem Attributes,打开如图 4-29 所示的"单元属性定义"对话框,在"[Type] Element type number"下拉列表框中选择"2 COMBIN14";在"[REAL] Real constant set number"下拉列表框中选择"2",单击"OK"按钮。

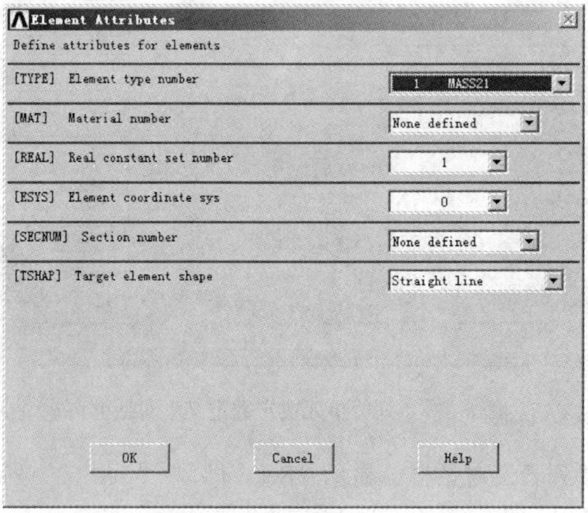

图 4-29 "单元属性定义"对话框

依次选择 Main Menu>Preprocessor>Modeling>Create>Elements>Auto Numbered>Thru Nodes,弹出"节点拾取"对话框,鼠标依次拾取节点 1 和 2,单击"OK"按钮。

最后保存数据库文件。

※ 要点提示：直接法创建有限元网格模型适用于质量单元、连杆单元、梁单元、管道单元、刚性单元和连接单元，简单方便。要求用户十分清楚节点、单元的坐标与相对位置。但是对于复杂的系统、节点和单元数目巨大的模型，直接法就比较难以驾驭。

依次选择 Utility Menu>PlotCtrls>Style>Size and Shape，打开如图 4-30 所示的"Size and shape"（单元尺寸和形状显示控制）对话框。

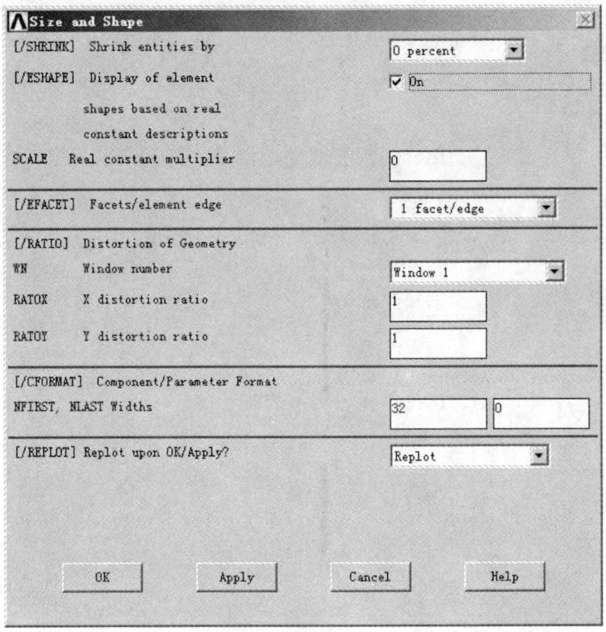

图 4-30 "单元尺寸和形状显示控制"对话框

将"Display of element"右侧选项选中变为"ON"，单击"OK"按钮。图形窗口即显示出弹簧单元和质量单元的形状和大小，如图 4-31 所示。

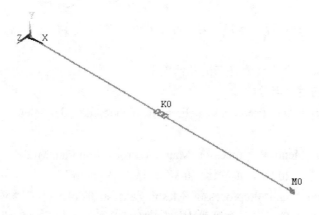

图 4-31 弹簧-质量模型系统

※ 要点提示：对于一些单元虽然在模型上以点、线、面来代替，但是实际是有形状和大小的，用户可以控制其显示，便于观察清楚。除了上述质量和连接单元外，如壳单元是有厚

度的，梁单元是有截面形状的，通过图 4-30 对话框可以查看这些单元隐藏的形状和尺寸。

3．命令流

```
/PREP7
ET,1,MASS21              !定义单元类型
ET,2,COMBIN14

KEYOPT,2,1,0             !单元选项设置
KEYOPT,2,2,2
KEYOPT,2,3,0

R,1,,100,,,,,            !单元实常数设置
R,2,100,,,,,
RMORE,,

N,1,0,0,0,,,             !创建节点
N,2,1,0,0,,,

TYPE,1                   !选择单元、实常数编号
REAL,1

E,2                      !选择节点

TYPE,2
REAL,2
E,1,2

SAVE
```

实例 4.4 零件二的网格划分

用户自定义文件夹，以"ex44"为文件名开始一个新的分析。或者，更改工作文件目录和名称。

恢复第 3 章实例 3.7 创建零件二的几何模型。

1．单元属性的定义与分配

依次选择 Main Menu>Preprocessor>Element Type>Add/Edit/Delete，定义"SOLID185"单元类型。

依次选择 Main Menu>Preprocessor>Material Props>Material Models，定义各向同性弹性材料模型，弹性模量"200"，泊松比"0.3"，密度"7.8e-6"。

依次选择 Main Menu>Preprocessor>Meshing>Mesh Tool，打开"网格划分工具"对话框。在单元分配属性部分，在下拉列表中选择"Volumes"。单击"Set"按钮，弹出体拾取对话框，拾取实体。单击"OK"按钮，将单元 1、材料 1 分配给体。

2．自由网格划分

依次选择 Main Menu>Preprocessor>Meshing>Mesh Tool，打开"网格划分工具"对话

框。在智能网格大小控制选项部分，选中"Smart Size"，默认其下滑动条的位置，如图 4-32 所示。

依次选择 Main Menu>Preprocessor>Meshing>Mesh Tool，打开"网格划分工具"对话框。在网格划分部分，在"Mesh"右侧选择"Volumes"，同时默认"Tet"和"Free"。单击"Mesh"按钮，弹出"拾取关键体"对话框，拾取实体模型。单击"OK"按钮，程序自动划分成功，关闭警告对话框，结果如图 4-33（a）所示。

图 4-32 智能网格大小控制选项

 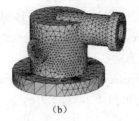 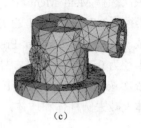

(a)   (b)   (c)

图 4-33 不同单元尺寸的自由网格划分

⚜ 要点提示："SOLID185"单元是 8 节点的六面体单元，由于采用了自由网格划分，会出现单元的退化，即六面体单元变成四面体单元。"警告"对话框就是提醒用户出现了这个现象。

在网格划分部分，在"Mesh"右侧选择"Volumes"。单击"Clear"按钮，弹出"拾取体"对话框，拾取划分网格的实体模型。单击"OK"按钮，程序自动清除网格。

拖动对话框上的尺寸滑动条，设置数值为"4"，重新划分网格，结果如图 4-33（b）所示。

再次清除网格，设置滑动条数值为"8"，重新划分网格，结果如图 4-33（c）所示。

最后保存数据库。

3．命令流

```
/PREP7
ET,1,SOLID185           !定义单元类型

MP,EX,1,200             !定义材料参数
MP,PRXY,1,0.3
MP,DENS,1,7.8e-6

VSEL,,,,ALL             !分配体单元划分网格参数
VATT,1,,1,0

SMRT,6                  !设置网格精度
VSEL,,,,ALL
VMESH,ALL               !划分体网格

SAVE
```

实例 4.5 自由网格与映射网格划分练习

用户自定义文件夹，以"ex45"为文件名开始一个新的分析。或者，更改工作文件目录和名称。

1. 实体模型的建立

依次选择 Main Menu>Preprocessor>Modeling>Create>Volumes>Block>By Dimensions，创建 1×1×1 的正方体，原点为正方体的一个顶点。

依次选择 Main Menu>Preprocessor>Modeling>Create>Volumes>Cylinder>By Dimensions，创建半径为 0.2、高度为 1 的实心圆柱体，原点为圆柱体的底面圆心。

依次选择 Main Menu>Preprocessor>Modeling>Create>Volumes>Sphere>By Dimensions，创建半径为 0.3 的实心球体，原点为实心球体球心。

依次选择 Main Menu>Preprocessor>Modeling>Operate>Booleans>Subtract>Volumes，从正方体上减去圆柱体和球体，结果如图 4-34（a）所示。

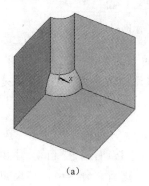 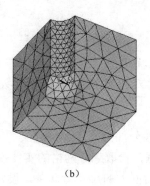

(a)　　　　　　　　　　　　　　(b)

图 4-34 用于网格划分的实体模型与自由网格划分结果

2. 单元属性定义与自由网格划分

依次选择 Main Menu>Preprocessor>Element Type>Add/Edit/Delete，定义"SOLID185"单元类型。

依次选择 Main Menu>Preprocessor>Material Props>Material Models，定义各向同性弹性材料模型，弹性模量"200"、泊松比"0.3"、密度"7.8e-6"。

依次选择 Main Menu>Preprocessor>Meshing>Mesh Tool，打开"网格划分工具"对话框。在单元分配属性部分，在下拉列表中选择"Volums"。单击"Set"按钮，弹出"体拾取"对话框，拾取实体。单击"OK"按钮，将单元 1、材料 1 分配给体。

依次选择 Main Menu>Preprocessor>Meshing>Mesh Tool，打开"网格划分工具"对话框。在智能网格大小控制选项部分，选中"Smart"，默认其下滑动条的位置。

依次选择 Main Menu>Preprocessor>Meshing>Mesh Tool，打开"网格划分工具"对话框。在网格划分部分，在"Mesh"右侧选择"Volumes"，同时默认"Tet"和"Free"。单击"Mesh"按钮，弹出"拾取关键体"对话框，拾取实体模型。单击"OK"按钮，程序自动划分成功，关闭警告对话框，结果如图 4-34（b）所示。

在网格划分部分，在"Mesh"右侧选择"Volumes"。单击"Clear"按钮，弹出"拾取体"对话框,拾取划分网格的实体模型。单击"OK"按钮,程序自动清除网格。

3. 单元尺寸控制与映射网格划分

依次选择 Main Menu>Preprocessor>Meshing>Mesh>Volumes>Mapped>Concatenate>Areas,弹出"拾取面"对话框,拾取如图 4-35(a)所示的球面和圆柱面(图中第 1 组连接面)。单击"Apply"按钮,再次拾取正方体侧面,单击"OK"按钮,如图 4-35(b)所示。

依次选择 Main Menu>Preprocessor>Meshing>Mesh>Volumes>Mapped>Concatenate>Lines,弹出"拾取线"对话框,先后拾取如图 4-35(a)、(b)所示的 4 组连接线。

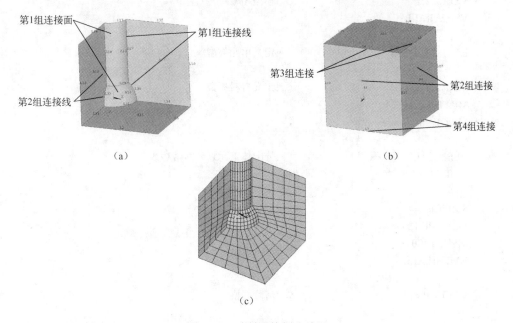

图 4-35 映射网格划分结果

⚜ 要点提示:上述面、线连接的操作是为了映射网格划分所做的处理,因此虽然生成新的带编号直线,但是原有的线并不删除。而且新生成线并不能用于单元尺寸的控制,必须使用原有直线进行尺寸控制,在后面的操作应注意。

依次选择 Main Menu>Preprocessor>Meshing>Mesh Tool,打开"网格划分工具"对话框。在单元尺寸定义部分,在"Lines"右侧单击"Set"按钮,弹出"拾取线"对话框。圆柱和球部分边线的划分份数是不同的,分两次分别定义,每次拾取相应的线。首先拾取圆柱面轴向两条直线、与这两条直线相连接的球面两条圆弧线、与这两条圆弧线相连接的正方体边界线,单击"Apply"按钮,打开"单元尺寸定义"对话框,在"NDIV No. of Element divisions"右侧的编辑框输入"5"。最后拾取圆柱面端面的圆弧线、球面端面的圆弧线、这两曲面相交的圆弧线、与圆柱体轴向平行的两条正方体边界线,单击"Apply"按钮,设置第 2 组直线划分的份数为"10"。

依次选择 Main Menu>Preprocessor>Meshing>Mesh Tool,打开"网格划分工具"对话框。在网格划分部分,在"Mesh"右侧选择"Volumes",同时选择"Hex"和"Mapped"。单击"Mesh"按钮,弹出"拾取体"对话框,拾取实体模型。单击"OK"按钮，程序自动划分成功，结果如图 4-35（c）所示。

4．命令流

```
/PREP7
BLOCK,0,1,0,1,0,1,              !创建正方体
CYLIND,0.2,,0,1,0,360,          !创建圆柱体
SPHERE,0.3,,0,360,              !创建球体

VSEL,,,2,3                      !模型相减
VSBV,1,ALL

ET,1,SOLID186                   !定义单元类型

MP,EX,1,200                     !定义材料参数
MP,PRXY,1,0.3
MP,DENS,1,7.8e-6

VSEL,,,,ALL                     !分配体单元划分网格参数
VATT,1,,1,0

SMRT,6                          !划分网格
MSHAPE,1,3D
MSHKEY,0
VMESH,ALL

VCLEAR,4                        !清除网格

ASEL,S,,,13,14                  !定义面映射选项
ACCAT,ALL
ASEL,S,,,4
ASEL,A,,,6
ACCAT,ALL

LSEL,S,,,28                     !定义线映射选项
LSEL,A,,,32
LCCAT,ALL
LSEL,S,,,27
LSEL,A,,,30
LCCAT,ALL
LSEL,S,,,6,7
LCCAT,ALL
LSEL,S,,,2,3
LCCAT,ALL

LSEL,S,,,10                     !设置线网格精度
LSEL,A,,,12
LSEL,A,,,17
```

```
    LSEL,A,,,29
    LSEL,A,,,31
    LESIZE,ALL,,,10,,,,1

    LSEL,S,,,27,28
    LSEL,A,,,30
    LSEL,A,,,32,34
    LESIZE,ALL,,,5,,,,1

    MSHAPE,0,3D              !映射划分网格
    MSHKEY,1
    VSEL,,,,4
    VMESH,ALL

    SAVE
```

4.9.2 检测练习

练习 4.1 机匣盖的网格划分

基本要求

（1）使用自由网格划分方法将第 3 章练习中创建的机匣盖实体模型离散为有限元网格模型。

（2）采用智能单元尺寸控制改变单元大小，重新划分网格。

思路点睛

（1）恢复已有数据库，恢复创建好的实体模型。

（2）定义"SOLID185"单元和材料模型，并分配单元属性。

（3）网格划分。定义不同的单元尺寸时，不同的网格划分结果如图 4-36 所示。

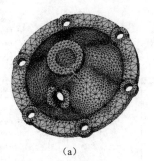
（a）

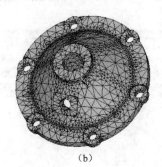
（b）

图 4-36 机匣盖的网格划分

练习 4.2 六角螺杆的网格模型

基本要求

（1）恢复第 3 章的实例 3.4 创建的实体。

（2）将圆柱体部分进行扫掠划分，头部实体进行自由网格划分。

思路点睛

（1）将工作平面移动到圆柱体与螺杆六角头部连接的相应位置。

（2）依次选择 Main Menu>Preprocessor>Modeling>Operate>Booleans>Divide>Volume by WorkPlane，分割实体模型为 2 部分，如图 4-37（a）所示。

（3）定义"SOLID185"和"SOLID186"两种单元类型，材料模型均为各向同性弹性。

（4）使用"SOLID185"扫掠划分圆柱体，使用"SOLID186"自由划分六角头部实体，如图 4-37（b）所示。

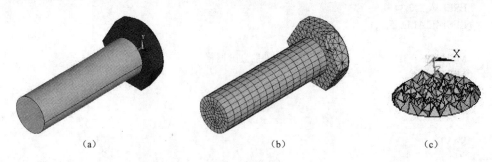

图 4-37　扫掠网格与自由网格混合划分过程

（5）依次选择 Main Menu>Preprocessor>Meshing>Modify Mesh>Change Tets，打开如图 4-38 所示的"Change Selected Degenerate Hexes to Non-degenerate Tets"（单元转换）对话框，选择默认值，单击"OK"按钮。

（6）依次选择 Utility Menu>Select>Entities，打开如图 4-39 所示的"Select Entities"（选择）对话框，在第 1 个下拉选项中选择"Elements"，第 2 个下拉选项中选择"By Attributes"，其下选择"Elem type num"，在"Min, Max, Inc"下侧编辑框内设置为"2"，单击"OK"按钮。

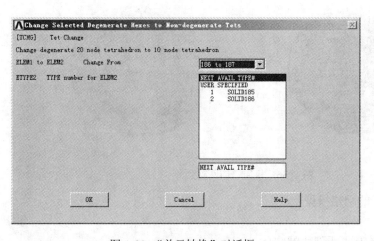

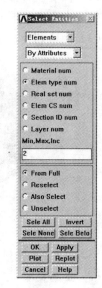

图 4-38　"单元转换"对话框　　　　图 4-39　"选择"对话框

（7）依次选择 Utility Menu>Plot>Elements，绘制转换之后的单元，如图 4-37（c）所示，即扫掠网格划分与自由网格划分相交的部分。

练习 4.3 回转类零件的网格划分

基本要求

（1）恢复练习 3.2 创建的回转体。

（2）将实体划分网格，如图 4-40（b）所示。

思路点睛

（1）恢复实体模型，利用工作平面分割实体，如图 4-40（a）所示。

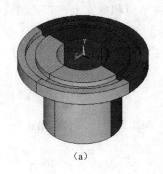   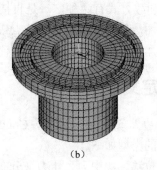

(a)   (b)

图 4-40 回转体扫掠划分过程

（2）定义单元类型、材料模型，并分配给实体。

（3）扫掠划分实体。

练习题

（1）如何区分有限元模型和实体模型？

（2）网格划分的一般步骤是什么？

（3）单元属性的定义都有什么内容？如何实现？如何实现单元属性的分配操作？

（4）自由划分、映射网格划分和扫掠网格划分一般适用于什么情况的网格划分？使用过程中各需要注意什么问题？

（5）如何实现网格的局部细化？相关高级参数如何设置？

第 5 章　ANSYS 静载荷施加与求解

ANSYS 中加载方式有两种，一是直接加载在节点和单元上，二是加载在实体模型上。无论载荷如何施加，最终都将传递到节点或者单元上来参与求解。本章主要介绍 ANSYS 在静力学分析中的加载和求解过程，在此之前，先了解一下 ANSYS 中负载的定义。

5.1　载荷的定义

载荷可分为边界条件（Boundary Condition）和实际外力（External Force）两大类，在不同领域中负载的类型如下。

结构力学：位移、集中力、压力（分布力）、温度（热应力）、重力。
热　　学：温度、热流率、热源、对流、无限表面。
磁　　学：磁声、磁通量、磁源密度、无限表面。
电　　学：电位、电流、电荷、电荷密度。
流体力学：速度、压力。

以特性而言，负载可分为 6 大类：DOF 约束、力（集中载荷）、表面载荷、体积载荷、惯性载荷、耦合场载荷。

（1）DOF 约束

DOF 约束（DOF Constraint）是指将给定某一自由度为已知值。例如，结构分析中约束被指定为位移和对称边界条件；在热力学分析中约束指定为温度和热通量平行的边界条件。

（2）力

力（Force）是指施加于模型节点的集中载荷。如在模型中被指定的力和力矩。

（3）表面载荷

表面载荷（Surface Load）是指施加于某个面的分布载荷。例如在结构分析中的压力。

（4）体积载荷

体积载荷（Body Load）是指体积的或场的载荷。在结构分析中为温度和 fluences。

（5）惯性载荷

惯性载荷（Inertia Loads）是指由物体惯性引起的载荷，如重力和加速度、角速度和角加速度。

（6）耦合场载荷

耦合场载荷（Coupled-Field Loads）是指以上载荷的一种特殊情况，从一种分析得到的结果用作为另一种分析的载荷。

5.2　有限元模型的加载

将载荷施加在节点或者单元上，不需要程序进行转化，减少分析问题可能出现的困难，不必考虑可能出现过约束情况。但是，这种施加载荷的方式也有不方便之处。例如，对有限元模型进行了修正，就必须将已经施加的载荷删除，然后重新施加。而且用户在实际操作中，节点和单元的选择没有图元对象的选择那么方便。

5.2.1 节点自由度的约束

（1）普通约束

对于结构分析来说，自由度的约束体现在位移上，通过给定三向坐标的值（一般情况下值为0），体现约束的位移。

命令格式：D, NODE, Lab, VALUE, VALUE2, NEND, NINC, Lab2, Lab3, Lab4, Lab5, Lab6

菜单操作：Main Menu> Preprocessor> Loads> Define Loads> Apply>Structural>Displacement> On Nodes

Main Menu> Solution> Define Loads> Apply>Structural>Displacement> On Nodes

执行操作后，在图形窗口内直接拾取要约束的节点，单击"OK"按钮，在弹出的"Apply U, ROT on Nodes"（节点约束）对话框上选择约束方向并输入数值，如图5-1所示。

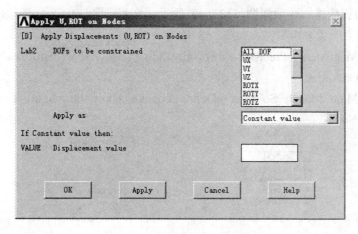

图 5-1 "节点约束"对话框

（2）对称约束

节点的对称约束可以是平面的（关于线对称），也可以是三维的（关于面对称），首先将对称的节点全部选中，然后执行下述操作。

命令格式：DSYM, Lab, Normal, KCN

菜单操作：Main Menu> Preprocessor> Loads> Define Loads> Apply>Structural>Displacement> Symmetry B.C.>On Nodes

Main Menu> Solution> Define Loads> Apply>Structural>Displacement> Symmetry B.C.> On Nodes

在弹出的"Apply SYMM on Nodes"（节点对称约束）对话框上选择对称面（或者线）的法向坐标轴、坐标系编号，如图5-2所示。

（3）反对称约束

节点的反对称约束与对称约束基本相同，只是菜单位置略有不同。

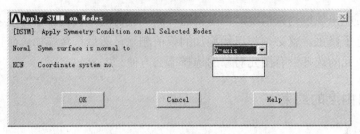

图 5-2 "节点对称约束"对话框

命令格式：DSYM, Lab, Normal, KCN

菜单操作：Main Menu> Preprocessor> Loads> Define Loads> Apply>Structural>Displacement> Antisymm B.C.>On Nodes

Main Menu> Solution> Define Loads> Apply>Structural>Displacement>Antisymm B.C.> On Nodes

5.2.2 节点载荷的施加

结构部分的载荷施加选项如图 5-3（a）所示，在每一个选项下面都有对节点施加载荷的选择。以施加力或者力矩为例，如图 5-3（b）所示。

菜单操作：Main Menu> Preprocessor> Loads>Define Loads>Apply>Structural>Force/Moment> On Nodes

Main Menu> Solution> Define Loads> Apply>Structural> Force/Moment>On Nodes

图 5-3 载荷施加选项

执行操作以后，在图形窗口内直接选择力或者力矩作用的节点，然后在弹出的"Apply F/M on Nodes"（施加节点作用力/力矩）对话框上，指定力的作用方向、力的方式（常量还是曲线）和数值（对于常量有效），如图 5-4 所示。

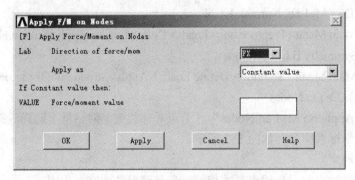

图 5-4 "施加节点作用力/力矩"对话框

5.2.3 单元载荷的施加

单元载荷的施加与节点载荷施加是一样的,区别在于不是所有负载形式都可以作用在单元上。对于结构问题来说,只有压力和温度是可以施加在单元上的。其余操作与节点施加方法类似。

5.3 实体模型的加载

相对于有限元模型的加载,实体模型的加载在操作上要方便得多,而且由于实体模型不参与分析计算,当改变单元和节点划分情况时,无需重新施加载荷,程序可以自动将施加在实体模型上的载荷传递到有限元模型上。也正因为如此,有时会出现关键点过约束的问题,初学者如果遇到这种情况就不容易查找到原因。

在实体模型上施加载荷和在有限元模型施加载荷的操作类似,菜单位置也大致相同,只是根据情况选择载荷作用的位置,即关键点、线、面。

5.3.1 关键点上载荷的施加

(1)约束关键点

命令格式:KD,KPOI,Lab1,VALUE,VALUE2,KEXPND,Lab2,Lab3,Lab4,Lab5,Lab6

菜单操作:Main Menu> Preprocessor> Loads> Define Loads> Apply>Structural>Displacement> On Keypoints

Main Menu> Solution> Define Loads> Apply>Structural>Displacement> On Keypoints

命令格式中的 KPOI 为要约束的关键点的编号,VALUE 为受约束点的值。Lab1~Lab6 与 D 相同,可借着 KEXPND 去扩展定义在不同点间节点所受约束。如果通过菜单操作执行,则在图形窗口直接拾取要约束的关键点,确定以后打开如图 5-5 所示"Apply U, ROT on KPs"(约束关键点)对话框,其上各选项的意义与图 5-1 类似。

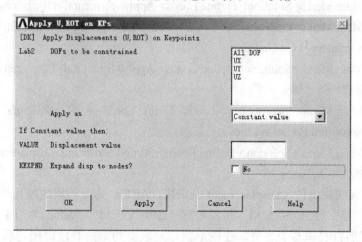

图 5-5 "约束关键点"对话框

(2)定义集中外力

仍以结构问题定义力/力矩为例,命令格式和菜单操作如下。

命令格式:FK,KPOI,Lab,VALUE1,VALUE2

菜单操作:Main Menu> Preprocessor> Loads>Define Loads>Apply>Structural>Force/Moment> On Keypoints

Main Menu> Solution> Define Loads> Apply>Structural>Force/Moment>On Keypoints

该命令在关键点(Keypoint)上定义集中外力(Force),KPOI 为关键点的编号,VALUE 为外力的值。如果通过菜单操作执行,则在图形窗口直接拾取施加外力的关键点,确定以后打开如图 5-6 所示"Apply F/M on KPs"(施加关键点外力/力矩)对话框,其上各选项的意义与图 5-4 类似。

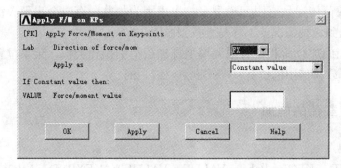

图 5-6 "施加关键点外力/力矩"对话框

5.3.2 线段上载荷的施加

(1)约束

命令格式:DL,LINE,AREA,Lab,Value1,Value2

菜单操作:Main Menu> Preprocessor> Loads> Define Loads> Apply>Structural>Displacement> On Lines

Main Menu> Solution> Define Loads> Apply>Structural>Displacement> On Lines

Main Menu> Preprocessor> Loads> Define Loads> Apply>Structural>Displacement> Symmetry B.C.>On Lines

Main Menu> Solution> Define Loads> Apply>Structural>Displacement> Symmetry B.C.> On Lines

Main Menu> Preprocessor> Loads> Define Loads> Apply>Structural>Displacement> Antisymm B.C.>On Lines

Main Menu> Solution> Define Loads> Apply>Structural>Displacement>Antisymm B.C.> On Lines

在线段上定义约束条件(Displacement)LINE,AREA 为受约束线段及线段所属面的号码。Lab 增加了对称(Lab=SYMM)与反对称(Lab=ASYM),Value 为约束的值。通过菜单操作的过程更加直观和易于理解,在图形窗口拾取要约束的线段,确定后由类似图 5-1 或者图 5-5 所示的对话框给定约束方向和具体数值就可以。如果是约束对称或者反对称线

第 5 章 ANSYS 静载荷施加与求解

段则程序直接执行，不需要用户给定约束方向和数值。

（2）定义分布力

命令格式：SFL，LINE，Lab，VALI，VALJ，VAL2I，VAL2J

菜单操作：Main Menu> Preprocessor> Loads>Define Loads>Apply>Structural>Pressure>On Lines

Main Menu> Solution> Define Loads> Apply>Structural> Pressure>On Lines

该命令在面的某线上定义分布力作用的方式和大小，应用于二维的实体模型表面力。LINE 为线段的号码，VALI、VALJ、VAL2I、VAL2J 为当初建立线段时点顺序的分布力值，如图 5-7（a）所示。

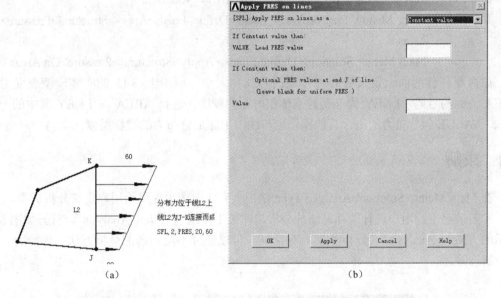

图 5-7 线上分布力的加载

通过菜单操作，在图形窗口直接拾取施加分布力的线段，确定后弹出如图 5-7（b）所示对话框，其上允许用户选择分布力作用的方式和大小。如果是均布力，则给定具体数值；如果不是，则通过数组参数来定义。作用方式的选择通过 "Apply PRES on lines as a" 右侧的下拉列表来选择。

5.3.3 面上载荷的施加

（1）约束

命令格式：DA，AREA，Lab，Value1，Value2

菜单操作：Main Menu> Preprocessor> Loads> Define Loads> Apply>Structural>Displacement> On Areas

Main Menu> Solution> Define Loads> Apply>Structural>Displacement> On Areas

Main Menu> Preprocessor> Loads> Define Loads> Apply>Structural>Displacement> Symmetry B.C.>On Areas

Main Menu> Solution> Define Loads> Apply>Structural>Displacement> Symmetry B.C.> On Areas

Main Menu> Preprocessor> Loads> Define Loads> Apply>Structural>Displacement> Antisymm B.C.>On Areas

Main Menu> Solution> Define Loads> Apply>Structural>Displacement>Antisymm B.C.> On Areas

定义面的约束条件的参数含义、菜单操作、对话框等相关内容与约束线段基本相同，留给读者自行练习，不再赘述。

（2）定义分布力

命令格式：SFA，AREA，LKEY，Lab，VALUE1，VALUE2

菜单操作：Main Menu> Preprocessor> Loads>Define Loads>Apply>Structural>Pressure>On Areas

Main Menu> Solution> Define Loads> Apply>Structural>Pressure>On Areas

该命令在体的面上定义分布力作用的方式和大小，应用于 3-D 的实体模型表面力。AREA 为面的号码，LKEY 为当初建立体积时面的顺序，选择 AREA 与 LKEY 其中的一个输入，VALUE 为分布力的值。其他操作也与线段上施加分布力的过程类似。

5.4 求解

在 Main Menu> Solution>Analysis Type 路径下有 3 个选项提供给用户定义分析类型。

一般情况下，用户进行的都是新的分析，即第 1 个选项 "New Analysis"，打开如图 5-8 所示的 "New Analysis"（分析类型）对话框，可以选择不同问题的分析方法，如静力、模态、瞬态等。

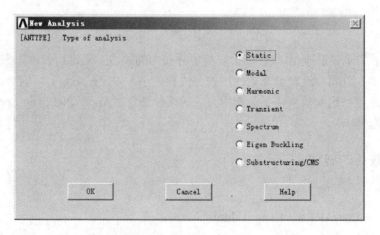

图 5-8 "分析类型" 对话框

ANSYS 还提供重启动功能，用于接续未完成的分析工作，这部分将在下章中详细介绍。

选择第 3 选项即打开如图 5-9 所示的 "Solution Controls"（求解器控制）对话框，对求解器的一些参数进行控制。

第 5 章 ANSYS 静载荷施加与求解

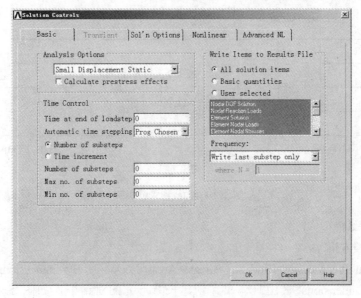

图 5-9 "求解器控制"对话框

5.5 上机指导

【上机目的】

学习载荷施加与求解的方法。掌握 ANSYS 载荷类型与加载过程，不同问题的基本步骤，包括求解器的菜单功能、基本求解方法、载荷施加等。了解 ANSYS 分析问题的一般过程，进一步熟悉和掌握 ANSYS 的基本操作。

【上机内容】

（1）基本载荷施加的过程与方法。
（2）实现一般问题的求解。

5.5.1 操作实例

实例 5.1 薄板圆孔受力分析

用户自定义文件夹，以"ex51"为文件名开始一个新的分析。

问题描述：一个薄壁方形、中间带圆孔的结构如图 5-10 所示。壁厚 1 mm，弹性模量 200 GPa，密度 7.8×10^{-6} kg/mm^3，泊松比 0.292，两端压力 0.1 MPa，中心孔内线压分布力 0.5 MPa 向外。对实体模型进行网格划分后加载，求解并查看结果。

具体步骤如下。

由于该结构对称，所受载荷也对称，所以可以取四分之一进行建模分析。

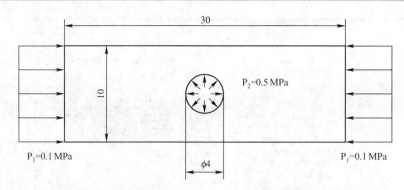

图 5-10 加载和求解实例

1. 创建实体模型

(1) 生成长方形

Main Menu>Preprocessor>Modeling>Create>Areas>Rectangle>By Dimensions,弹出"Create Rectangle by Dimensions"(由具体尺寸创建长方形)的对话框,如图 5-11 所示。输入 X1=0,X2=15,Y1=0,Y2=5,单击"OK"按钮。

(2) 生成圆

依次选择 Main Menu>Preprocessor>Modeling>Create>Areas>Circle>Solid Circle,弹出"Solid Circular Area"(定义实心圆面)的对话框,如图 5-12 所示。输入 WP X=0,WP Y=0,Radius=2,单击"OK"按钮。

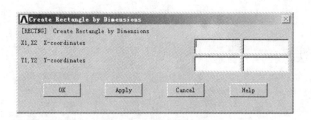

图 5-11 "由具体尺寸创建长方形"对话框　　　　图 5-12 "定义实心圆面"对话框

(3) 从长方形中减去圆

依次选择 Main Menu>Preprocessor>Modeling>Operate>Booleans>Subtract>Areas,拾取长方形,单击"Apply"按钮,然后拾取圆,单击"OK"按钮。

确定操作无误后,在工具栏(Toolbar)中选择保存数据库按钮(SAVE_DB),保存数据库文件。

2. 定义单元属性并划分网格

(1) 选择单元

依次选择 Main Menu>Preprocessor>Element Type>Add/Edit/Delete,在弹出的对话框中选

择"Add"按钮,在左侧"Structural"中选择"Solid",然后从右侧选择"Quad 4 node 182",单击"OK"按钮,单击"CLOSE"按钮。

(2)定义材料

依次选择 Main Menu>Preprocessor>Material Props>Material Models>Structural>Linear>Elastic>Isotropic,默认材料号 1,在 "EX"下输入"200",在"PRXY"下输入"0.292",在"Density"下输入"7.8e-6",单击"OK"按钮。

(3)打开网格划分工具并设置网格大小

依次选择 Main Menu>Preprocessor>Meshing>MeshTool,在打开的对话框中选择 Size Control 菜单中的"Lines"选项,单击右侧的"Set"按钮,拾取模型边界的所有线,单击"OK"按钮,在打开的对话框上的 SIZE 输入"1",单击"OK"按钮。

(4)实现自由网格划分

在"MeshTool"对话框上指定"Mesh"为"Areas",在"Shape"选择"Quad"和"Free",单击"Mesh"按钮,拾取要划分网格的实体,单击"OK"按钮。

3. 加载和求解

(1)约束对称边界

依次选择 Main Menu>Solution>Define loads>Apply>Structural>Displacement>Symmetry B.C.>On lines,拾取与圆弧相连接的两条线,单击"OK"按钮。

(2)施加两端压力

依次选择 Main Menu>Solution>Define loads>Apply>Structural>Pressure>On lines,拾取模型右侧的边界线,在弹出的对话框上输入 0.1,单击"OK"按钮。

(3)施加中心孔压力

依次选择 Main Menu>Solution>Define loads>Apply>Structural>Pressure>On lines,拾取圆弧线,在弹出对话框上输入"0.5",单击"OK"按钮。

(4)选择所有元素

依次选择 Utility Menu>Select>Everything。

⚜ 要点提示:用户在实体建模、有限元建模过程中,操作的步骤很多,经常会选择模型的部分元素(如某些点、线、面、体或者单元节等)进行一些设置或者操作。因此,在求解之前,一般有必要执行这一步的所有元素选择,以免在后续求解中出错。求解之前必须保存数据库文件。

(5)求解

依次选择 Main Menu>Solution>Solve>Current LS>OK。

4. 查看结果

依次选择 Main Menu>General Postproc>Plot Results>Contour Plot>Nodal Solu,在弹出的对话框中选择要查看的结果。X 向位移和等效应力云图如图 5-13 所示。

5. 命令流

APDL 命令如下。

```
/PREP7
RECTNG,0,15,0,5,          !建立几何模型
```

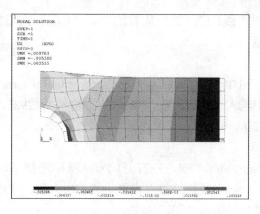
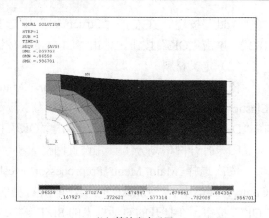

(a) X向位移云图 　　　　　　　　(b) 等效应力云图

图 5-13　计算结果云图

```
CYL4, , ,2
ASBA,1,2

ET,1,PLANE182            !设置单元参数
MP,EX,1,200
MP,PRXY,1,0.292
MP,DENS,1,7.8e-6

LSEL, , , ,ALL           !设置网格精度并划分网格
LESIZE,ALL,1, , , , , ,1
ALLSEL
AMESH,ALL

LSEL,S,LOC,X,0           !施加边界对称约束
LSEL,A,LOC,Y,0
DL,ALL, ,SYMM

ALLSEL                   !施加侧边压力
LSEL,S,LOC,X,15
SFL,ALL,PRES,0.1,

ALLSEL                   !施加中心孔压力
LSEL,S,,,5
LSEL,A,,,8
SFL,ALL,PRES,0.5,

/SOL                     !计算求解
ALLSEL,ALL
SOLVE
```

实例 5.2　轴承座的分析（加载与求解）

用户自定义文件夹，以"ex52"为文件名开始一个新的分析。在上述第 3 章、第 4 章完

成的有限元模型基础上，施加必要的载荷和约束，并进行求解。

首先，恢复轴承座的有限元网格模型数据库"ex41.db"。

1．模型加载

（1）约束4个安装孔

依次选择 Main Menu>Solution>Define Loads>Apply> Structural>Displacement>Symmetry B.C.>On Areas，拾取4个安装孔的8个柱面（每个圆柱面包括两个面），单击"OK"按钮。

（2）整个基座的底部施加位移约束（UY=0）

依次选择 Main Menu>Solution>Define Loads>Apply> Structural>Displacement>On Lines，拾取基座底面的所有外边界线，"picking menu"中的"count"应等于"6"，单击"OK"按钮。选择"UY"作为约束自由度，单击"OK"按钮。

（3）在轴承孔圆周上施加推力载荷

依次选择 Main Menu>Solution> Define Loads>Apply>Structural>Pressure> On Areas，拾取轴承孔上宽度为"0.15"的所有面，单击"OK"按钮，输入面上的压力值"0.1"，单击"Apply"按钮。

（4）用箭头显示压力值

依次选择 Utility Menu>PlotCtrls> Symbols，将"Show pres and convect as"选择为"Arrows"，单击"OK"按钮，如图5-14（a）所示。

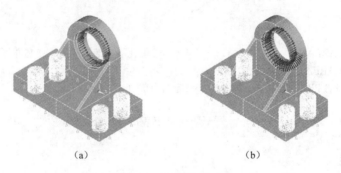

图 5-14　实体模型加载

（5）在轴承孔的下半部分施加径向压力载荷（这个载荷是由于受重载的轴承受到支撑作用而产生的）

依次选择 Main Menu>Solution> Define Loads>Apply>Structural>Pressure> On Areas，拾取宽度为"0.1875"的下面两个圆柱面，单击"OK"按钮，输入压力值"0.5"，单击"OK"按钮，如图5-14（b）所示。

2．求解

依次选择 Main Menu>Solution> Solve>Current LS，浏览状态窗口中出现的信息，然后关闭此窗口。单击"OK"按钮（开始求解，并关闭由于单元形状检查而出现的警告信息）。求解结束后，关闭信息窗口。

3．命令流

```
/SOL
ASEL,S,AREA,,3,4              !选出4个安装孔的8个圆柱面
```

```
ASEL,A,AREA,,15,16
ASEL,A,AREA,,28
ASEL,A,AREA,,30
ASEL,A,AREA,,34,35
DA,ALL,SYMM                  !施加对称约束

LSEL,S,LINE,,4,5             !选出基座底面外边界线
LSEL,A,LINE,,10
LSEL,A,LINE,,64
LSEL,A,LINE,,151
LSEL,A,LINE,,153
DL,ALL, ,UY,                 !施加 Y 向位移约束

ALLSEL

ASEL,S,AREA,,12              !选出轴承孔圆周宽度为 0.15 的面
ASEL,A,AREA,,21
ASEL,A,AREA,,66
ASEL,A,AREA,,74
SFA,ALL,1,PRES,0.1           !施加均布力

ALLSEL

ASEL,S,AREA,,36              !选出轴承孔下半部宽度为 0.1875 的面
ASEL,A,AREA,,75
SFA,ALL,1,PRES,0.5           !施加均布力

ALLSEL                       !保存数据库并计算求解
SAVE, 52,db
SOLVE
```

实例 5.3 轮的分析（加载与求解）

用户自定义文件夹，以"ex53"为文件名开始一个新的分析。或者，更改工作文件目录和名称。恢复轮的有限元网格模型数据库"ex37.db"。

1．载荷施加

依次选择 Main Menu>Solution>Define Loads>Apply>Structural>Displacement>Symmetry B.C.>On Areas，弹出"拾取"对话框，拾取轮两侧的 6 个对称面。单击"OK"按钮，约束后的对称面出现"S"标记，如图 5-15 所示。

依次选择 Main Menu>Solution>Define Loads>Apply> Structural>Displacement> on Keypoints，弹

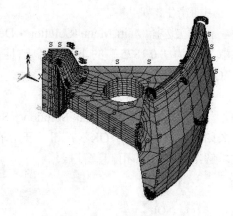

图 5-15 约束后的显示状态

出"拾取关键点"对话框,拾取面对用户左下角(编号 22)关键点,为八分之一车轮中心部分+Z 方向下端顶点。单击"OK"按钮,在打开对话框上选择 UX、UY 作为约束自由度,值为"0"。单击"OK"按钮,X 向约束记号如图 5-15 所示。

依次选择 Main Menu>Solution>Define Loads>Apply>Structural>Inertia>Angular Velocity>Global,打开如图 5-16 所示的"Apply Angular Velocity"(施加旋转载荷)对话框,在"OMEGY Global Cartesian Y-comp"右侧的编辑框输入"50",单击"OK"按钮。整体坐标系 Y 向的箭头记号如图 5-15 所示。

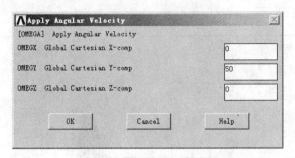

图 5-16 "施加旋转载荷"对话框

2. 求解器设置

依次选择 Main Menu>Solution>Analysis Type>Sol'n Control,打开如图 5-17 所示的"Solution Controls"(求解器控制)对话框,在"Sol'n Options"选项卡上选择"Pre-Condition CG"求解器,单击"OK"按钮。

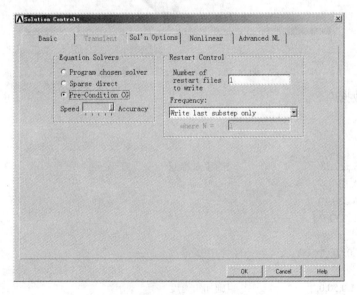

图 5-17 "求解器控制"对话框

要点提示:根据分析类型的不同,求解器控制对话框不一定都出现,也就是说,不是所有分析都需要设置选项。同时,分析类型不同,对话框显示的内容也不同。选项的设置要根据实际分析的类型与需要决定。

依次选择 Utility Menu>Select>Everything。
最后保存数据库。

3．求解与结果的初步查看

依次选择 Main Menu>Solution> Solve>Current LS，浏览"status window"中出现的信息，然后关闭此窗口。单击"OK"（开始求解，并关闭由于单元形状检查而出现的警告信息）。求解结束后，关闭信息窗口。

依次选择 Main Menu>General Postproc>Plot Results>Contour Plot>Nodal Solu，选择观察总体位移，如图 5-18 所示。

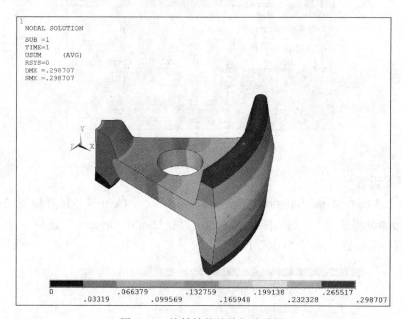

图 5-18　旋转轮的总体位移结果

最后保存数据库。

4．命令流

```
/SOL
ASEL,S,,,,27,28              !约束对称面
ASEL,A,,,,36,37
ASEL,A,,,,39,40
DA,ALL,SYMM

DK,22, ,0, ,0,UX,UY, , , , ,   !约束关键点

OMEGA,0,50,0,                !施加角速度

EQSLV,PCG,1E-8               !设置求解器

ALLSEL
SAVE
SOLVE
```

实例 5.4 阶梯轴的受力分析

用户自定义文件夹，以"ex54"为文件名开始一个新的分析。或者，更改工作文件目录和名称。

根据用户自己的习惯，选择打开工作平面。

1. 实体模型的创建

依次选择 Main Menu>Preprocessor>Modeling>Create>Volumes>Cylinder>By Dimensions，在打开对话框上设定"RAD1 Outer radius"为"8"，"RAD2 Optional inner radius"为"0"，"Z1,Z2 Z-coordinates"分别为"0"和"4"，"THETA1 Starting angle（degrees）"为"0"，"THETA2 Ending angle（degrees）"为"90"，单击"Apply"按钮。

继续设置"RAD1 Outer radius"为"7.5"，"RAD2 Optional inner radius"为"0"，"Z1,Z2 Z-coordinates"分别为"4"和"14"，"THETA1 Starting angle（degrees）"为"0"，"THETA2 Ending angle（degrees）"为"90"，单击"Apply"按钮。

继续设置"RAD1 Outer radius"为"6"，"RAD2 Optional inner radius"为"0"，"Z1,Z2 Z-coordinates"分别为"19"和"29"，"THETA1 Starting angle（degrees）"为"0"，"THETA2 Ending angle（degrees）"为"90"，单击"Apply"按钮。

继续设置"RAD1 Outer radius"为"4"，"RAD2 Optional inner radius"为"0"，"Z1,Z2 Z-coordinates"分别为"34"和"46"，"THETA1 Starting angle（degrees）"为"0"，"THETA2 Ending angle（degrees）"为"90"，单击"OK"按钮。其结果如图 5-19（a）所示。

依次选择 Main Menu>Preprocessor>Modeling>Create>Volumes>Cone>By Dimensions，在打开的对话框中设定"RBOT Bottom radius"为"7.5"，"RTOP Optional top radius"为"6"，"Z1,Z2 Z-coordinates"分别为"14"和"19"，"THETA1 Starting angle（degrees）"为"0"，"THETA2 Ending angle（degrees）"为"90"，单击"Apply"按钮。

继续设置"RBOT Bottom radius"为"6"，"RTOP Optional top radius"为"4"，"Z1,Z2 Z-coordinates"分别为"29"和"34"，"THETA1 Starting angle（degrees）"为"0"，"THETA2 Ending angle（degrees）"为"90"，单击"OK"按钮。

依次选择 Main Menu>Preprocessor>Modeling>Operate>Booleans>Add>Volumes，在弹出的"拾取"对话框上单击"Pick All"按钮，生成一个新的体。

依次选择 Main Menu>Preprocessor>Modeling>Create>Volumes>Cylinder>By Dimensions，在打开的对话框中设定"RAD1 Outer radius"为"5"，"RAD2 Optional inner radius"为"0"，"Z1,Z2 Z-coordinates"分别为"0"和"20"，"THETA1 Starting angle（degrees）"为"0"，"THETA2 Ending angle（degrees）"为"90"，单击"Apply"按钮。

继续设置"RAD1 Outer radius"为"2"，"RAD2 Optional inner radius"为"0"，"Z1,Z2 Z-coordinates"分别为"20"和"70"，"THETA1 Starting angle（degrees）"为"0"，"THETA2 Ending angle（degrees）"为"90"，单击"OK"按钮。

依次选择 Main Menu>Preprocessor>Modeling>Operate>Booleans>Subtract>Volumes，在弹出的"拾取"对话框后，拾取实心的阶梯轴。单击"Apply"按钮，先后拾取两个实心圆

柱体，单击"OK"按钮。结果如图 5-19（b）所示。

依次选择 Main Menu>Preprocessor>Modeling>Operate>Booleans>Add>Areas，拾取实体一侧的对称面，单击"Apply"按钮。继续拾取另一侧对称面。将由若干个四边形面组成的侧面合并为一个不规则形状的侧面。

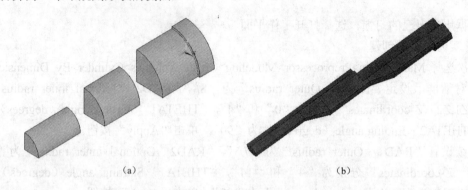

图 5-19 实体模型的创建

2．单元属性的选择和网格划分

依次选择 Main Menu>Preprocessor>Element Type>Add/Edit/Delete，定义"SOLID185"单元类型。

依次选择 Main Menu>Preprocessor>Material Props>Material Models，定义各向同性弹性材料模型，弹性模量"200"，泊松比"0.3"，密度"7.8e-6"。

依次选择 Main Menu>Preprocessor>Meshing>Mesh Tool，打开网格划分工具对话框。在单元分配属性部分，在下拉列表中选择"Volumes"。单击"Set"按钮，弹出"拾取体"对话框，拾取实体。单击"OK"按钮，将单元1、材料1分配给体。

依次选择 Main Menu>Preprocessor>Meshing>Mesh Tool，打开"网格划分工具"对话框。在网格划分部分，在"Mesh"右侧选择"Volumes"，同时选择"Hex/Wedge"和"Sweep"，在下拉列表中选择"Pick Src/Trg"，单击"Mesh"按钮，弹出"拾取体"对话框，拾取阶梯轴。单击"Apply"按钮，弹出"拾取面"对话框，拾取一侧对称面作为扫掠的源面。单击"Apply"按钮，再次拾取另一侧对称面，作为扫掠的目标面。单击"OK"按钮，程序自动划分成功。结果如图 5-20 所示。

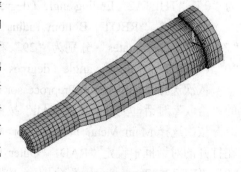

图 5-20 网格划分

3．约束的定义

依次选择 Main Menu>Solution>Define Loads>Apply>Structural>Displacement>Symmetry B.C.>On Areas，弹出"拾取面"对话框，拾取两侧的对称面。单击"OK"按钮，约束后的对称面出现"S"标记，如图 5-21（a）所示。

依次选择 Main Menu>Solution>Define Loads>Apply>Structural>Displacement>On Areas，弹出拾取面对话框，拾取阶梯轴较大半径的端面。单击"OK"按钮，在打开对话框上选择"All

DOF"作为约束自由度,值为 0。单击"OK"按钮。三向约束记号如图 5-21 (b) 所示。

4. 载荷的施加

依次选择 Main Menu>Solution>Define Loads>Apply>Structural>Pressure>On Areas,弹出"拾取面"对话框,拾取两个锥面圆台之间柱体的外面。单击"OK"按钮,打开如图 5-22 (a) 所示"Apply PRES on areas"(在面上施加均布力)对话框,在"Apply PRES on areas as a"右侧的下拉列表框中选择"Constant value"。在"VALUE Load PRES value"右侧输入数值"0.5",单击"OK"按钮。载荷施加面上的红色网状记号如图 5-21 (b) 所示。

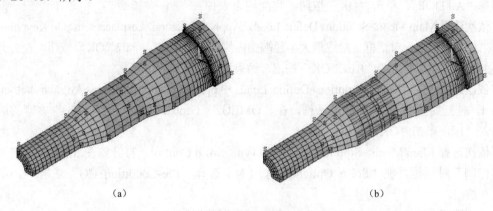

图 5-21 约束与载荷的施加

依次选择 Utility Menu>Select>Everything。保存数据库。

5. 求解与结果

依次选择 Main Menu>Solution> Solve>Current LS,浏览"status window"中出现的信息,然后关闭此窗口。单击"OK"(开始求解,并关闭由于单元形状检查而出现的警告信息);求解结束后,关闭信息窗口。

依次选择 Main Menu>General Postproc>Plot Results>Contour Plot>Nodal Solu,选择观察等效应变,如图 5-22 (b) 所示。

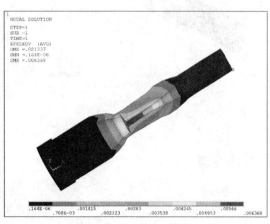

图 5-22 "在面上施加均布力"对话框与结果

✦ 要点提示：只有当问题的结构、载荷、约束都具有对称性质时，才能取对称部分进行分析（二分之一、三分之一、四分之一等），例如上述阶梯轴受力分析就是选择了四分之一。下面练习中的阶梯轴受力分析，虽然结构没有变化，但是由于载荷没有对称性质，所以研究对象就不同。

6．改变载荷再求解

依次选择 Main Menu>Solution>Define Loads>Delete>Structural>Displacement>On Areas，弹出"拾取面"对话框，拾取阶梯轴最大半径的端面，单击"OK"按钮，在打开的对话框上选择"All DOF"。单击"OK"按钮，将面约束去掉。

依次选择 Main Menu>Solution>Define Loads>Apply>Structural>Displacement>On Keypoints，弹出"拾取关键点"对话框，拾取最大半径端面内侧的两个顶点。单击"OK"按钮，在打开对话框上选择"ALL DOF"。单击"OK"按钮，约束这些关键点的位移。

依次选择 Main Menu>Solution>Define Loads>Apply>Structural>Inertia>Angular Velocity>Global，打开如图 5-16 所示的对话框，在"OMEGZ Global Cartesian Y-comp"右侧的编辑框输入"1"，单击"OK"按钮。

依次选择 Main Menu> Solution>Analysis Type>Sol'n Control，打开如图 5-17 所示的"求解器控制"对话框，在"Sol'n Options"选项卡上选择"Pre-Condition CG"求解器，单击"OK"按钮。

依次选择 Utility Menu>Select>Everything，保存数据库。

再次求解，等效应力分布云图如图 5-23（a）所示，等效应变分布云图如图 5-23（b）所示。

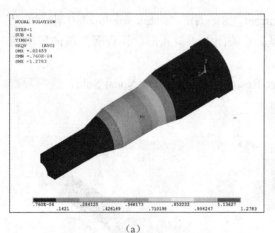
(a)

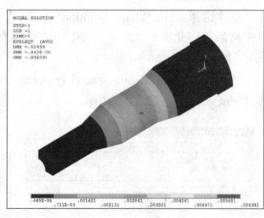
(b)

图 5-23 应力与应变结果

7．命令流

```
/PREP7
CYLIND,8,0,0,4,0,90,           !创建圆柱体
CYLIND,7.5,0,4,14,0,90,
CYLIND,6,0,19,29,0,90,
```

```
CYLIND,4,0,34,46,0,90,

CONE,7.5,6,14,19,0,90,           !创建圆锥体
CONE,6,4,29,34,0,90,

VADD,ALL                         !体相加

CYLIND,5,0,0,20,0,90,            !创建圆柱体
CYLIND,2,0,20,70,0,90,

ALLSEL
VSBV,7,1                         !体相减
VSBV,3,2

ASEL,S,,,6,7                     !面相加
ASEL,A,,,23,24
ASEL,A,,,27
ASEL,A,,,33
AADD,ALL
ASEL,S,,,5
ASEL,A,,,14,15
ASEL,A,,,22
ASEL,A,,,25,26
AADD,ALL

ET,1,SOLID185                    !定义单元类型和材料
MP,EX,1,200
MP,PRXY,1,0.3
MP,DENS,1,7.8e-6

VSEL,,,,ALL                      !分配参数并扫略划分网格
VATT,1,,1,0
VSWEEP,1,4,6

ASEL,S,,,4                       !约束对称面
ASEL,A,,,6
DA,ALL,SYMM
DA,21,ALL,0                      !全约束面
SFA,13,1,PRES,0.5                !施加均布力

ALLSEL
SAVE

/SOL
SOLVE
```

5.5.2 检测练习

练习 5.1 完整阶梯轴的受力分析

基本要求

（1）由实例 5.4 中的实体模型，创建完整的阶梯轴，并划分网格。

（2）在实例 5.4 加载位置施加四分之一柱面的均布力，求解后对比两个计算结果。

思路点睛

（1）将实体模型在柱坐标系下复制，布尔加操作合并所有体。为了划分高质量的网格，用工作平面将体重新分成四份，分别扫掠生成网格。

（2）约束最大半径的端面，施加均布力，如图 5-24（a）所示。计算结果如图 5-24（b）所示。

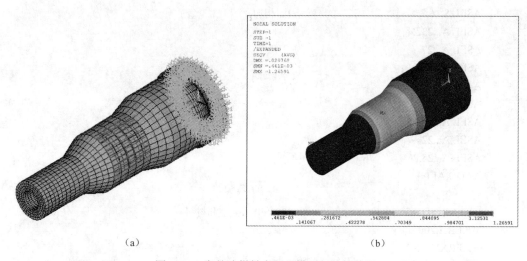

图 5-24 完整阶梯轴有限元模型与计算结果

练习 5.2 零件一的受力分析

基本要求

（1）取零件一模型中的一部分，划分网格，约束对称面、固定端，如图 5-25（a）所示。

（2）施加均布载荷并求解。

（3）在某关键点处继续施加 Y 向负值集中力并求解。

（4）将关键点作用的集中力删除，定义节点组件的集中力并求解。

（5）对比不同载荷条件下零件受力的不同。

思路点睛

（1）施加均布载荷，作用于小圆柱面的左侧面，如图 5-25（a）所示。求解后应力结果如图 5-25（b）所示。

（2）在图示关键点继续施加 Y 向负值集中力，位置如图 5-25（a）所示，求解后应力结果如图 5-26（b）所示。

（3）依次选择 Main Menu>Solution>Define Loads>Delete>Structural>Force/Moment>On

Keypoints，弹出"拾取关键点"对话框，拾取施加集中力的关键点，单击"Apply"按钮，在弹出的对话框上选择"All"，单击"OK"按钮，将关键点处的集中力删除。

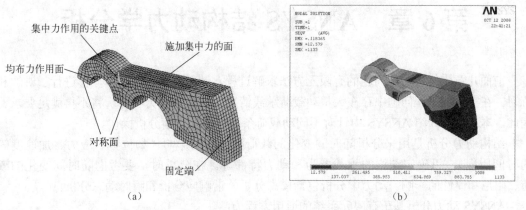

图 5-25 有限元模型与计算结果

选择图示表面上的所有节点，定义为组件。

依次选择 Main Menu>Solution>Define Loads>Apply>Structural>Force/Moment>On Node Components，弹出"选择节点组件"对话框，输入节点组件的名称。单击"Apply"按钮，在弹出的对话框上给定 Y 向负值集中力，单击"OK"按钮。求解后应力结果如图 5-26（b）所示。

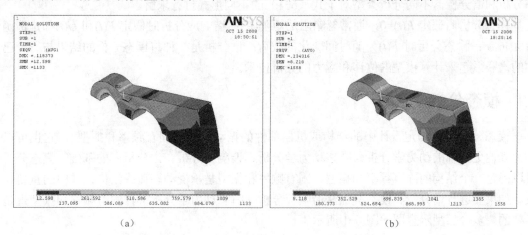

图 5-26 不同载荷条件下的计算结果

练习题

（1）载荷是如何定义和分类的？

（2）在有限元模型上加载时，节点自由度的约束有几种？如何实现节点载荷的施加？

（3）与有限元模型加载相比，实体模型加载有何优点？如何实现在点、线和面上载荷的施加？

第6章 ANSYS 结构动力学分析

前面几章围绕静力学问题的有限元方法求解过程，针对 ANSYS 基本操作进行了讲解和练习。在实际的工程问题中存在大量动载荷承载情况，简化为静力学分析将不再满足要求。因此，本章主要介绍 ANSYS 中针对不同动载荷条件下的动力学分析操作。

结构动力分析是用来分析随时间变化的载荷对结构的影响（如位移、应力、加速度等的时间历程），以确定结构的承载能力和动力特性等。在分析时，要考虑随时间变化的载荷、阻尼和惯性的影响。动力学分析包括模态分析、谐响应分析和瞬时动态分析。

ANSYS 动力分析基于有限元系统的通用方程为：

$$[M]\{\ddot{U}\} + [C]\{\dot{U}\} + [K]\{U\} = \{F(t)\} \tag{6-1}$$

式中，$[M]$ 为质量矩阵；$[C]$ 为阻尼矩阵；$[K]$ 为结构刚度矩阵；$\{\ddot{U}\}$ 为节点加速度向量；$\{\dot{U}\}$ 为节点速度向量；$\{U\}$ 为节点位移向量。

ANSYS 结构动力学分析根据求解方法和目的不同主要包括模态分析、谐响应分析、瞬态分析和谱分析。不同分析类型对于式（6-1）的不同形式进行求解。

模态分析时假定 $F(t)=0$，通常忽略阻尼矩阵 $[C]$；谐响应分析时假定 $F(t)$ 和 $U(t)$ 都是谐函数 $A\sin\omega t$；瞬态分析时 $F(t)$ 为随时间变化的载荷；谱分析是一种将模态分析的结果与一个已知的谱联系起来计算模型的位移和应力的分析技术。

6.1 模态分析

模态分析可以确定设计中的结构或机器部件的振动特性（固有频率和振型），它也可以作为其他更详细的动力学分析（瞬态动力学分析、谐响应分析、谱分析）的基础。模态分析可以确定一个结构的固有频率和振型，固有频率和振型是承受动态荷载结构设计中的重要参数。如果要进行谱分析、模态叠加法谐响应分析、瞬态动力学分析等，固有频率和振型也是必要的。多阶振型示意图如图 6-1 所示。

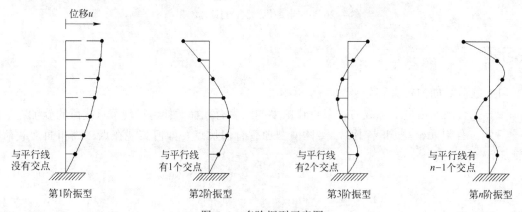

图 6-1 多阶振型示意图

ANSYS 提供了 7 种模态提取方法：Block Lanczos 法、PCG Lanczos 法、超节点法、缩减法、非对称法、阻尼法和 QR 阻尼法。前 4 种方法使用最广泛。

（1）Block Lanczos 法

Block Lanczos 法（默认选项）适用于大型对称矩阵问题。收敛快，可处理 6 万～10 万个自由度的大量振型（>40 个），能很好地处理刚体振型，但需要较大的内存。

（2）PCG Lanczos 法

PCG Lanczos 法适用于非常大的对称特征值问题（50 万个自由度以上），在求解最低阶模态效果理想。

（3）超节点法

超节点法适用于一次性求解高达 10 000 阶的模态，可用于模态叠加法或 PSD 分析的模态提取，以求解结构的高频响应。

（4）缩减法

缩减法比 Block Lanczos 法快，它采用缩减的系统矩阵求解。然而，由于缩减质量矩阵是近似矩阵，缩减法的计算精度相对较低。

模态分析包括有限元建模、加载及求解、观察结果 3 个步骤。下面以 Block Lanczos 法为例，介绍模态分析的基本步骤。

1. 建立有限元分析模型

模态分析的建模过程与其他分析类似，包括定义单元单元类型、定义实常数、定义材料特性、建立几何模型和划分网格等。

⚜ 需要注意的是：模态分析属于线性分析，非线性的部分将会被忽略掉；必须定义材料的弹性模量和密度。

2. 加载和求解

加载和求解包括指定分析类型，指定分析选项，施加约束和求解四个步骤。

首先，依据菜单操作建立新的分析，打开"New Analysis"（求解类型）如图 6-2 所示的对话框，选择 Modal 进行模态分析。

命令格式：ANTYPE, 2,

菜单操作：Main Menu>Solution>Analysis Type>New Analysis >Modal

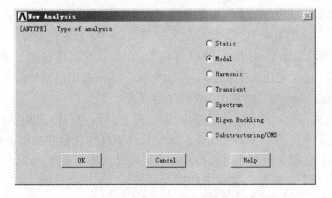

图 6-2 "求解类型"对话框

在定义了分析类型后，选择 Main Menu>Solution>Analysis Type>Analysis Options，进入"Modal Analysis"（模态求解控制）对话框，就可以对模态分析求解进行控制，如图 6-3 所示。

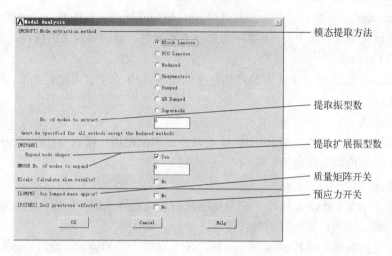

图 6-3 "模态求解控制"对话框

（1）模态提取方法

模态提取方法（Mode extraction method）可以选择 7 种不同的模态提取方法。

（2）提取振型数

提取振型数（No. of modes to extract）指定模态提取阶数，该选项对除 Reduced 法以外的所有模态提取法都是必须设置的。在采用 Unsymmetric 法和 Damped 法时，要求提取比必要阶数更多的模态。

（3）提取扩展振型数

提取扩展振型数（No. of modes to expand）指定模态扩展阶数，此法选项在使用 Reduced 法、Unsymmetric 法、Damped 法时必须设置。

（4）质量矩阵开关

质量矩阵开关（Use Lumped mass approx）让用户选择是否打开近似的阻尼质量，使用该选项可以选定采用默认的质量矩阵形成方式（和单元类型有关）或者集中质量阵近似方式。ANSYS 建议在大多数情况下应用默认方式。但对于有些包含"薄膜"结构的问题，如细长梁或非常薄的壳，采用集中质量矩阵近似经常可以产生较好的结果。

除了上述通用选项外，对应不同模态提取方法，还有各自的一些选项。以 Block Lanczos 方法为例，定义上述选项之后，单击"OK"按钮关闭"Modal Analysis"对话框，弹出"Block Lanczos Method"对话框，如图 6-4 所示。

若要给结构施加符合实际受力状况的约束，模态分析中只能施加零位移约束，如果施加了非零位移约束，程序将以零约束代替，除位移约束外的其他载荷则被程序忽略，不施加任何约束条件的结构在模态分析中可以得到相应的刚体模态（频率为 0）。

需要注意的另一个问题是，要慎重使用对称或反对称约束条件，因为这样可能会丢失一些模态。如施加了对称约束就无法得到反对称的振动模式。

第6章 ANSYS结构动力学分析

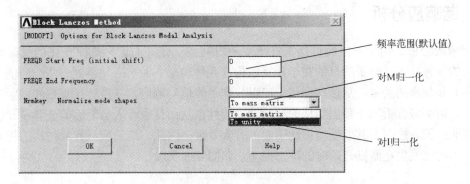

图 6-4 "Block Lanczos Method" 对话框

求解前应保存数据库文件，然后通过菜单选项 Main Menu>Solution>Solve>Current LS，开始求解。

模态扩展是对缩减法等方法而言，这种方法定义能够描述结构动力学特性的自由度作为主自由度，求解后需要进行模态扩展将主自由度扩展到整个结构。对其他方法，模态扩展可以理解为模态分析的结果被保存到结果文件中以备观察。

3．查看结果

模态分析的结果保存于结果文件（Jobname.rst）中，分析结果包括固有频率、振型及相对应的应力分布（如果选择了输出单元解）。一般在通用后处理 POST1 观察模态分析结果。

（1）列出所有固有频率

菜单操作：Main Menu>General Postproc >Read Summray

命令格式：SET, LIST

（2）读入结果数据

每阶模态在结果文件中被保存为一个单独的子步结果集（SET），观察结果前需要读入相应子步的结果。

菜单操作：Main Menu>General Postproc >Read Results.

命令格式：SET, SBSTEP

（3）图形显示变形

该步骤用于图形显示读入数据库的结果的某一阶模态振型。

菜单操作：Main Menu>General Postproc>Plot Results>Deformed Shape

命令格式：PLDISP, KUND

（4）云图显示结果项

该步骤以云图的形式显示结构模型在特定模态中的位移、应变、应力等变量的相对分布。

菜单操作：Main Menu>General Postproc>Contour Plot

命令格式：PLNSOL, Item, Comp, KUND, Fact, FileID

（5）动画显示振型

动画显示振型通常可以获得更直观的视觉效果。

菜单操作：Utility Menu>Plot Ctrls>Animate>Mode Shape

命令格式：ANMODE

6.2 谐响应分析

谐响应分析是用于确定线性结构在承受随时间按正弦（简谐）规律变化的载荷时的稳态响应的一种技术。分析的目的在于计算结构在几种频率下的响应并得到一些响应值（通常是位移）和频率的关系，从这些曲线上可以找到"峰值"响应，并进一步观察峰值频率对应的应力。谐响应分析用于预测结构的持续动力特性，从而使设计人员能够验证其设计能否成功地克服共振、疲劳及其他受迫振动引起的有害效果。因此，谐响应只计算结构的稳态受迫振动，不考虑发生在激励开始时的瞬态振动，如图 6-5 所示。

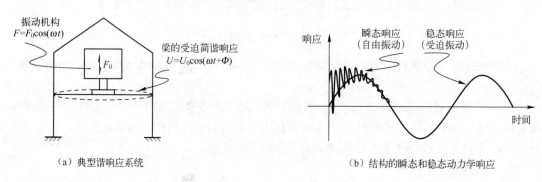

(a) 典型谐响应系统　　　　　　　(b) 结构的瞬态和稳态动力学响应

图 6-5　谐响应分析

谐响应分析是一种线性分析，任何非线性特性，如塑性和接触（间隙）单元，即使被定义了也将被忽略。但在分析中可以包含非对称系统矩阵，如分析流-固耦合系统等。谐响应分析也可以分析有预应力的结构，如小提琴的弦（假定简谐应力比预加的拉伸应力小得多）。

ANSYS 提供了 3 种方法，即完全法、缩减法和模态叠加法。

（1）完全法

完全法（Full）是 3 种方法中最易使用的方法，它采用完整的系统矩阵计算谐响应（没有矩阵缩放）。完全法的优点是：容易使用，因为不必关心如何选取主自由度或振型；使用完整矩阵，因此不涉及质量矩阵的近似；允许有非对称矩阵，这种矩阵在声学或轴承问题中很典型；用单一处理过程计算出所有的位移和应力；允许定义所有类型的载荷：节点力、外加的（非零）位移和单元载荷（压力和温度）；允许在实体模型上定义载荷。

（2）缩减法

缩减法（Reduced）采用主自由度和缩减矩阵来压缩问题的规模，在采用稀疏矩阵求解器时比完全法更快且开销小。但是，初始解只计算主自由度的位移，要得到完整的位移、应力和力的解，则需要执行扩展过程；不能施加单元载荷（如压力和温度等）；所有载荷必须施加在用户定义的主自由度上。

（3）模态叠加法

模态叠加法（Mode Superposition）通过模态分析得到的振型（特征向量）乘上因子并求和来计算结构的响应。对于许多问题，此方法比缩减法或者完全法更快开销更少；模态分析中施加的载荷可以通过 LVSCALE 命令用于谐响应分析中；可以使解按结构的固有频率聚集，便可得到更平滑、更精确的响应曲线图；允许考虑振型阻尼（阻尼系数为频率的函数）。同时，模态叠加法不能施加非零位移。

上述 3 种方法要求：所有载荷必须随时间按正弦规律变化；所有载荷必须有相同的频率；不允许有非线性特性；不计算瞬态效应。

以完全法为例介绍谐响应分析的基本步骤。

1．建立有限元分析模型

建模过程与其他分析类似，包括定义单元类型、定义实常数、定义材料特性、建立几何模型和划分网格等，需要注意的是：谐响应分析属于线性分析，非线性的部分将会被忽略掉；必须定义材料的弹性模量和密度。

2．模态分析

由于峰值响应发生在激励的频率和结构的固有频率相等之时，所以在进行谐响应分析之前，应首先进行模态分析，以确定结构的固有频率。

3．加载和求解

选择分析类型部分与模态分析类似，在图 6-2 的"求解类型"部分选择谐响应"Harmonic"。

在定义了求解类型后，依次选择 Main Menu>Solution>Analysis Type>Analysis Options，弹出如图 6-6 所示的"Harmonic Analysis"（谐响应求解控制）对话框，对谐响应分析求解进行控制。

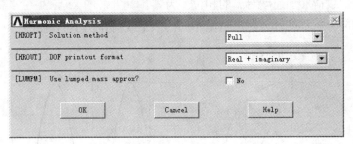

图 6-6 "谐响应求解控制"对话框

（1）Solution method

选择下列不同求解方法中的一种：Full 法、Reduced 法、Mode Superposition 法。

命令格式：HROPT, Method, MAXMODE, MINMODE, MCout, Damp

（2）DOF printout format

该选项设定输出文件 Jobname.out 中谐响应分析位移的输出格式。可选的方式有"Real+imaginary"（实部与虚部）形式（默认）和"Amplitude+phase"（幅值与相位角）形式。

命令格式：HROUT, Reimky, Clust, Mcont

（3）Use lumped mass approx

此选项设定质量矩阵的形式，与模态分析部分一样。

命令格式：LUMPM, Key

如果上一步选择了完全法谐响应分析，则设定上述分析选项单击"OK"按钮，弹出如图 6-7 所示的"Full Harmonic Analysis"（完全法分析）对话框，继续设置完全法的选项。

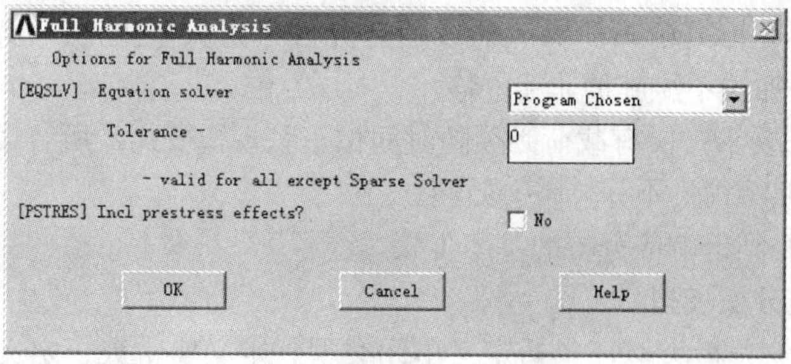

图 6-7 "完全法分析"对话框

（1）"Equation solver"

"Equation solver"用于选择方程式求解器，默认情况下为程序自动选择。

（2）"Incl prestress effects"

"Incl prestress effects"为预应力效应开关，默认情况下不包括初应力效应。

谐响应分析施加的全部载荷都随时间按正弦规律变化，完整的载荷需要输入 3 个信息，即 amplitude（载荷的幅值）、phase angle（载荷的相位角）和 forcing frequency range（强制载荷频率范围），如图 6-8 所示。

ANSYS 不直接输入幅值和相位角，而是输入实部 F_{real} 和虚部 F_{imag} 分量，强制指定频率范围由图 6-8 设置。一般的，若各载荷不存在相位差，则认为 $\varphi=0$，即只需要设置实部为幅值 F_{max}，如惯性载荷（加速度等）的相位差为零。

注意：谐响应分析不能计算频率范围不同的多个载荷作用下的响应。

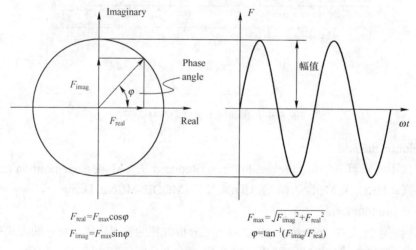

$F_{real}=F_{max}\cos\varphi$
$F_{imag}=F_{max}\sin\varphi$

$F_{max}=\sqrt{F_{imag}^2+F_{real}^2}$
$\varphi=\tan^{-1}(F_{imag}/F_{real})$

图 6-8 实部/虚部分量和振幅/相位角的关系图

最后，基于模态分析结果设置载荷步选项。图 6-9 指定了强制激励频率范围为 0～10 Hz，子步数为 20，即求解 0.5,1,1.5,…,10 Hz 的结果，加载方式选择为阶跃，表示在强制频率范围内载荷的幅值保持为恒定值。

依次选择 Main Menu>Solution>Load Step Opts>Time/Frequenc>Freq and substeps，弹出如图 6-9 所示的"Harmonic Frequency and Substep Options"（谐响应载荷步选项）对话框，对谐响应载荷步进行控制。

第6章 ANSYS 结构动力学分析

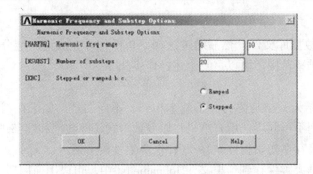

图 6-9 "谐响应载荷步选项"对话框

(1)"Harmonic freq range"

"Harmonic freq range"用于指定求解的频率范围,即所施加谐载荷的频率上下界。

命令格式:HARFRQ, FREQB, FREQE

(2)"Number of substeps"

"Number of substeps"用于设定谐响应分析求解的载荷子步数,载荷子步均匀分布在指定的频率范围内。程序将计算载荷频率为上述指定频率范围的各 Nsubst 等分时的结构响应值。

命令格式:NSUBST, NSBSTP, NSBMX, NSBMN, Carry

(3)"Stepped or ramped b.c"

"Stepped or ramped b.c"用于设定载荷变化方式,选择 Ramped 时,载荷的幅值随载荷子步逐渐增长。选择 Stepped,则载荷在频率范围内的每个载荷子步保持恒定。

命令格式:KBC, key

阻尼是用来度量系统自身消耗振动能量能力的物理量。大多数系统都存在阻尼,因此在动力学分析中应当指定阻尼。在谐响应分析中应指定某种形式的阻尼,否则在共振频率处响应将无限放大。

依次选择 Main Menu>Solution>Load Step Opts>Time/Frequenc>Damping,弹出"Damping Specifications"(阻尼参数定义)对话框,如图 6-10 所示。

ALPHAD 和 BETAD 指定的是和频率相关的阻尼系数,而 DMPRAT 指定的是对所有频率为恒定值的阻尼比。

注意:在直接积分谐响应分析(完全法或缩减法)中如果没有指定阻尼,ANSYS 将采用零阻尼。

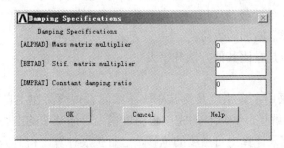

图 6-10 "阻尼参数定义"对话框

4．求解

求解前应保存数据库文件，然后通过选择菜单操作，完成谐响应分析的求解。如果需要计算其他载荷和频率范围，可以重复上述操作步骤。

5．观察结果

谐响应分析的结果数据与静力分析基本相同。不同的是，如果在结构中指定了阻尼，结构响应与激励之间不再同步，所有结果将以复数形式，即实部和虚部进行存储。如果施加的载荷之间不同步（存在初始相位差），同样也产生复数结果。

谐响应分析的结果被保存到结果文件 Jobname.rst 中，可以用通用后处理器 POST1 和时间历程处理器 POST26 来观察分析的结果。

后处理的一般顺序是，首先用 POST26 找到临界频率（模型中所关心的点产生的最大位移或应力，时的频率），然后用 POST1 在这些临界强制频率处处理整个模型。

POST26 用于观察模型中指定点在整个频率范围内的结果，POST1 用于观察整个模型在指定频率点的结果。

6.3 瞬态动力学分析

瞬态动力学分析（亦称时间历程分析）是用于确定承受任意随时间变化的载荷时，分析结构动力学响应的一种方法。可以用瞬态动力学分析确定结构在稳态载荷、瞬态载荷和简谐载荷的随意组合作用下的随时间变化的位移、应变、应力及力。载荷和时间的相关性使得惯性力和阻尼作用比较重要。如果惯性力和阻尼作用不重要，就可以用静力学分析代替瞬态分析。

瞬态动力学分析包括所有类型的非线性特性，如大变形、塑性、蠕变、应力刚化、接触（间隙）单元和超弹性单元等。相对于其他技术的分析（如静力分析、模态分析、谐响应分析和响应谱分析等），瞬态动力学更接近工程实际，因此得到广泛应用。

ANSYS 瞬态动力学分析可采用 3 种 Newmark 时间积分方法：完全法、缩减法及模态叠加法。

（1）完全法

完全法采用完整的系统矩阵计算瞬态响应（没有矩阵缩减）。它是 3 种方法中功能最强的，允许包括各类非线性特性（塑性、大变形、大应变等）。完全法易于使用，不必关注选择主自由度或振型；允许各种类型的非线性特性；采用完整矩阵，不涉及质量矩阵近似；在一次分析就能得到所有的位移和应力；允许施加所有类型的载荷：节点力、外加的（非零）位移（不建议采用）和单元载荷（压力和温度），还允许通过 TABLE 数组参数指定表边界条件；允许在实体模型上施加的载荷。

完全法的主要缺点是它比其他方法开销大。

（2）缩减法

缩减法是指通过采用主自由度及缩减矩阵压缩问题规模，在主自由度处的位移被计算出来后，ANSYS 可将解扩展到原有的完整自由度集上。缩减法的主要优点是比完全法快且开销小。但是，初始解只计算主自由度的位移，进行扩展计算，得到完整空间上的位移、应力和力；不能施加单元载荷（压力，温度等），但允许施加加速度；所有载荷必须加在用户定义的主自由度上（限制在实体模型上施加载荷）；整个瞬态分析过程中时间步长必须保持恒定，不允许用自动时间步长；唯一允许的非线性是简单的点—点接触（间隙条件）。

(3) 模态叠加法

模态叠加法通过对模态分析得到的振型（特征向量）乘上因子并求和来计算结构的响应。对于许多问题，它比缩减法或完全法更快开销更小；可以通过 LVSCALE 命令将模态分析中施加的单元载荷引入到瞬态分析中；允许考虑模态阻尼（阻尼比作为振型号的函数）。同时，整个瞬态分析过程中时间步长必须保持恒定，不允许采用自动时间步长；唯一允许的非线性是简单的点-点接触（间隙条件）；不能施加强制位移（非零）位移。

以完全法瞬态动力分析为例，包括下面步骤。

1．建立有限元模型

瞬态动力学分析的建模过程与其他分析建模过程类似。首先根据实际问题的特点，对分析的问题进行初步计划；建立反映真实物理情况的 CAD 模型或者简化 CAD 模型，并对其划分有限元网格；定义单元类型、单元选项、实常数、截面特征和材料特性。

在进行瞬态动力学分析时，要注意如下内容：可以使用线性和非线性单元；必须输入杨氏模量 EX（或者某种形式的刚度）和密度 DENS（或某种形式的质量）；材料特性可以使用线性的或非线性的、各向同性的或各向异性的、与温度相关的或恒定的；划分合理的网格密度。

2．求解控制对话框

进行瞬态动力学分析时，用户在完成实体模型和有限元模型建立之后，还需要对求解的一些参数进行设置，才可以开始求解。

首先，在选择"求解类型"对话框（图 6-2）的"求解类型"部分选择瞬态分析"Transient"。单击"OK"按钮，在打开的"Transient Analysis"（瞬态求解）对话框，选择 3 种 Newmark 时间积分求解方法之一，如图 6-11 所示。

命令格式：HROPT, Method, MAXMODE, MINMODE, MCout, Damp

菜单操作：Main Menu>Solution>Analysis Type>Analysis Options

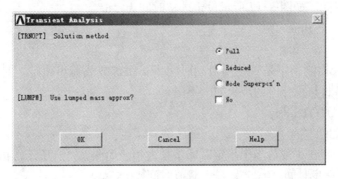

图 6-11 "瞬态求解"对话框

设置求解控制涉及定义分析类型、分析选项及载荷步设置。执行完全法瞬态动力学分析，可以使用最新的求解界面（称为"求解控制"对话框）进行这些选项的设置。"求解控制"对话框提供大多数结构完全法瞬态动力分析所需要的默认设置，即只需要设置少量的必要选项。

"求解控制"对话框包含 5 个属性页，各属性页中分组设置控制选项，并将大多数基本控制选项设置在第一个属性页中，其他属性页提供更高级的控制选项。

对于一般线性瞬态动力学分析，需设置"Baisc"选项卡和"Transient"选项卡。

如图 6-12 所示，"Basic"选项卡用于设置分析选项、时间控制和结果文件控制。

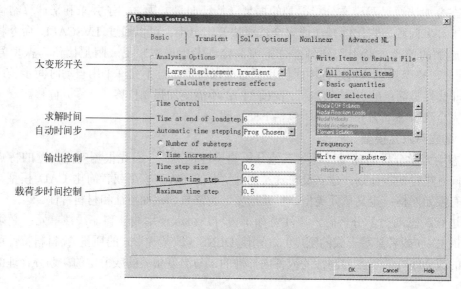

图 6-12 "求解控制"对话框中"Basic"选项卡

（1）大变形开关

大变形开关是指在完全瞬态分析是否包含大变形效应，默认为忽略大变形效应。若分析过程中包含大变形、大旋度或大应变（如弯曲的长细杆件）或大应变（如金属成型），就应选择"Large Displacement Transient"。

命令格式：NLGEOM,Key

（2）求解时间

求解时间是指对于完全瞬态求解，须为每个载荷步指定一个时间，并且该时间值大于前一个载荷步的时间。如图 6-12 所示设定求解时间为"6"。

命令格式：Time, time

（3）自动时间步长控制

自动时间步长控制指定是否使用自动时间步长跟踪或载荷步跟踪。对于多数问题，建议打开自动时间步长与积分时间步长的上下限。

命令格式：AUTOTS,Key

（4）载荷间控制

载荷间控制是指在本载荷步中指定时间步长大小。如图 6-12 所示，指定初始载荷步时间"0.2"、最小载荷步时间"0.05"、最大载荷步时间"0.5"。

命令格式：DELTIM, dtime, dtmin, dtmax, Carry

（5）输出控制

输出控制是指控制写入到数据库中的结果数据。如图 6-12 所示规定将所有求解数据写入结果文件，写入频率为每个子步。

命令格式：OUTRES, Item, Freq, Cname

如图 6-13 所示，Transient 选项卡主要用于设置瞬态动力选项。

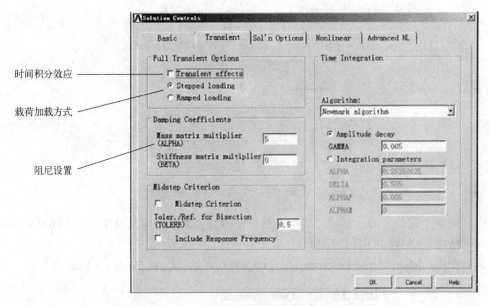

图 6-13 "求解控制"对话框"Transient"选项卡

（1）时间积分效应

时间积分效应用于指定是否打开时间积分效应。对于需要考虑惯性和阻尼效应的分析，必须打开时间积分效应（否则当作静力进行求解），所以默认值为打开时间积分效应。

命令格式：TIMINT, Key, Lab

（2）载荷加载方式

载荷加载方式用于指定采用阶跃加载还是斜坡加载。选择（Stepped loading）即指定每个子步的载荷值是通过对前一个载荷步的值到本载荷步的值之间进行线性插值而得到，即用斜坡的方法。选择"Ramped loading"即从载荷步的第 1 个子步起，载荷阶跃地变化着直到载荷步的指定值，即用阶跃方式。

命令格式：KBC,key

（3）阻尼系数

阻尼系数用来度量系统自身消耗振动能量能力的物理量。大多数系统都存在阻尼，因此在动力学分析中应当指定阻尼。在瞬态动力学中常用 ALPHA 阻尼和 BETA 阻尼，用于定义 Rayleigh 阻尼常数 α 和 β。

命令格式：ALPHAD, value

命令格式：BETAD, value

3．载荷步设置、保存与求解

瞬态动力学分析包含随时间变化的载荷，要指定这样的载荷，需要将载荷对时间的关系曲线划分成合适的载荷步。在载荷-时间曲线上的每个"拐角"都应作为一个载荷步，如图 6-14 所示的载荷-时间与载荷步关系曲线，需要将载荷分成 4 个载荷步，分别定义加载。对于每一个加载步都要指定载荷值（注意：如果在载荷步中不修改载荷，上一个载荷步中的载荷将保持不变的传递到这一步载荷）。同时要指定其他的载荷步选项。例如，载荷是按照阶跃（Stepped）还是按照斜坡方式（Rammped）施加，是否使用自动时间步长等。

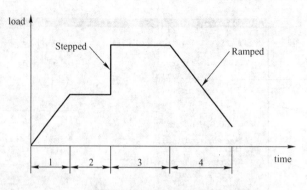

图 6-14　载荷-时间与载荷步关系曲线示意图

当完成一个载荷步的设置后，要将当前载荷步设置到载荷步文件中，如图 6-15 所示。
命令格式：LSWRITE, LSNUM
菜单操作：Main Menu>Preprocessor>Loads>Load Step Opts>Write LS File

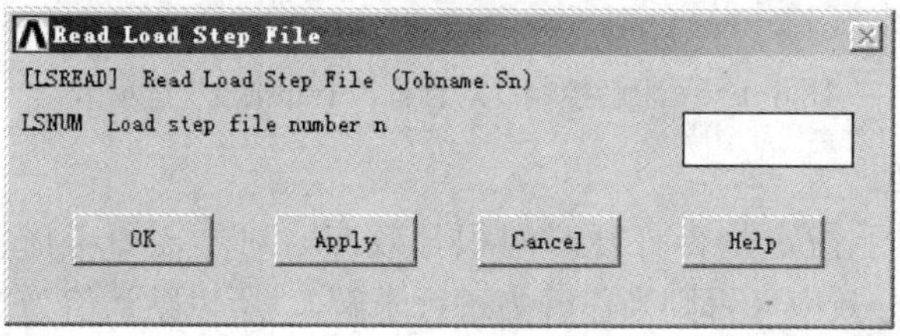

图 6-15　写入载荷步设置框

重复上述设定可一一完成每个载荷步的设定，最后进行求解，如图 6-16 所示。
命令格式：LSSOLVE, lsmin, lsmax, lsinc
菜单操作：Main Menu>Solution>Solve>From LS Files

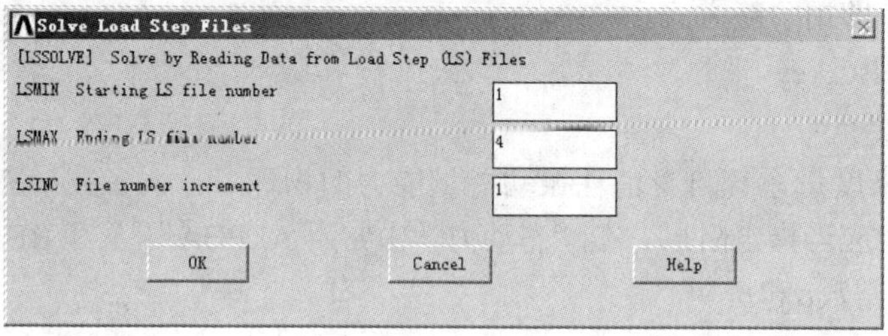

图 6-16　求解载荷文件设置框

4．结果输出控制

依次选择 Main Menu>Preprocessor>Loads>Load Step Opts>Output Ctrls>DB/Solu printout，打开如图 6-17 所示的"Solution Printout Controls"（结果输出控制）对话框，用于将计算结果数据写入输出文件（Jobname.out）。注意：在"FREQ Print frequency"选项应选择"every substep"输出每一个子载荷步结果写入输出文件。否则程序默认值写入每个载荷步最后一步数据。同时默认时只有 1 000 个结果序列能够写入结果文件。如果超过这个数目,程序将认为出错终止。

图 6-17 "结果输出控制"对话框

6.4 谱分析

谱是谱值和频率的关系曲线,反映了时间-历程载荷的强度和频率信息。谱分析是一种将模态分析的结果和已知谱联系起来计算结构最大响应的分析方法,主要用于确定结构对随机载荷或随时间变化载荷的动力响应。谱分析是快速进行瞬态分析的一种替代解决方案,它广泛应用于如地震、飓风、海浪、火箭发动机振动等。

ANSYS 提供 3 种类型的谱分析,即响应谱分析、动力学设计方法和随机振动分析。

响应谱是系统对时间-历程载荷的响应,是一个响应和频率的关系曲线,其中响应可以是位移、速度、加速度、力等。响应谱分析分为单点响应谱(SPRS)和多点响应谱(MPRS)。单点响应谱可以在模型的一个点集上定义相同的响应谱曲线,如图 6-18(a)所示。多点响应谱可以在模型不同的点集上定义不同的响应谱曲线,如图 6-18(b)所示。

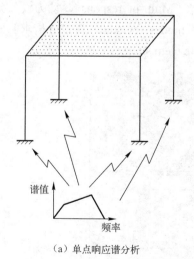
(a)单点响应谱分析

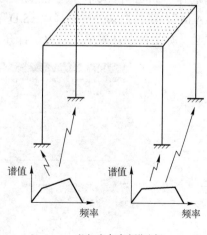
(b)多点响应谱分析

图 6-18 两种响应谱

动力设计分析（DDAM）应用一系列经验公式和振动设计表得到谱分析系统。

随机振动分析（PSD），又称作功率谱分析，用于随机振动分析，以得到系统的功率谱密度和频率的关系曲线，功率谱分析可以分为位移功率谱密度、速度功率谱密度、加速度功率谱密度、力功率谱密度等形式。与响应谱分析类似，随机振动分析也可以是单点的或多点的。

一个完整的响应谱分析过程包括建立有限元网格模型、模态分析、谱分析求解设置、合并模态和查看结果。

1. 建立有限元网格模型

响应谱分析的建模过程与其他分析建模过程类似。首先根据实际问题的特点，对分析的问题进行初步计划；建立反映真实物理情况的 CAD 模型或者简化 CAD 模型，并对其划分有限元网格：定义单元类型、单元选项、实常数、截面特征和材料特性。

在进行响应谱分析时，要注意：只有线性行为是有效的，如果指定了非线性单元，它们将被当作是线性的；必须输入杨氏模量 EX（或者某种形式的刚度）和密度 DENS（或某种形式的质量）；材料特性可以使用线性的、各向同性的或各向异性的、与温度相关的或恒定的。

2. 模态分析

结构的固有频率和模态振型是谱分析所必需的数据，在进行谱分析求解前需要先计算模态解。具体操作可以参考模态分析一节。但是，模态提取方法只能采用 Block Lanczos 法、PCG Lanczos 或 Reduced 法。如果模态提取方法选择 Reduced 法，必须在施加激励的位置定义主自由度。其他提取方法对下一步的响应谱分析是无效的；所提取的模态数目应足以表征在感兴趣的频率范围内结构所有的响应，模态频率的范围应覆盖响应谱频率范围的 1.5 倍；为简化分析过程并提高分析精度，在模态分析过程中应扩展所有模态。即在"模态设置"对话框打开"Expand mode shapes"选项。

3. 谱分析求解设置

在选择"求解类型"对话框（图 6-2）中的"求解类型"部分选择谱响应"Spectrum"。

依次选择 Main Menu>Solution>Analysis Type> Analysis Options，弹出"Spectrum Analysis"（谱分析）对话框，如图 6-19 所示。"Type of spectrum"指定分析的类型，单点响应谱分析选择"Single-pt resp"、多点响应谱分析选择"Multi-pt respons"、动力设计分析选择"D.D.A.M"、随机振动分析选择"P.S.D"；"No. of modes for solu"指定分析求解所需的扩展模态数；如果需要计算单元应力，打开"Calculate elem stresses"选项。

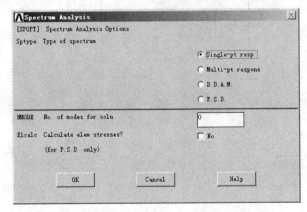

图 6-19 "谱分析"对话框

第6章 ANSYS结构动力学分析

依次选择 Main Menu>Solution>Load Step Opts>Spectrum>Single Point>Settings，弹出"Settings for Single-Point Response Spectrum"（单点响应谱设置）对话框，如图6-20所示。"Type of response spectr"设置响应谱的类型，包括 Seismic accel、Seismic velocity、Seismic displac、Force spectrum 和 PSD。前三种都属于地震谱，施加在结构的基础节点上，Force spectrum 和 PSD 施加在非基础节点。"Excitation direction"设置响应谱的激励方向，该方向通过3个坐标分量确定。

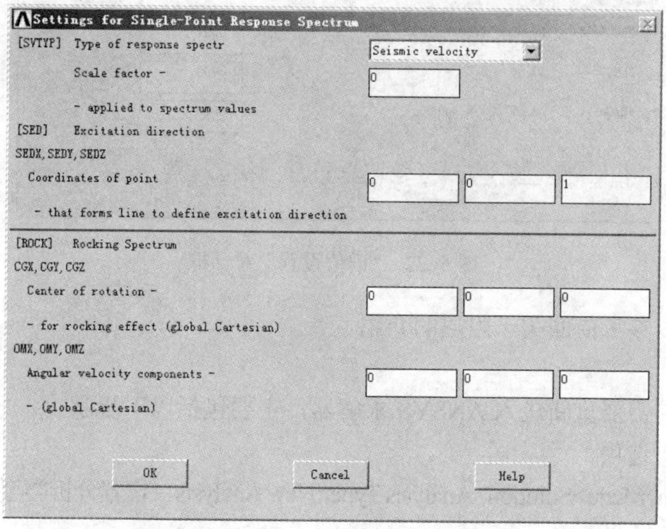

图6-20 "单点响应谱设置"对话框

依次选择 Main Menu>Solution>Load Step Opts>Spectrum>Single Point>Freq Table，弹出"Frequency Table"（频率设置）对话框，按照递增的顺序依次定义激励谱的各个频率点的频率值，如图6-21所示。

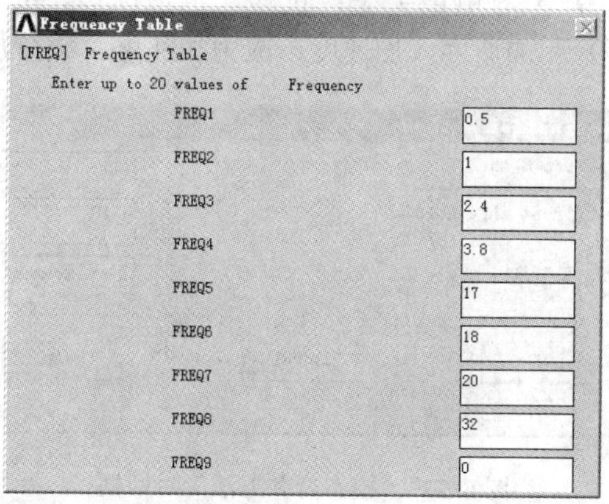

图6-21 "频率设置"对话框

依次选择 Main Menu>Solution>Load Step Opts>Spectrum>Single Point>Spectrum Values，弹出"Spectrum Values"（谱值设置）对话框，依次设置各个频率点对应的谱值，如图6-22所示。

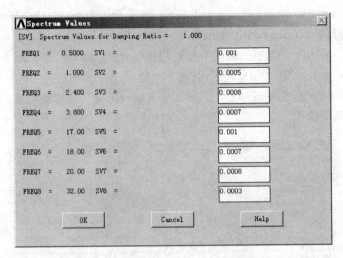

图 6-22 "谱值设置"对话框

阻尼设置可以参考前面关于阻尼的介绍。

4. 合并模态

合并模态之前需要重新进入 ANSYS 求解器，主要包括以下步骤。

（1）指定分析选项

依次选择 Main Menu>Solution>Analysis Type>New Analysis，设置分析类型为"Spectrum"。

（2）选择模态合并方法

依次选择 Main Menu>Solution>Load Step Opts>Spectrum>Single Point>Mode Combine，弹出"Mode Combination Methods"（模态合并方法）对话框，如图 6-23 所示。"Mode Combination Method"设置模态合并方法，ANSYS 谱分析提供了 5 种常用的模态合并方法：CQC 法、GRP 法、DSUM 法、SRSS 法和 NRLSUM 法。"Type of output"设置响应计算类型，ANSYS 允许计算 3 种响应类型：位移（包括位移、应力、载荷等）、速度（速度、加速度、载荷速度等）和加速度（加速度、应力加速度、载荷加速度等）。

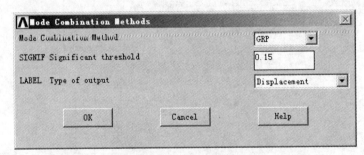

图 6-23 "模态合并方法"对话框

完成上述选择之后即可以合并求解。

5. 查看结果

单点谱响应分析的结果是以 POST1 命令的形式写入模态合并文件（Jobname.mcom）中，这些命令依据某种方式（模态合并方法指定的）计算结构的最大响应。响应包括总位移

(或速度，或加速度)、总应力（或应力速度，或应力加速度）、总应变（或应变速度，或应变加速度）和总反作用力（或总反作用力速度，或总反作用力加速度）。

6.5 上机指导

【上机目的】

熟悉 ANSYS 动力学仿真的常用方法，初步掌握模态分析、谐响应分析、瞬态分析、谱分析的步骤与流程。

【上机内容】

（1）模态分析的求解方法与操作。
（2）谐响应分析的求解方法与操作。
（3）瞬态态分析的求解方法与操作。
（4）单点谱分析的求解方法与操作。

6.5.1 操作案例

实例 6.1 飞机机翼模态分析

用户自定义文件夹，以 "ex61" 为文件名开始一个新的分析。

问题描述：对一个简化的飞机机翼模型进行模态分析，以确定机翼的模态频率和振型。

1. 几何建模

（1）创建关键点

依次选择 Main Menu>Preprocessor>Modeling>Create>KeyPoints>In Active CS，打开如图 6-24 所示的 "Create Keypoints in Active Coordinate System"（在当前坐标系下创建关键点）对话框，在 "NPT Keypoint number" 右侧编辑框输入关键点的编号，在 "X,Y,Z Location in active CS" 右侧的编辑框输入关键点的三向坐标值。单击 "Apply" 按钮，继续设置其他关键点的编号和坐标值，8 个关键点的编号和坐标值见表 6-1。

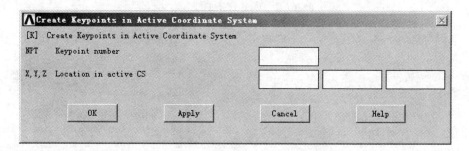

图 6-24 "在当前坐标系下创建关键点"对话框

表 6-1　8 个关键点的编号和坐标值

编号	X	Y	Z	编号	X	Y	Z
1	0	0	0	5	2.8	0	0
2	0.3	0.4	0	6	0.3	-0.18	0
3	1	0.5	0	7	1	-0.2	0
4	1.8	0.3	0	8	1.8	-0.14	0

创建完成的关键点如图 6-25 所示。

图 6-25　创建完成的关键点

（2）生成机翼根部截面

依次选择 Main Menu>Preprocessor>Modeling>Create>Lines>Splines>With Options>Spline thru KPs，弹出"拾取关键点"对话框，用鼠标依次点取关键点 1、2、3、4、5，单击"OK"按钮，打开如图 6-26 所示的"B-Spline"（生成 B 样条曲线）对话框，"XV1,YV1,ZV1"取值为"0,-1,0"；单击"Apply"按钮，用鼠标依次点取关键点 1、6、7、8、5，单击"OK"按钮，再次打开"生成 B 样条曲线"对话框，"XV1,YV1,ZV1"取值为"0,1,0"，单击"OK"按钮。生成的样条曲线如图 6-27（a）所示。

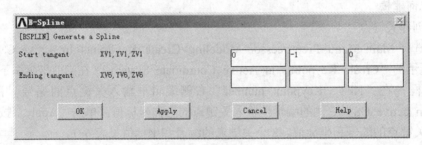

图 6-26　"生成 B 样条曲线"对话框

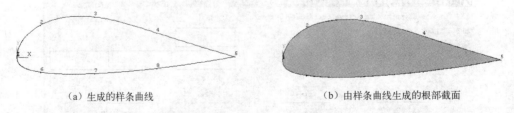

（a）生成的样条曲线　　　　　　　　（b）由样条曲线生成的根部截面

图 6-27　机翼根部的断面

依次选择 Main Menu>Preprocessor>Modeling>Create>Areas>Arbitrary>By Lines，弹出

"拾取线"对话框，用鼠标依次点取刚生成的两条样条曲线，单击"OK"按钮，由样条曲线生成的根部截面如图6-27（b）所示。

(3) 机翼的创建

依次选择 Main Menu>Preprocessor>Modeling>Operate>Extrude>Areas>By XYZ Offset，弹出"拾取面"对话框，用鼠标点取生成的根部截面，单击"OK"按钮，打开如图6-28所示的"Extrude Areas by XYZ Offset"（拉伸面的参数）对话框，在"DX,DY,DZ Offsets for extrusion"右侧编辑框输入"0,0,8"，即沿 Z 轴拉伸 8 个单位；在"RX,RY,RZ Scale factors"右侧编辑框输入"0.3,0.3,0"，即将截面等比例缩小。单击"OK"按钮，拉伸生成体。改变视角为等轴视图，如图6-29所示。

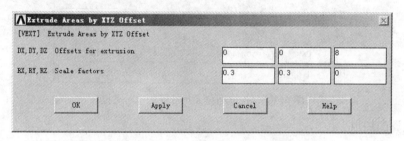

图 6-28 "拉伸面的参数"对话框

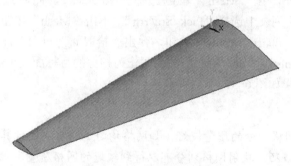

图 6-29 创建完成的机翼

(4) 保存数据库

💡 要点提示：由点拉伸成线、由线拉伸成面、由面拉伸成体是典型的"由下到上"建模的方法之一。通过拉伸选项的不同，可以实现不同的目的。

2. 机翼的网格划分

(1) 单元属性定义与尺寸控制

依次选择 Main Menu>Preprocessor>Element Type>Add/Edit/Delete，定义"SOLID185"单元类型。

依次选择 Main Menu>Preprocessor>Material Props>Material Models，定义各向同性弹性材料模型，弹性模量"200"，泊松比"0.3"，密度"7.8e-6"。

依次选择 Main Menu>Preprocessor>Meshing>Mesh Tool，打开"网格划分工具"对话框。在单元分配属性部分，在下拉列表中选择"Volums"。单击"Set"按钮，弹出"拾取体"对话框，拾取实体，单击"OK"按钮，将单元1、材料1分配给体。

依次选择 Main Menu>Preprocessor>Meshing>Mesh Tool，打开"网格划分工具"对话框。在单元尺寸定义部分，在"Lines"右侧单击"Set"按钮，弹出"拾取线"对话框，拾取拉伸机翼的两条边线，单击"OK"按钮，在打开的对话框上设置线的划分份数为"20"，单击"OK"按钮。在"Areas"右侧单击"Set"按钮，弹出"拾取面"对话框，拾取大的端面。单击"OK"按钮，打开如图 6-30 所示的"Element Size at Picked Areas"（拾取面单元尺寸控制）对话框，在"SIZE Element edge length"右侧的编辑框输入单元的尺寸"0.3"，单击"OK"按钮。通过线控制单元尺寸的状态如图 6-31（a）所示。

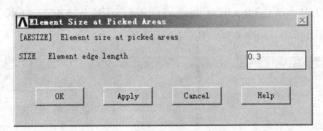

图 6-30 "拾取面单元尺寸控制"对话框

（2）机翼的扫掠

依次选择 Main Menu>Preprocessor>Meshing>Mesh Tool，打开"网格划分工具"对话框。在网格划分部分，在"Mesh"右侧选择"Volumes"，同时选择"Hex/Wedge"和"Sweep"，其下的下拉列表中选择"Pick Src/Trg"。单击"Mesh"按钮，弹出"拾取体"对话框，拾取实体模型。单击"Apply"按钮，弹出"拾取面"对话框，拾取大的端面作为扫掠的源面。单击"Apply"按钮，拾取小的端面作为扫掠的目标面。单击"OK"按钮，程序自动划分成功。其结果如图 6-31（b）所示。

（3）保存数据库

⚜ 要点提示：网格划分的质量较好（如网格均匀）将有利于计算，因此，用户在网格划分时需要注意一些技巧。映射网格划分可以得到较好的网格质量，但对实体的形状要求较高，一般情况下不易实现。实际的实体形状常常适于扫掠划分，也可以得到理想的网格。

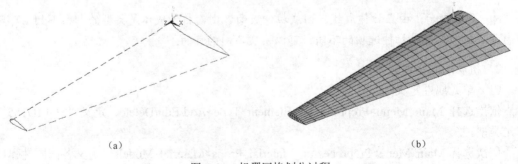

(a)   (b)

图 6-31 机翼网格划分过程

3．模态分析

（1）模态分析设置

依次选择 Main Menu>Solution>Analysis Type>New Analysis，打开如图 6-32 所示的"New

Analysis"(新分析类型选项)对话框,选择"Modal",单击"OK"按钮,关闭对话框。

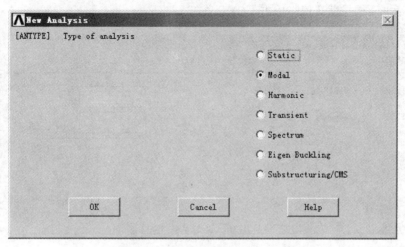

图 6-32 "新分析类型选项"对话框

依次选择 Main Menu>Solution>Analysis Type>Analysis Option,打开如图 6-33 所示的"Model Analysis"(模态分析选项)对话框。

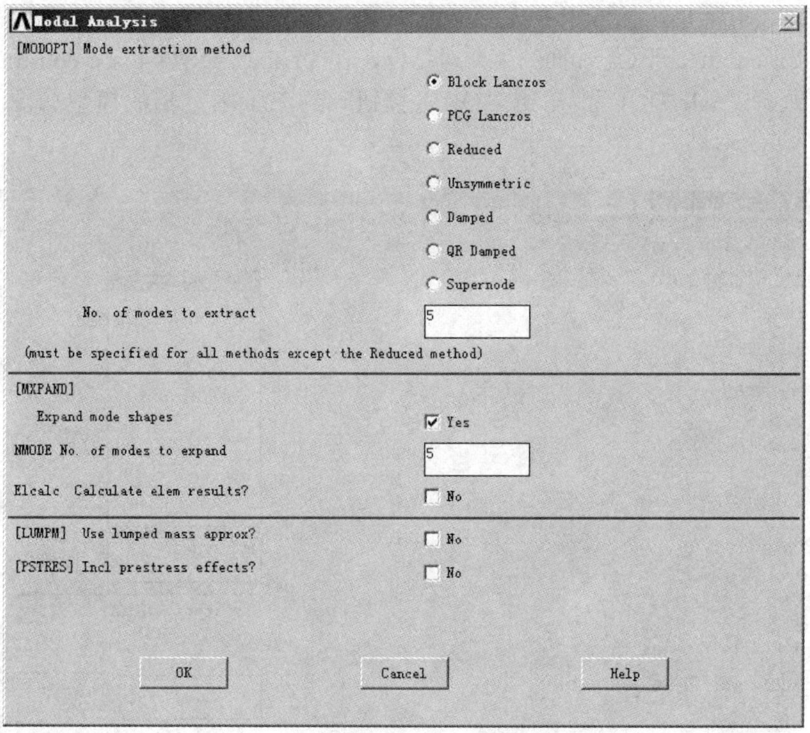

图 6-33 "模态分析选项"对话框

单选按钮组中选择"Block Lanczos";在"No. of modes to extract"右侧的编辑框输入"5";在"[MXPAND]"下侧将"Expand mode shapes"选择为"Yes",在"NMODE No. of modes expand"右侧的编辑框输入"5",其余选择默认值,单击"OK"按钮。

程序自动弹出如图 6-34 所示的"Block Lanczos Method"（Block Lanczos 提取法模态分析选项）对话框，选择默认值，单击"OK"按钮。

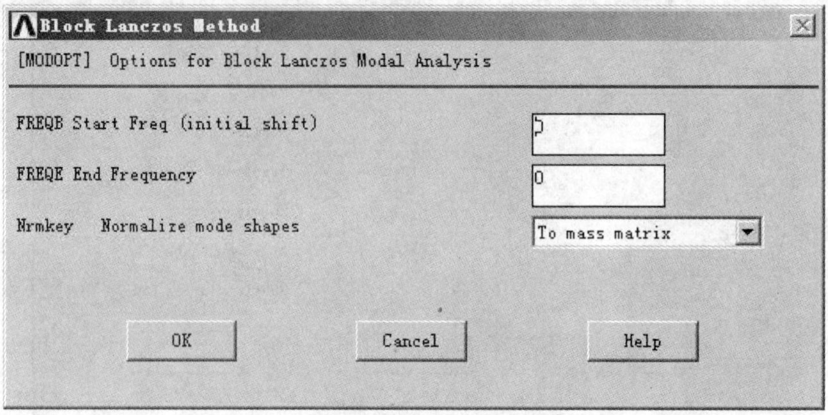

图 6-34 "Block Lanczos 提取法模态分析选项"对话框

(2) 固定支撑边界条件的施加

依次选择 Main Menu>Solution>Define Loads>Apply>Structural>Displacement>On Areas，弹出"拾取面"对话框，拾取机翼大的端面，单击"OK"按钮，打开如图 6-35 所示的"Apply U，Rot on Areas"（施加面约束）对话框，在"Lab2 DOFs to be constrained"右侧的列表框中选择"All DOF"，单击"OK"按钮。约束了固定端的模型如图 6-36（a）所示。

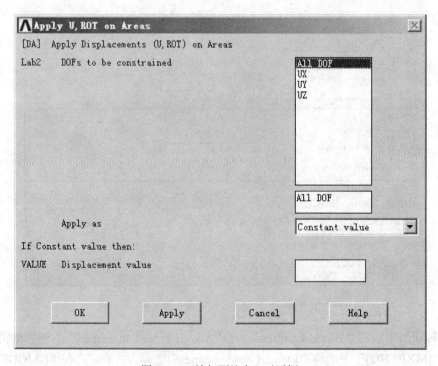

图 6-35 "施加面约束"对话框

第 6 章 ANSYS 结构动力学分析

依次选择 Main Menu>Solution>Define Loads>Delete>Structural>Displacement>On Areas，弹出"拾取面"对话框，拾取机翼大的端面（即刚施加载荷的固定端），单击"OK"按钮，删除已施加的载荷。

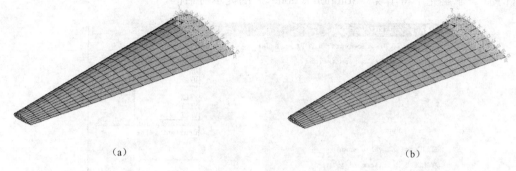

图 6-36 不同载荷施加方法的结果

依次选择 Utility Menu>Select>Entities，弹出"选择"对话框，在第一个下拉选项中选择"Areas"，在其下的下拉列表中选择"By Num/Pick"，如图 6-37（a）所示。单击"Apply"按钮，弹出"拾取面"对话框，拾取机翼大的端面，单击"OK"按钮。

回到"选择"对话框，在第一个下拉选项中选择"Nodes"，其下的下拉列表框中选择"Attached to"，并选择"Areas, all"，如图 6-37（b）所示，单击"OK"按钮。

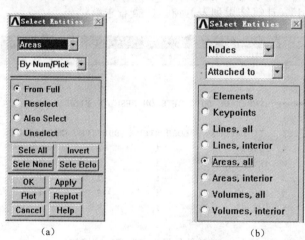

图 6-37 "选择"对话框的应用

依次选择 Main Menu>Solution>Define Loads>Apply>Structural>Displacement>On Nodes，弹出"拾取节点"对话框，单击"Pick All"，打开如图 6-38 所示的"Apply U, ROT on Nodes"（施加节点约束）对话框，在"Lab2 DOFs to be constrained"右侧的列表框中选择"All DOF"，单击"OK"按钮。约束了固定端节点的模型如图 6-36（b）所示。

⚜ 要点提示：上述在图元对象（点、线、面）上施加载荷（约束）和直接在节点上施加载荷的最终效果是一样的。但是适用条件和灵活性略有不同，用户应了解和掌握。

（3）求解与结果浏览

依次选择 Utility Menu>Select>Everything，然后保存数据库。

依次选择 Main Menu>Solution>Solve>Current LS，在弹出的对话框中单击"OK"。程序开始求解。求解完毕将出现"Solution is done！"的提示对话框。

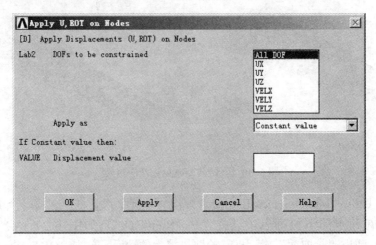

图 6-38 "施加节点约束"对话框

依次选择 Main Menu>General Postproc>Results Summary，打开如图 6-39 所示的 "SET，LIST Command"（计算结果列表）窗口，查看求解结果。

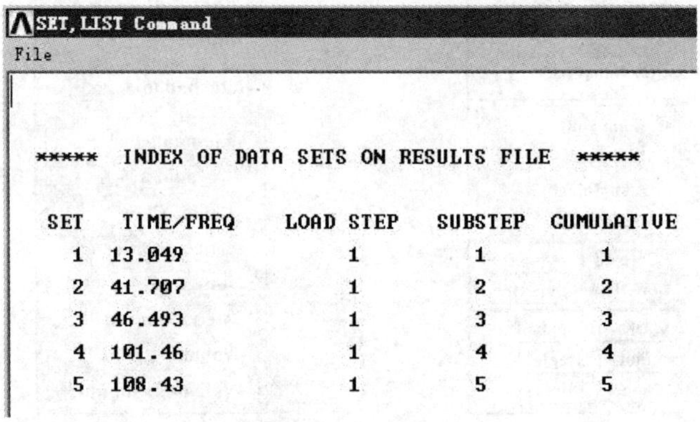

图 6-39 "计算结果列表"窗口（局部）

4. 命令流

```
/PREP7
K,1,0,0,0,                    !创建8个关键点
K,2,0.3,0.4,0,
K,3,1,0.5,0,
K,4,1.8,0.3,0,
K,5,2.8,0,0,
K,6,0.3,-0.18,0,
K,7,1,-0.2,0,
```

```
K,8,1.8,-0.14,0,
KSEL,S,,,1,5                        !选出 5 个关键点
BSPLIN,1,2,3,4,5,,0,-1,0,,,,        !创建第 1 条曲线
ALLSEL
KSEL,S,,,1                          !选出 5 个关键点
KSEL,S,,,6
KSEL,S,,,7
KSEL,S,,,8
KSEL,S,,,5
BSPLIN,1,6,7,8,5,,0,1,0,,,,         !创建第 2 条曲线
ALLSEL
AL,ALL                              !创建截面
VEXT,ALL, , ,0,0,8,0.3,0.3,0,       !拉伸成型
SAVE
ET,1,SOLID185                       !定义单元类型
MP,EX,1,200                         !定义材料模型
MP,PRXY,1,0.3
MP,DENS,1,7.8e-6
VSEL,,,,,ALL                        !分配体单元划分网格参数
VATT,1,,1,0
LSEL,,,,,5,6                        !设置线网格精度
LESIZE,ALL,,,20,,,,,1
AESIZE,1,0.3,                       !设置面网格精度
VSWEEP,1,1,2                        !扫掠划分网格

/SOL
ANTYPE,2                            !设置新分析为模态分析
MODOPT,LANB,5                       !设置求解模态分析阶数
EQSLV,SPAR
MXPAND,5, , ,0
LUMPM,0
PSTRES,0
MODOPT,LANB,5,0,0, ,OFF
DA,1,ALL,                           !设定约束
ALLSEL
SAVE                                !保存
SOLVE                               !求解
```

实例 6.2 电动机平台的模态分析与谐响应分析

用户自定义文件夹，以"ex62"为文件名开始一个新的分析。

问题描述：工作台-电动机系统如图 6-40 所示，当电动机工作时由于转子偏心引起电动机发生简谐振动，这时电动机的旋转偏心载荷是一个简谐激励，计算结构在该激励下的响应。

工作台平板：长 2 m（X 方向）、宽 1 m（Y 方向）、截面厚度 0.02 m。工作台 4 条腿的

梁几何特性：长 1 m（Z 方向），截面宽度 0.01 m，截面高度 0.02 m。电动机的质心位于工作台几何中心的正上方 0.1 m，电动机质量 m=100 kg。简谐激励 F_X、F_Z 幅值为 100N，F_Z 落后 F_X 90°的相位角。电动机转动频率范围为 0～10 Hz。所有材料钢杨氏模量均为 2.1×10^{11} Pa，泊松比为 0.3，密度为 7 850 kg/m^3。

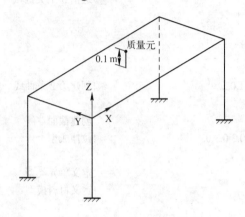

图 6-40　工作台-电动机系统

1．有限元模型

（1）定义单元类型

单元类型 1 为 SHELL181，单元类型 2 为 BEAM189，单元类型 3 为 MASS21。

依次选择 Main Menu>Preprocessor>Element Type>Add/Edit/Delete，打开如图 6-41 所示的"已定义的单元类型"对话框（局部），定义 3 种单元类型。

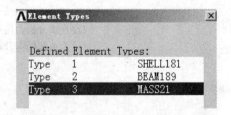

图 6-41　"已定义的单元类型"对话框（局部）

（2）定义材料特性

杨氏模量 EX=2e11，泊松比 NUXY=0.3，密度 DENS=7.8e3。

依次选择 Main Menu>Preprocessor>Material Props>Material Models，打开如图 6-42（a）所示的"Define Material Model Behavior"（定义材料模型）对话框。"Material Models Defined"选项为材料模型列表，图中所示状态则是定义编号为"1"的材料模型；"Material Models Available"选项为可选择的已定义的材料模型。单击"Structural"，打开文件夹，继续依次单击"Linear"、"Elastic"、"Isotropic"，打开如图 6-42（b）所示的"Linear Isotropic Properties for Material Number 1"（线性各向同性材料参数定义）对话框，输入"EX"、"PRXY"的数值，单击"OK"按钮。

回到定义材料模型对话框，单击"Density"，打开如图 6-42（c）所示的"Density for Material Number 1"（密度定义）对话框，输入"DENS"数值，单击"OK"按钮。

再次回到定义材料对话框,单击"OK"按钮,完成各向同性弹性材料模型的定义。

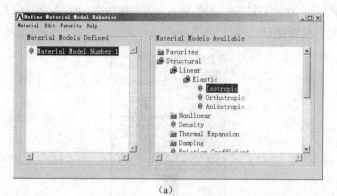

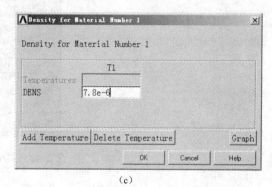

图 6-42 材料类型的选择与定义

(3) 定义单元截面特性与实常数

依次选择 Main Menu>Preprocessor>Sections>Shell>Lay-up>Add / Edit 进入壳单元截面管理器。如图 6-43 所示,在"Thickness"选项输入"0.02","Material ID"选择"1",单击"OK"按钮确认(注意:只有先定义材料后才能进入壳单元截面管理器)。

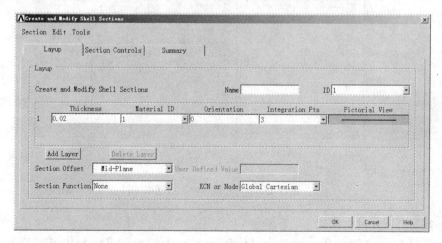

图 6-43 壳单元截面管理器

依次选择 Main Menu>Preprocessor>Sections>Beam>Common Sections 进入梁单元截面工具。如图 6-44 所示，在"ID"选项输入"2"，"B"选项输入"0.01"，"H"选项输入"0.02"，单击"OK"按钮确认。

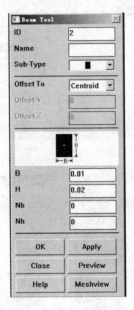

图 6-44　梁单元截面工具

依次选择 Main Menu>Preprocessor>Real Constants>Add/Edit/Delete，进入实常数管理器，单击"Add..."。在弹出的"Element Type for Real Constants"对话框，选择"Type 3 MASS21"，弹出"Real Constant Set Number 1, or MASS21"对话框，分别对"Real Constant set No"输入"3"，"Mass in X direction"输入"100"如图 6-45 所示。

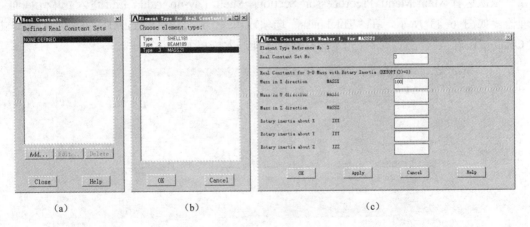

图 6-45　"实常数设置"对话框

（4）建立有限元分析模型

依次选择 Main Menu>Preprocessor>Modeling>Create>Areas>Rectangle>By Dimensions，创建 X 坐标（-2~2）、Y 坐标（-1~1）的矩形，代表板结构。相关尺寸为：X1=0，

X2=2，Y1=0，Y2=1。

选择 Main Menu>Preprocessor>Modeling>Copy>Keypoints。在"DZ"输入"-1"，如图 6-46 所示，其余选择默认值，单击"OK"按钮确认。

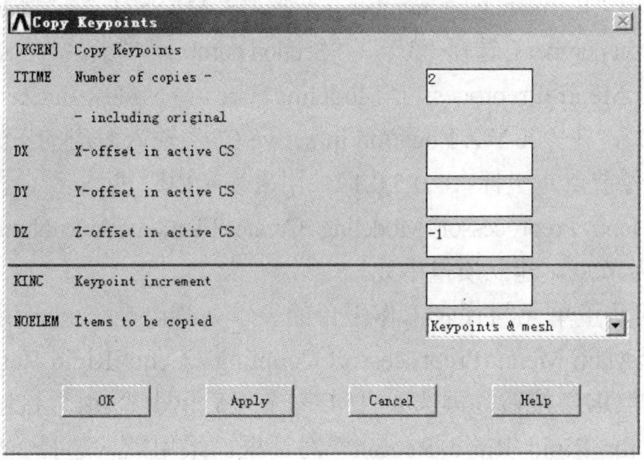

图 6-46 所有关键点沿 Z 方向复制

依次选择 Main Menu>Preprocessor>Modeling>Create>Lines>Lines>Straight Line，连接对应的关键点，代表梁。

首先将面划分网格。进入当前网格属性管理器，依次选择 Main Menu>Preprocessor>Meshing>Mesh Attributes>Default Attribs 。在选项"Element type number"选择"1 SHELL181"；Marerial number 选择"1"；"Section number"选择"1"如图 6-47 所示，单击"OK"按钮确认。将单元 1、截面 1、材料 1 分配给面。

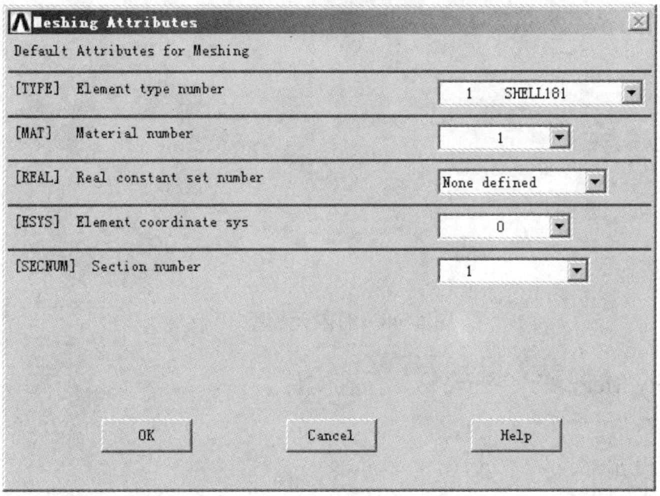

图 6-47 当前网格属性管理器

依次选择 Main Menu>Preprocessor>Meshing>Mesh Tool，选择"Areas-set"选取面"1"，设定单元长度（Element edge length）为"0.1"，划分面为"1"。

再进入当前网格属性管理器，选项"Element type number"选择"2 BEAM 188"；

"Marerial number"选择"1";"Section number"选择"2",单击"OK"按钮确认。划分4条支柱。

进入当前网格属性管理器,依次选择 Main Menu>Preprocessor>Meshing>Mesh Attributes>Default Attribs。在选项"Element type number"选择"3 MASS21";"Material number"选择"1";"Real constant set number"选择"3";"Section number"选择"NO Section"。

依次选择 Main Menu>Preprocessor>Modeling>Create>Nodes>In Active CS,在"Node number"输入"1000",在"X Y Z Location in active CS"输入对应的三维坐标"1"、"0.5"、"0.1"。即建立1000号节点,坐标(1,0.5,0.1),用来表示电动机。

依次选择 Main Menu>Preprocessor>Modeling>Create>Element>Auto Numbered>Thru Nodes,在屏幕上选择1000号节点,建立质量单元。

将代表电动机的质量单元与代表工作平台的壳单元耦合在一起,用于模拟电动机固定在工作平台上。选择 Main Menu>Preprocessor>Coupling / Ceqn>Rigid Region,在屏幕上拾取1000号节点后单击"OK"按钮,再选取154号节点后单击"OK"按钮,弹出对话框上的"Constrain Equation for Rigid Rigid Region"对话框。采用默认选择,直接单击"OK"按钮。将1000号节点与154号节点耦合起来,如图6-48所示。

在重复上述操作将1000号节点分别与158、136、138号节点刚性连接起来。

依次选择 Main Menu>Preprocessor>Loads>DefineLoads>Apply>Structural> Displacement>On Nodes,拾取4个条支柱底端的节点,单击"OK"按钮,在弹出对话框上的"DOFS to be constrained"选择"All DOF",单击"OK"按钮。这用来表示4条支柱被固定住。

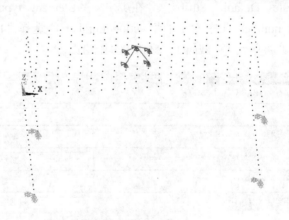

图6-48 有限元模型图

依次选择 Utility Menu>File>Save as,保存文件。

2. 模态分析

(1)模态求解设定

依次选择 Main Menu>Solution>Analysis Type>New Analysis,打开"New Analysis"(新分析选项)对话框,选择"Modal",单击"OK"按钮,关闭对话框。

依次选择 Main Menu>Solution>Analysis Type>Analysis Option,打开"Model Analysis"(模态分析选项)对话框。单选按钮组中选择"Block Lanczos";在"No. of modes to extract"右侧的编辑框输入"10";在"[MXPAND]"下侧将"Expand mode shapes"选择为

"Yes"，在"NMODE No. of modes expand"右侧的编辑框输入"10"，在"Elcalc Calculate elem results"右侧的编辑框输入"10"，其余选择默认值，单击"OK"按钮。程序自动弹出"Block Lanczos Method"（Block Lanczos 提取法模态分析选项）对话框，选择默认值，单击"OK"按钮。

（2）保存求解

依次选择 Utility Menu>Select>Everything，然后保存数据库。

依次选择 Main Menu>Solution>Solve>Current LS，在弹出的对话框中单击"OK"按钮。程序开始求解，求解完毕将出现"Solution is done！"的提示对话框。

依次选择 Main Menu>Finish，结束。

（3）模态结果

依次选择 Main Menu>General Postproc >Read Summray，模态分析结果出现，如图 6-49 所示。

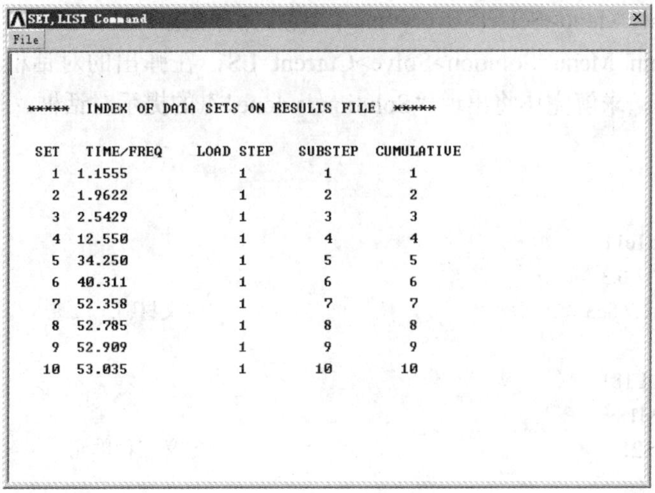
SET, LIST Command
File

***** INDEX OF DATA SETS ON RESULTS FILE *****

SET	TIME/FREQ	LOAD STEP	SUBSTEP	CUMULATIVE
1	1.1555	1	1	1
2	1.9622	1	2	2
3	2.5429	1	3	3
4	12.550	1	4	4
5	34.250	1	5	5
6	40.311	1	6	6
7	52.358	1	7	7
8	52.785	1	8	8
9	52.909	1	9	9
10	53.035	1	10	10

图 6-49　模态分析结果

3. 谐响应分析

（1）谐响应分析设定

依次选择 Main Menu>Solution>Analysis Type>New Analysis，打开"New Analysis"（新分析选项）对话框，选择"Harmomic"，单击"OK"按钮，关闭对话框。

依次选择 Main Menu>Solution>Load Step Opts>Time/Frequenc>Freq and Substeps，在选项"Harmanic freq range"输入"0"和"10"，在"number of substeps"输入"20"。在"Stepped or ramped b.c"选择"Stepped"单击"OK"按钮。

依次选择 Main Menu>Solution>Load Step Opts>Time/Frequenc>Damping，弹出"Damping Specifications"窗口。在选项"Mass matrix multiplier"输入"5"，单击"OK"按钮。

（2）谐响应载荷设定

依次选择 Main Menu>Solution>Define Loads>Apply>Structural>Force/Moment>On Nodes，在图形窗口拾取 1000 号节点，单击"OK"按钮。弹出"Apply F/M on Nodea"（载荷施加）对话框，选择"Direction of force/mom"滚动框中的"FX"，在"Real part of force/moment"

输入"100",如图 6-50 所示。实现施加简谐载荷 F_X,同理,对 1000 号节点施加简谐载荷 F_Z,设置力的方向为 FZ,实部为 0,虚部为 100 N,即 F_Z 落后 F_X 90°的相位角。

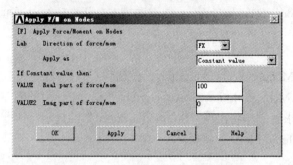

图 6-50 "载荷施加"对话框

4. 求解

依次选择 Utility Menu>Select>Everything,然后保存数据库。

依次选择 Main Menu>Solution>Solve>Current LS,在弹出的对话框中单击"OK"按钮。程序开始求解,求解完毕将出现"Solution is done!"的提示对话框。

5. 命令流

```
/PREP7
MP,EX,1,2.1e11
MP,NUXY,1,0.3
MP,DENS,1,7.8e3                         !定义材料

ET,1,SHELL181
ET,2,BEAM189
ET,3,MASS21                             !定义三种单元

SECT,1,shell,,
SECDATA, 0.02,1,0.0,3
SECOFFSET,MID

SECTYPE,2, BEAM, RECT,
SECOFFSET, CENT
SECDATA,0.01,0.02,0                     !定义壳单元截面属性
R,3,100                                 !定义质量单元质量

RECTNG,0,2,0,1,
KGEN,2,all,,,,,-1, ,0

L,1,5
L,2,6
L,3,7
L,4,8                                   !建立几何模型
```

```
ESIZE,0.1,0,                          !设定单元密度
TYPE, 1
MAT,1
SECNUM, 1

AMESH,ALL                             !划分壳单元

LSEL,s,,,5
LSEL,A,,,6
LSEL,A,,,7
LSEL,A,,,8

ESIZE,0.1,0,
TYPE, 2
MAT,1
SECNUM, 2
LMESH,ALL                             !划分梁单元

TYPE,3
REAL,3

N,1000,1,0.5,0.1
E,1000                                !建立质量单元

ALLSEL
NSEL,S,LOC,Z,-1
D,ALL,ALL,                            !固定约束

ALLSEL
CERIG,1000,154,all
CERIG,1000,156,all
CERIG,1000,138,all
CERIG,1000,136,all                    !节点耦合
ALLSEL
SAVE
/SOL
ANTYPE,2                              !模态分析
MODOPT,LANB,10
EQSLV,SPAR
MXPAND,10, , ,1
ALLSEL
SAVE
SOLV
FINISH

/SOLU
ANTYPE,3                              !谐响应分析
```

```
HARFRQ,0,10,
NSUBST,20,
KBC,1
ALPHAD,5,
F,1000,FX,100
F,1000,FZ,0,100                    !施加周期作用力
SOLV
FINISH
/POST26                            !后处理
NSOL,2,1000,u,x,UX
NSOL,3,1000,u,y,UY
NSOL,4,1000,u,z,UZ

/GRID,1
PLVA,2,3,4
PRVAR,2,3,4,

/POST1
HRCPLX,1,4,-95.3646
PLNSOL, U,SUM, 2,1.0
PLNSOL, S,EQV, 2,1.0
```

实例 6.3 板-梁结构的瞬态分析

用户自定义文件夹，以"ex63"为文件名开始一个新的分析。

问题描述：瞬态以完全法（FULL）分析板-梁结构为实例，质量板-梁结构及载荷示意图如图 6-51 所示，板件上表面施加随时间变化的均布压力。平板几何特性：长 2 m（X 方向）、宽 1 m（Y 方向）、截面厚度 0.02 m。4 条腿的梁几何特性：长 1 m（Z 方向）、截面宽度 0.01、截面高度 0.02 m。所有材料均为钢，其特性：杨氏模量 $2.1×10^{11}$ Pa、泊松比 0.3、密度 7 850 kg/m³。在平板上受到均布的压力载荷，板上压力载荷-时间的关系曲线如图 6-52 所示。计算在下列已知条件下结构的瞬态响应情况。

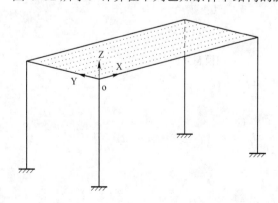

图 6-51 质量板-梁结构及载荷示意图

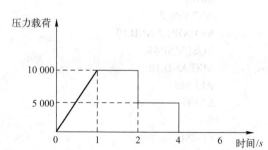

图 6-52 板上压力载荷-时间的关系曲线

1. 有限元模型

（1）定义单元类型

单元类型 1 为 SHELL 181，单元类型 2 为 BEAM 189，单元类型 3 为 MASS 21。

（2）定义材料特性

杨氏模量 EX=2e11，泊松比 NUXY=0.3，密度 DENS=7.8e3。

（3）定义单元截面特性

定义壳单元厚度，依次选择 Main Menu>Preprocessor>Sections>Shell>Lay-up>Add／Edit 进入壳单元截面管理器。在选项"Thickness"输入"0.02"，"Material ID"选择"1"，单击"OK"按钮确认。

定义梁单元截面属性，依次选择 Main Menu>Preprocessor>Sections>Beam>Common Sections 进入梁单元截面工具。在"ID"选项输入"2"，"B"选项输入"0.01"，"H"选项输入"0.02"，单击"OK"按钮确认。

（4）建立几何模型

创建矩形：相关尺寸为 $X1=0$，$X2=2$，$Y1=0$，$Y2=1$。

将所有关键点沿 Z 方向复制：移动距离为-1，即 DZ=-1。

生成代表梁的直线：将表示梁的关键点分别连成直线。

（5）划分网格

首先将面划分网格；进入当前网格属性管理器，选择 Main Menu>Preprocessor>Meshing>Mesh Attributes>Default Attribs。在选项"Element type number"选择"1 SHELL181"；"Marerial number"选择"1"；"Section number"选择"1"。

选择 Main Menu>Preprocessor>Meshing>Mesh Tool。选择"Areas-set"且选取面"1"；设定单元长度（Element edge length）为 0.1；划分面 1。

再进入当前网格属性管理器，在选项"Element type number"选择"2 BEAM 189"；"Marerial number"选择"1"；"Section number"选择"2"。划分 4 条支柱。

2. 瞬态动力分析

（1）设定动力分析选项

依次选择 Main Menu>Solution>Analysis Type>New Analysis，弹出"New Analysis"对话框，选择"Transient"，然后单击"OK"按钮，在接下来的界面选择完全法，单击"OK"按钮。

（2）施加约束

依次选择 Main Menu > Solution >Loads>Apply > Structural>Displacement>On Keypoints，拾取 4 个脚上的节点，单击"OK"按钮，弹出对话框上的选项"DOFS to be constrained"选择"All DOF"，单击"OK"按钮。

（3）设定阻尼系数

依次选择 Main Menu>Preprocessor>Loads>Load Step Opts>Time/Frequenc> Damping，弹出"Damping Specifications"窗口，在"Mass matrix multiplier"输入 5，单击"OK"按钮。

（4）设定输出文件控制

依次选择 Main Menu>Preprocessor>Loads>Load Step Opts>Output Ctrls>DB/Solu printout，在弹出窗口的"Item for Printout Control"滚动窗中选择"All items"，在下面的选项"FREQ print frequency"中选择"Every substep",如图 6-53 所示,单击"OK"按钮。

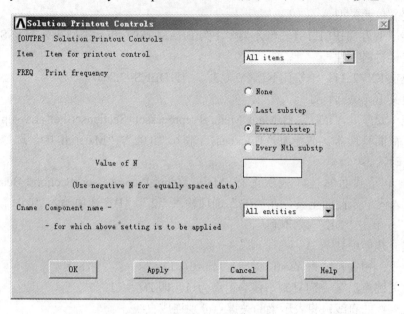

图 6-53 输出文件控制对话框

(5) 设置加载曲线的第一部分

首先单击 Main Menu > Solution,选择"Unabridged Menu",如图 6-54(a)所示。修改之后的菜单如图 6-54(b)所示。

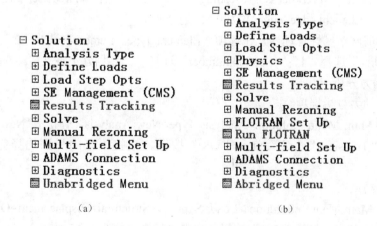

图 6-54 将主菜单改为普通模式

依次选择 Main Menu> Preprocessor>Loads>Load Step Opts>Time/Frequenc> Time -Time Step,弹出窗口,在"Time at end of load step"处输入 1;在"Time step size"处输入"0.2";在"Stepped or ramped b.c"处单击"ramped";单击"Automatic time stepping"为 on;在"Minimum time step size"处输入"0.05";在"Maximum time step size"处输入"0.5",如图 6-55 所示,单击"OK"按钮。

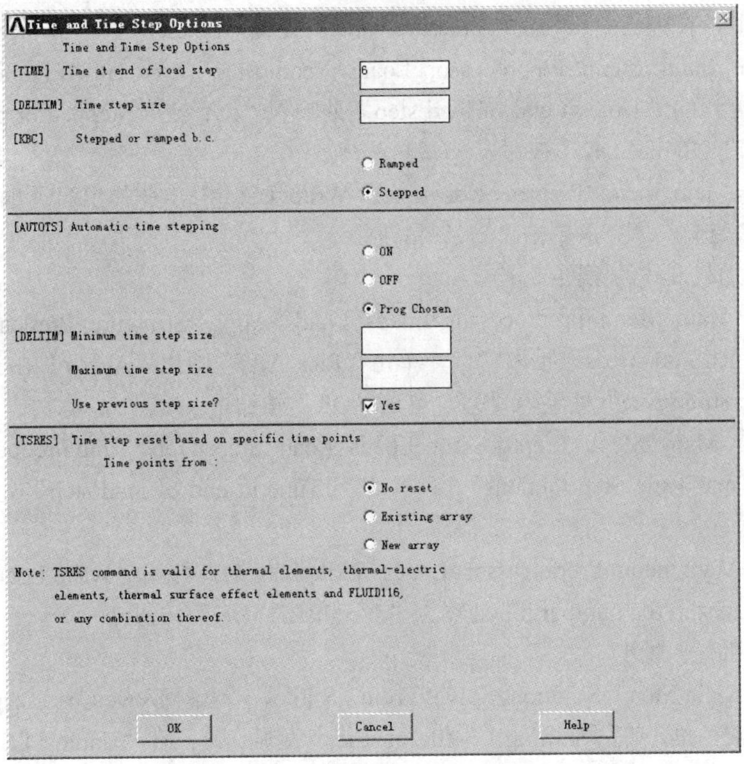

第6章 ANSYS 结构动力学分析

图 6-55 "加载曲线定义"对话框

依次选择 Main Menu>Preprocessor>Loads>Loads>Apply>Structure>Pressure>On Areas，单击"Pick All"，在弹出对话框的"pressure value"处输入"10000"，单击"OK"按钮。

依次选择 Main menu>Preprocessor>Loads>Write LS File，弹出对话框，在"Load step file number n"处输入"1"，如图 6-56 所示，单击"OK"按钮。

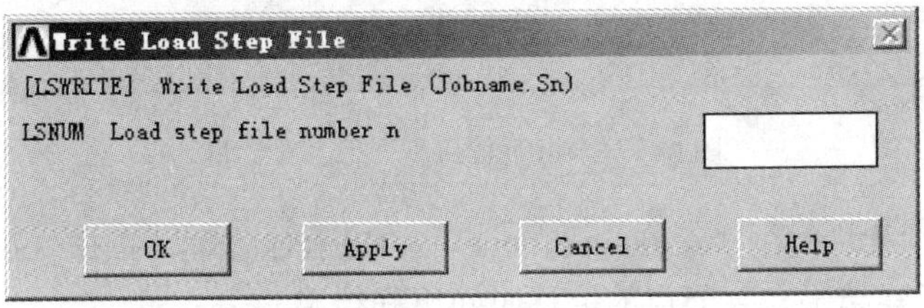

图 6-56 "写文件"对话框

（6）设置加载曲线的第二部分

依次选择 Main Menu>Preprocessor>Loads>Load Step Opts>Time/Frequenc>Time-Time Step，在弹出窗口的"Time at end of load step"处输入"2"，单击"OK"按钮。

依次选择 Main menu>Preprocessor>Loads>Write LS File，在弹出对话框的"Load step file number n"处输入"2"，单击"OK"按钮。

（7）设置加载曲线的第三部分

依次选择 Main Menu> Preprocessor>Loads>Loads>Apply>Structure>Pressure>On Areas，

单击"Pick All",在弹出对话框的"pressure value"处输入"5000",单击"OK"按钮。

依次选择 Main Menu>Preprocessor>Loads>Load Step Opts>Time/Frequenc>Time-Time Step,在弹出窗口的"Time at end of load step"处输入"4";在"Stepped or ramped b.c"处单击"Stepped",单击"OK"按钮。

依次选择 Main menu>Preprocessor>Loads>Write LS File,在弹出对话框的"Load step file number n"处输入"3",单击"OK"按钮。

(8) 设置加载曲线的第四部分

依次选择 Main Menu>Preprocessor>Loads>Loads>Apply>Structure>Pressure>On Areas。弹出"Apply PRES on Areas"拾取窗口,单击"Pick All",弹出"Apply PRES on Areas"对话框。在"pressure value"处输入"0",单击"OK"按钮。

依次选择 Main Menu>Preprocessor>Loads>Load Step Opts>Time/Frequenc>Time-Time Step,弹出"Time-Time Step Options"窗口。在"Time at end of load step"处输入"6",单击"OK"按钮。

依次选择 Main menu>Preprocessor>Loads>Write LS File,弹出"Write Load Step File"对话框。在"Load step file number n"处输入"4",单击"OK"按钮。

(9) 求解所有加载步

依次选择 Main Menu>Solution>Solve>From LS File,弹出"Slove Load Step Files"(指定载荷步文件)对话框。在"Starting LS file number"处输入 1;在"Ending LS file number"处输入"4",如图 6-57 所示,单击"OK"按钮。

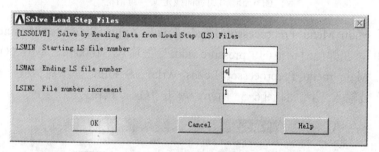

图 6-57 "指定载荷步文件"对话框

当求解完成时会出现一个"Solution is done!"的提示对话框,单击"close"按钮,关闭。

3. POST26 观察结果(某节点的位移时间历程结果)

依次选择 Main Menu>TimeHist Postpro>Define Variables,弹出"Defined Time-History Variables"对话框。单击"Add"按钮,弹出"Add Time-History Variable"对话框。接受默认选项"Nodal DOF Result",单击"OK"按钮,弹出"Define Nodal Data"拾取对话框。在图形窗口中拾取节点 146。单击"OK"按钮,弹出"Define Nodal Data"对话框。在"user-specified label"处输入"UZ146";在右边的滚动框中的"Translation UZ"上单击一次使其高亮度显示。单击"OK"按钮。

依次选择 Utility Menu>PlotCtrls>Style>Graph>Modify Grid,弹出"Grid Modifications for Graph Plots"(设置曲线图显示格式)对话框。在"type of grid"滚动框中选中"X and Y lines",在"Display grid"项打开为"ON",如图 6-58 所示,单击"OK"按钮。

第 6 章 ANSYS 结构动力学分析

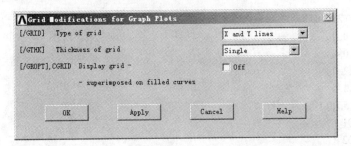

图 6-58 "设置曲线图显示格式"对话框

依次选择 Main Menu>TimeHist PostPro>Graph Variables，弹出"Graph Time-History Variables"对话框，在"1st Variable to graph"处输入 2。单击"OK"按钮，图形窗口中将出现一个曲线图，如图 6-59 所示。

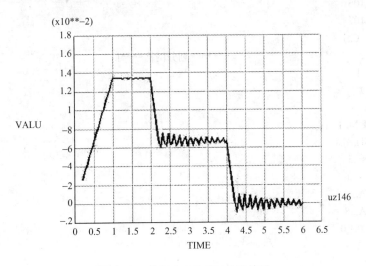

图 6-59 节点 146 的 UZ 位移结果

4. 命令流

```
/PREP7
MP, EX, 1, 2.1e11              !******定义材料********!
MP, NUXY, 1, 0.3
MP, DENS, 1, 7.8e3
ET, 1, SHELL181                !********定义单元******!
ET, 2, BEAM189
SECT, 1, shell,                !******截面设定*******!
SECDATA, 0.02, 1, 0.0, 3
SECOFFSET, MID
SECTYPE, 2, BEAM, RECT,,
SECOFFSET, CENT
SECDATA,0.01,0.02,
K, 100, 0, 0, 0                !*******几何建模****!
K, 101, 1, 0, 0
K, 102, 1, 2, 0
```

```
K, 103, 0,2, 0
K,104,0,0,-1
K,105,1,0,-1
K,106,1,2,-1
K,107,0,2,-1
K,108,0.5,1,0.1
L,100,101
L,101,102
L,102,103
L,103,100
AL,1,2,3,4
L,100,104
L,101,105
L,102,106
L,103,107
ASEL,A,,,1
ESIZE,0.1,0,            !*******划分网格****!
TYPE, 1
MAT, 1
ESYS, 0
SECNUM, 1
AMESH,ALL
LSEL,s,,,5
LSEL,A,,,6
LSEL,A,,,7
LSEL,A,,,8
ESIZE,0.1,0,
TYPE, 2
MAT,1
ESYS,0
SECNUM, 2
LMESH,ALL
ALLSEL                  !*******添加约束****!
NSEL,S,LOC,Z,-1
D,ALL,ALL,
ALLSEL
SAVE
/SOL

ANTYPE,4                !*******求解设置****!
TRNOPT,FULL
ALPHAD,5,
BETAD,0,
NLGEOM,ON

OUTRES,ALL,ALL          !*******输出设置****!
OUTPR,ALL,ALL
```

```
TIME,1                          !*******第一段载荷步****!
DELTIM,0.2,0.05,0.5,1
KBC,0
ALLSEL
ASEL,S,,,1
SFA,ALL,1,PRES,10000
LSWRITE,1,
TIME,2                          !*******第二段载荷步****!
KBC,1
DELTIM,0.2,0.05,0.5,1
LSWRITE,2,
TIME,4                          !*******第三段载荷步****!
KBC,1
DELTIM,0.2,0.05,0.5,1
ALLSEL
ASEL,S,,,1
SFA,ALL,1,PRES,5000
LSWRITE,3,
TIME,6                          !*******第四段载荷步****!
KBC,1
DELTIM,0.2,0.05,0.5,1
ALLSEL
ASEL,S,,,1
SFA,ALL,1,PRES,0
LSWRITE,4,
SAVE
LSSOLVE,1,4,1,                  !*******求解****!
```

实例 6.4 板-梁结构的单点谱分析

恢复实例 6.3 板-梁结构的瞬态分析的模型，删除所有载荷，另存为"ex64"。

问题描述：板-梁结构平台在地震中受到 Y 方向的位移响应谱作用下的响应，基本模型与实例 6.3 相同。采用单点响应，即结构的 4 个落脚点承载相同的位移谱值。位移响应谱见表 6-2。

表 6-2 位移响应谱

频率/Hz	0.5	1.0	2.4	3.8	17	18	20	32
位移/m	0.001	0.0005	0.0008	0.0007	0.001	0.0007	0.0008	0.0003

1. 获得模态解

依次选择 Main Menu>Solution>Define Loads>Apply>Structural>Displacement>On Keypoints，弹出拾取关键点对话框，拾取 4 个腿部下面的关键点，单击"OK"按钮，在打开的对话框上选择"All DOF"，单击"OK"按钮，约束这 4 个关键点的所有自由度。

依次选择 Main Menu>Solution>Analysis Type>New Analysis，弹出分析类型选择对话

框,选择分析类型为"Modal",单击"OK"按钮。

依次选择 Main Menu>Solution> Analysis Type>Analysis Option,打开"Modal Analysis"(模态分析选项)对话框,在"Mode extraction method"单选按钮组中选择"Block Lanczos";在"No. of modes to extract"右侧的编辑栏中输入数值"10",其余选项为默认设置,单击"OK"按钮。

依次选择 Utility Menu>Select>Everything,保存数据库。

依次选择 Main Menu>Solution>Solve>Current LS,浏览"status window"中出现的信息,然后关闭此窗口;单击"OK"按钮;求解结束后,关闭信息窗口。

2. 获得谱解

依次选择 Main Menu>Solution>Analysis Type>New Analysis,弹出分析类型选择对话框,选择分析类型为"Spectrum",单击"OK"按钮。

依次选择 Main Menu>Solution> Analysis Type>Analysis Option,打开如图6-60(a)所示的"Spectrum Analysis"(谱分析选项设置)对话框,在"Sptype Type of spectrum"单选按钮组中选择"Single-pt resp";在"NMODE No. of modes to solu"右侧的编辑框中输入数值"10",在"Elcalc Calculate elem stresses?"选中"Yes",单击"OK"按钮。

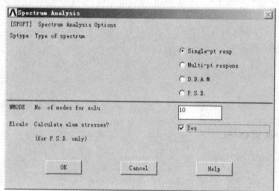　　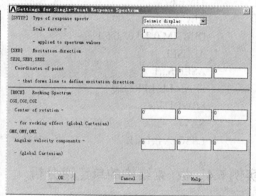

(a)"谱分析选项设置"对话框　　　　　　(b)"单点响应谱设置"对话框

图6-60 谱分析与单点响应谱的设置

依次选择 Main Menu>Solution>Load Step Opts>Spectrum>Single Point>Setting,打开如图6-60(b)所示的"Settings for Single-Point Response Spectrum"(单点响应谱设置)对话框,在"Type of respone spectr"右侧的下拉列表框中选择"Seismic displac";在"Scale factor"右侧的编辑框输入1;设置"Coordinates of point"选项为"0,1,0",单击"OK"按钮。

依次选择 Main Menu>Solution>Load Step Opts>Spectrum>Single Point>Freq Table,打开如图6-61(a)所示的"Frequency Table"(频率列表)对话框,设置频率,单击"OK"按钮。

依次选择 Main Menu>Solution>Load Step Opts>Spectrum>Single Point>Spectr Values,打开如图6-61(b)所示的"Spectrum Values-Damping Ratio"(阻尼系数设置)对话框,在"Damping ratio for this curve"右侧的编辑框输入"1",单击"OK"按钮;打开如图6-62所示的"Spectrum Values"(谱值设置)对话框,设置位移,单击"OK"按钮。

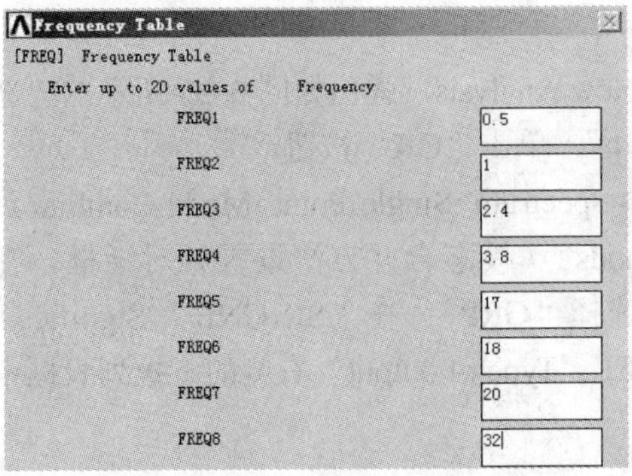

(a) "频率列表"对话框（局部） 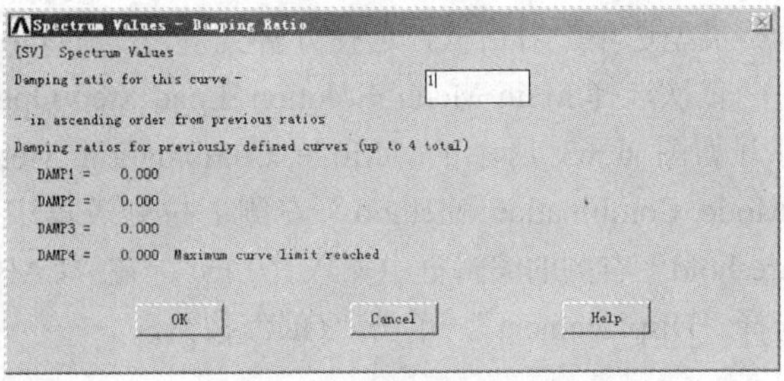　　　　　　（b) "阻尼系数设置"对话框

图 6-61 频率与阻尼系数的设置

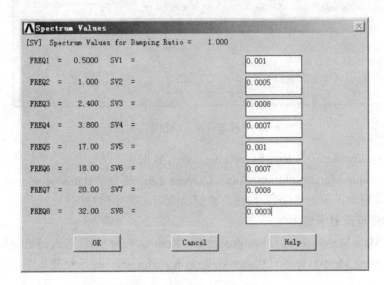

图 6-62 "谱值设置"对话框

依次选择 Utility Menu>Select>Everything，保存数据库。

依次选择 Main Menu>Solution>Solve>Current LS，浏览"status window"中出现的信息，然后关闭此窗口；单击"OK"按钮；求解结束后，关闭信息窗口。

3. 扩展模态

依次选择 Main Menu>Solution>Analysis Type>New Analysis，弹出"分析类型选择"对话框，选择分析类型为"Modal"，单击"OK"按钮。

依次选择 Main Menu>Solution> Analysis Type>Analysis Option，打开"模态分析选项"对话框，在"Mode extraction method"单选按钮组中选择"PCG Lanczos"；在"No. of modes to extract"右侧的编辑框中输入数值"10"；在"NMODE No. of modes to expand"右侧的编辑框中输入"10"，其余选项为默认设置，单击"OK"按钮。

依次选择 Utility Menu>Select>Everything，保存数据库。

依次选择 Main Menu>Solution>Solve>Current LS，浏览"status window"中出现的信息，然后关闭此窗口；单击"OK"按钮；求解结束后，关闭信息窗口。

4. 合并模态

依次选择 Main Menu>Solution>Analysis Type>New Analysis，弹出如图 6-32 所示的"新分析类型选项"对话框，选择分析类型为"Spectrum"，单击"OK"按钮。

依次选择 Main Menu>Solution>Load Step Opts>Spectrum>Single Point>Mode Combine，打开如图 6-63 所示的"Mode Combination Methods"（模态合并方法设置）对话框，在"Mode Combination Method"右侧下拉列表框中选择"GRP"；在"SINGNIF Significant threshold"右侧的编辑框中输入"0.15"；在"LABEL Type of output"右侧的下拉列表框中选择"Displacement"，单击"OK"按钮。

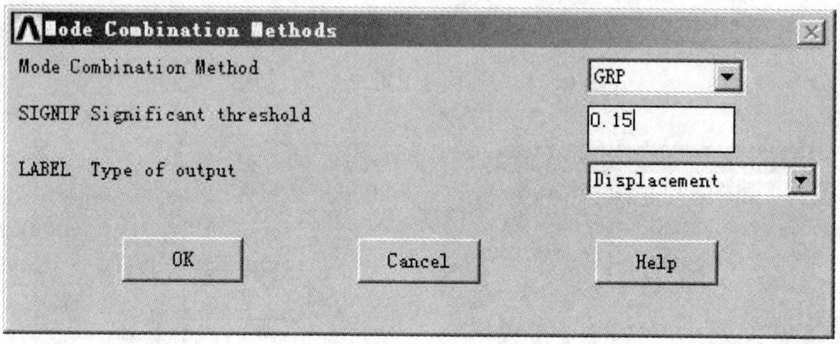

图 6-63 "模态合并方法设置"对话框

依次选择 Utility Menu>Select>Everything，保存数据库。

依次选择 Main Menu>Solution>Solve>Current LS，浏览"status window"中出现的信息，然后关闭此窗口；单击"OK"按钮；求解结束后，关闭信息窗口。

5. 通用后处理器显示结果

依次选择 Main Menu>General Postproc>Read Results>Last Set，读入最后一步结果。

依次选择 Main Menu>General Postproc>Results Summary，显示结果如图 6-64 所示。

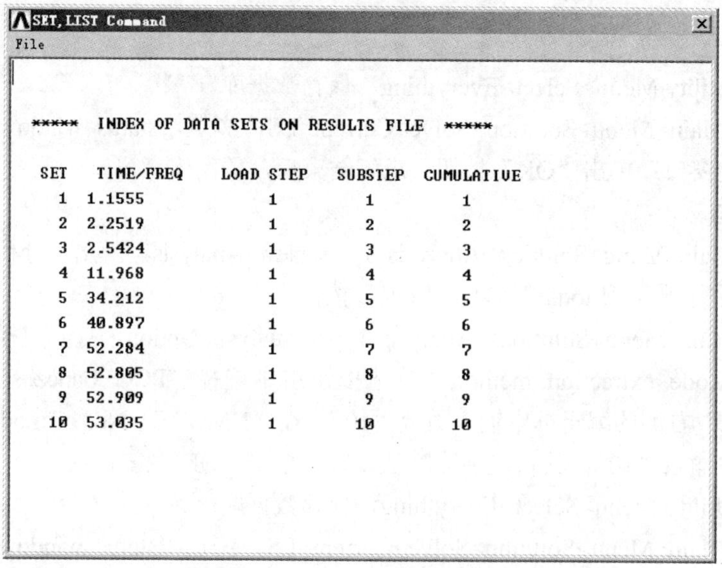

```
***** INDEX OF DATA SETS ON RESULTS FILE *****

  SET   TIME/FREQ    LOAD STEP   SUBSTEP   CUMULATIVE
   1    1.1555          1           1          1
   2    2.2519          1           2          2
   3    2.5424          1           3          3
   4   11.968           1           4          4
   5   34.212           1           5          5
   6   40.897           1           6          6
   7   52.284           1           7          7
   8   52.805           1           8          8
   9   52.909           1           9          9
  10   53.035           1          10         10
```

图 6-64 计算结果显示窗口

依次选择 Main Menu>General Postproc>Plot Results>Contour Plot>Nodal Solu，观察总位移和等效应力等值图，如图 6-65 所示。

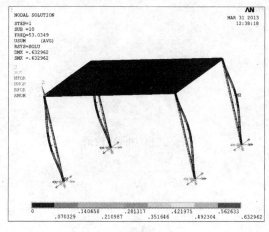
（a）总位移等值图

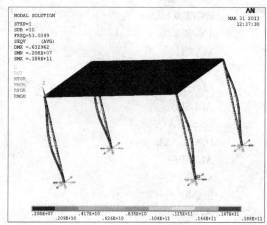
（b）等效应力等值图

图 6-65　等值图

6. 命令流

```
/PREP7
MP,EX,1,2.1e11
MP,NUXY,1,0.3
MP,DENS,1,7.8e3                     !定义材料
ET,1,SHELL181
ET,2,BEAM189                        !定义两种单元
SECT,1,shell,,
SECDATA, 0.02,1,0.0,3
SECOFFSET,MID                       !设定壳单元厚度
SECTYPE,2, BEAM, RECT,
SECOFFSET, CENT
SECDATA,0.01,0.02,0                 !设定梁单元截面形状
RECTNG,0,2,0,1,
KGEN,2,all, , , , ,-1, ,0
L,1,5
L,2,6
L,3,7
L,4,8                               !几何建模
ESIZE,0.1,0,
TYPE, 1
MAT,1
SECNUM, 1
AMESH,ALL
LSEL,s,,,5
```

```
LSEL,A,,,6
LSEL,A,,,7
LSEL,A,,,8
ESIZE,0.1,0,
TYPE, 2
MAT,1
SECNUM, 2
LMESH,ALL                                        !划分单元
ALLSEL
NSEL,S,LOC,Z,-1
D,ALL,ALL,                                       !添加固定约束
ALLSEL
SAVE
Finish
/SOL
ANTYPE,2                                         !模态分析

MODOPT,LANB,10
EQSLV,SPAR
MXPAND,0, , ,1
ALLSEL
SAVE
SOLV
FINISH
/SOL
ANTYPE,8                                         !响应谱分析

SPOPT,SPRS,10,1
SVTYP,0,1,
SED,0,1,0,
ROCK,0,0,0,0,0,0,
FREQ,0.5,1,2.4,3.8,17,18,20,32,0
SV,1,1.0e-3,0.5e-3,0.8e-3,0.7e-3,1.0e-3,0.7e-3,0.8e-3,0.3e-3,

ALLSEL
SOLVE
FINISH

/SOL
ANTYPE,2
MODOPT,LANB,10                                   !扩展模态分析

EQSLV,SPAR
MXPAND,10,
ALLSEL
```

```
SOLVE
FINISH

/SOLUTION                                        !合并模态分析
ANTYPE,8
GRP,0.15,DISP
ALLSEL
SOLVE
FINISH
```

6.5.2 检测练习

练习 6.1 复合材料结构的模态分析

问题描述：复合材料板联接在一起的结构外形如图 6-66 所示。该结构由一个正六面体中空盒子和一个底部一个圆环组成。

底部圆环使用材料 1：杨氏模量 7.1×10^{10} Pa，密度 2 780 kg/m³，泊松比 0.3。

其余板使用蜂窝材料 2：杨氏模量 7.1×10^{10} Pa，密度 45 kg/m³，泊松比 0.3。

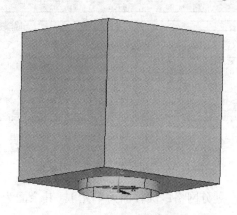

图 6-66 复合材料板结构外形

1. 有限元模型

（1）建立几何模型。通过直线旋转得到圆柱面：柱面半径 0.33，高度 0.08。

平移工作平面，然后创建与圆柱面联接的底板：底板长度（x）1.2，底板宽度（y）1.2。

生成整个模型：复制底板生成顶板，高度（z）1.2，并将工作平面复原。

（2）划分网格。选择单元：单元 1 为 SHELL181，单元 2 为 SHELL281；定义材料：材料 1，杨氏模量 7.1e10，密度 2 780，泊松比 0.3；材料 2，杨氏模量 7.1e10，密度为 45，泊松比 0.3。

（3）定义截面属性。定义截面 1：选择 Main Menu>Preprocessor>Sections>Shell>Lay-up>Add/Edit，Thickness（单元厚度）为 0.004，如图 6-67 所示；定义多层复合截面 2：选择 MainMenu> Preprocessor>Sections>Shell>Lay-up>Add/Edit，在"Material ID"处改为"2"，单击"Add Layer"，如图 6-67（b）所示，输入相应数值。

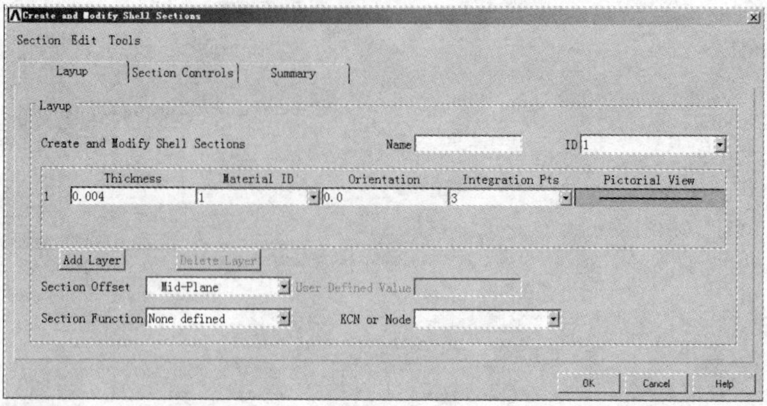

(a)

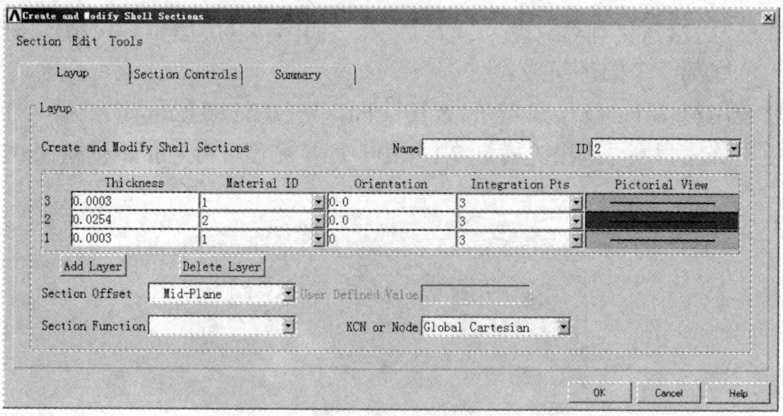

(b)

图 6-67 "定义截面属性"对话框

指定单元属性和尺寸,划分网格:圆柱面为单元 1,其余面为单元 2。

2. 加载与求解

(1)定义约束。圆柱面的底边为固定端,因此,选择圆柱面的底边线段或者节点,对其三向自由度进行约束。

(2)约束方程的定义。应用约束方程表示相关的连接,以圆柱面上边与底板连接为例,选择圆柱面上边的所有节点,再选择底板上的单元,然后选择 Main Menu>Preprocessor>Coupling / Ceqn>Adjacent Regions,输入如图 6-68 所示相关数值,单击"OK"按钮。

(3)选择模态分析类型。依次选择 Main Menu>Solution>Analysis Type>New Analysis,弹出新分析选项对话框,选择"Modal",然后单击"OK"按钮。

依次选择 Main Menu>Solution>Analysis Options,在弹出对话框上选择"Block Lanczos",在"Number of modes to extract"处输入 5,单击"OK"按钮,在弹出对话框上接受默认值,单击"OK"按钮。

依次选择 Main Menu>Solution >Load Step Opts>ExpansionPass>Single Expand>Expand Modes,在弹出对话框上的"number of modes to expand"输入"5",单击"OK"按钮。

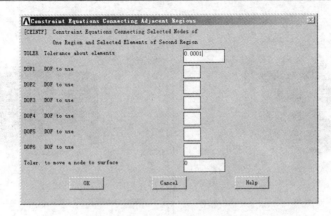

图 6-68 定义约束方程

3. 求解查看结果

依次选择 Main Menu>General Postproc>Results Summary，浏览对话框中的固有频率信息。

练习 6.2 复合材料结构的谐响应分析

基本要求

（1）在与练习 6.1 相同结构的中心有一个电动机，当电动机工作时由于转子偏心引起电动机发生简谐振动，这时电动机的旋转偏心载荷是一个简谐激励，计算结构在该激励下的响应。

（2）电动机的质心位于几何中心的正上方 0.55，电动机质量 m=100。简谐激励 F_X、F_Z 幅值为 100 N，F_Z 落后 F_X 90°的相位角。电动机转动频率范围为 0～10 Hz。电机与正方形盒子底部 4 个顶点固定连接。

（3）提取结构特殊点（电机处）处的三向位移—频率变量。

（4）查看整个模型在临界频率和相角时的位移和应力。

思路点睛

（1）建立有限元模型，如图 6-69 所示。

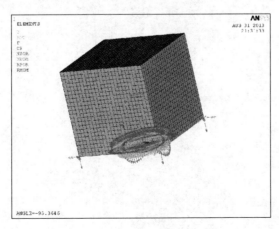

图 6-69 有限元模型

（2）模型在临界频率和相角时的位移分布图和应力分布图如图 6-70、图 6-71 所示。

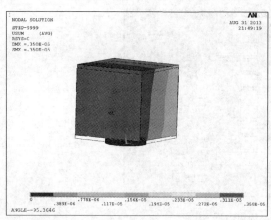

图 6-70　位移分布图

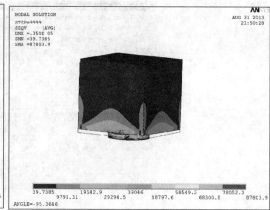

图 6-71　应力分布图

练习题

（1）什么是结构动力学分析？ANSYS 的结构动力学分析包括哪些分析？
（2）模态分析的一般步骤是什么？分析的结果有哪些？
（3）什么是谐响应分析？谐响应分析的一般步骤是什么？
（4）瞬态分析的求解方法有哪三种？求解的一般步骤是什么？
（5）什么是响应谱分析？

第 7 章 ANSYS 后处理

有限元方法分析问题得到的是数值结果，要想从这些数值中总结出各种场量的变化规律并不容易，而且工作量大。大型商业软件一个突出优势就是后处理部分，将分析结果可视化，帮助用户快捷、有效地分析计算结果。因此，ANSYS 后处理提供用户浏览分析结果的功能，这可能是用户分析问题过程中最重要的步骤之一，因为分析问题的最终目标是通过结果为用户的设计服务。

ANSYS 后处理器有两种：一是通用后处理，也称为 POST1；二是时间历程后处理，也称为 POST26。

7.1 通用后处理器

通用后处理器（POST1）允许用户查看指定求解步骤上的整个模型的计算结果，包括位移（即变形）、应变和应力等，还可以查看结果的动画显示和控制，应用路径方法观察结果的过程及一些偏差处理的查看等。下面简单介绍比较常用的几种查看结果的方法。

一旦用户完成了求解过程，在 POST1 中就会出现 Plot Results（绘制结果）的菜单选项，如图 7-1 所示。

图 7-1 绘制结果选项

7.1.1 变形图的绘制

变形图的绘制可通过 Plot Deformed Shape 选项来完成，主要观察模型的变形情况。单击该选项打开如图 7-2 所示的"Plot Deformed Shape"（变形图绘制）对话框，其上有 3 个选项，将分别显示模型变形情况、共同显示模型变形和未变形前网格情况、共同显示模型变形和未变形前边界情况。通过这些选项，用户可以很容易观察和对比模型变形前后的差异。

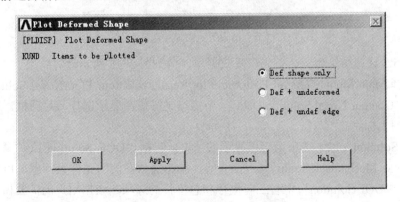

图 7-2 "变形图绘制"对话框

7.1.2 等值线图的绘制

1. 等值图显示结果

等值线图的绘制,即所谓的云图绘制,主要通过颜色的变化来体现变形情况,包括位移、应变、应力等。通过在 Plot Results 菜单中选择"Contour Plot"选项来完成,其下仍有"节点结果"、"单元结果"等若干选项。以节点结果为例,打开如图 7-3 所示的"Contour Nodal Solution Data"(节点结果等值图显示选择)对话框,通过对话框中的选项可以指定要显示的内容,即观察位移(包括沿三向坐标方向的位移和旋转角度等)、应变(包括沿三向坐标轴方向的应变、剪切应变、主应变、等效应变等)、应力(包括沿三向坐标轴方向的应力、剪切应力、主应力、等效应力等)等;是否对比显示变形前的情况;指定插值点数等。

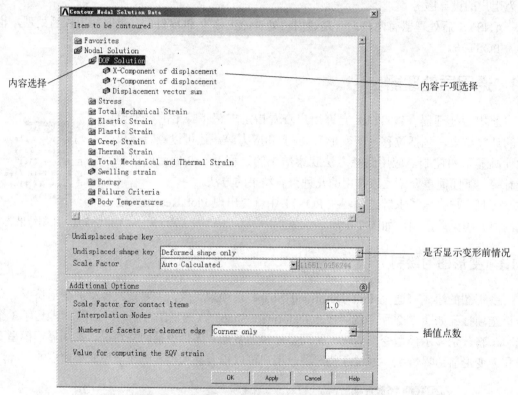

图 7-3 "节点结果等值图显示选择"对话框

以实例 5.3 计算结果为例,首先恢复数据库,得到图 5-18 所示计算结果。

依次选择 Main Menu>General Postproc>Plot Results>Contour Plot>Nodal Solu,打开如图 7-3 所示的"Contour Nodal Solution Data"(节点结果等值图显示选择)对话框。对话框上各选项功能如图上标注。

"Nodal Solution"以下选项为可以显示的结果,包括"DOF Solution"(位移),"Stress"(应力),"Total Mechanical Strain"(应变)等。单击选项左侧的文件夹标志,可以继续展开选项,例如,"DOF Solution"中有三向位移和总位移的选项,依据用户的需要做选择。

如果选择"Stress"中的"von Mises Stress"选项,在"Undisplaced shape key"下拉列

表框中选择"Deformed shape only",在"Scale Factor"下拉列表框中选择"Auto Calculated",结果如图 7-4(a)所示。显示的结果就是 von Mises 等效应力的等值图,且只显示了变形后的形状,显示比例为自动计算变形比例。

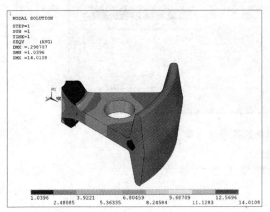

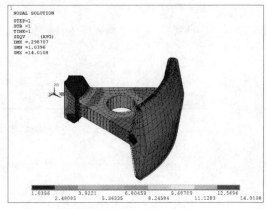

(a)　　　　　　　　　　　　　　　　(b)

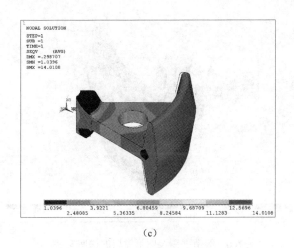

(c)

图 7-4　不同显示选项的显示结果

在"Undisplaced shape key"下拉列表框中,可以选择控制是否显示变形前的形状,包括网格或者轮廓。在"Scale Factor"下拉列表框中,可以控制显示比例。图 7-4(b)所示仍然是 von Mises 等效应力的等值图,如果在"Undisplaced shape key"下拉列表框中选择"Deformed shape with undeformed model",在"Scale Factor"下拉列表框中选择"True Scale",即显示了变形前的网格形状,且显示比例为 1:1。

图 7-4(c)所示仍然是 von Mises 等效应力的等值图,如果在"Undisplaced shape key"下拉列表框中选择"Deformed shape with undeformed edge",显示比例仍为 1:1,即显示了变形前的轮廓。

依次选择 Utility Menu>PlotCtrls>Style>Contours>Contour Style,打开如图 7-5 所示的"Contour Style"(等值图风格选择)对话框,"Style of contour plot"右侧的默认选择为"Normal",即普通的等值图,也就是图 7-4 显示的效果;如果选择"Isosurface",即显示为

等值面的效果，如图 7-6 所示。

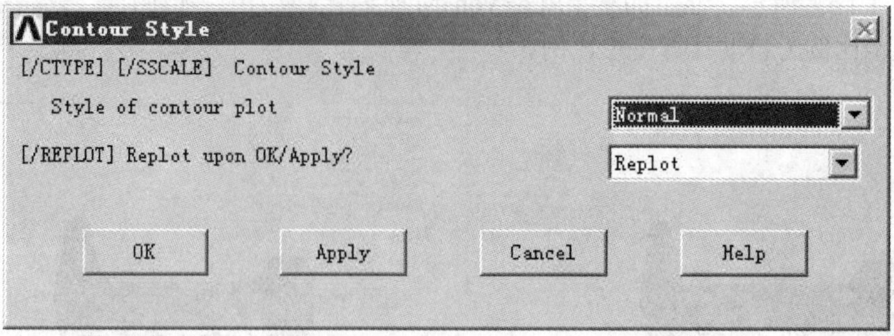

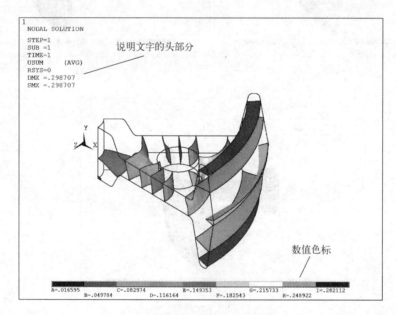

图 7-5 "等值图风格选择"对话框

图 7-6 等值面图及图形窗口的说明文字

　　图形窗口说明文字是分部分控制的，各部分的划分如图 7-6 所示。依次选择 Utility Menu>PlotCtrls>Windows Controls>Window Options，打开如图 7-7（a）所示的"Window Options"（图形窗口选项）对话框，可以控制图形窗口的显示风格，即控制窗口说明文字的各部分是否显示，如何显示。

　　在图形窗口选项对话框中，选项"INFO Display of legend"右侧的下拉列表选项用于控制说明文字的位置，其中"Muti Legend"选项用于控制说明文字分布于窗口的不同位置，即如图 7-6 所示那样；如果选择"Auto Legend"则说明文字均位于窗口的右侧，读者可以自行学习和试验操作。选项"LEG1 Legend header"、"LEG2 View portion of legend"和"LEG3 Contour legend"分别控制说明文字的头部分、标题栏视角显示和数值色标 3 部分是否显示。

　　选项"FRAME Window frame"、"TITLE Title"、"MIMN Min-Max symbols"和"FILE Jobname"分别控制是否显示窗口框架线、标题、最小-最大值符号及工作文件名称。

　　"LOGO ANSYS logo display"右侧下拉列表选项控制产品标志的不同显示方式；

"DATE DATE/TIME display"右侧下拉选项控制日期和时间的显示方式;"Location of triad"右侧下拉选项控制坐标系的显示位置。

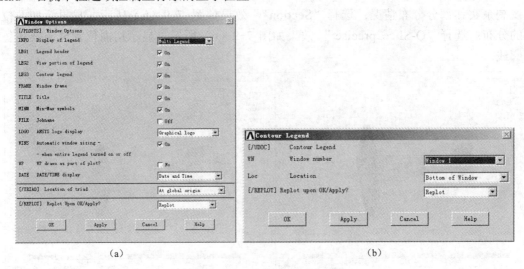

图 7-7 图形窗口显示方式的控制

❧ 要点提示:更多关于图形窗口显示方式的控制的菜单选项多数集中在应用菜单下的相关选项。例如,控制数值色标的位置,就可以依次选择 Utility Menu>PlotCtrls>Style>Mutilegend Options>Contour Legend,打开如图 7-7(b)所示的"Contour Legend"(数值色标控制)对话框,通过"Loc Location"右侧的下拉列表选项控制数值色标在图形窗口的位置。

2. 切片显示结果

依次选择 Utility Menu>WorkPlane>Offset WP by Increments,将工作平面绕 Y 轴逆时针旋转 30°。

依次选择 Utility Menu>PlotCtrls>Style>Hidden Line Options,打开如图 7-8 所示的"Hidden-Line Options"(隐藏线选项)对话框。"Cutting plane is"右侧下拉列表选项确定切片的位置,包括两个选择:一是由视角的法向确定切面;二是由工作平面的位置确定切面,工作平面的位置易于控制、使用方便,建议初学的用户采用。因此,在切片显示结果之前,先将工作平面的位置调整到用户要观察结果的位置。

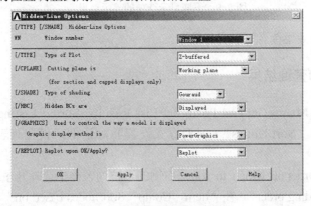

图 7-8 "隐藏线选项"对话框

切片的显示方式主要通过"Type of Plot"右侧下拉列表选项进行控制。

在"Type of Plot"中选择"Capped hidden",效果如图 7-9(a)所示,显示切面位置及剩余实体部分分布情况;选择"Section",效果如图 7-9(b)所示,只显示切面位置的分布;选择"Q-Slice precise",效果如图 7-9(c)所示,显示切面位置分布及实体轮廓线。

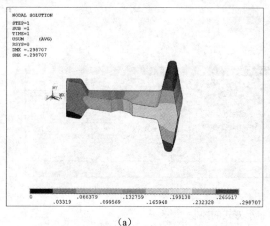
(a)

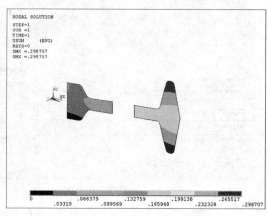
(b)

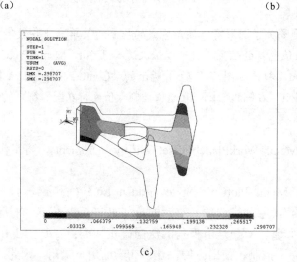
(c)

图 7-9　不同显示选项的显示结果

其余选项的显示效果读者可以自行练习。

7.1.3　列表显示和查询结果

依次选择 Main Menu>General Postproc>List Results>Sorted Listing>Sort Nodes,打开如图 7-10 所示的"Sort Nodes"(列表方式设置)对话框,设置列表显示结果的排列形式。

在"ORDER　Order in which to sort"右侧的下拉列表框中选择升序还是降序,这里选择降序,即"Descending order"。在"Item,Comp　Sort nodes based on"右侧的列表框中选

择以哪个参量进行排序，这里选择以总位移为基准。单击"OK"按钮完成设置。

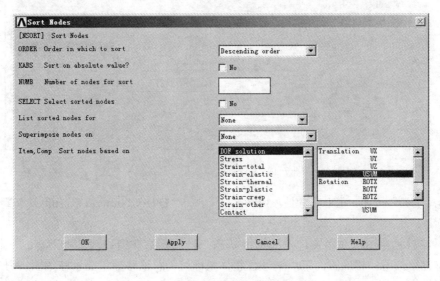

图 7-10 "列表方式设置"对话框

依次选择 Main Menu>General Postproc>List Results>Nodal Solution，打开选择结果参量的对话框，选择总位移为列表对象，单击"OK"按钮，弹出如图 7-11 所示的窗口，列出相应的结果。仔细观察结果列表，最后一列为总位移，是按降序排列的。单击窗口左上侧的"File"菜单可以选择将列表显示的结果另存为文件。

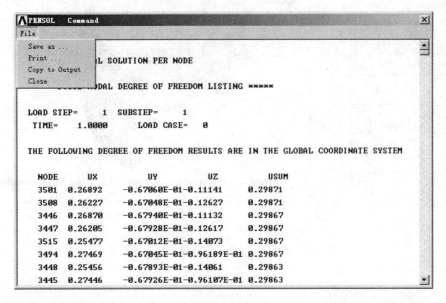

图 7-11 结果列表窗口

依次选择 Main Menu>General Postproc>Query Results>Subgrid Solu，打开如图 7-12 所示的"Query Subgrid Solution Data"（查询节点结果）对话框，选择要查询的结果内容，这里仍选择总位移。

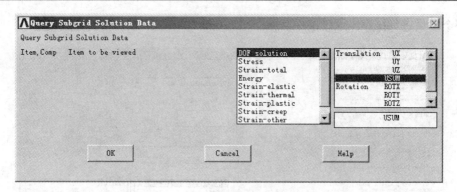

图 7-12 "查询节点结果"对话框

单击"OK"按钮,弹出如图 7-13（a）所示的"Query Subyrid Results"（查询节点拾取）对话框。

此时,鼠标在图形显示窗口变为选取状态,当用鼠标在窗口内选择节点时,将显示此节点的总位移数值。相应的,节点编号、整体坐标值和总位移数值显示在如图 7-13（a）所示的对话框上。单击"Min"或"Max"按钮,总位移最小值或最大值直接显示在窗口内。完成节点拾取,单击"OK"按钮,最后的显示结果如图 7-13（b）所示。

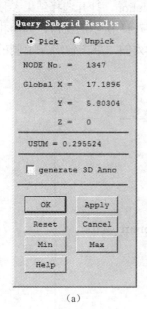
(a)

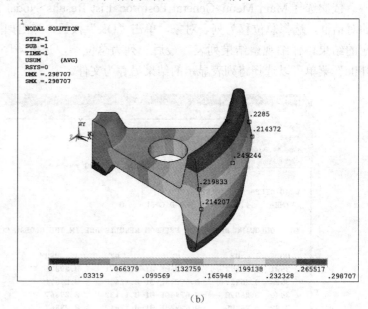
(b)

图 7-13 "查询节点拾取"对话框和查询结果窗口

7.1.4 路径的定义和使用

路径的定义和使用允许用户自由观察模型任意位置的变形情况,并且以曲线的形式展示变化过程,定义路径的数量不限;同一路径下可以映射多个结果,可以单独显示也可以显示在同一坐标系下,这对于对比结果十分方便。下面以第 5 章实例 5.1 的分析为例,说明路径的定义和使用。

首先，恢复已有数据库，显示图 5-13 的结果。

1. 定义路径

依次选择 Main Menu>General Postproc>Path Operations>Define Path>By Nodes，在圆孔周围拾取第一组节点，单击"OK"按钮，在弹出对话框中输入路径名称"P1"，其余选择默认选项，单击"OK"按钮。进行类似操作，在右侧边部拾取第二组节点，名为"P2"。通过这样的方法可以定义多个路径。

需要说明的是，除了可以通过节点定义路径外，还可以通过工作平面、坐标位置等定义路径。定义好的路径可以修改、可以查看。

2. 将结果映射到路径

如果用户定义了多个路径，可以通过依次选择 Main Menu>General Postproc>Path Operations>Recall Path，在打开的"Recall Path"（路径选择）对话框上，选择要观察的路径名称，如图 7-14（a）所示。

依次选择 Main Menu>General Postproc>Path Operations>Map onto Path，设置 Lab=P1-seqv，选择等效应力选项，单击"Apply"按钮，如图 7-14（b）所示。

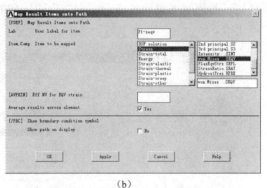

(a)   (b)

图 7-14 "路径选择"和"路径结构选择"对话框

按照上述操作，可以继续设置需要观察的参数。例如，设置 Lab= P1-s1，选择第一主应力，单击"Apply"按钮；设置 Lab=P1-s2，选择第二主应力，单击"Apply"按钮；设置 Lab= P1-s3，选择第三主应力，单击"OK"按钮。

3. 绘制路径上的结果曲线

依次选择 Main Menu>General Postproc>Path Operations>Plot Path Item>On Graph，在打开的"Plot of Path Items on Graph"（路经结果选择）对话框上将映射的结果选中，如图 7-15（a）所示，单击"OK"按钮，绘制的结果曲线如图 7-15（b）所示。

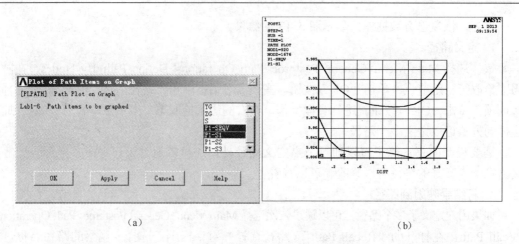

图 7-15 "路径结果选择"对话框及结果曲线

7.1.5 动画显示

通过动画的形式显示模型变形的过程，可以清晰地观察模型上每一部分变形的大小、位置的变化。对于与时间相关的问题，使用动画显示的作用就更突出。

依次选择 Utility Menu>PlotCtrls> Animate> Deformed Results，打开如图 7-16（a）所示的"Animate Nodal Solution Data"对话框，选择要观察的内容，即动画显示位移、应变还是应力。单击"OK"就可以实现动画显示。同时，如图 7-16（b）所示的浮动对话框控制动画显示的速度（滚动条拖动，向左为快，向右为慢）、播放的方向（向前还是向后）及开始/停止等。

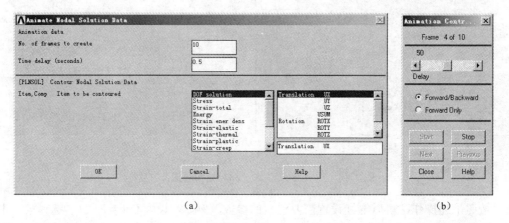

图 7-16 动画显示与控制

7.2 时间历程后处理器

时间历程后处理器（POST26）允许用户查看模型上指定点相对于时间变量的计算结果，用户可以通过多种方法处理结果数据，并且用图形、图表等方式表达出来。例如，在非线性结构分析中，用户可以绘制指定节点上力随时间变化的关系。

下面以第 6 章实例 6.4 为例，说明时间后处理器的使用。首先恢复实例 6.4 的数据库，依次选择 Main Menu>General Postproc>Read Results>Last Set，读入最后一步结果；其次选择 Main Menu>General Postproc> Results Summary，显示结果。

7.2.1 定义变量

依次选择 Main Menu>TimeHist Postpro>Define Variables，打开如图 7-17（a）所示"Defined Time-History Variable"（定义时间历程变量）对话框，单击"Add"按钮，弹出如图 7-17（b）所示"Add Time-History Variable"（添加时间历程变量）对话框，选择"Nodal DOF result"，单击"OK"按钮，弹出节点拾取对话框。在图形窗口中点取相关的节点（这里选择了节点 91），单击"OK"按钮，弹出如图 7-18（a）所示"Define Nodal Data"（定义节点变量数据）对话框，默认变量编号和节点编号，在其上进一步选择要查看的结果内容，例如在 user-specified label 处输入 UX；在右边的滚动框中的"Translation UX"上单击一次使其高亮度显示，单击"OK"按钮。

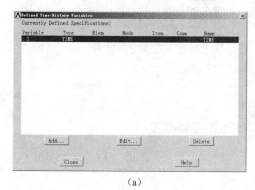
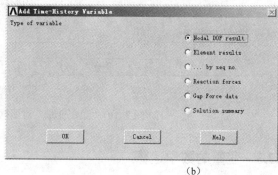

(a)　　　　　　　　　　　　　　(b)

图 7-17　定义时间和添加时间历程变量

重复上述操作，定义变量 3 查看"Translation UY"；定义变量 4 查看"Translation UZ"。

依次选择 Main Menu>TimeHist PostPro>Store Data，打开如图 7-18（b）所示"Store Data from the Results File"（保存变量结果文件）对话框，不改变默认值，单击"OK"按钮。

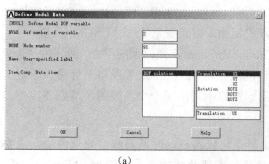
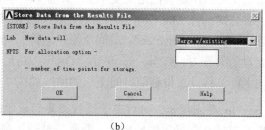

(a)　　　　　　　　　　　　　　(b)

图 7-18　定义节点变量数据和保存变量结果文件

7.2.2 绘制变量曲线图

依次选择 Main Menu>TimeHist PostPro>Graph Variables，弹出如图 7-19（a）所示的"Graph Time-History Variables"（绘制变量）对话框，在 1st Variable to graph 及以下处输入所定义变量的编号 2、3、4，单击"OK"按钮，图形窗口中将出现一个曲线图，节点 91 在三向上的随时间变化的位移曲线如图 7-19（b）所示。

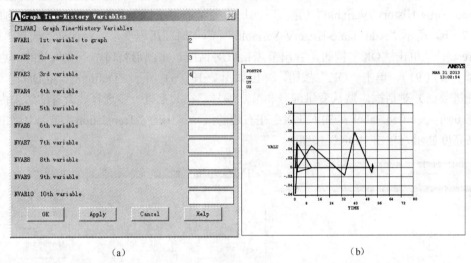

图 7-19 "绘制变量"对话框及变量随时间曲线图

7.2.3 变量的数学运算

依次选择 Main Menu>TimeHist PostPro>Math Operations>Add，弹出如图 7-20（a）所示的"Add Time-History Variable"（时间变量加运算）对话框。在"IR　Reference number for result"右侧编辑框输入"5"，即加操作之后得到的变量编号为 5；默认"FACTA 1st Factor"右侧编辑框数值为 1；在"IA　1st Variable"右侧编辑框输入"2"；默认"FACTA　2nd Factor"右侧编辑框数值为 1；在"IB　2nd Variable"右侧编辑框输入"3"；默认"FACTA　3rd Factor"右侧编辑框数值为 1；在"IC　3rd Variable"右侧编辑框输入"4"；在"Name　User-specified label"右侧编辑框输入"USUM"，单击"OK"按钮。

上述操作是将已定义变量 2、3、4 以标量方式相加，得到变量 5，用 USUM 标志。

依次选择 Main Menu>TimeHist PostPro>Graph Variables，弹出如图 7-20 所示的"Add Time-History Variables"（时间变量加运算）对话框，在"1st Variable"及以下处输入所定义变量的编号 2、3、4、5，单击"OK"按钮，图形窗口中将出现一个曲线图，节点 91 在 3 向上的位移及总位移随时间变化的曲线如图 7-20（b）所示。

要点提示：针对变量进行必要的数学运算是比较高级的时间历程后处理方法，需要用户明确要分析数据的目的。变量的数学运算操作能实现的功能很多。例如，"Derivative"可以在两个变量之间进行微分操作，读者不妨练习一下将上述运算得到的变量 5 与时间变量 1 进行微分，得到速度变量，再次微分可以得到加速度变量。

第 7 章 ANSYS 后处理 213

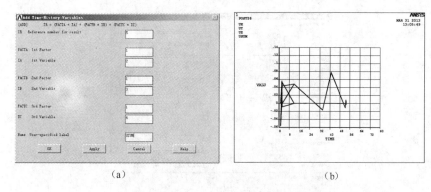

图 7-20 "时间变量加运算"对话框和等效应力等值图

依次选择 Utility Menu>PlotCtrls>Style>Graphs>Modify Curve，打开如图 7-21（a）所示的"Curve Modifications for Graph Plots"（修改曲线设置）对话框，在"Thickness of curve"右侧下拉选项框选择曲线厚度为"Double"；在"Specify marker type for curve"以下选项指定曲线标志类型。例如，在"CURVE number（1～10）"右侧编辑框输入"1"，在"KEY to define marker type"右侧下拉框选择"Triangles"；在"Increment（1～255）"右侧编辑框输入"1"，单击"Apply 按钮"。重复上述操作，定义曲线 2 和 3 的标志分别使用四边形和钻石形，单击"OK"按钮。

依次选择 Utility Menu>PlotCtrls>Style>Graphs>Modify Grid，打开如图 7-21（b）所示的"Grid Modifications for Graph Plots"（修改坐标网格设置）对话框，在"Type of grid"右侧下拉选项框选择关闭曲线图网格线"None"；勾选"Display grid"为"On"，单击"OK"按钮。

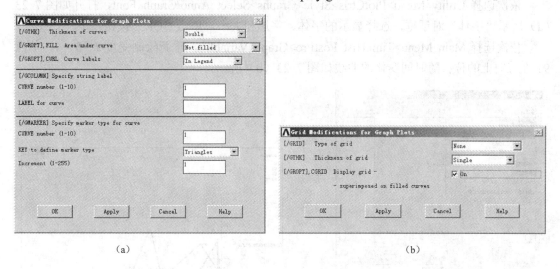

图 7-21 修改曲线和坐标网格设置

依次选择 Utility Menu>PlotCtrls>Style>Graphs>Modify Axes，打开如图 7-22 所示"Axes Modifications for Graph Plots"（修改坐标轴设置）对话框，在"X-axis label"右侧编辑框输入"time/s"；在"Y-axis label"右侧编辑框输入"Displacement/m"；在"Thickness of axes"右侧下拉选项框选择坐标轴线的线形为"Single"；其余设置为默认，单击"OK"按钮。

图 7-22 "修改坐标轴设置"对话框

依次选择 Utility Menu>PlotCtrls>Style>Graphs>Select Anno/Graph Font，打开如图 7-23（a）所示"字体"对话框，选择显示的字体、字形和大小，单击"OK"按钮。

依次选择 Main Menu>TimeHist PostPro>Graph Variables，重新绘制变量 2、3、4，节点 91 在三向上的位移随时间变化的曲线如图 7-23（b）所示。

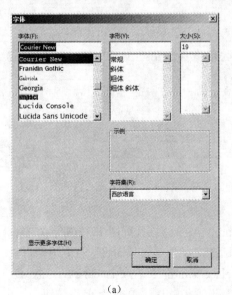

(a)

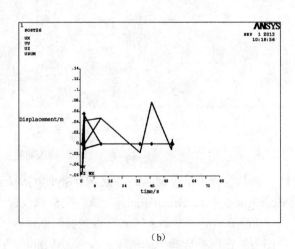

(b)

图 7-23 "字体"对话框及修改后显示的曲线图

7.3 上机指导

【上机目的】

熟悉采用后处理器对计算结果进行分析和显示的常用方法,进一步练习加载和求解。

【上机内容】

(1) 应用通用后处理器进行一般分析和结果显示方法。
(2) 时间历程后处理器的一般操作和使用。

7.3.1 操作实例

实例 7.1 轴承座的分析(计算结果)

在前述实例 5.1 求解的基础上,利用后处理器查看计算结果。恢复实例 5.2 计算完成后的数据库。

1. 查看等值图

(1) 绘制等效应力 (von Mises) 云图

依次选择 Main Menu>General Postproc>Plot Results>Contour Plot>Nodal Solu,在对话框上选择"Stress",右侧选择"von Mises stress"。单击"OK"按钮,出现应力分布图,如图 7-24 (a) 所示。

(2) 绘制位移分布 (Displacement vector) 云图

依次选择 Utility Menu>PlotCtrls>Animate>Deformed Results,在对话框上选择"DOF Solution",右侧选择"Displacement vector sum",单击"OK"按钮,出现应力分布图,如图 7-24 (b) 所示。

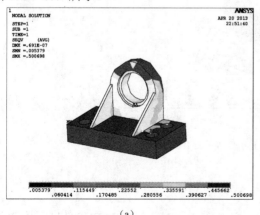
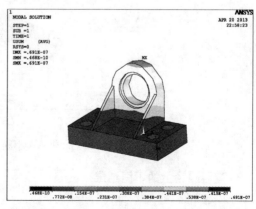

(a)　　　　　　　　　　　　　　(b)

图 7-24 轴承座计算结果图

2. 查看切片图

(1) 定义切面

依次选择 Utility Menu>WorkPlane>Offset WP by Increments,将工作平面绕 Y 轴逆时针

旋转30°。

(2) 绘制切面图

依次选择 Utility Menu>PlotCtrls>Style>Hidden Line Options，打开如图 7-8 的 "Hidden-Line Options"（隐藏线选项）对话框。在 "Cutting plane is" 选项选择 "Working plane"。

在 "TYPE Type of Plot" 选项选择 "Capped hidden"，效果如图 7-25（a）所示，显示切面位置及剩余实体部分分布情况；选择 "Section"，效果如图 7-25（b）所示，只显示切面位置的分布；选择 "Q-Slice precise"，效果如图 7-25（c）所示，显示切面位置分布及实体轮廓线。

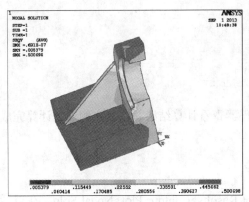
(a)

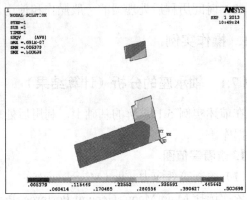
(b)

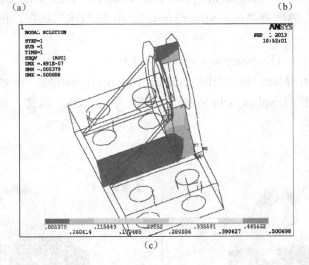
(c)

图 7-25　轴承座不同显示选项的显示结果

3. 查看路径上的不同结果

(1) 定义路径

依次选择 Main Menu>General Postproc>Path Operations>Define Path>By Nodes，在轴承孔底部延轴向选取一直线，如图 7-26 所示，单击 "OK" 按钮，在弹出对话框中输入路径名称 "P1"，其余选择默认选项，单击 "OK" 按钮。

(2) 将结果映射到路径

依次选择 Main Menu>General Postproc>Path Operations>Recall Path，在打开的 "Recall

Path"对话框上（如图 7-14（a）所示）选择"P1"。依次选择 Main Menu>General Postproc>Path Operations>Map onto Path，设置 Lab＝P1-seqv，选择等效应力选项，单击"OK"按钮（如图 7-14（b）所示）；按照上述操作，可以继续设置需要观察的参数。例如，设置 Lab=P1-s1，选择"Stress"-"1st principal S1"。

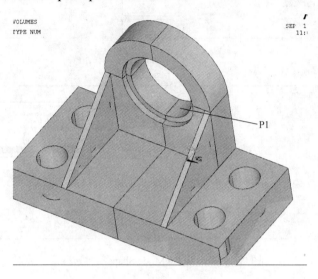

图 7-26　路径示意图

（3）绘制路径上的结果曲线

依次选择 Main Menu>General Postproc>Path Operations>Plot Path Item>On Graph，在打开的"Plot of Path Items on Graph"对话框上将映射的结果选中，如图 7-27（a）所示，单击"OK"按钮，绘制的结果曲线如图 7-27（b）所示。

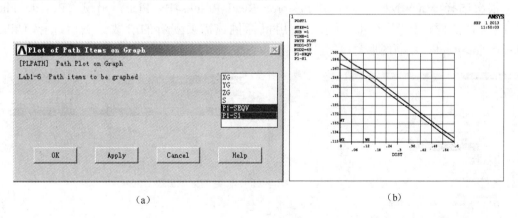

（a）　　　　　　　　　　　　　　（b）

图 7-27　"路径结果选择"对话框及结果曲线

实例 7.2　机翼模态的计算结果分析

恢复实例 6.1 计算完成的数据库。

依次选 Utility Menu>Plot Ctrls>Animate>Mode Shape，弹出"Animate Mode Shape"对

话框，如图 7-28 所示。在"Display Type"窗口选择"DOF solution Translation"、"USUM"单击"OK"按钮，在窗口显示出振型动画。

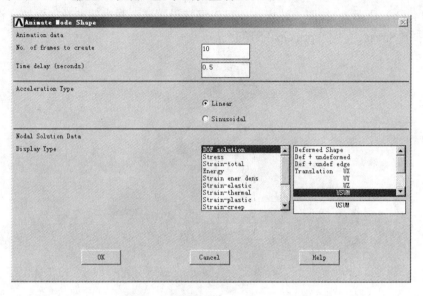

图 7-28 "Animate Mode Shape"对话框

依次选择 Main Menu>General Postproc>Read Results>First Set,选择一阶振型结果。然后选择依次选择 Main Menu>General Postproc>Contour Plot> Nodal Solu，出现"Contour Modal Solution Data"对话框，如图 7-29 所示。在对话框中选择 Nodal Solution>DOF Solution>Displacement vector sum，在"Undisplaced shape key"选择"Deformed shaped with undeformed model"。单击"OK"按钮图形窗口出现一阶模态振型图，如图 7-31 所示。

依次选择 Main Menu>General Postproc>Read Results>By Pick，出现"Resulte File: file.rst"对话框，如图 7-30 所示。使用鼠标挑选需要观看的阶数。然后选择 Utility Menu>Plot>Replot 刷新图形窗口，出现各阶模态振型图。

图 7-29 "Contour Modal Solution Data"对话框

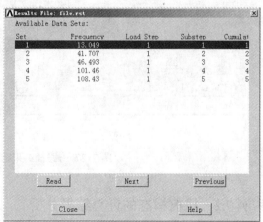

图 7-30 "Resulte File: file.rst"对话框

最后保存数据库。

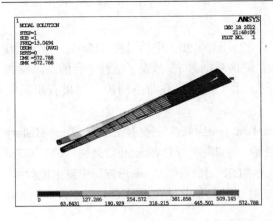 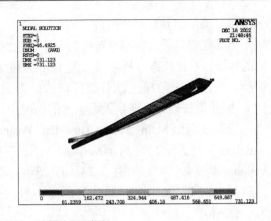

图 7-31　机翼第 1 阶和第 3 阶模态振型图

实例 7.3　电动机平台的计算结果分析

恢复实例 6.2 计算完成的数据库。

1. 查看节点的位移随时间变化曲线

（1）提取结构特殊点（节点 1000）处的三向位移-频率变量

依次选择 Main Menu>TimeHist Postpro>Define Variable，弹出"Defined Time-History Variale"对话框。单击"Add"按钮，弹出"Add Time-History Variable"对话框，接受默认选项"Nodal DOF result"，单击"OK"按钮，弹出"Define Nodal Data"（定义节点数据）对话框。

在图形窗口中取点 1 000。单击"OK"按钮，弹出"Define Nodal Data"对话框。在"Name User-specified label"处输入"UX"；在右边滚动框中的"Translation UX"上单击依次使其高亮显示，单击"OK"按钮确认。

同理，分别选取 1000 号节点对应的 UY、UZ 位移变量。

（2）绘制 1000 号节点的三向位移-频率曲线

依次选择 Main Menu>TimeHist Postpro>Graoh Variables，弹出"Graph Time-History Variables"对话框。在"1st Variable to graph"处输入"2"；"2nd Variable"处输入"3"；"3nd Variable"处输入"4"，如图 7-32 所示。单击"OK"按钮确认。图形窗口中将出现一个曲线图，如图 7-32（b）所示。

 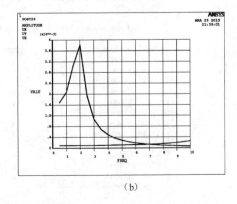

(a)　　　　　　　　　　　　　　(b)

图 7-32　"定义时间历史变化"对话框和三向位移-频率曲线

（3）确定临界频率和相角

临界频率是最大振幅时对应的频率，由图 7-32（b）可知，电动机在 2Hz 处产生 X 方向的谐振。对比模态分析结果（图 6-48）可知，简谐激励力 F_X 激发了工作平台的二阶模态振动。一阶和三阶模态没有被简谐激励力激发。由于位移与载荷不同步（如果有阻尼的话），因此需要确定出现最大振幅时的相位角。

依次选择 Main Menu>TimeHist Postpro>List Variables，弹出“List Time-History Variables”对话框。在“1st Variable to list”处输入“2”；“2rd Variable”处输入“3”；3rd Variable 处输入“4”，如图 7-33（a）所示。单击“OK”按钮确认。图形窗口中将出现频率-位移结果清单，如图 7-33（b）所示。最大振幅 0.00 38 出现在 FREQ=2.0 Hz，相位角为-95.3646°。

（a）

***** ANSYS POST26 VARIABLE LISTING *****

FREQ	1000 UX UX AMPLITUDE	PHASE	1000 UY UY AMPLITUDE	PHASE	1000 UZ UZ AMPLITUDE	PHASE
0.50000	0.168452E-02	-6.30418	0.634718E-12	154.255	0.948919E-04	89.8582
1.0000	0.206172E-02	-15.5947	0.103544E-11	97.9990	0.953358E-04	89.7150
1.5000	0.305567E-02	-36.7125	0.875053E-12	16.6089	0.960852E-04	89.5689
2.0000	0.381551E-02	-95.3646	0.524346E-12	-63.7237	0.971548E-04	89.4186
2.5000	0.195629E-02	-140.329	0.155399E-12	-117.521	0.985661E-04	89.2622
3.0000	0.107402E-02	-155.114	0.554463E-13	-137.093	0.100349E-03	89.0979
3.5000	0.688663E-03	-161.639	0.248330E-13	-146.676	0.102542E-03	88.9236
4.0000	0.485037E-03	-165.300	0.128076E-13	-152.501	0.105198E-03	88.7366
4.5000	0.362758E-03	-167.661	0.724257E-14	-156.502	0.108382E-03	88.5340
5.0000	0.282813E-03	-169.322	0.436268E-14	-159.470	0.112181E-03	88.3117
5.5000	0.227318E-03	-170.561	0.274638E-14	-161.785	0.116707E-03	88.0650
6.0000	0.187046E-03	-171.524	0.178116E-14	-163.653	0.122110E-03	87.7878
6.5000	0.156801E-03	-172.297	0.117533E-14	-165.181	0.128590E-03	87.4717
7.0000	0.133456E-03	-172.933	0.778779E-15	-166.411	0.136419E-03	87.1057
7.5000	0.115031E-03	-173.466	0.509268E-15	-167.304	0.145977E-03	86.6745

（b）

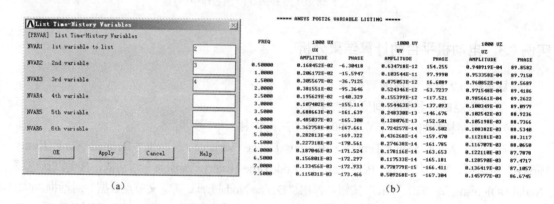

图 7-33 “变量列表”对话框和频率-位移结果清单

（4）查看整个模型在临界频率和相角的位移和应力

重新回到 POST1，列出结果汇总表，确定临界频率的载荷步和子步序号。依次选择 Main Menu>General Postproc >Read Summray，列出结果汇总表如图 7-34 所示。汇总表中列出了每一步的实部和虚部计算结果，因此可以看到每一个频率对应两组数值，如果想查看临界频率为 2 Hz 时的位移和应力，需要首先由汇总表确定 LOADSTEP 为 1，SUBSTEP 为 4。然后使用 HRCPLX 命令（没有对应菜单）读入频率和相角的结果。

***** INDEX OF DATA SETS ON RESULTS FILE *****

SET	TIME/FREQ	LOAD STEP	SUBSTEP	CUMULATIVE
1	0.50000	1	1	1
2	0.50000	1	1	1
3	1.0000	1	2	2
4	1.0000	1	2	2
5	1.5000	1	3	3
6	1.5000	1	3	3
7	2.0000	1	4	4
8	2.0000	1	4	4
9	2.5000	1	5	5
10	2.5000	1	5	5
11	3.0000	1	6	6
12	3.0000	1	6	6

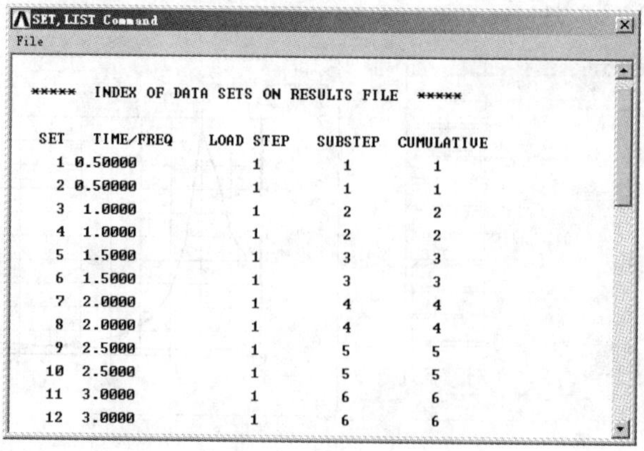

图 7-34　结果总表

命令：HRCPLX,1,4,-95.3646

其中数值"1"即为 LOADSTEP、"4"即为 SUBSTEP。

继续依次选择 Main Menu>General Postproc>Contour Plot> Nodal Solu，弹出"Contour Modal Solution Data"对话框，在对话框中选择 Nodal Solution >DOF Solution>Displacement vector sum，在"Undisplaced shape key"处选择"Deformed shaped with undeformed edge"。单击"OK"按钮出现图形窗口，出现位移分布图，如图 7-35 所示。

继续依次选择 Main Menu>General Postproc>Contour Plot>Nodal Solu，弹出"Contour Modal Solution Data"对话框，在对话框中选择 Nodal Solution>DOF Solution>Stress>von Mises。在"Undisplaced shape key"处选择"Deformed shaped with undeformed edge"。单击"OK"按钮出现图形窗口，出现应力分布图，如图 7-36 所示。

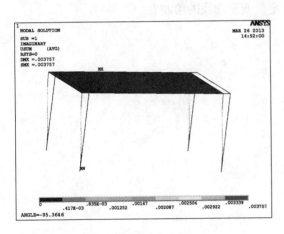

图 7-35　位移分布图

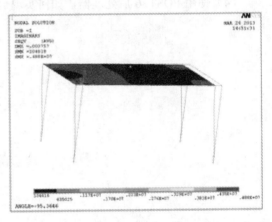

图 7-36　应力分布图

7.3.2　检测练习

练习 7.1　回转类零件旋转分析与结果后处理

基本要求

（1）恢复练习 4.3 生成的有限元模型，施加约束和载荷并进行求解。

（2）利用通用后处理器绘制等值图、切片图。

（3）熟悉路径的定义与使用。

思路点睛

（1）利用有限元模型的对称性，选择 1/4 为研究对象。施加刚体约束和对称面约束，施加旋转载荷，进行求解。

（2）通过与实例 7.1 类似的操作实现后处理。

练习 7.2　板-梁结构的瞬态分析与结果后处理

基本要求

（1）恢复实例 6.3 生成的板-梁结构有限元模型，施加约束和载荷并进行求解。

（2）利用 POST26 后处理器绘制板面中心处节点的位移时间历程曲线。

（3）生成板-梁结构受到动力载荷的动画。

思路点睛

（1）通过与实例 7.3 类似的操作实现后处理。

（2）在分析结束后依次选择 Utility Menu>PlotCtrls>Animate>Over Results 可以生成动画。动画的视频文件以"文件名.AVI"格式保存在工作目录中。

练习题

（1）ANSYS 提供的两种后处理器分别适合查看模型的什么计算结果？

（2）使用 POST1 后处理器，如何实现变形图、等值线图的绘制？

（3）使用 POST1 后处理器，路径的定义和使用过程是怎样的？

（4）使用 POST26 后处理器，如何实现自定义变量曲线的绘制？

第 8 章 典型实例与练习

由于前面的章节已经对一些常用的操作进行了较为详细的介绍，包括命令格式和菜单路径。因此，7.1 节和 7.2 节的练习只给出了步骤和相关尺寸，具体操作过程留给读者练习。

8.1 车轮的分析

1．练习目的

创建实体的方法、工作平面的平移及旋转、建立局部坐标系、模型的映射、复制、布尔运算（相减、粘接、搭接）。

用自由及映射网格对轮模型进行混合的网格划分。

加载和求解，扩展结果及查看。

2．问题描述

车轮为沿轴向具有循环对称的特性，基本扇区 45°，旋转 8 份即可得到整个模型，如图 8-1 所示。材料特性：杨氏模量 $2.1e^5$ MPa，密度 $7.8e^{-6}$ kg/mm^3；载荷：对称面约束，Y 向约束，旋转角速度 500 rad/s。

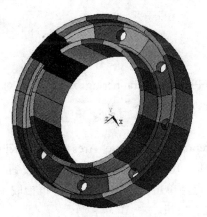

图 8-1　车轮建模的问题描述

8.1.1 有限元模型

1．建立切面模型

（1）建立 3 个矩形

依次选择 Main Menu>Preprocessor>Modeling>Create>Areas>Rectangle>By Dimensions，在打开的对话框上依次输入 X1=130，X2=140，Y1=0，Y2=130，单击"Apply"按钮；再输入 X1=140，X2=190，Y1=40，Y2=60，单击"Apply"按钮；最后输入 X1=190，X2=200，

Y1=15，Y2=95，单击"OK"按钮，如图 8-2（a）所示。

（2）将 3 个矩形加在一起

依次选择 Main Menu>Preprocessor>Modeling>Operate>Booleans>Add>Areas，单击"Pick All"。

（3）分别对图中所示进行倒角，倒角半径为 6

依次选择 Main Menu>Preprocessor>Modeling>Create>Lines>Line Fillet，拾取线 14 与 7，单击"Apply"按钮，输入圆角半径 6，单击"Apply"按钮；拾取线 7 与 16，单击"Apply"按钮，输入圆角半径 6，单击"Apply"按钮；拾取线 5 与 13，单击"Apply"按钮，输入圆角半径 6，单击"Apply"按钮；拾取线 5 与 15，单击"Apply"按钮，输入圆角半径 6，单击"OK"按钮，如图 8-2（b）所示。

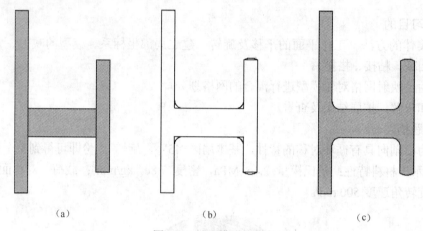

图 8-2 切面模型的建立

（4）打开关键点编号

依次选择 Utility Menu>PlotCtrls>Numbering，在打开的对话框上将关键点编号设置为"ON"，并使/NUM 为"Colors & Numbers"

（5）通过 3 点画圆弧

依次选择 Main Menu>Preprocessor>Create>Arcs>By End KPs & Rad，拾取 12 及 11 点，单击"Apply"按钮，再拾取 10 点，单击"Apply"按钮，输入圆弧半径 10，单击"Apply"按钮；拾取 9 及 10 点，单击"Apply"按钮，再拾取 11 点，单击"Apply"按钮，输入圆弧半径 10，单击"OK"按钮。

（6）由线生成面

依次选择 Main Menu>Preprocessor>Modeling>Create>Areas>Arbitrary>By Lines，拾取新生成的线与原有线围成新的面。

（7）将所有的面加在一起

依次选择 Main Menu>Preprocessor>Modeling>Operate>Booleans>Add>Areas，在拾取对话框上单击"Pick All"，如图 8-2（c）所示。

2．旋转产生部分体

（1）定义两个关键点（用来定义旋转轴）

依次选择 Main Menu>Preprocessor>Create>Keypoints>In Active CS，在打开的对话框

上,在 NPT 输入"100",单击"Apply"按钮,NPT 输入"200",Y 输入"200",单击"OK"按钮。

(2) 面沿旋转轴旋转 22.5°,形成部分实体

依次选择 Main Menu>Preprocessor>Operate>Extrude>Areas>About Axis,拾取面,单击"Apply"按钮,再拾取上面定义的两个关键点 100、200,单击"OK"按钮,弹出"Sweep Areas about Axis"(拉伸面)对话框上,如图 8-3 所示。输入圆弧角度"22.5",单击"OK"按钮,结果如图 8-4(a)所示。

图 8-3 拉伸面对话框

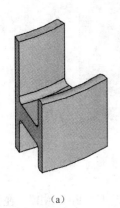 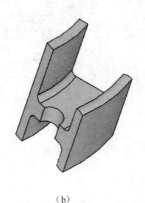 

(a)　　　　　　　　　(b)　　　　　　　　　(c)

图 8-4 由面产生体

(3) 将坐标平面进行平移并旋转

依次选择 Utility Menu>WorkPlane>Offset WP to>Keypoints,拾取关键点 14 和 16,单击"OK"按钮;继续选择 Utility Menu>WorkPlane>Offset WP by Increments,在"XY, YZ, ZX Angles"输入"0,-90,0",单击"Apply"按钮。

(4) 创建实心圆柱体

依次选择 Main Menu>Preprocessor>Create>Cylinder>By Dimensions,在弹出的对话框上,在"RAD1"输入"0.45",在"Z1, Z2"坐标输入"1,-2",单击"OK"按钮。

(5) 将圆柱体从轮体中减掉

依次选择 Main Menu>Preprocessor>Operate>Booleans>Subtract>Volumes,拾取轮体,单击"Apply"按钮,然后拾取圆柱体,单击"OK"按钮,结果如图 8-4(b)所示

3. 生成整个实体

(1) 工作平面与总体笛卡儿坐标系一致

依次选择 Utility Menu>WorkPlane>Align WP With>Global Cartesian,此处将模型另存为

Wheel.db,然后保存现有数据库。

(2) 将体沿 XY 坐标面映射

依次选择 Main Menu>Preprocessor>Reflect>Volumes,拾取体,在打开对话框上选择 "X-Y plane",单击 "OK" 按钮,如图 8-4 (c) 所示。

(3) 旋转工作平面

依次选择 Utility Menu>WorkPlane>Offset WP by Increments,在浮动对话框上的 "XY, YZ, ZX Angles" 输入 "0, -90, 0",单击 "Apply" 按钮;在 "XY, YZ, ZX Angles" 输入 "22.5, 0, 0",单击 "Apply" 按钮。

(4) 在工作平面原点定义一个局部柱坐标系

依次选择 Utility Menu>WorkPlane>Local Coordinate Systems>Create Local CS>At WP Origin,在弹出的 "Create Local CS at WP Origin"(定义局部坐标系)对话框上,如图 8-5 所示,设置 "KCN Ref number of new coord sys" 为 "11"、"KCS Type of coordinate system" 为 "Cylindrical 1"。

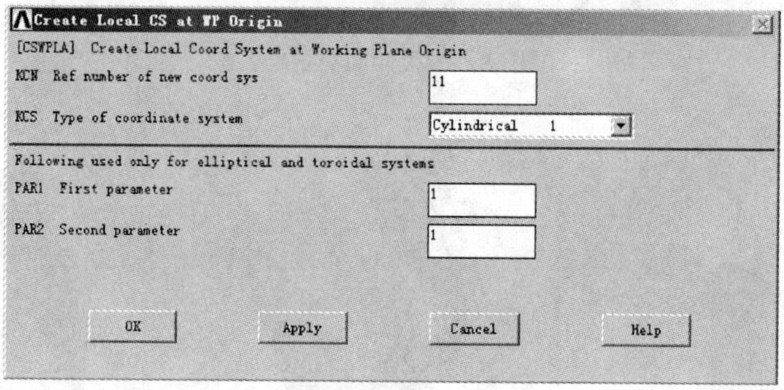

图 8-5 "定义局部坐标系" 对话框

(5) 将体沿周向旋转 8 份形成整环

依次选择 Main Menu>Preprocessor>Modeling>Copy>Volumes,拾取 "Pick All",在弹出的 "Copy Volumes"(复制体)对话框上,如图 8-6 所示,在 "ITIME Number of copies-" 输入 "8"、"DY Y-offset in active CS" 输入 "45",单击 "OK" 按钮。

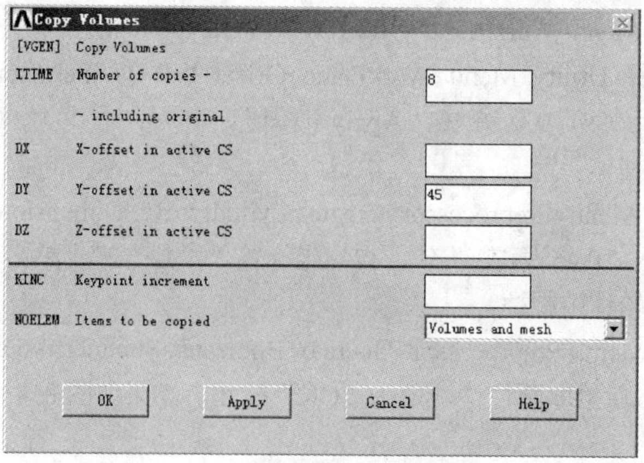

图 8-6 "复制体" 对话框

给定名称，保存数据库。

4．划分网格

恢复数据库，结果如图 8-7（a）所示。

（1）选择单元

依次选择 Main Menu>Preprocessor>Element Type>Add/Edit/Delete，在弹出的对话框中选择"Add"按钮，在左侧"Structural"中选择"Solid"，然后从其右侧选择"Brick 8node 45"单击"OK"按钮；重复上述操作，选择"Solid95"单元，单击"OK"按钮，单击"CLOSE"按钮。

（2）定义材料

依次选择 Main Menu>Preprocessor>Material Props>Structural>Linear-Elastic-Isotropic，默认材料号 1，在"Young's Modulus EX"下输入杨氏模量"2.1e5"，泊松比"0.3"，密度"7.8e-6"，单击"OK"按钮。

（3）平移并旋转工作平面

依次选择 Utility Menu>WorkPlane>Offset WP to，将工作平面平移至 13 号关键点；继续选择 Utility Menu>WorkPlane>Offset WP by Increments，在打开的"浮动"对话框中，在"XY，YZ，ZX Angles"输入"0，90，0"，单击"OK"按钮。

（4）用工作平面切分体

依次选择 Main Menu>Preprocessor>Modeling>Operate>Divide>Volu by WorkPlane，拾取要切分的体，单击"OK"按钮。

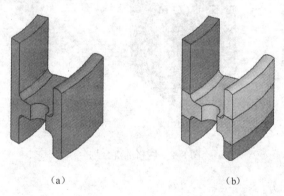

(a)　　　　　　　　(b)

图 8-7　工作平面切分体

（5）平移工作平面并再次切分体

依次选择 Utility Menu>WorkPlane>Offset WP to，将工作平面平移至 18 号关键点；继续选择 Main Menu>Preprocessor>Modeling>Operate>Divide>Volu by WorkPlane，拾取要切分的体，单击"OK"按钮，如图 8-7（b）所示。

（6）设定整体单元尺寸

依次选择 Main Menu>Preprocessor>MeshTool，在打开的网格划分工具对话框上，设置"Size Controls"为"Global"，单击右侧"Set"按钮打开的对话框设置"SIZE"为 6，单击"OK"按钮。

(7) 指定单元属性

依次选择 Main Menu>Preprocessor>MeshTool，在打开的网格划分工具对话框上，通过单击"Element Attributes"右侧"Set"按钮，在打开的对话框中设置"TYPE"为"1"，"MAT"为"1"，单击"OK"按钮。

(8) 映射网格划分

依次选择 Main Menu>Preprocessor>MeshTool，在打开的网格划分工具对话框上，设置"Mesh"为"Volumes"，在"Shape"选择"Hex"和"Map"，单击"Mesh"按钮，拾取要划分网格的实体，单击"OK"按钮，结果如图8-8（a）所示。

(9) 设定整体单元尺寸

依次选择 Main Menu>Preprocessor>MeshTool，在打开的网格划分工具对话框上，设置"Size Controls"为"Global"，单击"Set"按钮，在打开的对话框中设置"SIZE"为"5"，单击"OK"按钮。

(10) 指定单元属性

依次选择 Main Menu>Preprocessor>MeshTool，在打开的网格划分工具对话框上，通过单击"Element Attributes"右侧"Set"按钮在打开的对话框中设置"TYPE"为"2"，"MAT"为"1"，单击"OK"按钮。

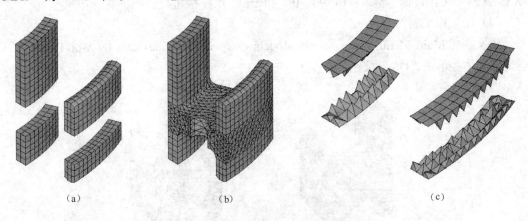

图 8-8　网格的混合划分

(11) 自由网格划分

依次选择 Main Menu>Preprocessor>MeshTool，在打开的网格划分工具对话框上，设置"Mesh"为"Volumes"，在"Shape"选择"Tet"和"Free"，单击"Mesh"按钮，拾取要划分网格的实体，单击"OK"按钮，结果如图8-8（b）所示。

(12) 单元转换

依次选择 Main Menu>Preprocessor>Meshing>Modify Mesh>Change Tets，在打开的"Change Selected Degenerate Hexes to Non-degenerate Tets"（单元转换）对话框内选择默认值，如图8-9所示，单击"OK"按钮。

(13) 选择并绘制 Solid95 单元

依次选择 Utility Menu>Select>Entities，在打开的对话框内选择"Elements"、"By Attributes"、"Elem type num"，设置"Min, Max, Inc"为"2"，单击"OK"按钮。

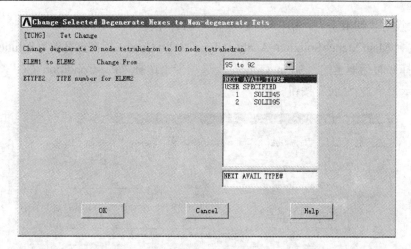

图 8-9 单元转换对话框

继续选择 Utility Menu>Plot>Elements，结果如图 8-8（c）所示

8.1.2 约束、载荷与求解

（1）约束对称面

依次选择 Main Menu>Solution>Loads>Apply>Structural>Displacement>Symmetry B.C.>On Areas，拾取所有对称面，如图 8-10 所示，单击"OK"按钮。

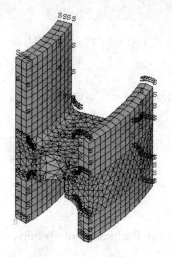

图 8-10 边界约束

（2）约束刚性位移

依次选择 Main Menu>Solution>Loads>Apply>Structural>Displacement>on Keypoints，拾取关键点 1，单击"OK"按钮。在打开对话框上选择 UY 作为约束自由度，值为"0"，单击"OK"按钮。

（3）施加角速度

依次选择 Main Menu>Solution>Loads>Apply>Structural>Other>Angular Velocity，在打开

的对话框上设定"OMEGY"为"500",单击"OK"按钮。

依次选择 Main Menu>Solution>Analysis Type>Sol'n Control,在打开的"Solution Controls"(求解器选择)对话框上的"Sol'n Options"选项卡上选择"Pre-Condition CG"求解器,如图 8-11 所示,单击"OK"按钮。

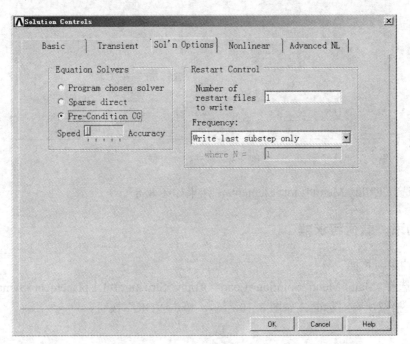

图 8-11 "求解器选择"对话框

(4) 求解

依次选择 Main Menu>Solution>Solve>Current LS,浏览 status window 中出现的信息,然后关闭此窗口;单击"OK"按钮(开始求解,并关闭由于单元形状检查而出现的警告信息);求解结束后,关闭信息窗口。

8.1.3 后处理查看结果

(1) 查看等效应力

依次选择 Main Menu>General Postproc>Plot Results,在弹出对话框内选择要查看的结果,如图 8-12 (a) 所示。

(2) 工作平面与总体笛卡儿坐标系一致

依次选择 Utility Menu>WorkPlane>Align WP With>Global Cartesian。

(3) 旋转工作平面

依次选择 Utility Menu>WorkPlane>Offset WP by Increments,在浮动对话框上"XY, YZ, ZX Angles"输入"0,-90,0",单击"Apply"按钮;在"XY, YZ, ZX Angles"输入"22.5,0,0",单击"Apply"按钮。

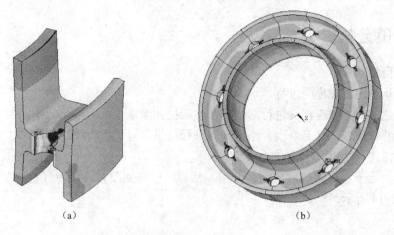

(a)　　　　　　　　　　　　　(b)

图 8-12　查看结果

（4）在工作平面原点定义一个局部柱坐标系

依次选择 Utility Menu>WorkPlane>Local Coordinate Systems>Create Local CS>At WP Origin，在打开对话框上设"KCN"为 11，"KCS"为 Cylindrical 1。

（5）沿局部坐标系 11 的 Z 轴扩展结果

依次选择 Utility Menu>PlotCtrls>Style>Expansion>User-Specified Expansion，打开"Expansion by values"（扩展结果）对话框，如图 8-13 所示，设置"NREPEAT No. of repetitions"为"16"，"TYPE Type of expansion"为"Local Polar"，"PATTERN Repeat Pattern"为"Alternate Symm"，"DY"为"22.5"，单击"OK"按钮，结果如图 8-12（b）所示。

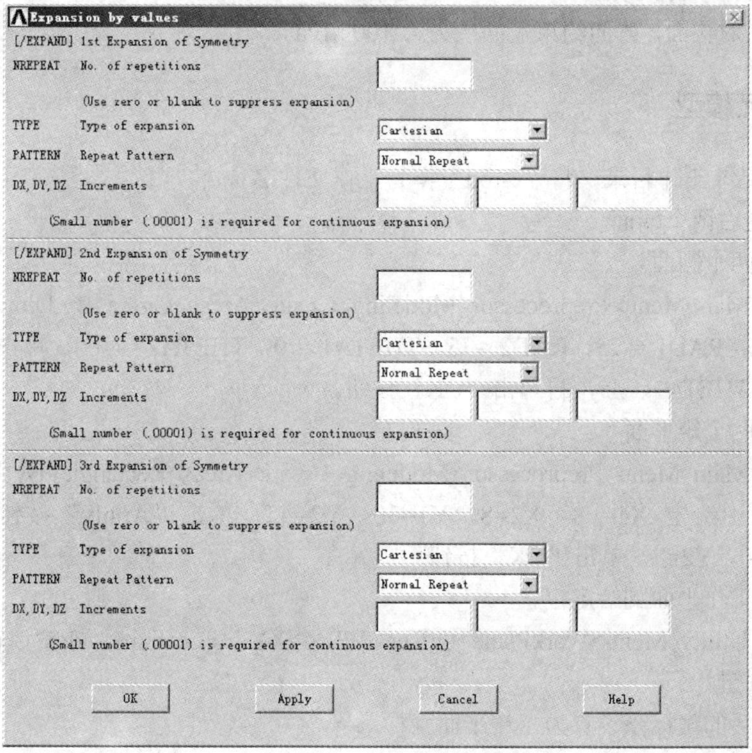

图 8-13　"扩展结果"对话框

8.2 连杆的分析

1. 练习目的
① 熟悉从下向上建模的过程。
② 对已建立的二维连杆面进行网格化,然后拉伸形成三维网格化的体。
③ 加载并求解后,练习查询和路径操作进行结果查看。

2. 问题描述
① 连杆为上下对称结构,先创建一半,然后映射得到整体,图中红色点位置为样条拟合点,如图 8-14 所示。

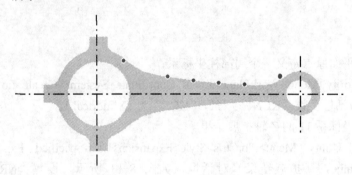

图 8-14 连杆模型

② 材料特性:杨氏模量 2.1×10^5 MPa,密度 7.8×10^{-6} kg/mm^3。
③ 载荷:对称面,Z 向约束,面压力为 100 MPa。

8.2.1 有限元模型

进入 ANSYS 工作目录,将"c-rod"作为工作文件名称。

1. 创建左右两个端面
(1) 创建两个圆面
依次选择 Main Menu>Preprocessor>Modeling>Create>Areas>Circle>By Dimensions,在弹出对话框上设定 RAD1 = 25,RAD2 =35,THETA1 = 0,THETA2 = 180,单击"Apply"按钮;然后设置 THETA1 = 45,再单击"OK"按钮。

(2) 创建两个矩形面
依次选择 Main Menu>Preprocessor>Modeling>Create>Areas>Rectangle>By Dimensions,在弹出对话框上给定 X1=-8,X2=8,Y1=30,Y2=45,单击"Apply"按钮;X1=-45,X2=-30,Y1=0,Y2=8,单击"OK"按钮。

(3) 偏移工作平面到给定位置
依次选择 Utility Menu>WorkPlane>Offset WP to>XYZ Locations,在窗口输入"165",单击"OK"按钮。

(4) 将激活的坐标系设置为工作平面坐标系
依次选择 Utility Menu>WorkPlane>Change Active CS to>Working Plane。

(5) 创建另两个圆面

依次选择 Main Menu>Preprocessor>Modeling>Create>Areas>Circle>By Dimensions，在弹出对话框上设定 RAD1=10，RAD2= 20，THETA1 = 0，THETA2 = 180，然后单击"Apply"按钮；第 2 个圆 THETA2 = 135，然后单击"OK"按钮。

(6) 对面组分别执行布尔运算

依次选择 Main Menu>Preprocessor>Modeling>Operate>Booleans>Overlap>Areas，首先选择左侧面组，单击"Apply"按钮；然后选择右侧面组，单击"OK"按钮，结果如图 8-15 所示。

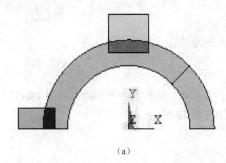
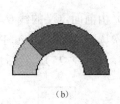

图 8-15　端面的创建

2．由下自上生成连杆的中间部分

(1) 将激活的坐标系设置为总体笛卡儿坐标系

依次选择 Utility Menu>WorkPlane>Change Active CS to>Global Cartesian。

(2) 定义 4 个新的关键点：

依次选择 Main Menu>Preprocessor>Modeling>Create>Keypoints>In Active CS，第 1 个关键点，X=64，Y=13，单击"Apply"按钮；第 2 个关键点，X=83，Y=10，单击 Apply；第 3 个关键点，X=100，Y=8，单击"Apply"按钮；第 4 个关键点，X=120，Y=7，单击"OK"按钮。

(3) 将激活的坐标系设置为总体柱坐标系

依次选择 Utility Menu>WorkPlane>Change Active CS to>Global Cylindrical。

(4) 通过一系列关键点创建多义线

依次选择 Main Menu>Preprocessor>Modeling>Create>Lines>Splines>With Options>Spline thru KPs，按顺序拾取关键点 5、30、31、32、33、21，然后单击"OK"按钮；在弹出的"B-Spline"（由关键点产生多义线）对话框上，输入 XV1 = 1，YV1 = 135，XV6 = 1，YV6 = 45，如图 8-16 所示，单击"OK"按钮。

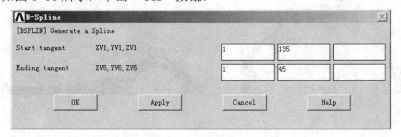

图 8-16　由关键点产生多义线

（5）在关键点 1 和 18 之间创建直线

依次选择 Main Menu>Preprocessor>Modeling>Create>Lines>Lines>Straight Line，拾取如图的两个关键点，然后单击"OK"按钮，如图 8-17 所示。

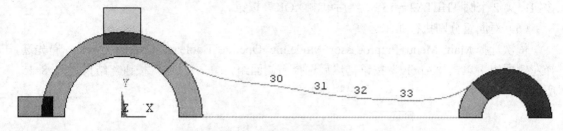

图 8-17　新生成的两条线段

（6）由前面定义的线 6、1、7、25 创建一个新的面

依次选择 Main Menu>Preprocessor>Modeling>Create>Areas>Arbitrary>By Lines，拾取 4 条线（6，1，7，25），然后单击"OK"按钮，如图 8-18 所示。

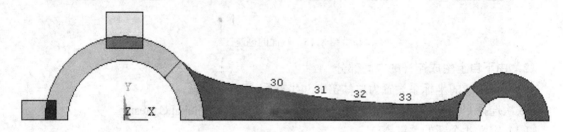

图 8-18　新产生的面

（7）创建倒角

依次选择 Main Menu>Preprocessor>Modeling>Create>Lines>Line Fillet，拾取线 36 和 40，然后单击"Apply"按钮，设定 RAD = 6，然后单击"Apply"按钮；拾取线 40 和 31，然后单击"Apply"按钮；拾取线 30 和 39，然后单击"OK"按钮，如图 8-19（a）所示。

（8）由前面定义的 3 个倒角创建新的面

依次选择 Main Menu>Preprocessor>Modeling>Create>Areas>Arbitrary>By Lines，拾取线 12、10 及 13，单击"Apply"按钮；拾取线 17、15 及 19，单击"Apply"按钮；拾取线 23、21 及 24，单击"OK"按钮，如图 8-19（a）所示。

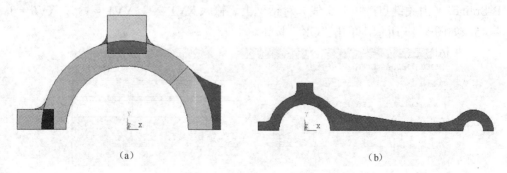

(a)　　　　　　　　　　　　(b)

图 8-19　进行倒角并生成面

(9) 将面加起来形成一个面

Main Menu>Preprocessor>Modeling>Operate>Add>Areas，在弹出的对话框中选择"Pick All"按钮，如图 8-19（b）所示。

3．划分网格

（1）选择单元

依次选择 Main Menu>Preprocessor>Element Type>Add/Edit/Delete，在弹出的对话框中选择"Add"按钮，在左侧"Not Solved"中选择"Mesh Facet200"，单击"OK"按钮，然后单击"Option"按钮，设置 K1 为"QUAD 8-NODE"，单击"OK"按钮，单击"CLOSE"按钮。

（2）定义材料

依次选择 Main Menu>Preprocessor>Material Props>Structural>Linear-Elastic-Isotropic，默认材料号 1，在"Young's Modulus EX"处输入"2.1e5"，泊松比"0.3"，密度"7.8e-6"，单击"OK"按钮。

（3）设定整体单元尺寸

依次选择 Main Menu>Preprocessor>MeshTool，在打开的网格划分工具上，设置"Size Controls"为"Global"，单击其右侧"Set"按钮在打开的对话框中设置"SIZE"为 5，单击"OK"按钮。

（4）指定单元属性

依次选择 Main Menu>Preprocessor>MeshTool，在打开的网格划分工具上，通过单击"Element Attributes"右侧"Set"按钮在打开的对话框中设置"TYPE"为 1，"MAT"为 1，单击"OK"按钮。

（5）自由网格划分面

依次选择 Main Menu>Preprocessor>MeshTool，在打开的网格划分工具上，指定"Mesh"为"Areas"，在"Shape"选择"Quad"和"Free"，单击"Mesh"按钮，拾取要划分网格的面，单击"OK"按钮，如图 8-20（a）所示。

（6）添加三维块体单元

依次选择 Main Menu>Preprocessor>Element Type>Add/Edit/Delete，在弹出的对话框中选择"Add"按钮，在弹出对话框中添加"Solid95"单元。

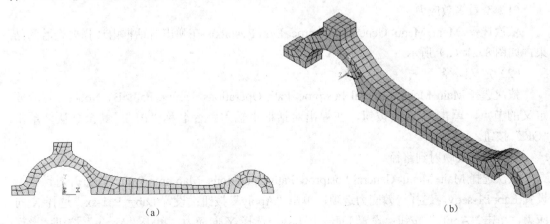

图 8-20 拉伸生成网格

(7) 设置单元拉伸特性

依次选择 Main Menu>Preprocessor>Modeling>Operate>Extrude>Element Ext Opts，在弹出对话框中设置 VAL1 为 3，单击"OK"按钮。

(8) 拉伸面网格

依次选择 Main Menu>Preprocessor>Modeling>Operate>Extrude>Areas>Along Normal，拾取要拉伸的网格面，单击"OK"按钮，在打开的对话框上设置 DIST 为"15"，单击"OK"按钮，如图8-20（b）所示。

8.2.2 约束、加载与求解

(1) 约束对称面

依次选择 Main Menu>Solution>Loads>Apply>Structural>Displacement>Symmetry B.C.>On Areas，拾取所有对称面，单击"OK"按钮。

(2) 约束刚性位移

依次选择 Main Menu>Solution>Loads>Apply>Structural>Displacement>on Keypoints，拾取关键点 43，单击"OK"按钮。在打开对话框上选择"UZ"作为约束自由度，值为"0"，单击"OK"按钮。

(3) 施加均布压力

依次选择 Main Menu>Solution>Loads>Apply>Structural>Pressure>Areas，拾取小圆的左侧里面，单击"OK"按钮，在打开的对话框上设定压力为"100"，单击"OK"按钮。

(4) 求解

依次选择 Main Menu: Solution>Solve>Current LS，浏览 status window 中出现的信息，然后关闭此窗口；单击"OK"按钮（开始求解，并关闭由于单元形状检查而出现的警告信息）；求解结束后，关闭信息窗口。

8.2.3 查看结果

(1) 查看等效应力

依次选择 Main Menu>General Postproc>Plot Results，在弹出对话框内选择要查看的结果，如图8-21（a）所示。

(2) 定义路径

依次选择 Main Menu>General Postproc>Path Operations>Define Path>By Nodes，拾取要定义的节点，单击"OK"按钮，在弹出对话框中输入路径名称"P1"，其余默认，单击"OK"按钮。

(3) 将结果映射到路径

依次选择 Main Menu>General Postproc>Path Operations>Map onto Path，在打开对话框上设置 Lab=P1-seqv，选择等效应力选项，单击"Apply"按钮；设置 Lab= P 1-sx，选择 X 向应力，单击"Apply"按钮；设置 Lab= P 1-sy，选择 Y 向应力，单击"Apply"按钮；设置 Lab= P 1-sz，选择 Z 向应力，单击"OK"按钮。

(4) 绘制路径上的结果曲线

依次选择 Main Menu>General Postproc>Path Operations>Plot Path Item>On Graph，在打开对话框上选择 "P1-seqv"，单击 "Apply" 按钮；选择 "P1-sx"，单击 "Apply" 按钮；选择 "P1-sy"，单击 "Apply" 按钮；选择 "P1-sz"，单击 "OK" 按钮，如图 8-21（b）所示。

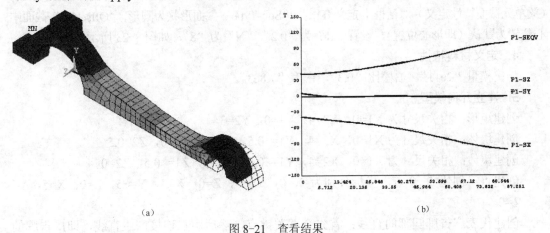

图 8-21 查看结果

(5) 修改曲线图的坐标

依次选择 Utility Menu>PlotCtrl>Style>Graphs>Modify Axes，分别设置 X、Y 轴的轴标 "X-axis label"，"Y-axis label" 和坐标轴取值范围 "Specified rang"。

8.3 广告牌承受风载荷的模拟

1. 练习目的

熟悉梁、壳、实体单元混合使用分析过程；相同问题不同建模和分析方法的应用与对比。

2. 问题描述

梁单元截面形状为圆，与实体有 0.1 m 长度的连接。用壳单元划分广告牌牌面，在块体内部有弯折（0.1 m 处），即嵌入块体中，用于连接广告牌牌面与腿部的实体部分。广告牌侧面断面形状如图 8-22 所示。约束为两立柱的底部节点全部约束，风载荷全部加在壳单元的面上，材料均为钢材。

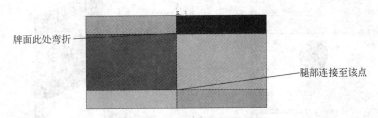

图 8-22 广告牌侧面断面形状

8.3.1 有限元模型的建立

1. 定义单元类型

单元类型 1 为 SHELL181，单元类型 2 为 SOLID45，单元类型 3 为 BEAM88。

2. 定义单元实常数

实常数 1 为壳单元的实常数，输入厚度为 0.02（只需输入第一个值，即等厚度壳）。

3. 定义梁单元的截面特性

依次选择 Main Menu>Preprocessor>Sections>Beam>Common Sectns，在弹出"Beam Tool"（梁单元截面特性定义）对话框上定义 ID 号，"Sub-Type"截面形状为圆形，"Offset To"截面中心位置为默认（即形心位置），设置"R"为"0.2"，"N"为"8"，如图 8-23 所示。

4. 定义材料特性

杨氏模量"2e11"，泊松比"0.3"，密度"7.8e3"。

5. 建立几何模型

创建矩形：相关尺寸为 X1=0，X2=4，Y1=0，Y2=3

创建块体：相关尺寸为 X1=0，X2=4，Y1=-0.5，Y2=0，Z1=0，Z2=0.5

创建块体：相关尺寸为 X1=0，X2=4，Y1=-0.5，Y2=0，Z1=-0.5，Z2=0

创建点：创建 3 个点，坐标分别为 X=0，Y=-5，Z=0；X=4，Y=-5，Z=0；X=5，Y=-5，Z=0

创建代表广告牌腿部的直线：首先合并关键点，然后由点连接产生直线，即广告牌的两个腿。

用工作平面切分体：平移工作平面"0，-0.1，0"；旋转工作平面"0，90，0"；用工作平面切分所有体。平移工作平面"0，0，-0.3"；用工作平面切分下半部的两个体；合并所有项目。

分配单元属性：指定广告牌的腿（包括腿部及与块体相连的两条短线，共 4 条线）的材料、单元类型，并指定梁单元的方向；分别指定使用壳单元的面和实体单元的体。

6. 划分网格

划分网格是指定所有线划分的尺寸为 0.1，分别划分线、面和实体，如图 8-24 所示。

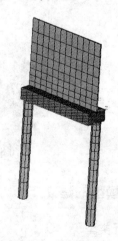

图 8-23 "梁单元截面特性定义"对话框　　　　图 8-24 广告牌的网格模型

8.3.2 简化为静载的分析

1. 约束与风载荷的施加

依次选择 Main Menu>Solution>Define Loads>Apply>Structural>Displacement>on Keypoints，弹出"拾取关键点"对话框，拾取广告牌腿部下面的两个关键点，单击"OK"按钮，在打开的对话框上选择"All DOF"，单击"OK"按钮，约束这两个关键点的所有自由度。

依次选择 Main Menu>Solution>Define Loads>Apply>Structural>Pressure>on Areas，弹出"拾取面"对话框，拾取代表广告牌的面，单击"OK"按钮，在"Apply PRES on areas as a"右侧的下拉框选择"Constant value"；在"VALUE Load PRES value"右侧给定数值"100"，单击"OK"按钮。风载荷施加面上的网状记号如图 8-25 所示。

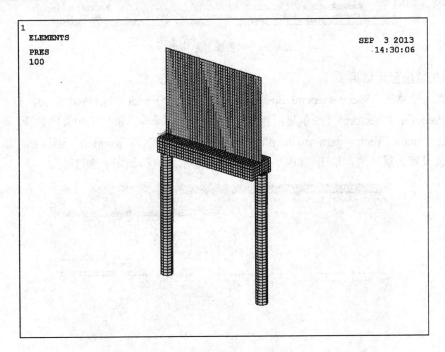

图 8-25 约束和施加风载荷后的模型

2. 求解及等值图显示

依次选择 Utility Menu>Select>Everything。保存数据库。

依次选择 Main Menu>Solution>Solve>Current LS，浏览 status window 中出现的信息，然后关闭此窗口；单击"OK"按钮（开始求解，并关闭由于单元形状检查而出现的警告信息）；求解结束后，关闭信息窗口。

依次选择 Main Menu>General Postproc>Plot Results>Contour Plot>Nodal Solu，选择观察等效应力，如图 8-26 所示。

图 8-26 等值图显示等效应力

3. 矢量图显示结果

依次选择 Main Menu>General Postproc>Plot Results>Vector Plot>Predefined，打开"Vector Plot of Predefined Vectors"（矢量显示预定义）对话框设置与矢量显示相关的选项，如图 8-27 所示。在"Item　Vector item to be plotted"右侧选择"DOF solution"下层的"Translation U"。其余设置为默认值，单击"OK"按钮，矢量显示总位移如图 8-28 所示。

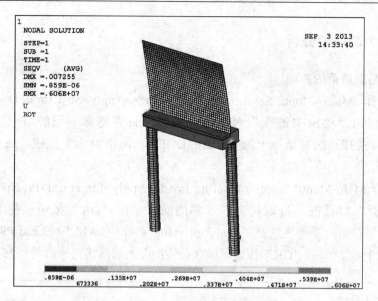

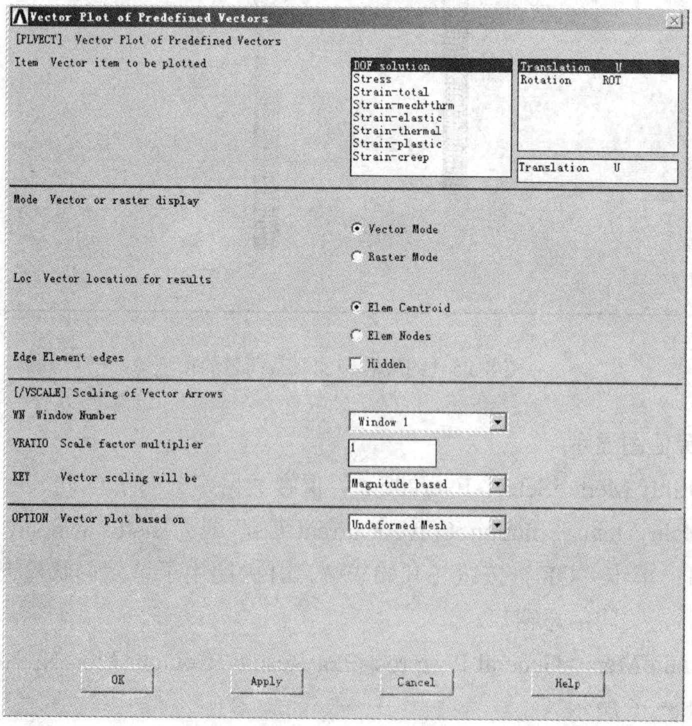

图 8-27　"矢量显示预定义"对话框

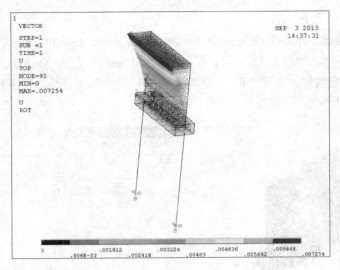

图 8-28 矢量显示总位移

矢量方式显示结果，箭头的长度和方向分别表示结果项的大小和方法。

4. 定义路径显示结果

依次选择 Main Menu>General Postproc>Path Operations>Define Path>By Nodes，打开"By Nodes"（通过节点定义路径）对话框，如图 8-29 所示。在"Name Define Path Name"右侧编辑框给定路径名称为"P1"，单击"OK"按钮，弹出节点拾取对话框，用鼠标在模型代表广告牌的壳单元下部点取 6 个节点，单击"OK"按钮，弹出路径状态显示窗口。

重复上述步骤定义第二条路径，在广告牌的中间部分由上到下点取 5 个节点，已定义路径状态显示窗口如图 8-30 所示。

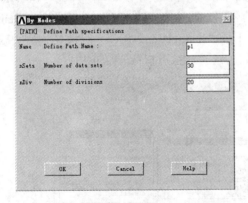

图 8-29 "通过节点定义路径"对话框

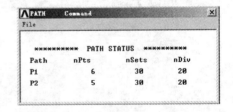

图 8-30 已定义路径状态显示窗口

⚜ 要点提示：路径的定义方法不只是通过节点定义可以实现，还可以通过工作平面（依次选择 Main Menu>General Postproc>Path Operations>Define Path>On Working Plane）和具体的位置点（依次选择 Main Menu>General Postproc>Path Operations>Define Path>By Location）来实现。"Modify Paths"选项可以修改义定义路径的位置；"Path Option"选项可以设置路径的一些参数。

依次选择 Main Menu>General Postproc>Path Operations>Plot Paths，在模型直接显示已定

义的路径,如图 8-31 所示。

依次选择 Main Menu>General Postproc>Path Operations>Recall Paths,打开"Recall Path"(激活路径)对话框,如图 8-32 所示。在"Name Recall Path by Name"右侧列表框将显示所有已定义的路径名称,选择"P1",即将路径 P1 设为当前路径,下面相关操作都是针对路径 P1 的,单击"OK"按钮。

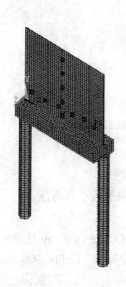

图 8-31 直接在模型上显示路径

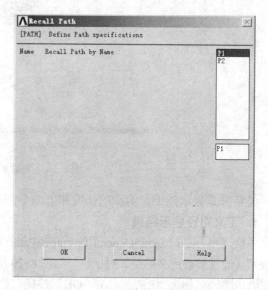

图 8-32 "激活路径"对话框

依次选择 Main Menu>General Postproc>Path Operations>Map onto Paths,打开"Map Results Items onto Path"(结果映射到路径)对话框,如图 8-33 所示。在"Lab User label for item"右侧编辑框允许用户给定映射结果的名称,如给定"P1-SX";在下面的"Item, Comp Item to be mapped"右侧选择"Stress"下层"X-direction SX",即将 X 向应力映射到路径上,名称为"P1-SX",单击"Apply"按钮,可以继续进行结果的映射。

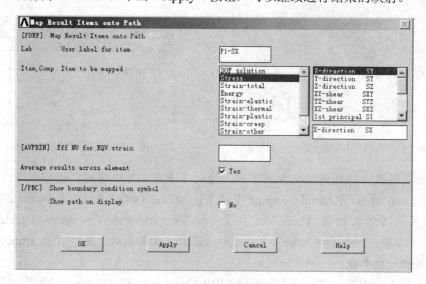

图 8-33 "结果映射到路径"对话框

重复上述操作，给定"P1-SY"；在下面的"Item, Comp Item to be mapped"右侧选择"Stress"下层"Y-direction SY"，单击"Apply"按钮；给定"P1-SZ"；在下面的"Item, Comp Item to be mapped"右侧选择"Stress"下层"Z-direction SZ"，单击"Apply"按钮；给定"P1-SEQV"；在下面的"Item, Comp Item to be mapped"右侧选择"Stress"下层"von Mises Stress"，单击"OK"按钮。

依次选择 Main Menu>General Postproc>Path Operations>Plot Path Item>On Graph，打开"Plot of Path Items on Graph"（绘制路径曲线图）对话框，如图 8-34 所示。在"Lab1-6 Path item to be graphed"右侧列表框允许用户选择想绘制的结果，这里选择已映射的"P1-SX"、"P1-SY"、"P1-SZ"和"P1-SEQV"，单击"OK"按钮，出现图形窗口，路径曲线图如图 8-35 所示，横坐标为路径的长度，总坐标为映射结果的单位，即应力的单位。

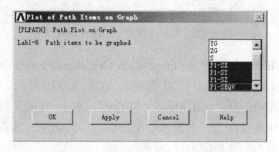

图 8-34 "绘制路径曲线图"对话框

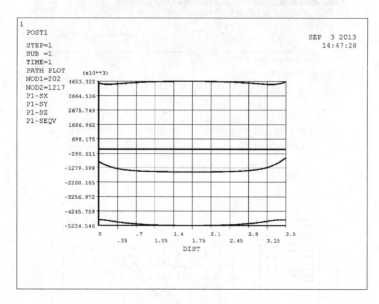

图 8-35 路径曲线图

设置路径 P2 为当前路径，将总位移映射到路径。

依次选择 Main Menu>General Postproc>Path Operations>Plot Path Item>On Geometry，打开类似图 8-34 所示绘制路径曲线图对话框，选择已映射的"P2-USUM"，单击"OK"按钮。图形窗口直接在模型上显示路径映射结果，如图 8-36 所示。

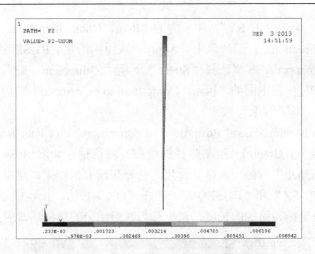

图 8-36 显示在模型上的路径映射结果

依次选择 Main Menu>General Postproc>Path Operations>Linearized，打开"Path Plot of Linearized Stresses"（线性化应力）对话框，如图 8-37 所示。在"Stress item to be linearized"右侧下拉选项选择"von Mises SEQV"，单击"OK"按钮，出现图形窗口，绘制沿路径 P2 上线性化等效应力，其显示结果如图 8-38 所示，即将映射到路径上的等效应力分解为膜应力、膜应力＋弯曲应力等。

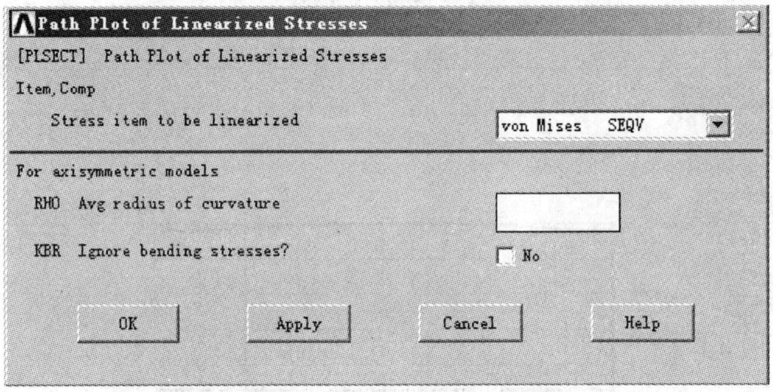

图 8-37 "线性化应力"对话框

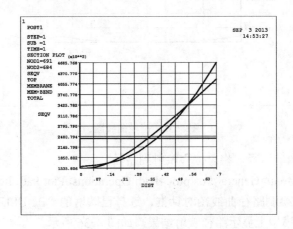

图 8-38 沿路径线性化等效应力显示结果

⚜ 要点提示：通过路径的定义和结果处理方法，可以实现结果的运算来进行进一步的分析，如线性化处理就是其中之一。线性化处理适用于材料有弹塑性变形的壳单元，在这里只是作为实例进行练习。

依次选择 Main Menu>General Postproc>Path Operations>Archive Path>Store>Paths in file，打开"Save Paths by Name or All"（保存路径）对话框，如图 8-39 所示。在"Existing options"右侧选项选择"Save all paths"，单击"OK"按钮，弹出如图 8-40 所示的"Save All Paths"（指定保存文件名）对话框，指定文件名称和保存路径，单击"OK"按钮。

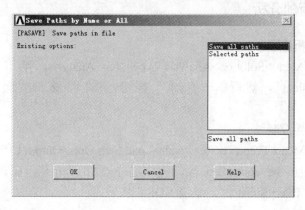

图 8-39　"保存路径"对话框

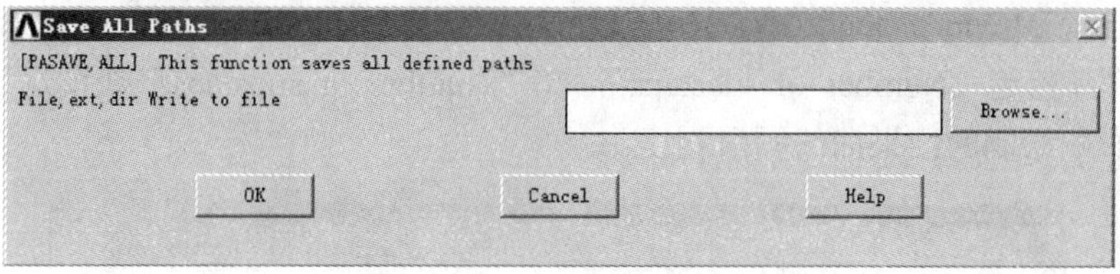

图 8-40　"指定保存文件名"对话框

如果不保存路径操作过程，退出后处理器相关操作就失去作用，再次进入后处理器将无法重新查看前面进行的分析和处理。

依次选择 Main Menu>General Postproc>Path Operations>Archive Path>Retrieve>Paths from file，打开如图 8-41 所示"Resume Paths from File"（恢复路径）对话框，指定已保存的路径文件名称和保存路径，单击"OK"按钮。

图 8-41　"恢复路径"对话框

⚜ 要点提示：路径操作适用于二维和三维单元，是常用的、有效的分析处理计算结果的方法之一。路径操作的一般步骤总结如下。

① 定义路径设置选项（初学者可以不设置）——Path Option。
② 定义路径名称和位置——Define Path。
③ 将要观察和比较的结果映射到路径上——Map onto Path。
④ 以曲线/图形/列表方式显示路径结果。
⑤ 执行路径的数学运算，进行结果的深入处理。
⑥ 保存路径的相关操作和处理后的数据。

8.3.3 考虑动载荷的分析

1．设定动力分析选项

依次选择 Main Menu>Solution>Analysis Type>New Analysis，弹出 "New Analysis" 对话框，选择 "Transient"，然后单击 "OK" 按钮，在接下来的界面选择完全法，单击 "OK" 按钮。

2．设定输出文件控制

依次选择 Main Menu>Preprocessor>Loads>Load Step Opts>Output Ctrls>DB/Solu printout，在弹出窗口的 Item to be controlled 滚动窗中选择 "All items"，在其下面的 "File write frequency" 中选择 "Every substep"，单击 "OK" 按钮。

3．设定求解控制

依次选择 Main Menu>Solution>Analysis Type>Sol'n Controls，打开如图 8-42 所示的对话框。将 "Time at end of loadstep" 选项设定为 "50"，"Automatic time stepping" 下拉菜单选择为 "Off"，勾选 "Number of substeps"，在 "Number of substeps" 处设定为 "100"，此值大小直接影响绘制的结果曲线圆滑程度。

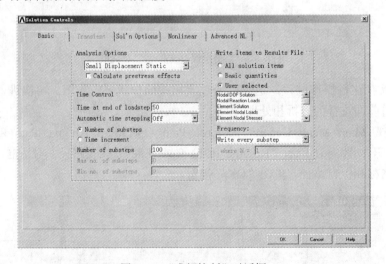

图 8-42 "求解控制" 对话框

4．正弦载荷的定义与施加

依次选择 Main Menu>Preprocessor>Loads>Define Loads>Apply>Functions>Define/Edit，打开 "Function Editor"（函数编辑器）所示的对话框，如图 8-43 所示，输入所需施加的正弦函数，本例函数为 $y=100*\sin(x)$，然后单击左上角 "File"、"Save" 保存函数文件。

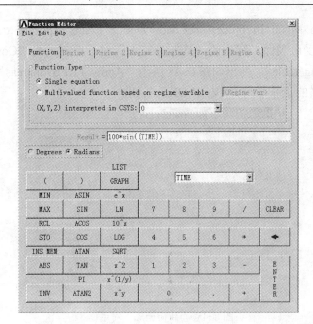

图 8-43 "函数编辑器"对话框

依次选择 Main Menu>Preprocessor>Loads>Define Loads>Apply>Functions>Read File,读取上面保存的函数,弹出"Function Loader"(函数读取)对话框,对其进行命名,如图 8-44 所示。

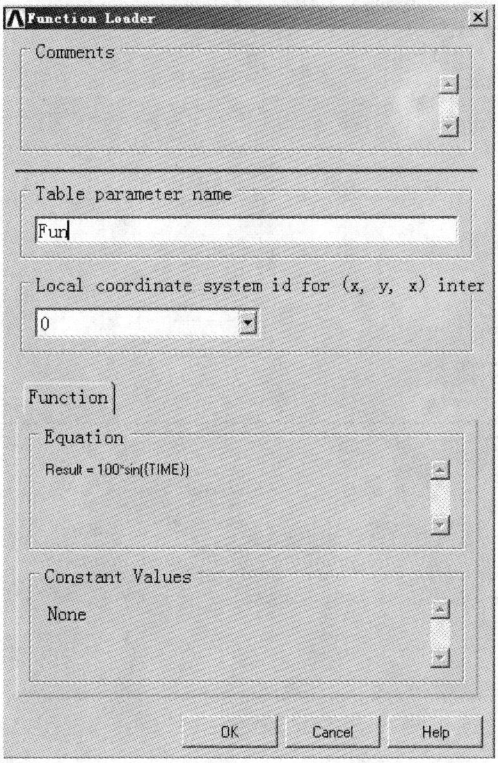

图 8-44 "函数读取"对话框

依次选择 Main Menu>Preprocessor>Loads>Define Loads>Apply>Structural>Pressure>On Areas，拾取广告牌受风表面，弹出的"均布力施加"对话框并单击"Constant Value"下拉菜单，选择"Existing table"，弹出如图 8-45 所示"Apply PRES onareas"（载荷施加）对话框，选择前一步命名的正弦载荷，单击"OK"按钮。

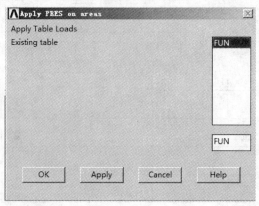

图 8-45 "载荷施加"对话框

依次选择 Main Menu>Solution>Unabridged Menu。

依次选择 Main Menu>Solution>Load Step Opts>Time/Frequenc>Time-Time Step，弹出如图 8-46 所示"Time and Time Step Option"（时间步设置选项）对话框，对时间和时间步进行设置，然后就可以进行求解了。

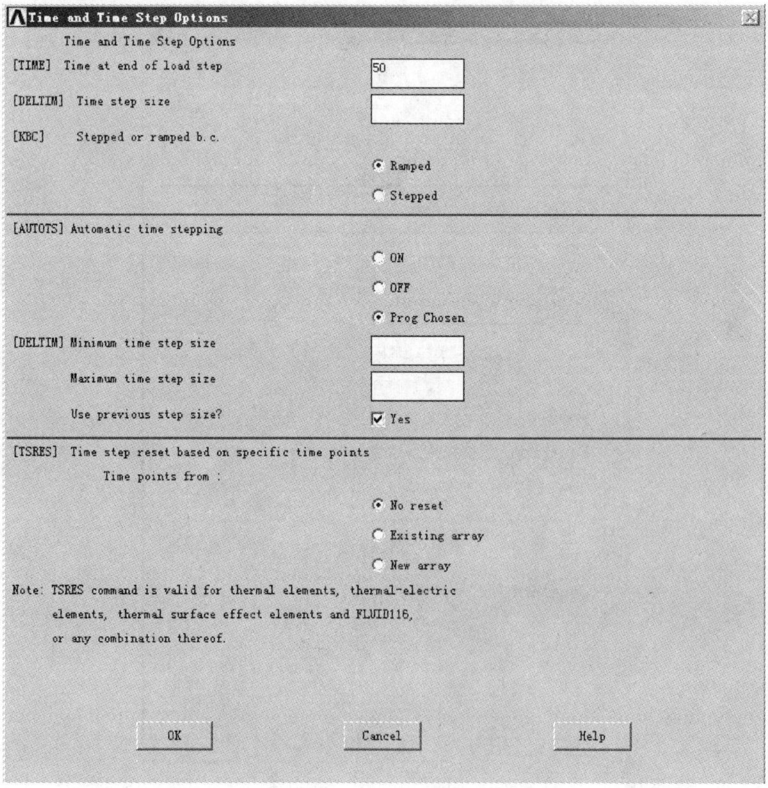

图 8-46 "时间步设置选项"对话框

5．查看结果

依次选择 Main Menu>General Postroc>Read Results>First Set，读取第一步。

依次选择 Main Menu>TimeHist Postpro，弹出如图 8-47 所示的对话框，单击界面左上角"绿色十字叉型"图标，弹出如图 8-48 所示的"Add Time-History Variable"（输出结果选项）对话框，选择查看"Z-Compenent of displacement"，单击"OK"按钮，拾取广告牌受风面上任意一节点，单击"OK"按钮，此时图 8-47 增加了一个节点数据，如图 8-49 所示，单击左上角"绿色抛物线型"图标即可完成对该节点 Z 向位移随时间变化曲线的绘制。

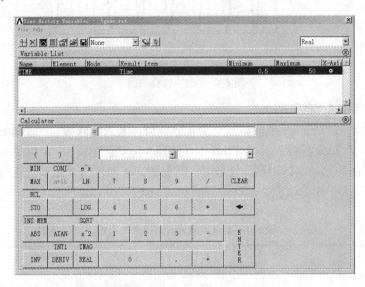

图 8-47 "时间后处理器"对话框

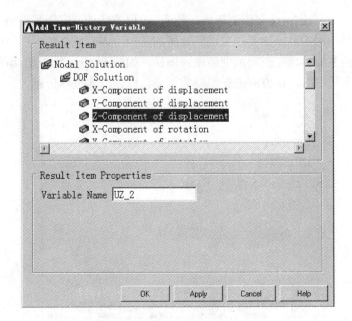

图 8-48 "输出结果选项"对话框

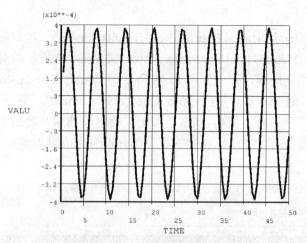

图 8-49 节点位移曲线

6．不同参数对结果的影响

此例中，我们对广告牌受风面施加一个正弦载荷，其表达式为：$y=A\sin(\omega x+\varphi)$。其中，$A$ 为振幅；周期 $T=2\pi/\omega$，频率 $f=1/T$；$\omega x+\varphi$ 是相位，φ 是初相。当 A 值越大时，即风力峰值越大时，广告牌的摆动就越剧烈，这是显而易见的，ω 对广告牌随正弦载荷摆动影响最大 ω，这里分别取表 8-1 中的数据来观察广告牌摆动最大位移值的变化。

表 8-1　ω 取不同值时对结果的影响

编　号	1	2	3	4	5
$y=100\sin(\omega x)$ 中 ω 取值	1	1.5	1.8	2.1	2.5
广告牌最大位移值	0.908e-4	0.133e-3	0.39e-3	0.365e-3	0.223e-3

从表 8-1 中可以看出，在取值范围内，随着 ω 值的增加，广告牌受风载的最大位移值先增加后减小，其原因主要是由于越接近广告牌的某一阶固有频率值，广告牌越容易发生共振，广告牌的振动主要体现在正向侧摆和横向偏移，如图 8-50、图 8-51 所示，当风载频率越接近某一阶固有频率时，该方向的振型越为明显，即该方向位移值越大。

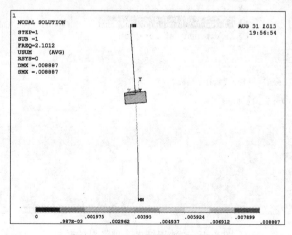

图 8-50　一阶振型（侧视图）

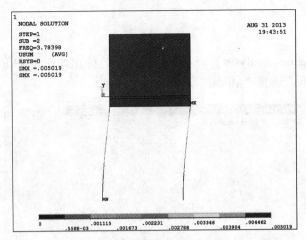

图 8-51　二阶振型（正视图）

8.4　动载荷频率对结构承载的影响

1．练习目的

了解动载荷频率与结构固有频率之间的关系。

2．问题描述

假设梁的横截面在振动过程中始终保持平面，而且平面恒与梁的轴线垂直，在振动过程中，横截面的摆动忽略不计，梁的轴向位移忽略不计。为一等截面简支梁如图 8-52 所示，其几何物理参数为：长 600 mm，截面宽 35.7 mm，截面高 15.2 mm，材料密度 $7.8×10^{-6}$ t/mm^3，材料弹性模量 210 GPa。

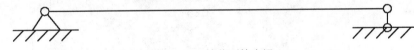

图 8-52　等截面简支梁

8.4.1　求解过程

1．定义单元类型和材料

单元类型为 Beam188。

2．建立有限元模型

（1）创建两个关键点

两个关键点坐标分别为：关键点 1:0，0，0；关键点 2：0，600，0。

（2）由点创建线

选择两个关键点，创建一条直线。

（3）划分网格

将直线分为 100 份，划分网格。

（4）施加约束

拾取最左侧节点，对其施加 X、Y、Z 三向约束，拾取最右侧节点，对其施加 X、Z 向约束。

(5) 求解模态

Main Menu>Solution>Analysis Type>New Analysis，弹出如图 8-53 所示"New Analysis"（新分析选项）对话框，选择"Modal"进行模态分析。

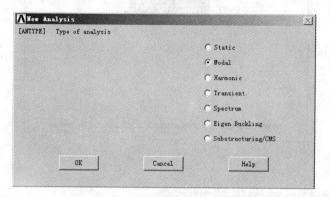

图 8-53 "新分析选项"对话框

依次选择 Main Menu>Solution>Analysis Type>Analysis Options，弹出如图 8-54 所示的"Modal Analysis"（模态求解设置）对话框，在"No. of modes to extract"处输入"5"，"No. of modes to expand"处输入"5"，然后进行求解。

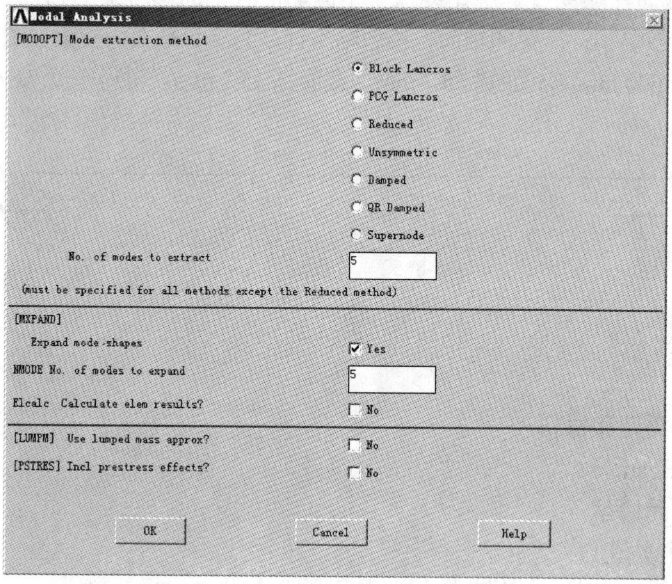

图 8-54 "模态求解设置"对话框

3. 查看结果

依次选择 Main Menu>General Postproc>Results Summary，弹出如图 8-55 所示对话框，它为该简支梁的五阶模态，其中第二阶模态为系统的一阶垂向（Y-Z 平面内）振动特性，其值为 99.24 Hz，通过理论计算可以求得该系统一阶振动频率解析解为 99.34 Hz，这与数值求解所得结果是吻合的。

SET, LIST Command

File

***** INDEX OF DATA SETS ON RESULTS FILE *****

SET	TIME/FREQ	LOAD STEP	SUBSTEP	CUMULATIVE
1	0.11638E-05	1	1	1
2	0.99238E-01	1	2	2
3	0.23196	1	3	3
4	0.39571	1	4	4
5	0.88578	1	5	5

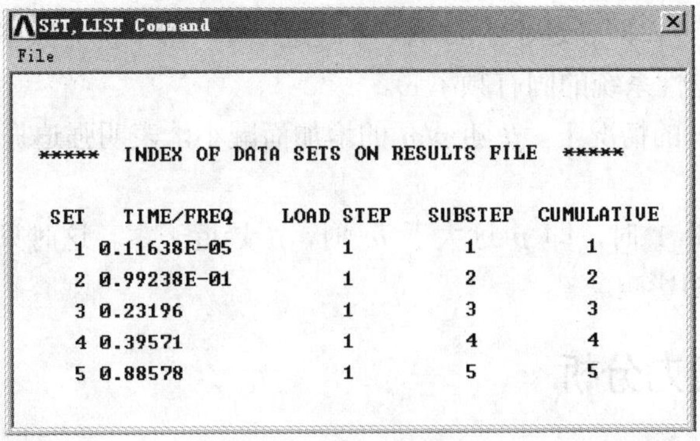

图 8-55 查看结果

8.4.2 干扰力频率、固有频率与系统阻尼之间关系的分析

干扰力频率记为 p，系统固有频率记为 ω，系统阻尼系数记为 n，放大系数记为 β。其中，干扰力频率 p 取值范围为 0～300，根据公式，分别取表 8-2 中数据绘制曲线图，如图 8-56 所示。

表 8-2 系统阻尼 n 取值

编　号	1	2	3	4	5	6
系统阻尼 n	0	7.5	10	15	20	25

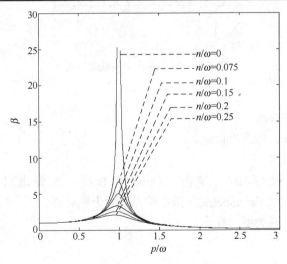

图 8-56 变量之间关系曲线

根据曲线关系，分以下 3 种情况。

① 当 p/ω 接近于 1，即干扰力频率 p 接近于系统的固有频率 ω 时，放大系数 β 的值最大，将引起很大的动应力，这就是共振。工程中应设法改变比值 p/ω，以避免共振。从图 8-56 可以看出，在 $0.75<p/\omega<1.25$ 范围内，增大阻尼系数 n，可以使 β 明显降低。所以若无法避开共振，则应加大阻尼以降低 β。

② 当 p/ω 远小于 1，即 β 远小于 ω 时，β 趋近于 1。若干扰力频率 p 已经给定，要减小比值 p/ω，只有加大弹性系统的固有频率 ω。

③ 当 p/ω 大于 1 的情况下，β 随 p/ω 的增加而减小，表明强迫振动的影响随 p/ω 的增加而减弱。

④ 当 p/ω 远大于 1 时，即 p 远大于 ω 时，β 趋近于零。这时只需考虑静载的作用情况，无需考虑干扰力的影响。

8.5 间接法热应力分析

1. 练习目的

了解间接法热应力分析求解问题的方法。

2. 问题描述

热流体在带有冷却栅的管道里流动，轴对称截面如图 8-57 所示。管道和冷却栅的材料均为不锈钢，导热系数 1.25 W/(m·K)，弹性模量 2.8×10^7 Pa，热膨胀系数 0.9×10^{-5} m/K，泊松比 0.3，管道内压力 1 000 Pa，管内流体温度为 450℃，传热系数为 1 W/(m^2·K)，外界流体温度为 70℃，对流系数为 0.25 W/(m^2·K)。求解温度及应力分布。

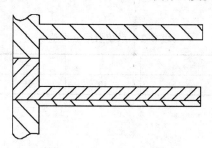

图 8-57 管道和冷却栅截面形状

3. 具体步骤

（1）给定文件名和标题

设定文件名为 pipe，标题为自定。

（2）定义热单元类型

单元类型 1 为 PLANE55，单击"Option"按钮，在弹出对话框中的"Element behavior"选项框选择"Axisymmetric"指定单元选项为轴对称。

（3）定义热单元材料类型（导热系数）

定义导热系数为 1.25。

（4）建立有限元模型

① 创建 8 个关键点，坐标及编号见表 8-3。

表 8-3 关键点坐标值

编 号	1	2	3	4	5	6	7	8
X 坐标	5	6	12	12	6	6	5	5
Y 坐标	0	0	0	0.25	0.25	1	1	0.25

② 由点直接组成 3 个面：面 1：1，2，5，8；面 2：2，3，4，5；面 3：8，5，6，7。
③ 划分网格。指定单元整体尺寸为 0.125，划分面。
④ 施加管内对流边界条件：依次选择 Main Menu>Solution>Define loads>Apply>Thermal>Convection>On Nodes，在左侧边界节点（线 4，10）施加传热系数 1，流体温度 450℃。
⑤ 施加外界对流边界条件：依次选择 Main Menu>Solution>Define loads>Apply>Thermal>Convection>On Nodes，在右侧外界边界节点（线 6，7，8）施加对流系数 0.25，流体温度 70。

（5）热分析求解和温度分布显示
求解后的温度分布如图 8-58 所示。

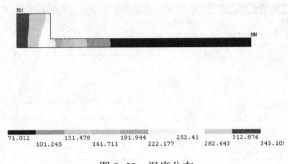

图 8-58 温度分布

（6）单元转换与设置
重新进入前处理，选择 Main Menu>Preprocessor>Element Type>Switch Elem Type，在打开的 "Switch Elem Type"（更换单元类型）对话框上选择 "Thermal to Structural"，如图 8-59 所示，然后设定结构单元为轴对称。

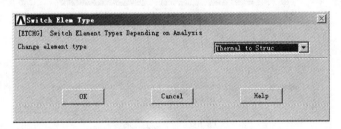

图 8-59 "更换单元类型"对话框

（7）定义材料
定义弹性模量 28e6，泊松比 0.3，热膨胀系数 0.9e-5。

（8）结构加载和求解
① 定义对称边界：定义上下边界（线 1，5，9）为 Y 轴对称。
② 施加管内壁压力：施加左侧（线 4，10）节点压力 1 000。
③ 设置参考温度：依次选择 Main Menu>Solution>Define Loads>Setting>Reference Temp，在弹出的 "Reference Temperature"（参考温度设定）对话框上输入 "70"，如图 8-60 所示，单击 "OK" 按钮。

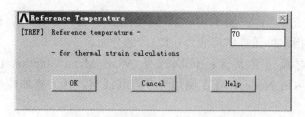

图 8-60 "参考温度设定"对话框

④ 读入热分析结果：依次选择 Main Menu>Solution>Apply>Structural>Temperature> From ANSYS，在弹出的"Apple TEMP from Thermal Analysis"（读入热分析结果）对话框上选择"pipe.rth"，如图 8-61 所示，单击"OK"按钮。

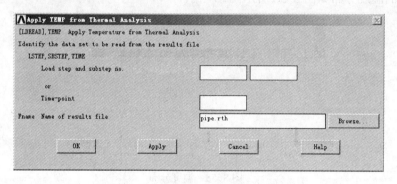

图 8-61 "读入热分析结果"对话框

⑤ 求解并显示应力：求解后的应力结果如图 8-62 所示。

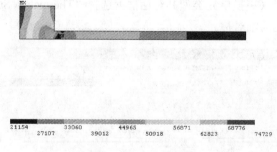

图 8-62 应力结果

8.6 一个层/热/定常流的 FLOTRAN 分析

1. 练习目的

了解 ANSYS/FLOTRAN 求解问题的方法。

2. 问题描述

计算在两条垂直边上具有不同温度的方腔内的浮力驱动流动，用 FLUID141 二维单元分析层流定常流动。这个问题模拟的物理现象在许多实际问题中都会遇到，包括太阳能的收集、房屋的通风等。

分析条件方腔尺寸：0.03 m×0.03 m；重力加速度：9.8 m/s^2；名义温度：193 K；参考压力：1.013 5×10^5 Pa；流体：空气，国际单位；载荷：方腔左侧壁面温度 320 K，右侧壁面温度 280 K。

3．具体步骤

（1）定义单元类型

单元类型 1 为 FLUID141。

（2）建立有限元模型

① 生成代表方腔的面。创建矩形面，相关尺寸为：X1=0，X2=0.03，Y1=0，Y2=0.03。

② 划分网格。指定线分割数目为 25，划分面。

③ 施加速度边界条件。依次选择 Utility Menu>Select>Entities，弹出在对话框上选择"Nodes"和"Exterior"，单击"OK"按钮，即选择了方腔外边界上的所有节点。

依次选择 Main Menu>Preprocessor>Loads>DefineLoads>Apply>Fluid/CFD>Velocity>On Nodes，在弹出的拾取对话框上单击"Pick All"，在弹出的"Apply VELO load on nodes"（速度边界条件定义）对话框上设置 Vx=0，Vy=0，如图 8-63 所示，单击"OK"按钮。

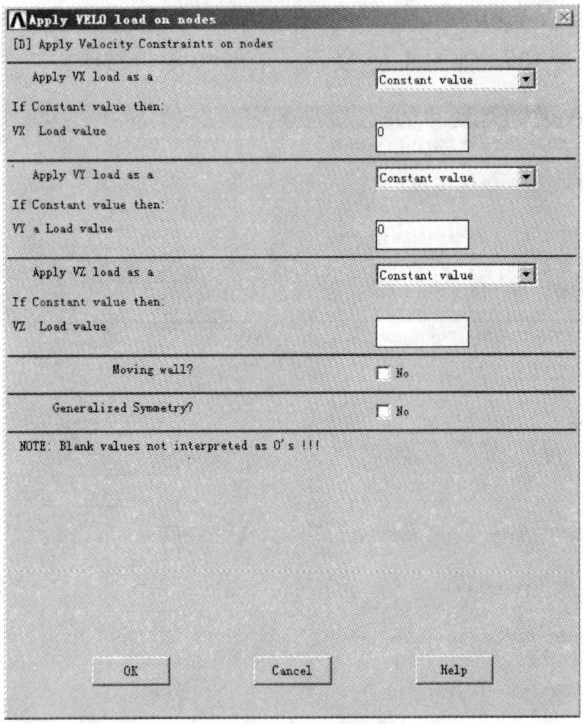

图 8-63 "速度边界条件定义"对话框

④ 施加热边界条件

依次选择 Main Menu>Preprocessor>Loads>Define Loads>Apply>Thermal>Temperature>On Nodes，框选左侧边界的所有节点，单击"OK"按钮，在弹出的"Apply TEMP on Nodes"（施加温度）对话框中输入温度值"320"，如图 8-64 所示，单击"OK"按钮；以同样的方法给右侧边界节点施加温度值"280"。

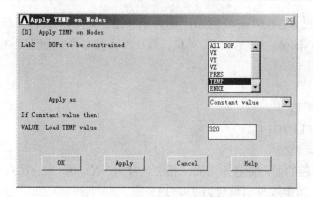

图 8-64 "施加温度"对话框

(3) 设置求解选项和执行控制

① 设置求解选项。依次选择 Main Menu>Preprocessor>FLOTRAN Set Up>Solution Options，在弹出对话框上将"Adiabatic or thermal"设置为"Thermal"，单击"OK"按钮。

② 设置执行控制。依次选择 Main Menu>Preprocessor>FLOTRAN Set Up>ExecutionCtrl，在弹出的"Steady State Control Settings"（执行控制）对话框上设置全局迭代数（EXEC）为"200"，文件覆盖率为"50"，如图 8-65 所示，单击"OK"按钮。

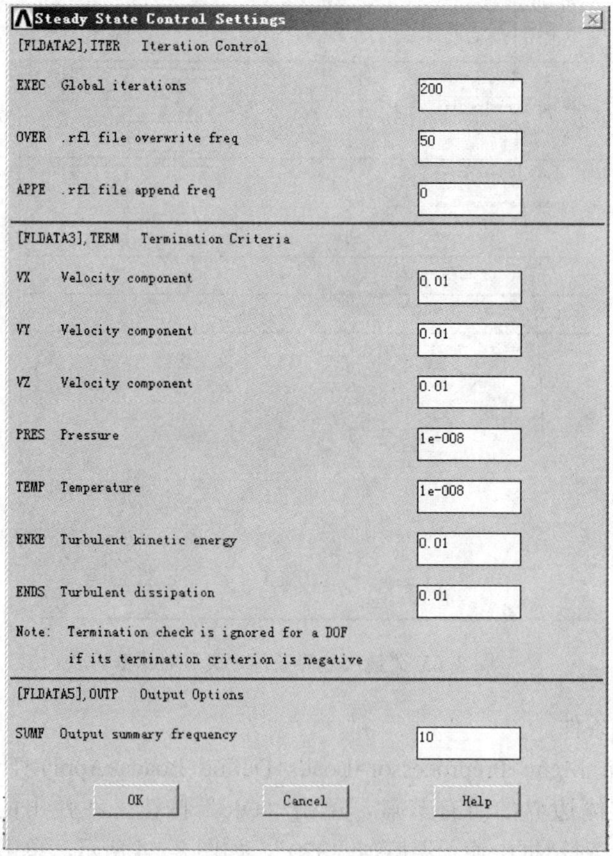

图 8-65 "执行控制"对话框

(4) 设置流体特性

依次选择 Main Menu>Preprocessor>FLOTRAN Set Up>Fluid Properties，在弹出的"Fluid Properties"（流体特性定义）对话框上将"Density"，"Viscosity"，"Conductivity"和"Specific Heat"均设置为"AIR-SI"；并将"Allow density variations？"设置为"Yes"，如图 8-66 所示，单击"OK"按钮。阅读如何计算系数的信息后，单击"OK"按钮。

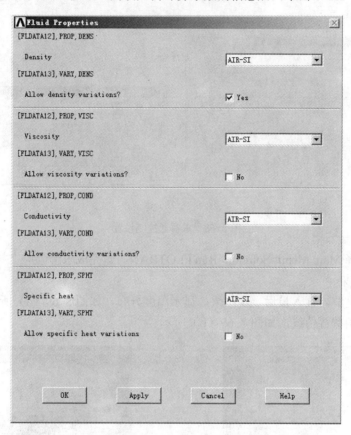

图 8-66 "流体特性定义"对话框

(5) 设置 FLOTRAN 流动环境参数

依次选择 Main Menu>Preprocessor>FLOTRAN Set Up>Flow Environment>Gravity，弹出的"Gravity Specification"（重力环境参数定义）对话框，设置"Accel in Y direction"为"9.81"，如图 8-67 所示，单击"OK"按钮。

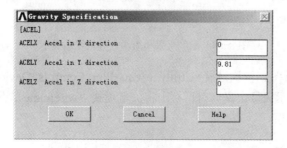

图 8-67 "重力环境参数定义"对话框

(6)求解

① 设置求解器控制。依次选择 Main Menu>Preprocessor>FLOTRAN Set Up>CFD SOLVER Contr>PRES Solver CFD,在弹出"PRES Solver CFD"对话框上选取"TDMA",如图 8-68(a)所示,单击"OK"按钮,在其后弹出的"TDMA Pressure"对话框上确定"No. Of TDMA sweep for pressure"的值为"100",如图 8-68(b)所示,单击"OK"按钮。

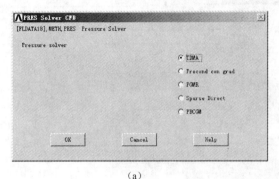 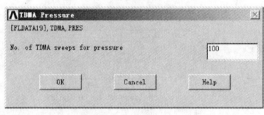

(a)　　　　　　　　　　　　　　(b)

图 8-68　求解器控制设置

② 依次选择 Main Menu>Solution>Run FLOTRAN,即完成求解。

(7)查看结果

① 显示温度解。读入最后一步结果,显示温度分布,如图 8-69(a)所示。

② 显示流函数等值线,如图 8-69(b)所示。

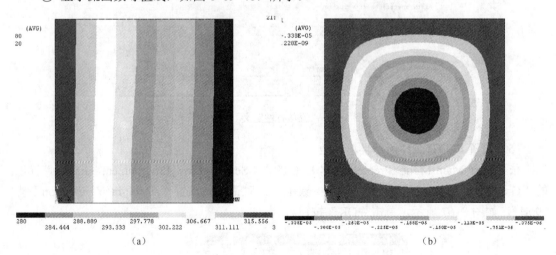

图 8-69　温度结果和流函数等值线图显示

③ 显示速度矢量图。依次选择 Utility Menu>Plot Controls>Device Options,在弹出的"Device Options"(显示矢量定义)对话框上将矢量模式"wireframe"设为"On",如图 8-70 所示,单击"OK"按钮。

第 8 章 典型实例与练习   261

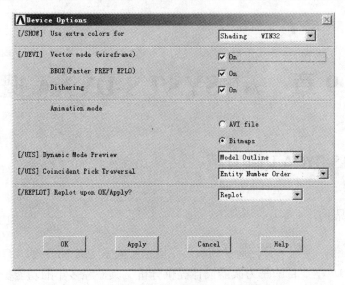

图 8-70 "显示矢量定义"对话框

继续选择 Main Menu>General PostProc>Plot Result>Vector Plot>Predefined，在对话框上选择"Velocity"选项，单击"OK"按钮，如图 8-71（a）所示。

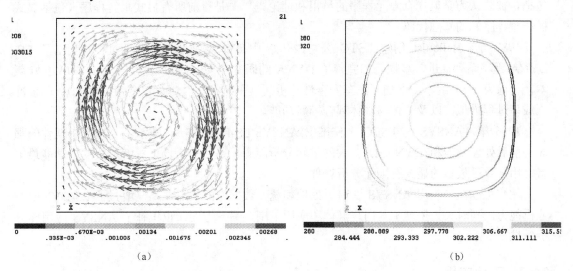

图 8-71 速度矢量图和温度粒子轨迹等值线图

④ 显示温度等值线的粒子轨迹图。设置工作平面的捕捉增量为"0.000 5"，间距为"0.000 1"，容许偏差为"0.000 05"。

依次选择 Utility Menu>Plot>Elements。

继续选择 Main Menu>General PostProc>Plot Result>Flow Trace>Defi Trace Pt，在求解域内任意拾取 5、6 个点，单击"OK"按钮。

继续选择 Main Menu>General PostProc>Plot Result>Flow Trace>Plot Flow Trace，在弹出的对话框上选择温度选项，显示温度粒子轨迹等值线图，如图 8-71（b）所示。

第 9 章　ANSYS/LS-DYNA 概述

9.1　ANSYS/LS-DYNA 功能介绍

9.1.1　发展概况

1976—1986 年，美国·劳伦斯·利沃莫尔国家实验室（LLNL）的 J.O.Hallquist 博士主导开发 DYNA3D，主要目的是为武器设计提供分析工具，经多年的功能扩充和改进，在武器结构设计、内弹道和终点弹道、军用材料研制等方面表现突出，广泛应用于冲击、碰撞、爆破及流体-固体耦合研究。

1986 年部分源程序在 Public Domain（北约局域网）发布，从此在研究和教育机构广泛传播，被公认为是显式有限元程序的鼻祖和理论先导，是目前所有显式求解程序（包括显式板成型程序）的基础代码。

1987 年，Hallquist 创建 LSTC 公司，开始了 DYNA 软件商品化的过程，推出了 LS-DYNA 程序系列，进一步规范和完善了 DYNA 的研究成果。1990 年推出 LS-DYNA 900 版本，目前为 970 版本，增加了汽车安全性分析（汽车碰撞、气囊、安全带、假人）、薄板冲压成型过程模拟，以及流体与固体耦合等新功能。

1996 年，ANSYS 与 LSTC 合作推出 ANSYS/LS-DYNA5.3，秉承了 ANSYS 软件的强大的前后处理功能和 DYNA3D 强大的求解分析能力，是目前市场上求解最快的、功能最丰富、用户数量最多的显式有限元分析软件。

用户可以充分利用 ANSYS 的前后处理和统一数据库的优点，不仅增强了 LS-DYNA 的分析能力，同时大大拓展了其用户群体和应用范围。另一方面，也填补了 ANSYS 应用和分析领域。

9.1.2　工程应用

LS-DYNA 程序是功能齐全的几何非线性（大位移、大转动和大应变）、材料非线性（140 多种材料动态模型）和接触非线性（40 多种接触类型）程序。它以 Lagrange 算法为主，兼有 Euler 算法和 ALE 算法；以显式求解为主，兼有隐式求解功能；以结构分析为主，兼有热分析、流体-结构耦合功能；以非线性动力分析为主，兼有静力分析功能（如动力分析前的预应力计算和薄板冲压成型后的回弹计算）；军用和民用相结合的通用结构分析非线性有限元程序。

ANSYS/LS-DYNA 的工程应用范围见表 9-1。

表 9-1 工程应用的领域

领　　域	具　体　应　用
汽车	气囊、碰撞、乘员安全、零部件加工
制造业	锻压成型、铸造切割
工程结构	地震分析、混凝土结构、爆破作业、气弹颤振
电子	跌落分析、包装设计、电子封装、热分析
军工	内弹道、终点弹道，装甲与反装甲，弹头的动能及化学能，武器设计，爆炸或震动波的传播，侵彻，空中、油中和水下爆炸，核废物装运
石油	液体晃动、完井射孔、事故分析、管道抗冲击设计、输油管道冲击、爆炸熔割（射流）、海上平台设计
航空航天	瞬态动力冲击、分离过程模拟、声振耦合、鸟撞、叶片包容、碰撞分析、冲击、爆炸、点火、空间废墟碰撞、气弹颤振

9.1.3 总体特点

ANSYS/LS-DYNA 是三维快速高度非线性显式有限元分析程序，以三维结构为主的多物理场耦合分析，应用了先进丰富的数值处理技术，包括材料模型、接触方式、ALE 算法、并行处理、网格畸变处理。

1．显式算法和时步控制

ANSYS/LS-DYNA 算法无收敛迭代，依靠小时步保证计算精度；有条件稳定，变时步增量解法；集中质量矩阵，无总体刚度矩阵，计算速度快。

2．丰富的材料模型

程序目前提供了 140 多种金属和非金属材料模型，大致分为弹性材料和弹塑性材料（代表大多数金属材料）、泡沫材料和复合材料（代表泡沫材料、蜂窝材料或者丝织物等）、混凝土材料（代表土壤等）和状态方程定义的材料（代表炸药、推进剂等）及其他材料（包括弹性流体、刚性体等）。

3．简单适用的单元类型

程序现有 16 种单元类型。各类单元又有多种理论算法可供选择，具有大位移、大应变、大转动的性能，单元积分采用沙漏粘性阻尼以克服零能模式，单元计算速度块，节省存储量，可以满足各种实体结构、薄壁结构和流体-固体耦合结构的有限元网格划分的需要。

4．多种接触和耦合方式

现有 40 多种接触类型可以求解下列接触问题：变形体对变形体的接触、变形体对刚体的接触、刚体对刚体的接触、与刚性墙的接触、板壳结构的单面接触（屈曲分析）、变形结构固连和失效。

上述技术成功用于整车碰撞研究、乘员与柔性气囊或者安全带接触的安全性分析、薄板与冲头和模具接触的金属成型、水下爆炸对结构的影响及高速弹丸对靶板的穿甲模拟计算等。

5．先进 ALE 算法

Lagrange 算法的单元网格附着在材料上，随着材料的流动而产生单元网格的变形。但是在结构变形过于巨大时，有可能使有限元网格造成严重畸变，引起数值计算的困难，甚至程序终止计算。

ALE 算法可以克服单元严重畸变引起的数值计算困难，并实现流体-固体耦合的动态分析。

9.2 ANSYS/LS-DYNA 程序概述

9.2.1 程序构成和用户界面

ANSYS/LS-DYNA 程序系统是将非线性动力分析程序 LS-DYNA 显式积分部分与 ANSYS 程序的前处理 PREP7 和后处理 POST1、POST26 连接成一体。这样既能充分运用 LS-DYNA 程序强大的非线性动力分析功能，又能很好地利用 ANSYS 程序完善地前后处理功能来建立有限元模型与观察计算结果，它们之间的关系如图 9-1 所示。

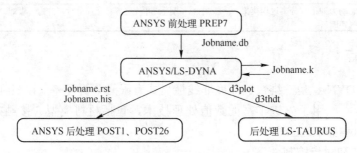

图 9-1 ANSYS/LS-DYNA 程序系统相互关系

9.2.2 一般求解步骤

ANSYS/LS-DYNA 程序系统的求解步骤如下。

1. 前处理建立有限元模型（使用 PREP7 前处理器）

（1）设置 Preference 选项

依次选择 Main Menu>Preference，弹出如图 9-2 所示的 "Preferences for GUI Filtering"（图形界面选项过滤选项设置）对话框，选择 "Structural" 和 "LS-DYNA Explicit" 两个选项。经过这样的设置，在以后显示的菜单将过滤成 ANSYS/LS-DYNA 的输入选项。

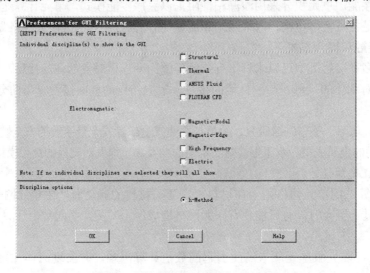

图 9-2 "图形界面选项过滤" 对话框

(2) 定义单元类型

ANSYS/LS-DYNA 模块不仅需要选择单元类型，还要根据分析情况选择单元的算法。还有一些单元需要定义实常数，如常用的壳单元通过实常数给定壳的厚度。

(3) 定义材料性质

ANSYS/LS-DYNA 模块提供了丰富的材料模型，定义过程与前面的 ANSYS 定义类似，但也有很多不同之处。根据分析问题的实际需要，选择合适的材料模型表达实际问题是有限元分析重要的一步。

(4) 实体模型的建立和网格化

通过前处理器建立或者直接导入实体模型，然后进行网格化操作，实现连续体的离散化。

(5) 接触的定义

工程问题不可避免地存在摩擦、碰撞的现象。ANSYS/LS-DYNA 模块处理接触问题有着特殊的方式，通过定义接触面和目标面的接触类型来表征和解决接触问题。

2．加载和求解（Solution）

(1) 加载

加载包括约束边界条件、给定载荷和初始条件。ANSYS/LS-DYNA 的载荷定义为与时间相关的函数，然后才能施加，而一般的动力分析也要求有初始条件，如初速度。

(2) 设置求解控制参数

求解控制包括基本控制、输出文件控制等多方面。如计算时间、输出文件的时间间隔、格式化文件输出、质量缩放、子循环、沙漏控制等。

(3) 求解

完成上述步骤之后，将程序的控制权转到求解，即调用 LS-DYNA 求解器进行求解。

3．后处理

POST1（用于观察整体变形和应力应变状态）和 POST26（用于绘制时间历程曲线），也可以连接到 LSTC 公司的后处理程序 LS-TAURUS。

9.2.3 文件系统

由于 ANSYS/LS-DYNA 程序构成的特点，其数据文件与 ANSYS 略有不同，产生的文件既满足 ANSYS 的要求，也满足 LS-DYNA 的要求。

ANSYS 数据文件的名称、形式和文件性质见表 9-2，LS-DYNA 数据文件的名称、形式和文件性质见表 9-3。由此可以清楚地知道，ANSYS/LS-DYNA 模块文件系统的组成及与 ANSYS 文件系统的异同。

表 9-2　ANSYS 数据文件

文件名称	文件形式	文件性质
数据库文件	Jobname.DB	二进制文件
图形数据文件	Jobname.RST	二进制文件
时间历程数据文件	Jobname.HIS	二进制文件
输出文件	Jobname.OUT	ASCII 文件
命令文件	Jobname.LOG	ASCII 文件

表 9-3 LS-DYNA 数据文件

文 件 名 称	文 件 形 式	文 件 性 质
输入数据文件	Jobname.K	ASCII 文件
重启动文件	D3DUMP	随机文件
图形数据文件	D3PLOT	随机文件
时间历程文件	D3THDT	随机文件

9.2.4 需要说明的几个问题

由于 ANSYS 前处理程序还不能满足 LS-DYNA 程序系统的全部功能，用户可以生成 LS-DYNA 的输入数据文件 Jobname.K，经过编辑修改后，再直接调用 LS-DYNA 程序求解，其计算结果图形数据文件仍然可以连接 ANSYS 后处理程序 POST1 和 POST26，以及 LS-DYNA 后处理程序 LS-TAURUS 观察计算结果。

ANSYS/LS-DYNA 可以与 ANSYS 结构分析程序之间传递几何数据和结果数据来执行隐式-显式或者显式-隐式分析，如跌落试验/回弹计算等。

使用 ANSYS/LS-DYNA 时，建议用户使用程序提供的缺省设置。多数情况下，这些设置适合求解问题。

练习题

（1）ANSYS/LS-DYNA 工程应用领域有哪些？该模块的突出特点是什么？

（2）ANSYS/LS-DYNA 程序系统是怎样的？一般解题步骤是什么？

第 10 章 显式单元的定义与选择

根据 DYNA 显式单元族与 ANSYS 隐式单元显著不同的特点，分类介绍各种单元定义的编号、类型、不同的算法、单元的特点、适用条件和选择方法，这里针对不同单元详细阐述相关的理论与应用实践等问题。

10.1 显式单元概述

ANSYS/LS-DYNA 给出 7 种单元类型，见表 10-1。

表 10-1 显式动力单元类型

名 称	说 明
LINK160	显式桁架单元（类似于 ANSYS 中的 LINK8）
BEAM161	显式梁单元（类似于 ANSYS 中的 BEAM4）
SHELL163	显式薄壳单元（类似于 ANSYS 中的 SHELL181）
SOLID164	显式块单元（类似于 ANSYS 中的 SOLID45）
COMBI165	显式弹簧与阻尼单元（类似于 ANSYS 中的 COMBIN14）
MASS166	显式结构质量（类似于 ANSYS 中的 MASS21）
LINK167	显式缆单元（类似于 ANSYS 中的 LINK10）

显式单元族在以下方面与 ANSYS 隐式单元明显不同。

① 每种单元可用于多种材料模型。在 ANSYS 隐式分析中，不同的单元类型仅仅适用于特定的材料类型，如超弹材料只能使用单元 HYPER56、HYPER58 和 HYPER74；粘塑性材料只能使用单元 VISCO106 和 VISCO108。而每种显式单元都可以使用多种材料，例如同样是实体单元 SOLID164，既可以使用弹性材料，又可以使用弹塑性材料，单元使用什么材料取决于用户如何赋予。

② 每种单元类型有几种不同算法。如果 ANSYS 隐式单元有多种算法，则具有多个单元名称。例如，壳单元就有 SHELL43、SHELL63，这标志着这两种单元虽然都是壳单元，但算法不相同，编号也不同。在 ANSYS/LS-DYNA 中，每种单元类型可以具有多种算法，如 SHELL163 就有 11 种算法，用户可以根据不同需要选择算法。

③ 所有显式动力单元都是三维的，且具有一次线性位移函数。

④ 每种显式动力单元默认为单点积分。

⑤ 不具备带额外形函数和中间节点的单元。

10.1.1 单点积分单元

实体单元积分的求解是由高斯积分近似完成的，正常实体单元与壳单元的积分点分别为 8 个和 4 个,而单点积分单元只使用一个积分点,即单点积分块单元在其中心有一个积分点,单点积分壳单元在面中心具有一个积分点。

(1) 单点积分单元的优点

在显式动力分析中最耗 CPU 的一项就是单元的处理,单元处理的快慢与积分点数成正比,因此,单点积分最大的优势在于节约计算时间。所有的显式动力单元默认设置为单点积分。

此外,全积分单元在求解塑性或者类似问题过程中,当泊松比接近 0.5 时易出现零能模式,在材料失效条件下可能性更大。因此,单点积分单元在大变形分析中更加有效,而且能承受比标准 ANSYS 隐式单元更大的变形。

(2) 单点积分单元的缺点

单点积分最大的不足在于需要控制零能模式的出现,也称为沙漏模式,这是需要控制和减少的模式。另外,应力结果的精确度与积分点数直接相关,单点积分在节约计算时间的同时在一定程度上牺牲了计算精度。

10.1.2 沙漏问题

沙漏变形是一种以比结构全局响应高得多的频率震荡的零能变形模式,它导致一种在数学上是稳定的,但在物理上是不可能存在的状态。它们通常没有刚度,变形呈现锯齿形网格,如图 10-1 所示。沙漏的出现可能会导致结果无效,应尽量避免和减小。

如果总的沙漏能大于模型内能的 10%,这个分析就有可能是失败的。在 ANSYS/LS-DYNA 求解时生成的 ASCII 文件(GLSTAT、MATSUM)可输出沙漏能的情况,用户可以由此观察和跟踪能量的变化。

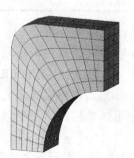 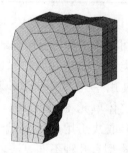

图 10-1 沙漏现象

10.2 单元和实常数的定义

单元和实常数的定义步骤与 ANSYS 中的是基本一样的,只是由于菜单过滤之后单元的类型均为显式单元族,实常数也是与此相对应的。以壳单元为例说明单元和实常数的定义过程。

(1) 定义单元类型

依次选择 Main Menu>Preprocessor>Element Type>Add/Edit/Delete,打开如图 10-2(a)所示"Element Types"对话框,单击"Add"按钮。在弹出对话框上选择显式单元族中的

"Thin Shell163",如图 10-2(b)所示,单击"OK"按钮。

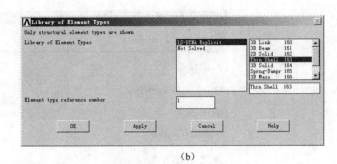

图 10-2 "单元类型选择"对话框

(2)选择单元算法

选择单元类型后回到"Element Types"对话框,单击"Option"按钮,打开如图 10-3 所示的"SHELL 163 element type options"对话框,其上选择壳单元的算法、积分规则、复合材料模式等。

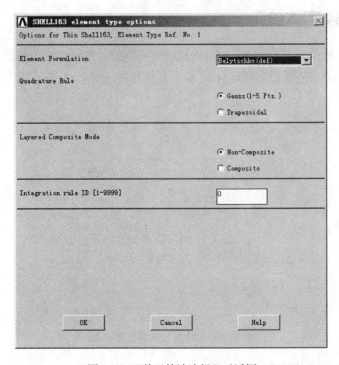

图 10-3 "单元算法选择"对话框

（3）定义实常数

与 ANSYS 中一样，不是所有单元都需要定义实常数，但壳单元一般要求定义实常数的，而且是通过实常数定义壳单元的厚度。依次选择 Main Menu>Preprocessor>Real Constants，单击"Add"按钮，在弹出的对话框上选择要定义实常数的单元类型（这里是 SHELL163），弹出"Real Constant Set Number 1, for THIN SHELL163"（实常数定义）对话框，如图 10-4 所示，允许用户定义剪切因子、积分点数和壳单元厚度。

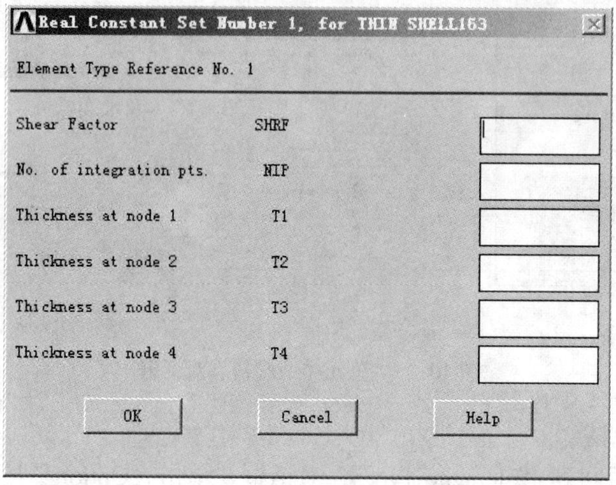

图 10-4 "实常数定义"对话框

10.3 SOLID164 实体单元

SOLID164 实体单元是 ANSYS/LS-DYNA 分析问题过程中最常用的单元之一，为 8 节点六面体单元，当有节点重复时将退化成 6 节点楔形单元或者 5 节点锥形单元，如图 10-5 所示。

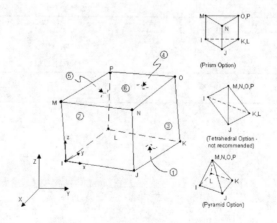

图 10-5 实体单元及其退化形式

实体单元算法通过 KEYOPT（1）来标志，取值见表 10-2。

表 10-2 实体单元算法选择

KEYOPT（1）的取值	算法说明	应用
1	默认算法	采用单点积分和沙漏控制。在节省机时的同时在大变形条件下增加可靠性
2	全点积分	采用 2×2×2 多点积分，没有零能模式，不需要沙漏控制

10.4 SHELL163 薄壳单元

SHELL163 薄壳单元为 4 节点四边形单元，或者 3 节点三角形单元，如图 10-6 所示。

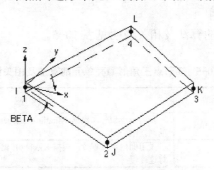

图 10-6 SHELL163 薄壳单元

SHELL163 薄壳单元共有 11 种算法，用 KEYOPT（1）的取值来定义不同算法，根据算法的不同，又进一步分为 4 节点四边形薄壳单元、薄膜单元和 3 节点三角形薄壳单元。与实体单元类似，积分点数的增加会显著影响机时的耗费，对于一般问题的分析建议采用面内单点积分。

所有壳单元算法，用户可以沿壳厚度方向任选 2~5 个高斯积分点。对于弹性材料沿壳厚度方向选择 2 个积分点就足够了；对于塑性材料，至少要 3 个或者更多的积分点。

（1）4 节点四边形薄壳单元

4 节点四边形薄壳单元的算法及相关说明见表 10-3。

表 10-3 4 节点四边形薄壳单元的算法及相关说明

KEYOPT（1）的取值	算法说明	应用
2	Belytschko-Tsay 算法，默认算法	面内单点积分，计算速度快，建议在大多数分析中使用，单元出现过渡翘曲时不易采用
10	Belytschko-Wong-Chiang 算法	面内单点积分，比 Belytschko-Tsay 算法慢 1/4，用于翘曲情况时一般可得到正确结果
8	Belytschko-Leriathan 算法	面内单点积分，比 Belytschko-Tsay 算法慢 2/5，自动含物理意义上的沙漏控制
1	Hughes-Liu 算法	面内单点积分，比 Belytschko-Tsay 算法慢 250%
11	改进型 Fast（Co-Rotational）Hughes-Liu 算法	面内单点积分，比 Belytschko-Tsay 算法慢 150%
6	S/R Hughes-Liu 算法	面内 2×2 积分，没有沙漏，比 Belytschko-Tsay 算法慢 20 倍。如果在分析中遇到沙漏麻烦的话，建议使用这种算法
7	S/R co-rotational Hughes-Liu 算法	面内 2×2 积分，没有沙漏，比 Belytschko-Tsay 算法慢 8.8 倍。如果在分析中遇到沙漏麻烦的话，建议使用这种算法

（2）薄膜单元

薄膜单元的算法及相关说明见表 10-4。

表 10-4　薄膜单元的算法及相关说明

KEYOPT（1）的取值	算 法 说 明	应 用
5	Belytschko-Tsay 薄膜单元	采用单点积分，计算速度快，建议在大多数薄膜分析中使用，可很好地用于纤维织品
11	Full integrated Belytschko-Tsay 薄膜单元	采用 2×2 积分，无沙漏控制，计算速度比 Belytschko-Tsay 单积分点薄膜单元要慢很多

（3）3 节点三角形薄壳单元

3 节点三角形薄壳单元的算法及相关说明见表 10-5。

表 10-5　3 节点三角形薄壳单元的算法及相关说明

KEYOPT（1）的取值	算 法 说 明	应 用
4	C_0 三角形薄壳单元	面内单点积分，根据 Mindlin-Reissner 薄板理论导出，建议不要用它做整体的网格剖分
3	BCIZ 三角形壳单元	采用面内单点积分，根据 Kirchhoff 薄板理论导出，比 C_0 三角形壳单元的计算速度慢

10.5　梁单元和杆单元

（1）BEAM161 梁单元

利用单元端部的两个节点定义，并以第 3 节点对单元主轴面进行定向，单元质量集中在节点上，如图 10-7 所示。

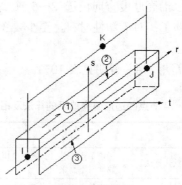

图 10-7　梁单元

梁单元有两种算法，见表 10-6。

表 10-6　梁单元算法选择

KEYOPT（1）的取值	算 法 说 明	应 用
1	Hughes-Liu 梁单元	该单元是一个比较方便的退化单元，可以通过梁单元中间跨度横截面上的积分点来模拟矩形或者圆形，用户还可以自定义一个横截面积分法则来模拟任意截面形状。沿单元长度内力矩是不变的
2	Belytschko-Schwer 梁单元	单元的内力矩沿其长度方向线性分布

（2）LINK160 杆单元

与 Belytschko-Schwer 梁单元相似，只能承受轴向载荷，不能承受弯曲力矩，用于桁架系统，如图 10-8 所示。

（3）LINK167 索单元

用单元端部两个节点定义，是仅能拉伸的杆单元，用于模拟索，如图 10-9 所示，由用户直接输入力与变形的关系式。

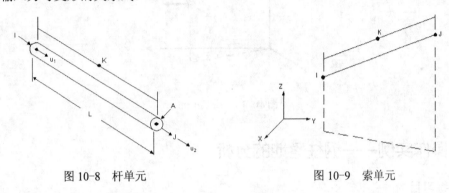

图 10-8　杆单元　　　　　　　图 10-9　索单元

10.6　离散单元和质量单元

1．COMBI165 弹簧阻尼单元

用单元端部两个节点定义。

弹簧单元在改变单元长度时产生沿单元轴向的力，也就是说，当单元受到拉力时，在节点 1 处沿轴的正方向，而对节点 2 是沿轴的负方向。默认时，单元轴就是从节点 1 到节点 2。当单元旋转时，力作用线的方向也将随之旋转，可以模拟弹性、弹塑性和非线性弹性的弹簧性质，如图 10-10（a）所示。

阻尼单元可以模拟线性粘性阻尼和非线性粘性阻尼，如图 10-10（a）所示。

扭转弹簧阻尼单元也可以使用，如图 10-10（b）所示。它由 KEYOPT（1）选项来选择。它的力-位移关系可以认为是力矩-转角关系。旋转弹簧单元只影响它们节点的转动自由度。

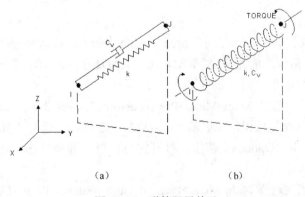

（a）　　　　　　　　（b）

图 10-10　弹簧阻尼单元

2. MASS166 质量单元

质量单元有一个节点和一个质量值（力×时间^2/长度）定义，如图 10-11 所示。采用质量单元可以简化部分结构，以减少动力分析所需的单元数目。

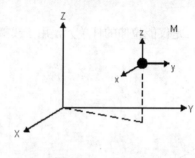

图 10-11 质量单元

10.7 操作实例——钢柱落地的分析

1. 练习目的

① 加深对 ANSYS/LS-DYNA 的总体认识。
② 了解应用 ANSYS/LS-DYNA 分析问题的过程。
③ 了解 ANSYS/LS-DYNA 相关文件。

2. 问题描述

刚性柱体落地过程的模拟，由于柱体为对称结构，取 1/4 为研究对象，落地面约束位移，不考虑接触。

材料特性：杨氏模量 2.1 GPa，密度 $7.8×10^{-6}$ kg/mm^3，泊松比 0.3，屈服应力 0.005 GPa，塑性切向模量 0.001 GPa。

载荷：初始速度为 10 mm/s。

3. 具体步骤

（1）设置 Preference 选项

依次选择 Main Menu>Preference，在打开的对话框上选择"Structural"和"LS-DYNA Explicit"两个选项。

（2）建立有限元模型

① 建立 1/4 圆柱体。依次选择 Main Menu>Preprocessor>Modeling-Create>Volume>Cylinde> By Dimensions，依次输入 RAD1=0，RAD2=1，Z1=0，Z2=10，THETA1=0，THETA2=90，单击"OK"按钮，如图 10-12（a）所示。

② 选择单元。依次选择 Main Menu>Preprocessor>Element Type>Add/Edit/Delete，在弹出的对话框中选择"Add"按钮，在选项"LS-DYNA Explicit"选择"3D Solid 164"，单击"OK"按钮；通过单击"Options"按钮在打开的对话框上选择算法，此处选择默认算法，则不必进行上述操作。

③ 定义材料。依次选择 Main Menu>Preprocessor> Material Props>Define MAT Model，在打开的对话框上单击"Add"按钮，在"Define Model for Material Number"栏中默认材料

号1,在选项"Available Material Models"选择"Bilinear Isotrop",单击"OK"按钮,在打开的对话框中输入 DENS=7.8e-6,EX=2.1,NUXY=0.3,Yield stress=0.005,Tangent Modulus=0.001,单击"OK"按钮,单击"CLOSE"按钮。

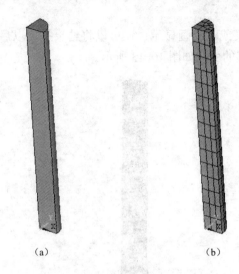

图 10-12 有限元模型的建立

④ 网格划分。依次选择 Main Menu>Preprocessor>MeshTool,在打开的网格划分工具上,设定"Mesh"为"Volumes",在"Shape"选择"Hex"和"Sweep",单击"Mesh"按钮,拾取要划分网格的实体,单击"OK"按钮,如图 10-12(b)所示。

(3) 加载与求解

① 约束落地面。依次选择 Main Menu>Solution>Constraints>On Areas,拾取落地面(即 Z=0 的面),单击"OK"按钮,在打开对话框上选择"UZ"作为约束自由度,值为"0",单击"OK"按钮。

② 约束对称面。依次选择 Main Menu>Solution>Constraints>On Areas,分别拾取 Y=0 和 X=0 的面,单击"OK"按钮,按照对称面的边界条件约束。

③ 定义组件。依次选择 Utility Menu>Select>Entities,在打开的对话框上选择全部节点。依次选择 Utility Menu>Select>Comp/Assembly>Create Component,在打开的对话框上给定新建组件名称"new",组件内容为节点(即刚才选择的节点),单击"OK"按钮。

④ 施加初始速度。依次选择 Main Menu> Solution>Initial Velocity>w/Axial Rotate,在打开的对话框上设定"VZ"为"-10",单击"OK"按钮。

继续选择 Utility Menu> Select> Everything。

⑤ 设定求解时间。依次选择 Main Menu>Solution>Time Controls>Solution Time,在打开的对话框上输入求解终止时间为"2"。

⑥ 设定输出文件控制。依次选择 Main Menu>Solution>Output Controls>File Output Freq>Number of Steps,在打开对话框上设置.rst 文件输出步数为"20",.his 文件输出步数为"50"。

⑦ 求解依次选择 Main Menu>Solution>Solve

（4）查看结果

读入计算结果。依次选择 Main Menu>General Postproc>Read Results>，选择要查看的某计算步的结果，即读入。

根据需要查看计算结果或者动画显示，还可以将结果扩展以后查看整个钢柱落地的过程。钢柱落地过程 Z 向位移的变化如图 10-13 所示。

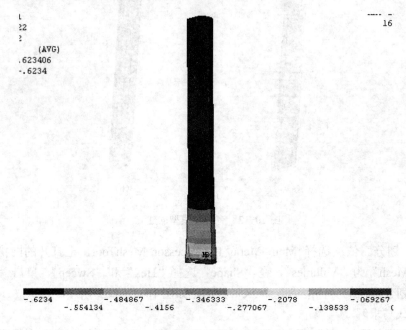

图 10-13　钢柱落地过程 Z 向位移的变化

（5）命令流

```
/PREP7
CYLIND, ,1,0,10,0,90,        !建立 1/4 圆柱体
ET,1,SOLID164                !选择单元
MP,DENS,1,7.8e-6             !定义材料
MP,EX,1,2.1
MP,NUXY,1,0.3
TB,BISO,1,,,,
TBDAT,1,0.005
TBDAT,2,0.001
ESIZE,0.3,0,                 !网格划分
VSEL,,,,1
VSWEEP,1,,1
SAVE
FINISH
/SOL
ASEL,ALL                     !定义约束和边界
DA,1,UZ,0
DA,4,UY,0
```

```
DA,4,AX,0
DA,4,AZ,0
DA,5,UX,0
DA,5,AY,0
DA,5,AZ,0
NSEL,ALL
CM,new,NODE
EDVE,VGEN,NEW,0,0,-10,0, , ,0,0,0,0,0,0          !施加速度
ALLSEL
TIME,2,
EDRST,20,
EDHTIME,50,
EDDUMP,1,
SAVE
SOLVE                                             !求解
FINISH
/POST1
SET,LAST
PLNSOL,U,SUM, 0,1.0                               !显示位移云图
SAVE
```

练习题

（1）与 ANSYS 隐式单元相比，显示单元最大的不同是什么？
（2）实现单元和实常数定义的步骤是什么？
（3）实体单元的算法有几种？适合什么情况下使用？
（4）薄壳单元的算法有几种？适合什么情况下使用？
（5）梁单元和杆单元的算法有几种？适合什么情况下使用？
（6）离散单元和质量单元的算法有几种？适合什么情况下使用？

第 11 章 材料模型和状态方程

  DYNA 模块提供了丰富的材料模型，其定义与 ANSYS 相比显著不同。本章分类介绍各种材料定义的编号、类型、不同的算法、材料的特点、适用条件和选择方法。针对不同材料详细阐述相关的理论与应用实践等问题。

  DYNA 程序可以使用的材料模型很多，但在 ANSYS/LS-DYNA 前处理器中直接输入的材料模型约 30 种，其他材料模型可以通过修改 k 文件来定义。可以直接输入的材料模型见表 11-1。

表 11-1 材料模型

材料分类	材料模型编号	材料名称与说明
线弹性材料模型（Linear Elastic）	材料 1	各向同性（Isotropic）
	材料 2	正交各向异性（Orthotropic）
	材料 2	各向异性（Anisotropic），仅用于实体单元
非线性弹性材料模型（Nonlinear Elastic）	材料 7	Blatz-Ko 橡胶材料
	材料 27	Mooney-Rivlin 橡胶材料
	材料 6	粘弹性（Viscoelastic）
弹塑性材料模型（Plasticity）	材料 3	双线性随动硬化（BilinearKinematic）
		双线性各向同性硬化（Bilinear Isotropic）
		随动塑性（Plastic Kinematic）
	材料 18	幂指数硬化塑性（PowerLaw Plasticity）
	材料 19	与应变率相关的各向同性硬化（Strain Rate Dependent Plasticity）
	材料 64	与应变率相关的幂指数硬化塑性（Rate Sensitive PowerLaw Plasticity）
	材料 36	3 参数 Barlat 和 Lian 的平面应力状态各向异性弹塑性
	材料 33	Barlat，Lege 和 Brem 的各向异性弹塑性
	材料 24	分段线性弹塑性（Piecewise Linear Plasticity）
	材料 37	横向各向异性（Transversely Anisotropic Elastic Plastic）
	材料 10	弹塑性流体动力（Elastic-plastic Hydrodynamic）
泡沫材料模型（Foam）	材料 53	低密度、闭合的多孔聚氨酯泡沫（closed Cell Foam）
	材料 57	低密度氨基酸泡沫（Low Density Foam）
	材料 62	粘性泡沫（Viscous Foam）
	材料 63	可压扁泡沫（Crushable Foam）
	材料 26	正交异性可压扁蜂窝结构（Honeycomb）
复合材料模型（Composite Damage）	材料 22	考虑损伤的复合材料
混凝土材料模型（Concrete）	材料 72	考虑损伤的混凝土材料
需要状态方程的材料模型（Equation of State）	材料 15	与应变率，温度相关的塑性（Temp. & strain rate dependent plasticity）

第 11 章 材料模型和状态方程

续表

材 料 分 类	材料模型编号	材料名称与说明
需要状态方程的材料模型 （Equation of State）	材料 9	无偏应力流体动力模型（Null materials）
	材料 65	Zerilli-Armstrong 模型，用于金属成型过程和高速碰撞，其应力与应变、应变率及温度有关
	材料 51	Bamman 模型，用于金属塑性成型，其塑性与应变率和温度有关
其他材料模型	材料 20	刚性材料（Rigid bodies）
	材料 71	索（Cables）
	材料 1	弹性流体（Fluid）

11.1 材料模型的定义

材料模型的定义步骤与 ANSYS 中略有区别，根据选择材料的不同要求输入的参数也不同。

依次选择 Main Menu>Preprocessor>Material Props> MAT Models，打开"Define Material Model Behavior"（材料模型定义）对话框，左侧选择材料的大类，右侧选择具体的材料模型，如图 11-1 所示。

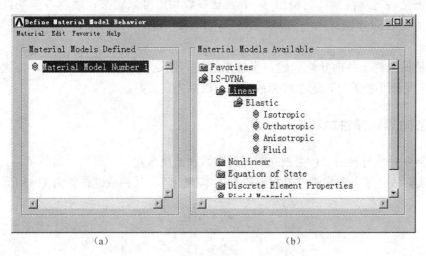

图 11-1 "材料模型定义"对话框

选择不同的材料，要求输入的参数也是不同的，线性弹性各向同性材料要求输入参数对话框如图 11-2（a）所示；塑性双线性各向同性硬化材料要求输入参数对话框如图 11-2（b）所示。

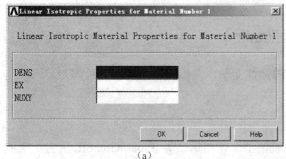 

图 11-2 不同材料模型的参数定义

用户需要根据分析问题的需要，选择不同的材料模型。因此，了解常用材料模型的特点、适用范围及各参数的含义是必需的，这样才可能很好地实现材料模型的定义。

11.2 线弹性材料（Linear Elastic）

线弹性材料包括 3 种材料模型：各向同性弹性、正交各向异性弹性材料和各向异性弹性材料。

11.2.1 各向同性弹性材料

多数工程材料（如钢）都是各向同性的，在弹性变形范围内都可以采用该模型，只需要给定材料的密度、弹性模量和泊松比。

11.2.2 正交各向异性弹性材料

通用正交各向异性弹性材料由 9 个独立参数和密度来定义；横向各向同性材料（一种特殊的正交各向异性）由 5 个独立常数（EXX、EZZ、NUXY、NUXZ、GXY）和密度定义。

显而易见，对于各向异性问题，坐标系统的问题是不可忽略的。因此，定义该材料模型时需给定坐标系的编号，这个坐标系用户可以事先定义好。

11.2.3 各向异性弹性材料

各向异性弹性材料由 21 个独立的材料常数和密度来定义，仅用于实体单元。这 21 个材料常数实际表达了各向异性弹性材料模型的本构矩阵，其相应位置如图 11-3 所示。

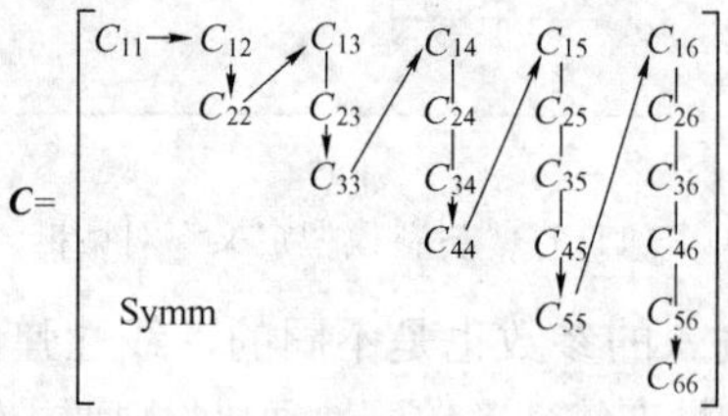

$$C = \begin{bmatrix} C_{11} & C_{12} & C_{13} & C_{14} & C_{15} & C_{16} \\ & C_{22} & C_{23} & C_{24} & C_{25} & C_{26} \\ & & C_{33} & C_{34} & C_{35} & C_{36} \\ & & & C_{44} & C_{45} & C_{46} \\ \text{Symm} & & & & C_{55} & C_{56} \\ & & & & & C_{66} \end{bmatrix}$$

图 11-3 各向异性弹性材料模型的本构矩阵参数位置

11.3 非线弹性材料（Non-Linear Elastic）

非线性弹性材料可以经受大的、可恢复的弹性变形，在该材料组中有 3 种模型。

11.3.1 Blatz-Ko 橡胶材料

Blatz-Ko 橡胶材料模型定义了超弹性橡胶模型，使用第二类 Piola-Kirchoff 应力定义应力-应变关系，即：

$$S_{ij} = G\left[\frac{1}{V}C_{ij} - V^{\frac{1}{1-2\gamma}}\delta_{ij}\right] \qquad (11-1)$$

式中，S_{ij} 为第二类 Piola-Kirchoff 应力张量；G 为剪切模量；V 为相对体积；γ 为泊松比；C_{ij} 为右柯西-格林应变张量，δ_{ij} 为克罗内克尔记号。

11.3.2 Mooney-Rivlin 橡胶材料

Mooney-Rivlin 橡胶材料模型定义了不可压缩橡胶模型，通过 C_{10}、C_{01} 和 γ 来定义应变能密度函数 W，即：

$$W = C_{10}(I_1 - 3) + C_{01}(I_2 - 3) + C\left(\frac{1}{I_3^2}\right) + D(I_3 - 1)^2$$

$$C = \frac{C_{10}}{2} + C_{01} \qquad (11-2)$$

$$D = \frac{C_{10}(5\gamma - 2) + C_{01}(11\gamma - 5)}{2(1 - 2\gamma)}$$

式中，I_1、I_2、I_3 为右柯西-格林张量的不变量；γ 为泊松比。

需要输入质量密度、泊松比及 Mooney-Rivlin 常数 C_{10} 和 C_{01}。

11.3.3 粘弹性材料

线性粘弹性材料是由应力偏量张量来表达的，即：

$$S_{ij} = 2\int_0^t \phi(t-\tau)\frac{\partial \varepsilon_{ij}'(\tau)}{\partial \tau}\mathrm{d}\tau \qquad (11-3)$$

式中，$\phi(t) = G_\infty + (G_0 - G_\infty)\mathrm{e}^{-\beta t}$ 为切松弛模量，$p = K\ln V$ 为弹性体积行为假设，通过增量积分得到压力。

需要输入密度、G_0（短期限的弹性剪切模量）、G_∞（长期限的弹性剪切模量）、K（弹性体积模量）、β（衰减常数）。

11.4 弹塑性材料

在 ANSYS/LS-DYNA 中有 11 种弹塑性材料（Plasticity）的模型，材料模型的选择取决于要分析的材料和可以得到的材料参数。材料模型的选择和定义是构建有限元模型重要的一步，对计算精度高低的影响也是不容忽视的。因此，同等条件下，若要得到理想的分析结果，需要使用贴近实际材料、最能够代表实际材料的物理行为的材料模型和参数。

弹塑性模型可以分为以下 3 大类。
① 类别 1：各向同性材料应变率无关塑性材料模型，共有 3 个模型。
② 类别 2：各向同性应变率相关塑性模型，共有 5 种模型。
③ 类别 3：各向异性应变率相关塑性模型，共有 3 种模型。
位于不同的类别内的材料模型之间区别很大，但在一个类别内的材料模型差别不大，

通常只是可获得的材料参数不同。

11.4.1 与应变率无关的各向同性材料

3 个基本的与应变率无关的塑性模型：经典双线性各向同性硬化（BISO）、经典双线性随动硬化（BKIN）、弹性塑性流体动力（HYDRO）。这里介绍常用的双线性各向同性硬化材料和双线性随动硬化材料，这两种材料模型都通过两段线性直线（即弹性模量和切线模量代表弹性和塑性）表征材料的应变-应力行为，需要输入弹性模量、泊松比、密度、屈服应力和切线模量。区别仅在于硬化条件的假设不同，前者使用等向硬化假设，认为二次屈服出现在 $2\sigma_{\max}$；后者使用随动硬化假设，认为二次屈服在 $2\sigma_y$ 时出现。与应变率无关模型通常可以用于大多数工程金属（钢、铝、铸铁等），也可用于像钣金成型一类的总的成型过程相对长的计算材料变形历史。

11.4.2 与应变率相关的各向同性材料

与应变率相关的各向同性材料有 5 个：随动塑性（Plastic Kinematic）；幂指数硬化塑性（Rate Sensitive 率敏感）；分段线性塑性（Piecewise Linear）；率相关塑性（Rate Dependent）；幂指数塑性（PowerLaw 幂法则）。

1. 随动塑性

随动塑性模型采用 Cowper-Symonds 模型，考虑应变率影响，带有失效应变。Cowper-Symonds 模型考虑应变率的影响是通过对屈服应力乘以应变率因子来实现的，其定义为：$1+\left(\dfrac{\dot{\varepsilon}}{C}\right)^{\frac{1}{P}}$。其中，$C$、$P$ 是 Cowper-Symonds 应变率参数。

随动塑性的屈服应力与应变率的关系为：

$$\sigma_y = \left[1+\left(\dfrac{\dot{\varepsilon}}{C}\right)^{\frac{1}{P}}\right]\left(\sigma_0 + \beta E_P \varepsilon_P^{\text{eff}}\right) \tag{11-4}$$

式中，σ_0 为初始屈服应力；$\dot{\varepsilon}$ 为应变率；C、P 为 Cowper Symonds 应变率参数；$\varepsilon_P^{\text{eff}}$ 为等效塑性应变；E_P 为塑性硬化模量，由 $E_P = \dfrac{E_{\tan}E}{E - E_{\tan}}$ 确定；β 为硬化参数，取值为 0 表示随动硬化，取值为 1 表示各向同性硬化。

2. 幂指数硬化塑性

幂指数硬化塑性（Rate Sensitivey，率敏感）的模型采用 Cowper-Symonds 模型，考虑应变率影响，带有强度和硬化系数，主要用于金属和塑性成型分析，其应力与应变关系为：

$$\sigma_y = \left[1+\left(\dfrac{\dot{\varepsilon}}{C}\right)^{\frac{1}{P}}\right]k\left(\varepsilon_e + \varepsilon_P^{\text{eff}}\right)^n \tag{11-5}$$

式中，参数的含义与随动塑性材料模型的定义相同，只是多了弹性应变 ε_e、强度系数 k、硬化系数 n。

3. 分段线性塑性

分段线性（Piecewise Linear）模型采用 Cowper-Symonds 模型，考虑应变率影响，带有失效应变。分段线性塑性模型是多线性弹塑性材料模型，可输入与应变率相关的分段线性应力-应变曲线，它是非常通用的塑性法则，特别用于钢。其屈服应力的定义为：

$$\sigma_y = \left[1+\left(\frac{\dot{\varepsilon}'}{c}\right)^{\frac{1}{p}}\right]\left(\sigma_0 + f_h\left(\varepsilon_p^{\text{eff}}\right)\right) \tag{11-6}$$

式中，σ_0 为常应变率的屈服应力；$\dot{\varepsilon}'$ 为有效应变率；C、P 为 Cowper Symonds 应变率参数；$f_h\left(\varepsilon_p^{\text{eff}}\right)$ 为基于有效塑性应变的硬化函数。

输入数据有屈服应力（σ_0）、切线模量（$E_{\tan}$）、失效的有效塑性应变、C、P、Load Curve ID（1）有效真应力和有效塑性应变的关系曲线号及 Load Curve ID（2）应变率对屈服应力影响的比例因子关系曲线号。

需要说明的是，如果采用 Load Curve ID（1），则输入的屈服应力和切线模量将不再有作用。如果 C 和 P 为 0，则省略了应变率的影响。如果采用了 Load Curve ID（2），则输入参数 C 和 P 将不再有作用，仅考虑真应力和真应变的数据。

4. 率相关塑性

率相关（Rate Dependent）模型用载荷曲线定义应变率影响，带失效应力，主要用于金属和塑性成型分析，屈服应力的定义为：

$$\sigma_y = \sigma_0\left(\dot{\varepsilon}\right)_{\text{eff}} + E_h \varepsilon_p^{\text{eff}} \tag{11-7}$$

式中，σ_0 为初始屈服强度；$\dot{\varepsilon}_{\text{eff}} = \left(\frac{2}{3}\dot{\varepsilon}'_{ij}\dot{\varepsilon}'_{ij}\right)^{\frac{1}{2}}$ 为有效应变率；$\varepsilon_p^{\text{eff}}$ 为有效塑性应变；$E_h = E\dfrac{E_{\tan}}{(E-E_{\tan})}$。

输入数据有密度、弹性模量、泊松比、切线模量，LCID 1 初始屈服应力与有效应变率的关系曲线号，LCID 2 弹性模量与有效应变率的关系曲线号，LCID 3 切线模量与有效应变率的关系曲线号，LCID 4 失效 Von Mises 等效应力与有效应变的关系曲线号。

5. 幂指数塑性

幂指数塑性（PowerLaw 幂法则）模型用于超塑成型的 Ramburgh-Osgood 模型，主要用于超塑成型分析，其本构关系定义为：

$$\sigma_{yy} = k\varepsilon^m \cdot \dot{\varepsilon}^n \tag{11-8}$$

式中，ε 为应变；$\dot{\varepsilon}$ 为应变率；k 为材料常数；m 为硬化系数；n 为应变率灵敏系数。

11.4.3 与应变率相关的各向异性材料

与应变率相关的各向异性材料有 3 个：横向正交各向异性弹塑性（Transversely Anisotropic Elastic Plastic）；3 参数 Barlat 和 Lian 的平面应力状态各向异性弹塑性（3-Parameter Barlat）；Barlat、Lege 和 Brem 的各向异性弹塑性（Barlat Anisotropic Plasticity）。

1. 横向正交各向异性弹塑性

横向正交各向异性弹塑性材料模型仅供壳单元使用，用于模拟一般各向异性材料高应变率成形过程，常用于薄板成形，面内任意方向的性质是各向同性的，但法向的性质不相同。采用 Hill 屈服准则。平面应力简化为：

$$F(\sigma) = \sigma_y = \sqrt{\sigma_{11}^2 + \sigma_{22}^2 - \frac{2R}{R+1}\sigma_{11}\sigma_{22} + 2\frac{2R+1}{R+1}\sigma_{12}^2} \tag{11-9}$$

式中，$R = \dfrac{\dot{\varepsilon}_{22}^p}{\dot{\varepsilon}_{33}^p}$ 为正交各向异性硬化参数；$\dot{\varepsilon}_{22}^p$ 为面内应变率；$\dot{\varepsilon}_{33}^p$ 为法向应变率。

输入数据有密度、弹性模量、泊松比、屈服应力、切线模量、正交各向异性硬化参数和有效屈服应力与有效塑性应变的关系曲线号。

2. 参数 Barlat 和 Lian 的平面应力状态各向异性弹塑性

参数 Barlat 和 Lian 的平面应力状态各向异性弹塑性材料模型用于平面应力条件下的铝质薄板成形，使用指数和线性硬化法则，平面应力条件下各向异性屈服准则定义为：

$$2\sigma_y^m = a|k_1 + k_2|^m + a|k_1 - k_2|^m + c|2k_2|^m \tag{11-10}$$

式中，σ_y 为屈服应力；a、c 为各向异性材料常数；m 为 Barlat 指数。

k_1 和 k_2 定义：

$$\begin{aligned} k_1 &= \sigma_{xx} - h\frac{\sigma_{yy}}{2} \\ k_2 &= \sqrt{k_1^2 + p^2\sigma_{xy}^2} \end{aligned} \tag{11-11}$$

式中，h、p 为附加的各向异性材料常数。

对于指数硬化选项，材料屈服应力为：

$$\sigma_y = k(\varepsilon_0 + \varepsilon_p)^n \tag{11-12}$$

式中，k 为强度系数；ε_0 为初始屈服应变；ε_p 为塑性应变；n 为硬化系数。

除了 p 隐含定义意外，所有各向异性材料常数都由 Barlat 和 Lian 定义的宽厚应变比决定，则 a、c 和 h 表达式为：

$$\begin{aligned} a &= 2 - 2\sqrt{\frac{R_{00}}{1+R_{00}}\frac{R_{90}}{1+R_{90}}} \\ c &= 2 - a \\ h &= \sqrt{\frac{R_{00}}{1+R_{00}}\frac{1+R_{90}}{R_{90}}} \end{aligned} \tag{11-13}$$

对于任意角 ϕ 的宽厚应变比表示为：

$$R_\phi = \frac{2m\sigma_y^m}{\left[\dfrac{\partial\phi}{\partial\sigma_{xx}} + \dfrac{\partial\phi}{\partial\sigma_{yy}}\right]\sigma_\phi} - 1 \tag{11-14}$$

式中，σ_ϕ 为沿 ϕ 方向的单轴拉伸应力。

输入数据有密度、弹性模量、泊松比、硬化准则类型 HR（取值为 1，即线性型；取值为 2，即指数型）、切线模量/强度系数（对应 HR 取值，HR＝1，取为切线模量；HR＝2，取为强度系数）、Barlat 指数 m、R_∞、R_{45}、R_{90}、正交异性主轴系统。

3. Barlat、Lege 和 Brem 的各向异性弹塑性

Barlat、Lege 和 Brem 的各向异性弹塑性模型主要用于三维连续体金属成形分析，各向异性屈服函数为：

$$\phi = |S_1 - S_2|^m + |S_2 - S_3|^m + |S_3 - S_1|^m \tag{11-15}$$

式中，m 为流动指数；S_i（$i=1, 2, 3$）为对称矩阵 S_{ij} 的主值。S_{ij} 表达式为：

$$\begin{aligned}
S_{xx} &= \frac{1}{3}\left[c(\sigma_{xx} - \sigma_{yy}) - b(\sigma_{zz} - \sigma_{xx})\right] \\
S_{yy} &= \frac{1}{3}\left[a(\sigma_{yy} - \sigma_{zz}) - c(\sigma_{xx} - \sigma_{yy})\right] \\
S_{zz} &= \frac{1}{3}\left[b(\sigma_{zz} - \sigma_{xx}) - a(\sigma_{yy} - \sigma_{zz})\right] \\
S_{yz} &= f\sigma_{yz} \\
S_{zx} &= g\sigma_{zx} \\
S_{xy} &= h\sigma_{xy}
\end{aligned} \tag{11-16}$$

式中，a、b、c、f、g、h 为 Barlat 模型的正交各向异性材料常数。

需要说明的是，当 $a=b=c=f=g=h=1$，材料为各向同性。$m=1$ 时屈服面简化为 Tresca 屈服面，$m=2$ 或 4 时简化为 VonMises 屈服面。对于这个材料选项，屈服强度表达式为：

$$\sigma_y = k(\varepsilon^p + \varepsilon_0)^n \tag{11-17}$$

式中，k 为强度系数；ε^p 为塑性应变；ε_0 为初始屈服应变；n 为硬化系数。

输入数据有密度、弹性模量、泊松比、强度系数、初始屈服应变、硬化系数、Barlat 模型的流动指数、Barlat 模型的正交各向异性材料常数。

11.5 泡沫材料

泡沫材料（Foam）包括各向同性泡沫材料和正交各向异性泡沫材料。其中，各向同性泡沫材料有 4 种：低密度闭合多孔的聚氨酯泡沫（Closed Cell Foam）、低密度氨基甲酸乙酯泡沫（Low Density Foam）、粘性泡沫（Viscous Foam）、可压扁泡沫（Crushable Foam）；正交各向异性泡沫材料 1 种：正交异性可压扁泡沫。

11.5.1 各向同性泡沫

1. 低密度闭合多孔的聚氨酯泡沫

低密度闭合多孔的聚氨酯泡沫材料模型通常用于模拟汽车设计中的撞击限制器。应力定义式为：

$$\sigma_{ij} = \sigma_{ij}^{sk} + \delta_{ij}\left[P_0 \frac{\gamma}{(1+\gamma-\phi)}\right] \tag{11-18}$$

式中，σ_{ij}^{sk} 为轮廓应力；P_0 为初始泡沫压力；ϕ 为泡沫与聚合物密度比；δ_{ij} 为克罗内克尔记号。

体应变 γ 表达式为：

$$\gamma = V - 1 + \gamma_0 \tag{11-19}$$

式中，V 为相对体积；γ_0 为初始体积应变。

屈服条件使用试验主应力，定义式为：

$$\sigma_y = a + b(1 + c\gamma) \tag{11-20}$$

式中，a、b、c 为用户定义的常数。

输入数据有密度、弹性模量、a、b、c、初始泡沫压力、泡沫与聚合物密度比、初始体积应变。

2. 低密度氨基甲酸乙酯泡沫

低密度氨基甲酸乙酯泡沫材料模型为高度可压缩泡沫模型，通常用于衬垫材料，如椅子坐垫等。在压缩过程中，伴随可能的能量耗散的滞后卸载特性。在拉伸过程中，在撕裂发生前为线性。对于单轴加载，模型假设在横向方向无耦合，采用输入形状因子控制，延迟常数能近似泡沫卸载行为。

输入数据有密度、弹性模量、应力-应变关系曲线号、拉伸截止应力值、滞后卸载因子、延迟常数、黏性系数、形状卸载因子、到达截止应力时的失效选择、体积黏性作用标志。

3. 黏性泡沫

黏性泡沫材料模型为能量吸收泡沫材料，用于压碎模拟模型。由非线性弹性刚度和黏性阻尼并行组成，在黏性吸收能量同时使用弹性刚度限定整体压碎。弹性刚度 E' 和初始黏性系数 V' 都是相对体积 V 的非线性函数，表达式为：

$$\begin{aligned} E_1' &= E_1 V^{-n_1} \\ V_2' &= V_2 |1 - V|^{n_2} \end{aligned} \tag{11-21}$$

式中，E_1 为初始弹性刚度；V_2 为初始黏性系数；n_1、n_2 为分别为弹性刚度和黏性系数的幂指数。

输入数据有密度、弹性模量、泊松比、弹性刚度幂指数、初始黏性系数、初始弹性刚度、黏性系数的幂指数。

4. 可压扁泡沫

可压扁泡沫材料模型用于模拟碰撞的可压扁泡沫，与应变率相关，在单向压扁时泊松比为零。

输入数据有密度、弹性模量、泊松比、应力-应变关系曲线号、拉伸应力截止值、黏性阻尼系数。

11.5.2 正交各向异性泡沫

正交各向异性可压扁泡沫材料用于模拟蜂窝结构。在压缩前，该模型的特性为正交各

向异性的,应力张量的分量不发生耦合,弹性模量与相对体积的关系呈线性变化,即:

$$\begin{cases} E_{aa} = E_{aau} + \beta(E - E_{aau}) \\ E_{bb} = E_{bbu} + \beta(E - E_{bbu}) \\ E_{cc} = E_{ccu} + \beta(E - E_{ccu}) \\ G_{ab} = E_{abu} + \beta(G - G_{abu}) \\ G_{bc} = E_{bcu} + \beta(G - G_{bcu}) \\ G_{ca} = E_{cau} + \beta(G - G_{cau}) \end{cases} \quad (11\text{-}22)$$

式中,$G = \dfrac{E}{2(1+\gamma)}$ 为全压缩蜂窝材料的弹性剪切模量;$\beta = \max\left\{\min\left\{\dfrac{1-V}{1-V_f}, 1\right\}, 0\right\}$,$V$ 为相对体积,V_f 为完全压缩的蜂窝相对体积;E_{aau} 为无压缩时 aa 方向弹性模量;E_{bbu} 为无压缩时 bb 方向弹性模量;E_{ccu} 为无压缩时 cc 方向弹性模量;G_{abu} 为无压缩时 ab 方向剪切模量;G_{bcu} 为无压缩时 bc 方向剪切模量;G_{cau} 为无压缩时 ca 方向剪切模量。

11.6 复合材料

复合材料(Composite)模型考虑失效问题,采用 5 个由实验给定的参数定义材料模型,包括:S_1 为轴向拉伸强度;S_2 为横向拉伸强度;S_{12} 为剪切强度;C_2 为横向压缩强度;α 为非线性剪应力参数。

11.7 其他材料

11.7.1 刚性材料

对于有限元模型中相对刚硬且不需要考虑变形的部分,一般定义为刚性材料,这样可以大大减少计算时间,也是模型抽象的一个技巧和原则。

定义为刚性材料的部分形成刚性体,刚性体内所有节点的自由度都耦合到刚性体的质量中心上去。因此,不论定义了多少节点,刚性体只有 6 个自由度,这也是计算时间减少的主要原因。每个刚性体的质量、质心、惯性由刚性体体积和单元密度计算得到。作用在刚性体上的力和力矩由每个时间步的节点力和力矩合成,然后计算刚性体的运动,再转换到节点位移。

刚性材料的定义过程与其他材料的定义是相同的。需要输入的数据有密度、弹性模量、泊松比。用户在定义刚性材料时要注意,不能因为刚性材料代表刚硬部分就理解为材料性质是无限硬的,应该使用与实际材料相符合的材料参数。

刚性材料定义的另一个特点是直接给定了刚性体的约束条件,和一般的约束定义是不一样的。通过依次选择 Main Menu>Preprocessor>Material Props> MAT Models,在打开对话框右侧选择"Rigid",则打开如图 11-4 所示"Rigid Material Properties for Material Number 1"(刚性材料定义对话框)对话框。

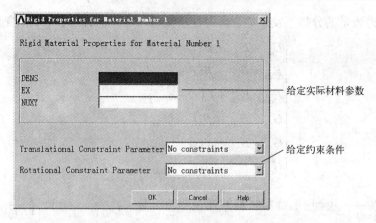

图 11-4 "刚性材料参数定义"对话框

刚性体约束条件有两个参数：平移和旋转，即通过"Rigid Material Properties for Material Number 1"对话框中的"Translat'l constraint parameter"和"Rotational constraint parameter"右侧的下拉式选项进行定义。这两个参数分别有 8 个取值，其意义见表 11-2。

表 11-2 刚性体约束定义参数取值意义

平移约束参数取值	代表的约束条件	旋转约束参数取值	代表的约束条件
0（No Constraints）	无约束（默认条件）	0（No Constraints）	无约束（默认条件）
1（X displacement）	约束 X 向位移	1（X rotation）	约束绕 X 轴转动
2（Y displacement）	约束 Y 向位移	2（Y rotation）	约束绕 Y 轴转动
3（Z displacement）	约束 Z 向位移	3（Z rotation）	约束绕 Z 轴转动
4（X and Y disps.）	约束 X 和 Y 向位移	4（X and Y rotate）	约束绕 X 和 Y 轴转动
5（Y and Z disps.）	约束 Y 和 Z 向位移	5（Y and Z rotate）	约束绕 Y 和 Z 轴转动
6（Z and X disps.）	约束 Z 和 X 向位移	6（Z and X rotate）	约束绕 Z 和 X 轴转动
7（All disps.）	约束 X、Y、Z 三向位移	7（All rotate）	约束绕 X、Y、Z 轴转动

11.7.2 索

索材料模型定义为弹性索材料，不能承受压力，索材料只有在承受拉力的条件下受力不为零。该力的定义式为：

$$F = K \max\{\Delta L, 0.0\} \tag{11-23}$$

式中，ΔL 为长度增量；K 为刚度，由弹性模量参与定义。

11.8 状态方程

常规条件下的结构材料，不使用状态方程。而流体、高速、高压变形的结构材料需附带状态方程。状态方程仅用于描述材料的体积变形行为，结构材料在高压（6～10 GPa）或高速（100 m/s 以上）碰撞等变形条件下，物质燃烧等化学反应过程由状态方程控制。

ANSYS/LS-DYNA 提供 3 种状态方程：线性多项式（Linear polynomial）；结构材料

（Gruneisen）；列表方式（Tabulated）。在材料添加对话框（图 11-1（b））子项选择中又列出了 13 个选项，各选项对应有不同的参数，实现不同的用途。对于用户来讲，在使用状态方程前，要了解其适用范围和要求输入参数的意义。

练习题

（1）如何实现材料模型的定义操作？
（2）线弹性材料包括几种模型？各模型的特点和相关参数含义是什么？
（3）非线性弹性材料包括几种模型？各模型的特点和相关参数含义是什么？
（4）弹塑性材料包括几种模型？各模型的特点和相关参数含义是什么？
（5）泡沫材料包括几种模型？各模型的特点和相关参数含义是什么？
（6）复合材料包括几种模型？各模型的特点和相关参数含义是什么？
（7）刚性材料模型的定义有什么特殊之处？如何实现刚性体的约束？

第 12 章 PART 概念及使用

PART 的概念和使用是 ANSYS/LS-DYNA 模块独有的，在许多命令格式或者操作中要求用户定义 PART 并使用 PART 列表和编号，尤其在处理刚性体的问题上起到不可替代的作用。本章主要介绍 PART 的创建和使用，并通过实例进一步具体说明操作过程。

12.1 PART 的概念

PART 是一种单元集，这些单元具有相同的材料、单元类型和实常数，即使在物理概念上不相关，也可以定义为一个 PART。反之，即使单元具有相同的材料、单元类型和实常数，也可以定义为不同的 PART。PART 表的建立要根据用户分析问题的需求来进行。

例如，一个系统中有 4 个模型，当用户分别定义了材料、单元和实常数，并将其分配给相应的模型进行网格划分时，将得到 4 个不同的 PART，如图 12-1（a）所示；对于同一个系统，当用户分配给圆柱体和正方体以相同的单元属性并进行网格划分时，则这两个模型组成了一个 PART，之前正方体的 PART 不再有可使用的单元，如图 12-1（b）所示。

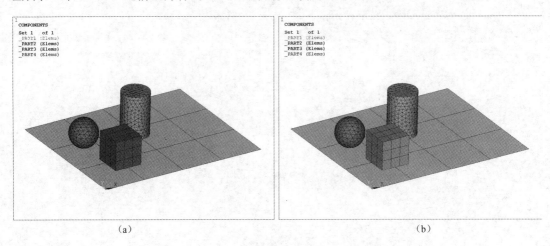

图 12-1 同一个系统中不同的 PART 列表

12.2 创建、修改和列出 PART

从 PART 的概念可以看出，PART 的建立与单元属性的分配是直接相关的。也就是说，只有在完成了网格划分的有限元模型基础上，才可以建立和使用 PART 表及相应的编号。

命令格式：EDPART，option

菜单操作：Main Menu>Preprocessor>LS-DYNA Options>Parts Options

打开"Parts Data Written for LS-DYNA"创建、修改和列表 PART 对话框，其上 3 个

选项与命令格式中的"Option"相对应，分别完成创建、修改和列表 PART，如图 12-2 所示。

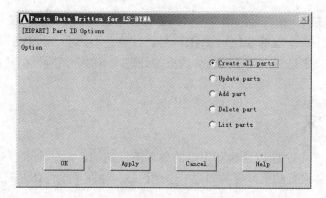

图 12-2 "创建、修改和列表 PART"对话框

当用户选择"Create parts"，并单击"OK"按钮，则自动生成 PART 号，同时显示 PART 表信息，供用户检查，如图 12-3 所示。如果用户重复执行上述操作，则 PART 表将被覆盖，只保留现有创建的 PART 表。

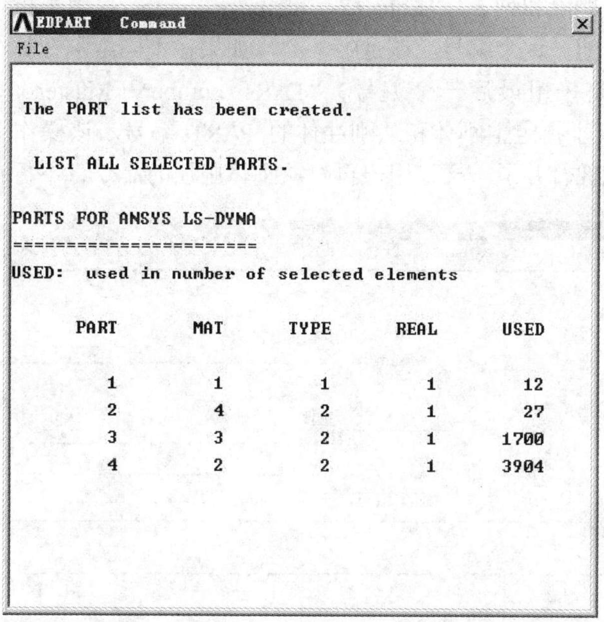

图 12-3 已创建 PART 列表的信息窗口

当用户对现有模型进行变动，并选择"Update parts"，单击"OK"按钮后，则得到修改或者增删后的实际 PART 表，而不覆盖旧的 PART 表，并且扩展已有的 PART 表且不改变 PART 的编号和顺序。

在分析问题中可能多次修改或者变更 PART 的设置，在需要使用相应 PART 编号前，有必要列出 PART 表来检查和对照 PART 编号，以避免出错。此时，可以选择"List parts"，单击"OK"按钮，列出类似图 12-3 所示提供的 PART 表的相关信息。

12.3 PART 和刚性体

PART 表建立以后，在需要的命令格式或者操作中就可以使用相应的 PART 编号。尤其在处理刚性体问题上，一般都要使用 PART 号，这也是不同于 ANSYS 其他模块的特点之一。在刚性材料定义中已经讲述了刚性体约束的处理，下面介绍刚性体其他常见的几种问题处理方式。

12.3.1 刚性体约束

当系统中存在多个刚性体且相互作用的条件下，例如，某一个刚性体带动其他刚性体运动，可以将刚性体进行约束，使其如同一个刚性体。在两个刚性体之间进行约束就要根据 PART 号来实现。

命令格式：EDCRB, Option, NEQN, PARTM, PARTS

菜单操作：Main Menu>Preprocessor>Coupling/Ceqn>Rigid Body CE

打开"Rigid Body Constraints"（刚性体约束定义）对话框，如图 12-4 所示。其中"Rigid body equation options"有 3 个选项："ADD"、"DELETE" 和 "LIST"，它们分别实现刚性体约束的添加、删除和列表；"Equation reference number"用于指定约束方程的编号，也可以让程序自动分配，这个编号应该是唯一的，如果在不同组刚性体约束之间使用了同一个方程编号，程序将采用最后一个编号；"PART number（Master）"和 "PART number（Slave）"下拉选项用于指定主刚体和从刚性体的 PART 编号。该操作完成后，从刚体将被主刚体吸收，二者就像合并了一样，用户再对从刚体施加的命令将不再有效。

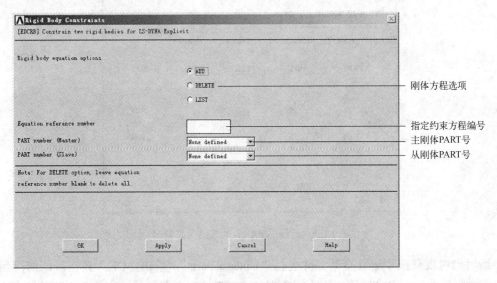

图 12-4 "刚性体约束定义"对话框

12.3.2 定义刚性体惯性特性

默认条件下，程序是自动计算刚性体的惯性特性的，但有时需要用户指定刚性体的质心、质量、初速度和相应的惯性特性。比较常见的例子是在模拟金属塑性成形过程中，一般是将模具抽象为刚性体，且多使用壳单元划分的面来代替实体模具，此时就需要用户给出这些"模具"相应的惯性特性。

命令格式：EDIPART, PART, Option, Cvect, TM, IRCS, Ivect, Vvect, CID

菜单操作：Main Menu>Preprocessor>LS-DYNA Options>Inertia Options>Define Inertia
　　　　　Main Menu>Preprocessor>LS-DYNA Options>Inertia Options>Delete Inertia
　　　　　Main Menu>Preprocessor>LS-DYNA Options>Inertia Options>List Inertia

以惯性特性定义为例，打开"Part Inertia Definition"（刚性体惯性特性定义）对话框，如图 12-5 所示。相应功能如图中的说明。其中，惯性向量的定义方式两种："Select"是从已经定义好的数组参数中选择，"Define"是直接定义。在后续的对话框上完成质心坐标、惯性特性、初始速度的设置，如图 12-6 所示。

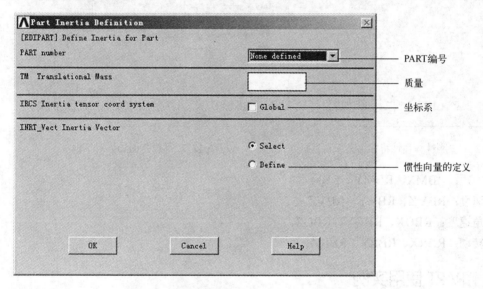

图 12-5 "刚性体惯性特性定义"对话框（一）

12.3.3 刚性体加载

所有刚性体加载，必须加在 PART 号上。

命令格式：EDLOAD, Option, Lab, KEY, Cname, Par1, Par2, PHASE, LCID, SCALE, BTIME, DTIME

菜单操作：Main Menu>Preprocessor>LS-DYNA Options>Loading Options>Specify Loads
　　　　　Main Menu>Solution>Loading Options>Specify Loads

打开"Specify Loads for LS-DYNA Explicit"（载荷施加）对话框，如图 12-7 所示。可指定要施加载荷的刚性体 PART 编号、载荷类型、载荷大小等参数。需要说明的是，对于刚性体，载荷类型（Load Labels）部分的选项不是都有效的，可以选择以下几种。

力：RBFX、RBFY、RBFZ。

位移：RBUX、RBUY、RBUZ。

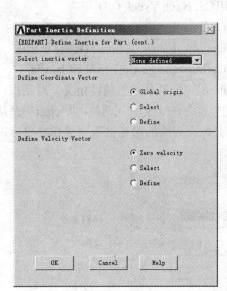
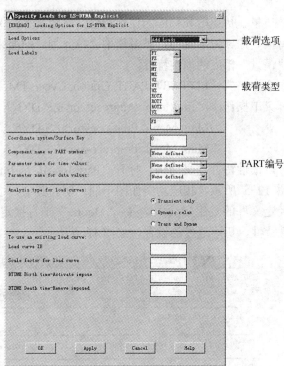

图 12-6 "刚性体惯性特性定义"对话框(二)　　图 12-7 "载荷施加"对话框

力矩：RBMX、RBMY、RBMZ。
速度：RBVX、RBVY、RBVZ。
角速度：RBOX、RBOY、RBOZ。
转动：RBRX、RBRY、RBRZ。

12.4　PART 使用实例

1．练习目的
定义刚性材料和相应约束。创建和修改 PART。
创建如图 12-8 所示的实体模型。

2．具体步骤
（1）创建有限元模型
① 分别定义 Shell163 单元、Solid164 单元。
② 定义壳单元实常数。
③ 定义刚性材料，并约束 3 向位移和 3 向转动。
④ 分别定义弹性各向同性材料、弹塑性材料和泡沫材料。
⑤ 将壳单元和刚性材料分配给平面。
⑥ 将实体单元和另外 3 种材料分别分配给圆柱体、球体和长方体。
⑦ 划分网格。

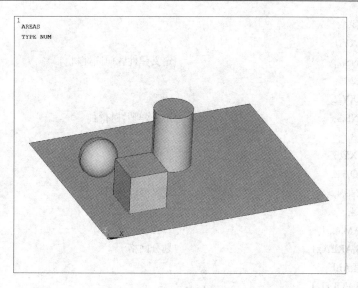

图 12-8 实体模型

(2) 创建 PART 表

① 依次选择 Main Menu>Preprocessor>LS-DYNA Options>Parts Options,选择"Create parts",创建 PART 表。

② 在图形窗口绘制 PART,得到如图 12-1(a)所示的效果。

(3) 修改 PART 表

① 将长方体的网格清除,分配给与圆柱体相同的单元属性,重新划分网格。

② 依次选择 Main Menu>Preprocessor>LS-DYNA Options>Parts Options,选择"Update parts",更新 PART 表。

③ 重新绘制 PART,观察不同之处。

(4) 重新创建 PART 表

按步骤重新创建 PART 表,并进行绘制,可以得到图 12-1(b)所示的效果。

(5) 命令流

```
/PREP7
RECTNG,0,60,0,50,              !创建几何模型
BLOCK,10,20,10,20,0,10,
CYL4,30,30,5, , , ,15
K,100,0,0,5,
KWPAVE, 100
SPH4,10,30,5
ET,1,SHELL163                  !定义单元类型
ET,2,SOLID164
R,1                            !定义单元实常数
RMODIF,1,1, , , , , ,
EDMP,RIGI,1,7,7                !定义刚性材料
MP,DENS,1,
```

```
MP,EX,1,
MP,NUXY,1,
MP,DENS,2,              !定义弹性各向同性材料
MP,EX,2,
MP,NUXY,2,
MP,DENS,3,              !定义弹塑性材料
MP,EX,3,
MP,NUXY,3,
TB,BISO,3,,,,
MP,DENS,4,              !定义泡沫材料
MP,EX,4,
TB,FOAM,4,,,1,
ASEL,S,AREA,,1          !划分网格
AMESH,ALL
VSEL,S,VOLU,,1
TYPE,2
MAT,4
MSHAPE,0,3D
MSHKEY,1
VMESH,ALL
VSEL,S,VOLU,,3
MAT,3
MSHAPE,1,3D
MSHKEY,0
VMESH,ALL
VSEL,S,VOLU,,2
MAT,2
MSHAPE,1,3D
MSHKEY,0
VMESH,ALL
ALLSEL
EDPART,CREATE           !创建 PART 表
PARTSEL,'PLOT'          !绘制 PART
```

练习题

（1）PART 的概念是什么？
（2）如何实现 PART 的创建、修改和列表？
（3）如何实现多个刚性体之间的约束？刚性体惯性特征的定义是如何实现的？

第13章 接触问题

接触在工程分析中是比较复杂的一类非线性问题，其接触点的判断、接触过程的模拟、两接触界面的判定、摩擦问题的考虑等多种因素影响了接触的精确仿真。ANSYS/LS-DYNA 一个很突出的优点在于对接触问题的处理，本章详细说明接触问题具体的应用与参数选择。

13.1 接触问题的概述

在有限元分析中，接触问题的处理往往是衡量软件分析能力的一个重要指标。ANSYS 隐式分析使用接触单元来模拟接触问题，在 ANSYS/LS-DYNA 模块中通过定义接触表面、接触类型及控制相关参数来处理接触问题。

13.1.1 基本概念

在介绍几个基本概念之前，先了解"段"（Segment）的概念。"段"是指单元节点的组合。对壳单元来说，"段"是由单元的 3 或者 4 个节点组成的；对体单元来说，"段"是由单元一个面上的 3 或者 4 个节点组成的。

1. 目标面与接触面的概念

在 ANSYS/LS-DYNA 模块处理接触问题中，没有接触单元的概念，但有目标面和接触面的概念。也就是说，一个接触对是由目标面和接触面形成的，通过这两个面的行为模拟接触过程。

当用户定义了一个接触对时，程序就会检查接触面上的节点与目标面上的段是否发生接触。由此可以看出，接触面主要考虑的是节点，那么，接触面所在的有限元模型是否是连续体就不很重要；目标面主要考虑的是段，网格可以连续也可以不连续。因此，用户在定义目标面和接触面时应该注意一些要求：一般的，平面或者凹面定义为目标表面，凸面定义为接触表面，粗网格面定义为目标表面，细网格面定义为接触表面。

2. 接触算法

ANSYS/LS-DYNA 处理接触问题的算法有 3 种：动力约束法、分配参数法和对称罚函数法。动力约束法是最早采用的接触算法，该算法比较复杂，目前只用于固连接触的处理。分配参数法用于有相对滑动但没有分离的滑动处理，如炸药爆炸的气体对结构的压力作用。

对称罚函数法是默认算法，方法简单，不易引起网格的沙漏效应，动量守恒准确。该算法在每一时间步长计算之前先检查各接触节点是否穿透目标面，没有穿透则不做任何处理；如果发生穿透，则在该接触节点与目标面之间引入一个较大的界面接触力。该力的大小与穿透深度、接触刚度成正比，称为罚函数值，其物理意义相当于在接触节点和目标面之间放置一系列法向弹簧来限制穿透。

3. 接触搜索方式

在接触算法中，在判断接触节点是否发生接触，首先对其周围的目标段进行搜索，发现最近的目标段进行接触判断。ANSYS/LS-DYNA 接触搜索方式有网格连接跟踪方式和批处理方式。

网格连接跟踪方式是最早采用的接触搜索方式，采用相邻单元段共享节点去识别可能的接触域。当一个目标段不再与接触节点相接触时，就检验相邻的段。该方法的优点在于搜索速度很快，缺点在于要求网格必须连续以保证算法正确。因此，对于不同区域要求用户应给定不同的接触对。

批处理方式是新的接触搜索方式，它解决了网格连接跟踪法的缺点。它把目标面按照区域分成很多"批"，接触节点可以和同一"批"或者相邻"批"中任意的目标段接触。因此，该方法很可靠，但在目标面单元较多时比网格连接跟踪法速度要慢。

13.1.2 ANSYS/LS-DYNA 中接触的定义

1. 组件的定义

由上述可知，目标面和接触面是定义接触必须指定的参数之一。目标面和接触面（即接触实体）的定义，是通过组件名称或者 PART 编号来指定的。关于 PART 的操作在第 11 章已经讲过了，这里不再赘述。组件的含义也是元素的集合，这些元素可以是节点、单元、体、面、线或者关键点。但在接触定义中，主要使用节点的组件。下面以节点组件为例说明组件的定义过程。

定义节点组件首先应该是在完成有限元模型建立之后，也就是网格划分完毕才能谈到节点组件的问题。其次，要将需要定义组件的节点部分选中，然后进行如下操作。

命令格式：CM, Cname, Entity

菜单操作：Utility Menu>Select>Comp/Assembly>Create Component

打开"Create Compent"（定义组件）对话框，给定组件的名称即可，如图 13-1 所示。定义好的组件名称在以后操作中可以使用。

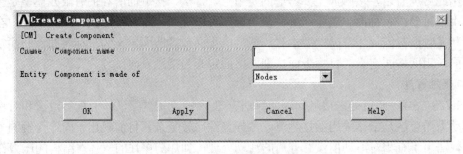

图 13-1 "定义组件"对话框

2. 接触的定义

ANSYS/LS-DYNA 接触的定义通过以下操作实现。

命令格式：EDCGEN, Option, Cont, Targ, FS, FD, DC, VC, VDC, V1, V2, V3, V4, BTIME, DTIME, BOXID1, BOXID2

第 13 章 接触问题

菜单操作：Main Menu>Preprocessor>LS-DYNA Options>Contact>Define Contact

打开如图 13-2 所示的"Contact Parameter Definitions"（接触参数定义）对话框，在"Contact Type"中可以选择接触的类型，其下则是根据不同接触类型需要给出的参数。单击"OK"按钮，打开的"Contact Options"（接触选项）对话框，如图 13-3 所示。

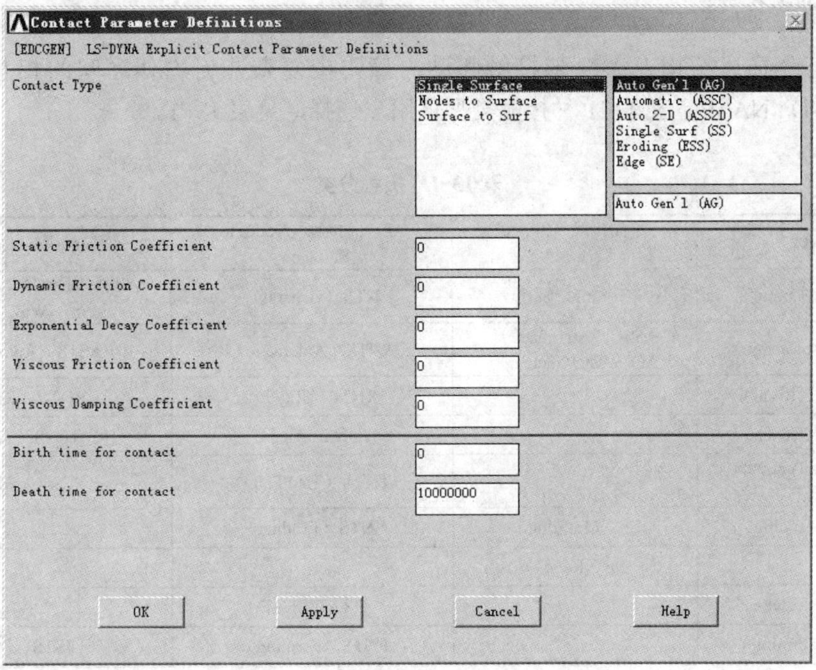

图 13-2 "接触参数定义"对话框

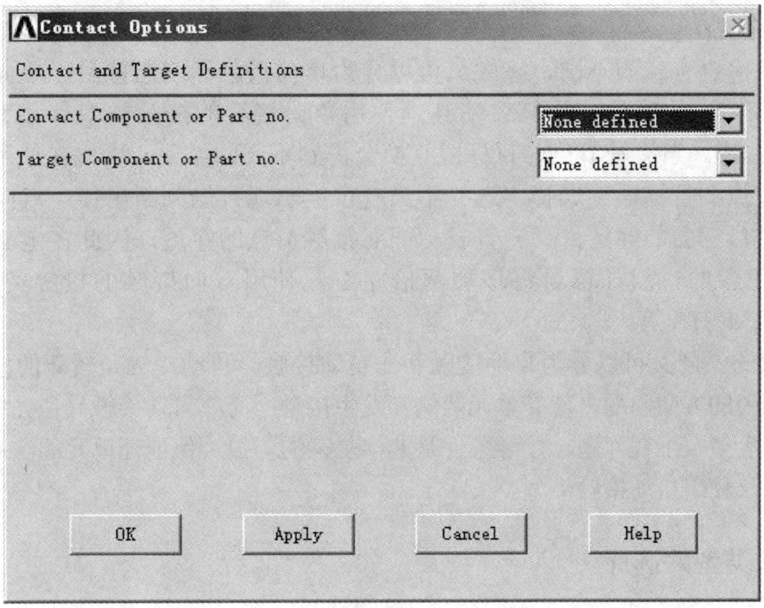

图 13-3 "接触选项"对话框

接触选项对话框的格式也不是唯一的，也与用户选择的接触类型相关，但主要功能是完成接触面和目标面的定义。通过选择组件名称或者 PART 号就可以指定接触面和目标面，如果有其他参数要求则要填入相应数值，单击"OK"按钮，完成一个接触对的定义。

13.2 接触类型

为了充分描述结构在大变形接触和动力撞击中复杂几何物体之间的相互作用，在 ANSYS/LS-DYNA 中定义了 21 种接触类型供用户选择，见表 13-1。

表 13-1 接触分类

接触选项 \ 接触类型	单面接触（Single Surface）	点-面接触（Nodes to Surface）	面-面接触（Surface to Surface）
普通接触（General）	SS（Single Surf）	NTS（General）	STS（General）、OSTS（one-Way）
自动接触（Automatic）	ASSC（Automatic）AG（Auto General）	ANTS（Automatic）	ASTS（Automatic）
刚性体接触（Rigid）		RNTR（Rigid）	ROTR（Rigid）
固连接触（Tied）		TDNS（Tied）	TOSS（Tied）
固连断开（Tied with Failure）		TNTS（Tied/Fail）	TSTS（Tied/Fail）
侵蚀接触（Eroding）	ESS（Eroding）	ENTS（Eroding）	
单边接触（Edge）	SE（Edge）		
压延筋接触（Drawbead）		DRAWBEAD	
成型接触（Forming）		FNTS（Forming）	FSTS、FOSS

表 13-1 是按照接触类型（表中"列"所示）和接触选项（表中"行"所示）对接触的分类，表中英文缩写与图 13-2 接触定义对话框中的选项是一一对应的。例如，ASTS 表示"自动面-面"接触。

按照接触检查方式的不同，接触又可以分为单向接触和双向接触。单向接触只检查接触节点对目标面的穿透，计算效率高，使用单向接触的接触类型有 NTS、ANTS、FNTS、ENTS 等。当接触节点与目标面互换会得到不同的结果，因此在使用单向接触时要注意接触节点和目标面的选择，选择不当有可能出现接触判断出错；双向接触则既检查接触节点对目标面的穿透，又检查目标面对接触节点的穿透，因此在定义接触节点和目标面时是任意的，但计算量将增加两倍左右，使用双向接触的接触类型有 STS、ASTS、FSTS、ESTS 等。

按照算法的不同又可以分为自动接触和非自动接触。自动接触是较新的接触类型，主要针对壳单元中的方向问题，使壳单元两侧都发生接触；而非自动接触只在壳单元的法线方向发生。对于大多数工程问题，接触条件是非常复杂的，很难保证壳单元的法向与接触方向一致，所以建议使用自动接触类型。

13.2.1 接触类型的选择

从表 13-1 可知，在 ANSYS/LS-DYNA 程序中主要有单面接触、点-面接触和面-面接触三种基本接触类型。

1. 单面接触

单面接触适用于一个物体表面的自身接触或者它与另一物体表面接触。单面接触中，程序将自动判定模型中发生接触的表面位置。因此，单面接触的定义最简单，无需定义接触面和目标面。

一旦选择并定义了单面接触，在计算中允许一个模型的所有表面都可能发生接触，这对于预先不知道接触表面的自身接触或者大变形问题很有用处。许多碰撞和撞坏事故的动力学问题都需要单面接触，而且较少地增加计算时间。

2. 点-面接触

定义点-面接触时，接触节点将穿透目标表面，常用于一般两个表面间的接触。例如，在压延筋接触中，"筋"总是定义为节点接触表面，坯料总是定义为目标表面。

3. 面-面接触

当一个物体的表面穿透另一个物体的表面时常定义面-面接触，而且对于形状任意、接触面积相对较大的物体接触比较适合。这类接触对于物体之间有大量相对滑动的情况很有效。例如，块体在平板上滑动、球在槽内滑动等。

13.2.2 接触选项的选择

上述接触类型有 3 项，每一项又包括多个接触选项。用户在定义了接触类型后，要进一步指定接触选项。各接触选项的特点如下。

1. 普通接触和自动接触

普通接触的算法最简单、速度很快且可靠性高，因此使用范围较广，可用于点-面接触、面-面接触两种类型。该类型只需设定接触表面的方向，即关心某一个面的哪一边有实体，哪一边没有。对于实体单元，程序自动设定表面方向；对于壳单元用户要自行设定表面方向。

自动接触也是使用最广泛的一类定义，也是推荐使用的接触类型。它的优点在于程序将自动确定壳单元接触表面的方向，但通常需要用户限制搜索深度。

2. 侵蚀接触

侵蚀接触用在一个或者两个表面的单元在接触时发生材料失效、但接触依旧在剩余的单元中继续进行的情况，也可用于实体单元表面发生失效、贯穿的问题。需要用户给出相应的附加输入。

3. 刚性体接触

刚性体接触与普通接触 NTS 和 OSTS 大致相同，区别在于采用一条用户定义的"力-挠度"曲线来防止侵透。典型应用于多个刚性体互相接触，可以包括能量吸收而无需用变形单元建模，不能用于变形体的接触定义。需要用户给出相应的附加输入。

4. 固连断开和固连接触

固连接触通常用于接触节点和目标面"胶合"在一起。初始状态时，接触和目标两个表面必须共面。要模拟的效果是目标表面可以变形，而接触表面或者节点将追随其变形。定义固连接触时，粗网格的物体需定义为目标表面。需要特别说明的是，只有平移自由度才会受到固连接触的作用。

固连断开与固连接触的区别在于接触节点（或者表面）达到在失效准则前与目标表面固连在一起，达到失效准则后，允许接触节点（表面）与目标表面产生相对滑动甚至分离。这个特点适用于模拟焊点和螺钉连接。同为固连断开接触，点-面接触（TNTS）和面-面接触（TSTS）的失效依据是不同的，前者为失效力，后者为失效应力。上述参数的定义也需要用户通过附加输入给出。

5. 单边接触、压延筋和成形接触

单边接触、压延筋和成形接触一般用于金属成形的模拟过程中。

单边接触发生在垂直于壳单元表面法向方向的接触中，常用于薄板成型。

压延筋接触用于金属成型工艺，在深拉和冲压模拟中，坯料与模具表面的接触会发生脱离现象，使用压延筋接触有效控制坯料的约束，保证坯料在压延筋整个长度上保持接触。

成形接触基于自动接触类型的算法，可靠性较好。常用于金属成型分析，通常冲头和模具定义为目标面，工件定义为接触面。

13.3 摩擦问题

ANSYS/LS-DYNA 的接触摩擦基于库仑公式，摩擦系数 μ_c 定义为：

$$\mu_c = F_D + (F_S - F_D)e^{-DC \cdot V_{rel}} \tag{13-1}$$

式中，F_S 为静摩擦系数；F_D 为动摩擦系数；DC 为指数衰减系数；V_{rel} 为接触面间的相对速度。

13.3.1 摩擦系数的定义

由式（13-1）可知，摩擦系数的定义包括：静摩擦系数（Static Friction Coefficient），用 F_S 表示；动摩擦系数（Dynamic Friction Coefficient），用 F_D 表示；指数衰减系数（Exponential Decay Coefficient），用 DC 表示。最大摩擦力 F_{lim} 定义为：

$$F_{lim} = VC \cdot A_{cont} \tag{13-2}$$

式中，A_{cont} 为接触时接触片的面积；$VC = \dfrac{\sigma_0}{\sqrt{3}}$ 为黏性摩擦系数（Viscous Friction Coefficient），σ_0 为接触材料的屈服应力。

接触阻尼系数定义为：

$$\xi = \dfrac{VDC \cdot \xi_{crit}}{100} \tag{13-3}$$

式中，VDC 为黏性阻尼系数（Viscous Damping Coefficient），如取值 20；$\xi_{crit} = 2m\omega$ 为临界阻尼系数，m 为质量，ω 为接触片的固有频率，由程序自动计算。

因此，摩擦系数相关参数的确定，需要用户根据实际问题的具体条件，设置合理的参数来仿真真实情况。

13.3.2 滑动界面能

滑动界面能与摩擦是相关的。当没有摩擦时，即没有定义摩擦系数，滑动界面能为接触弹簧保持的势能。在碰撞过程中，能量的转换应该是接触弹簧的势能转化为动能，动能转化为变形能，这个过程滑动界面能应该控制在一个很小的水平以内。如果是纯弹性碰撞，滑动界面能完全转化为动能；如果是弹塑性碰撞，滑动界面能应完全转化为动能和应变能。当考虑摩擦时，接触界面的法向有滑动界面能，切向产生摩擦能。

通过监测和控制滑动界面能可以判断接触的定义是否合适。一般的，当滑动界面能出现负值的情况时，用户可以从两个方面寻找原因：一是搜索方式造成的计算上的问题，可以通过接触界面（相关介绍在后面讲述）的相关参数进行控制；二是初始穿透问题，有限元模型建立过程中产生的节点或者界面之间相互干涉，在初始检查时程序进行自动修正将导致负的滑动界面能。

13.3.3 初始穿透

初始穿透将导致滑动界面能出现负值，但同时并不能完全修正初始干涉问题。因此需要用户适当加以控制，方法有以下 3 种。

① 在建立模型过程中避免出现节点、界面等部分的相互干涉，消除初始渗透。
② 对于较小的初始渗透，通过控制接触厚度来消除。
③ 通过相关参数的控制，忽略初始渗透。

13.4 附加输入参数

对于侵蚀接触、刚性体接触、固连断开接触和压延筋接触等计算，还需要输入附加数据，分别以 V_1、V_2、V_3 和 V_4 来表示，这 4 个参数因不同接触类型而不同，见表 13-2。

表 13-2 附加输入参数的含义

	侵蚀接触（ENTS, ESS, ESTS）	刚性体接触（RNTR, ROTR）	固连断开接触		压延筋接触
			TSTS	TNTS	
V_1	边界对称条件选项，决定当单元失效时沿一个表面是否依旧保持对称性	力-挠度曲线号	拉伸失效应力 NFLF	拉伸失效力 NFLF	载荷曲线号，压延筋位移函数的约束力的弯曲分量
V_2	内部侵蚀选项，决定当外表面发生失效时沿哪表面是否接着发生侵蚀	刚性体接触时力计算方法类型选项	剪切失效应力 SFLF，其失效准则为 $\left(\dfrac{|\sigma_n|}{\text{NFLF}}\right)^2 + \left(\dfrac{|\sigma_s|}{\text{SFLF}}\right)^2 \geq 1$	剪切失效力 SFLF	第二条载荷曲线号压延筋位移函数的法向约束力
V_3	相邻材料选择，决定当沿着自由表面发生侵蚀时是否包括实体单元面	卸载刚度值	相邻材料选择，决定沿着自由表面发生侵蚀时是否包括实体单元面	法向力指数 NEN	压延筋深度

续表

	侵蚀接触 (ENTS, ESS, ESTS)	刚性体接触 (RNTR, ROTR)	固连断开接触	压延筋接触
V_4			剪切力指数 MES 其失效准则为 $\left(\dfrac{\|f_n\|}{NFLF}\right)^{NEN}+\left(\dfrac{\|f_s\|}{SFLF}\right)^{MES}\geqslant 1$	压延筋等距积分点数

13.5 接触界面的控制

ANSYS/LS-DYNA 中没有接触单元的定义，因此无法显示接触定义的状态。但用户在求解之前必须检查已经定义的接触界面，可以采用如下方法实现。

命令格式：EDCLIST, NUM

菜单操作：Main Menu>Preprocessor>LS-DYNA Options>Contact>List Entities

执行上述操作后，窗口将列出所有被定义的接触实体和给定的摩擦参数。

一旦定义好模型的接触界面以后，可以使用 EDCONTACT 命令对接触算法作进一步的控制，控制选项包括接触刚度、接触搜索方式、接触深度、壳单元深度和接触段节点号顺序的自动定向。实现方式如下。

命令格式：EDCONTACT, SFSI, RWPN, IPCK, SHTK, PENO, STCC, ORIE, CSPC, PENCHK

菜单操作：Main Menu>Preprocessor>LS-DYNA Options>Contact>Advanced Controls

打开"Advanced Controls"（接触界面高级控制）对话框，各选项含义如图 13-4 所示。

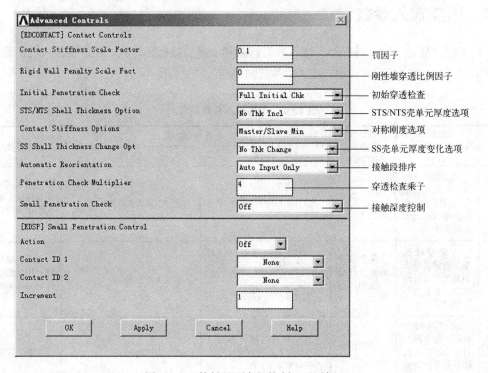

图 13-4 "接触界面高级控制"对话框

13.5.1　接触刚度的控制

接触刚度的控制有两种方式：罚因子（Contact Stiffness Factor），以 SFSI 表示；对称刚度（Contact Stiffness Option），以 PENO 表示。

前面已经提到 ANSYS/LS-DYNA 的默认算法是对称罚函数法，其物理意义相当于在接触节点和目标面之间引入"弹性弹簧"来建立接触刚度。接触力等于接触刚度和穿透量的乘积来定义。接触刚度与接触体的相对刚度有关，体单元和壳单元的定义略有不同，但都与罚因子相关，罚因子默认为 0.1，大多数情况下可以提供良好的计算结果。

当两接触体材料性质或者单元大小存在巨大差异时，将引起接触面与目标面接触应力不匹配，此时使用对称刚度控制，选项有以下 5 种。

Master/Slave Min：采用接触节点/目标面最小接触刚度值，默认选项。

Master Seg Stiff：采用目标面接触刚度值。

Slave Node Value：采用接触节点接触刚度值。

Weighted Slave：采用面或者质量加权接触节点接触刚度值。

Inverse Proport：采用与壳厚度成反比的接触节点接触刚度值（一般不建议使用）。

上述第 4 或者 5 选项常用于金属成形过程的计算。

13.5.2　初始穿透检查

初始穿透检查（Initial Penetration Check），以 IPCK 表示，它是在求解之前程序对有限元模型节点或者接触界面进行初始穿透的检查，选项有以下两个。

No checking：不进行初始穿透的检查，是避免初始穿透造成滑动界面能出现负值而采用的方法之一。

Full Initial Chk：执行初始穿透的检查，是默认选项。

13.5.3　接触深度控制

接触深度控制（Small Penetration Check），以 PENCHK 表示，它常用于 STS、NTS、OSTS、TNTS 和 TSTS 中，选项有以下 3 个。

Off：接触深度控制关闭，是默认选项。

On：接触深度控制打开，穿透深度由单元厚度自动限制。通过穿透检查乘子（Penetration Check Multiplier），以 CSPC 表示，控制最大穿透深度，默认取值 4.0。

Shortest Diag Ck：接触深度控制打开，取值为单元最小对角线长度。

13.5.4　接触段自动排序

接触段自动排序（Automatic Reorientation），以 ORIE 表示，实现接触段的自动排序，选项有以下 3 个。

Auto Input Only：初始化时，对接触段自动排序定位，使其外法线指向外，保证计算准确，是默认选项。

Manual and Auto：对用 PART 号定义的接触面，初始化时自动进行接触段排序定位，其余由手工实现。

Do not Reorient：完全由手工排序定位。

13.5.5 壳单元厚度的控制

壳单元通过实常数的定义给定单元的厚度，这是物理概念上的厚度，直接影响单元的质量和刚度，但单元厚度与接触厚度是不一样的。如图 13-4 所示，壳单元接触厚度的控制由两个下拉列表实现。

（1）STS/NTS 壳单元厚度的控制

STS/NTS 壳单元厚度下拉列表"STS/NTS Shell Thickness Option"（以 SHTK 表示），用于定义面-面接触和点-面接触条件下，考虑壳单元厚度对接触的影响，选项有以下 3 个。

No Thk Incl：不考虑单元厚度，是默认选项。

Thk Incl：变形体和刚体壳单元厚度都考虑。

Thk Incl Exc-Rgd：考虑变形体壳单元厚度，不考虑刚性体壳单元厚度。

（2）SS 壳单元厚度的控制

SS 壳单元厚度下拉列表"SS Shell Thickness Change Opt"（以 STCC 表示），用于控制单面接触条件下，壳单元厚度变化对接触的影响，选项有以下两个。

No Thk Change：不考虑壳单元厚度变化，是默认选项。

Thk Change Incl：考虑壳单元厚度变化。

练习题

（1）区别接触面和目标面的概念？
（2）如何定义组件？定义接触的步骤是怎么样的？
（3）ANSYS/LS-DYNA 定义的接触类型有几种？分别适合什么情况选用？
（4）关于摩擦问题，需要注意什么问题？如何避免初始穿透？
（5）接触界面控制参数的含义各是什么？如何适当选择？

第 14 章 加载、求解与后处理

本章包括三部分内容：第 1 部分介绍在 ANSYS/LS-DYNA 模块中实现载荷定义与施加、边界条件约束、初始条件的定义等与模型载荷有关的内容；第 2 部分介绍求解所必需的一些控制参数和处理方法、求解过程的监测和控制，以及重启动问题的应用等；第 3 部分主要介绍应用时间历程后处理器观察 ANSYS/LS-DYNA 模块的分析结果。

14.1 加载

这里的加载是广泛意义上的，包括 ANSYS/LS-DYNA 模块中一般载荷的定义和施加、约束的施加、初始条件的给定和点焊的定义。ANSYS/LS-DYNA 中的所有载荷都是与时间相关的，因此需要通过数组的方式来实现载荷的定义。

14.1.1 数组的定义

用于定义载荷的数组应该是两个：一个定义为时间数组，为一组时间数据；另一个定义为载荷值，数值个数与时间数组一一对应。两个数组的定义过程是一样的，下面以时间数组为例加以说明。

依次选择 Utility Menu>Parameters>Array Parameters>Define/Edit，在打开的"Array Paranater"（添加数组）对话框上单击"Add"按钮，如图 14-1 所示。

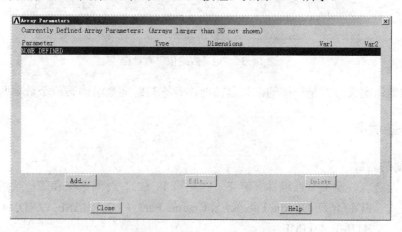

图 14-1 "添加数组"对话框

在后续打开的"Add New Array Parameter"（定义数组）对话框上，如图 14-2 所示，给定数组的名称、数组的维数及每一维的数值个数。单击"OK"按钮返回到如图 14-1 所示的对话框，其上就会显示已经定义了的数组名称，选择要编辑的数组，单击"Edit"按钮，打开如图 14-3 所示的"Array Parameter TIME"（定义数组值）对话框，给出了一个一维含有 5 个数值的数组的定义。定义完成后，选择 File 菜单中的"Apply"选项进行保存，然后编辑其他数组或者退出。

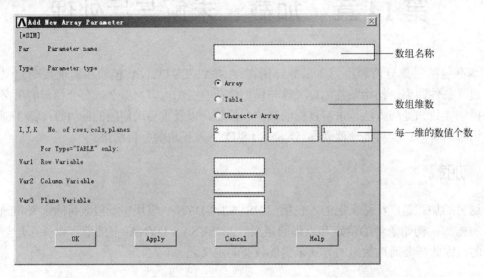

图 14-2 "定义数组"对话框

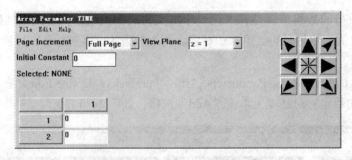

图 14-3 "定义数组值"对话框

载荷的数组定义过程是一样的，只是需要注意它与时间数组的数值个数要匹配。

14.1.2 一般载荷

1．载荷的施加

施加载荷之前要定义节点组件（定义过程见第 12 章）、时间数组和载荷数组。

命令格式：EDLOAD, Option, Lab, KEY, Cname, Par1, Par2, PHASE, LCID, SCALE, BTIME, DTIME

菜单操作：Main Menu>Preprocessor>LS-DYNA Options>Loading Options>Specify Loads
Main Menu>Solution>Loading Options>Specify Loads

打开如图 14-4 所示的"Specify Loads for LS-DYNA Explicit"（载荷施加）对话框。其中，"Load Options"选项有施加、查看和删除载荷；"Load Label"选项列出了所有载荷的类型，根据需要进行选择；"Component name or PART number"选项指定要施加载荷的组件名称或者 PART 编号，一般是用户已经定义，则相应的组件名称或 PART 编号就可以从这里选择；"Parameter name for time values"选项用于指定时间数组；"Parameter name for data values"选项用于指定载荷数组；"Load curve ID"选项用于给定载荷曲线编号。

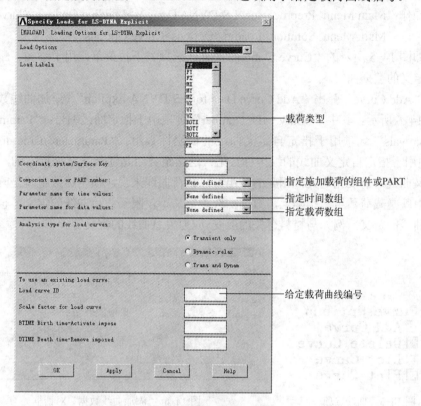

图 14-4 "载荷施加"对话框

对于用户定义的节点组件，以下载荷类型是可以选择使用的。

力：FX，FY，FZ。

力矩：MX，MY，MZ。

位移：UX，UY，UZ。

转动：ROTX，ROTY，ROTZ。

速度：VX，VY，VZ。

节点加速度：AX，AY，AZ。

体加速度：ACLX，ACLY，ACLZ。

角速度：OMGX，OMGY，OMGZ。

对于载荷类型中的"PRESS"选项，用户必须定义单元组件，并把相应的压力载荷施加到单元组件上才有效。

2．载荷曲线的定义和绘制

在施加载荷过程中，载荷大小的定义可以通过两种方式在施加过程中体现：一是直接通过选择时间数组和载荷数组来体现载荷；二是通过指定载荷曲线的编号。

如果把时间数组作为横坐标，载荷数组作为纵坐标，就可以得到一条曲线来表达一定时间域内载荷的变化过程。ANSYS/LS-DYNA 允许用户通过自定义的时间数组和载荷数组来定义载荷曲线，方法如下。

命令格式：EDCURVE, Option, LCID, Par1, Par2

菜单操作：Main Menu>Preprocessor>LS-DYNA Options>Loading Options>Curve Options

　　　　　Main Menu>Solution>Loading Options>Curve Options

打开如图 14-5 所示的"Curve Options"（曲线选项）下拉菜单，用于添加、删除、列表和绘制自定义的数据曲线。

单击"Add Curve"弹出"Add Curve Data for LS-DYNA Explicit"（添加曲线数据）对话框，如图 14-6 所示。其中，"Curve ID Number"选项用于指定曲线编号；"Parameter name for abscissa vals"选项用于指定自定义曲线的横坐标数组；"Parameter name for ordinate vals"选项用于指定自定义曲线的纵坐标数组；这两组数组是通过选择来指定的，因此要求用户在定义曲线之前要先定义好相应的数组，以载荷曲线来说，横坐标数组就是时间数组，纵坐标数组就是载荷数组。实际上，数据曲线的定义不仅限于载荷曲线的定义，也可以用于其他数据曲线的定义，例如与材料有关的应变-应力关系曲线的定义等。

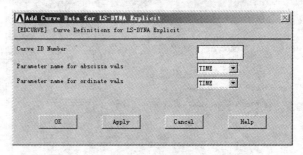

图 14-5　曲线选项　　　　　图 14-6　"添加曲线数据"对话框

一般的，数据曲线定义以后，用户应该将其绘制出来以便于检查定义是否正确，有无失误。

命令格式：EDPL, LDNUM

菜单操作：Main Menu>Preprocessor>LS-DYNA Options>Loading Options>Curve Options>Plot Curve

　　　　　Main Menu>Solution>Loading Options>Curve Options>Plot Curve

打开如图 14-7 所示的"Plot Curve Data for LS-DYNA Explicit"（曲线绘制）对话框，给出曲线的编号，这个编号应该是在曲线定义中用户指定的编号，单击"OK"按钮，图形窗口将以二维坐标图形式显示相应的曲线。

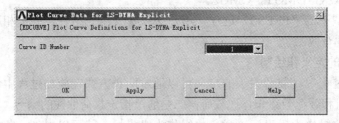

图 14-7　"曲线绘制"对话框

14.1.3 约束

ANSYS/LS-DYNA 的约束一般是指零约束,即自由度为零的边界条件,使用 D 命令来实现。而非零约束归入到一般载荷那样进行处理。

菜单操作:Main Menu>Preprocessor>LS-DYNA Options>Constraints>Apply

Main Menu>Solution> Constraints>Apply

打开如图 14-8 所示的 "Apply" 施加约束下拉菜单,其中 "On Lines"、"On Areas" 和 "On Nodes" 选项用于在有限元模型直接选择施加约束的直线、面或者节点,施加过程和方法与前面讲述的 ANSYS 是相同的。选择了施加对象之后,程序自动施加零约束,施加在线或面上的约束也自动移植到相应节点上。

1. 转动约束

如图 14-8 所示,选择 "Apply" 下拉菜单中的 "Rotated Nodal",或者通过命令格式施加转动节点的约束。

命令格式:EDNROT, Option, CID, Cname, DOF1, DOF2, DOF3, DOF4, DOF5, DOF6

菜单操作:Main Menu>Preprocessor>LS-DYNA Options>Constraints>Apply>Rotated Nodal

Main Menu>Solution>Loading Options> Constraints>Apply>Rotated Nodal

打开如图 14-9 所示的 "Apply rotated nodal constraint"(施加转动节点约束)对话框,

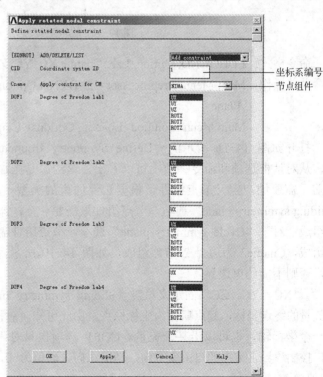

图 14-8　约束施加选项　　　　图 14-9　"施加转动节点约束" 对话框

从对话框选项和命令参数上可以看出,该约束施加在节点上,并且与坐标系统相关。因此在施加约束之前,需要用户定义局部坐标系并给定相应编号,定义要施加约束的节点组件。可以约束的自由度有3向平移和3向旋转,即 UX、UY、UZ、ROTX、ROTY、ROTZ。

2. 对称边界的约束

选择 Apply 对话框中的"Symm Bndry Plane",或者通过命令格式施加对称边界的约束。对称边界的约束分两种:一是 Sliding symmetry,即普通意义上的对称约束,例如,选择一个平板的二分之一为研究对象,那么某一条边即为对称边,在这条边上施加对称边界约束,其上的所有节点只在沿边界法向上有位移,其他自由度为零;二是 Cycle symmetry,即循环对称边界,如图 14-10 所示。

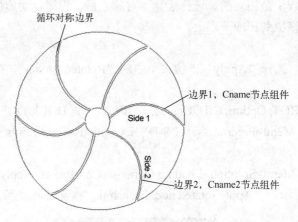

图 14-10 循环对称边界

命令格式:EDBOUND, Option, Lab, Cname, XC, YC, ZC, Cname2, COPT
菜单操作:Main Menu>Preprocessor>LS-DYNA Options>Constraints>Apply>Symm Bndry
　　　　　Plane
　　　　　Main Menu>Solution>Loading Options> Constraints>Apply>Symm Bndry Plane

打开如图 14-11 所示的"Define Symmetry Boundary Plane"(对称边界约束)对话框,从对话框选项和命令参数上可以看出,该约束是施加在节点上的,因此,在施加约束之前,需要用户定义节点组件。根据边界约束的类型不同,定义不同的节点组件。对于"Sliding symmetry plane"选项,节点组件只需要一个,即 Cname,由要施加约束的边界节点组成;对于"Cycle symmetry plane"选项,节点组件需要定义两个,Cname 为边界1节点组成,Cname2 为边界2节点组成,如图 14-10 所示,这两个节点组件的节点数目要一致,否则不能约束边界。

"XC,YC,ZC"的定义只对"Sliding symmetry plane"选项有效,代表对称边界法向矢量的终点坐标,起点默认为坐标原点。由此可知,对称边界的定义是任意的,可以是沿某一个坐标轴,也可以沿某一矢量。COPT 选项也只对"Sliding symmetry plane"选项有效,控制边界上节点的自由度方向,是沿法向(取值为 0,默认值)有位移还是沿某一矢量(取值为1)有位移。

3. 无反射边界的约束

选择 Apply 对话框上的"Non-Refl Bndry",或者通过命令格式施加无反射边界的约束。无反射边界一般定义在实体 SOLID164 单元划分的无限大区域模型的外表面，比较典型的应用是地质力学中控制模型的尺寸。例如，对于有限大小的半空间模型，无反射边界的约束用于防止边界上产生虚假应力，以致对模型和结果的影响。

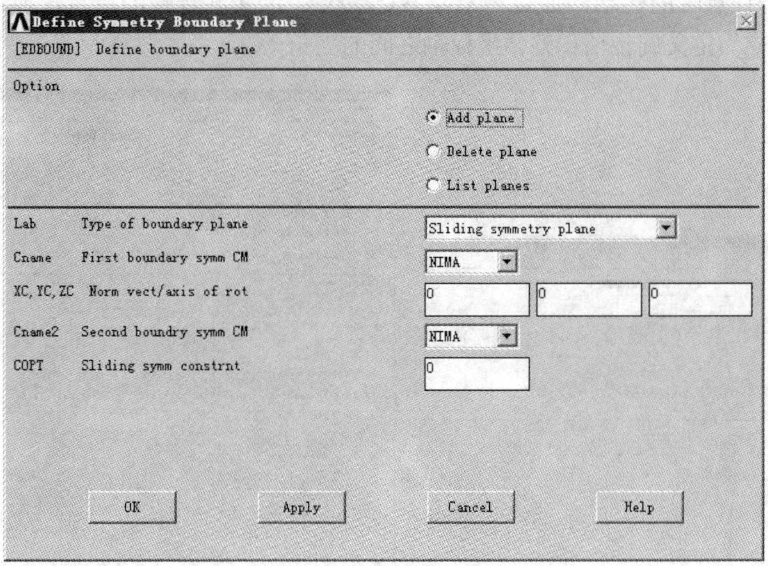

图 14-11 "对称边界约束"对话框

命令格式：EDNB, Option, Cname, AD, AS

菜单操作：Main Menu>Preprocessor>LS-DYNA Options>Constraints>Apply> Non-Refl Bndry

Main Menu>Solution>Loading Options>Constraints>Apply> Non-Refl Bndry

14.1.4 初始条件

一般的，动态分析求解需要定义初始条件，即定义初始线速度和角速度。初始条件也是定义在节点上的，因此要先定义需施加初始速度的模型的节点组件。

命令格式：EDVEL, Option, Cname, VX, VY, VZ, OMEGAX, OMEGAY, OMEGAZ, XC, YC, ZC, ANGX, ANGY, ANGZ

菜单操作：Main Menu>Preprocessor>LS-DYNA Options> Initial Velocity>On Nodes>w/Nodal Rotate

Main Menu>Solution>Loading Options> Initial Velocity>On Nodes>w/Nodal Rotate

Main Menu>Preprocessor>LS-DYNA Options> Initial Velocity>On Nodes>w/Axial Rotate

Main Menu>Solution>Loading Options> Initial Velocity>On Nodes>w/Axial Rotate

菜单操作的前两个路径将打开如图 14-12（a）所示的"Input Velocity"对话框，后两个路径打开如图 14-12（b）所示的"Generate Velocity"对话框。这两个对话框都可以实现对节点组件初始速度的定义，但又略有不同。Input Velocity 对话框只能定义在整体笛卡儿坐标系下沿坐标系的平动和绕轴转动；Generate Velocity 对话框可以实现相对于整体笛卡儿坐标系的平动和绕任意轴的转动，通过"XC，YC，ZC"定义旋转轴的原点，通过"ANGX，ANGY，ANGZ"定义旋转轴和整体坐标轴之间的夹角。

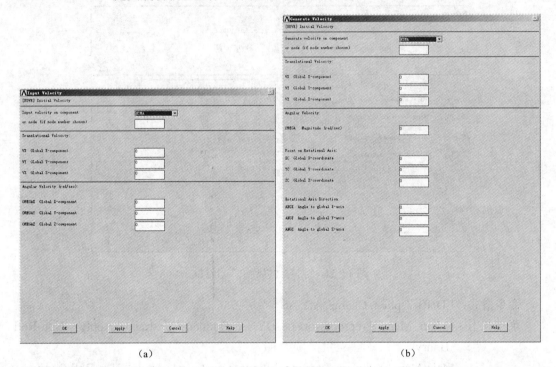

图 14-12 初始速度的施加

14.1.5 点焊

点焊类似于在两个节点之间建立约束方程的处理。低版本的 ANSYS/LS-DYNA 只允许建立无质量的、刚性的点焊，要求点焊之间的两个节点必须不重合，且没有任何其他约束。

命令格式：EDWELD, Option, NWELD, N1, N2, SN, SS, EXPN, EXPS

菜单操作：Main Menu>Preprocessor>LS-DYNA Options>Spotweld>Massless Spotwld

上述操作要求用户直接在图形窗口选择两个节点，即需要建立点焊的两点，然后打开如图 14-13 所示的"Create Spotweld between nodes"（点焊定义）对话框，"Spotweld reference number"（点焊编号）是用户给定的建立的点焊节点对的编号，用户一旦选择了两个节点建立点焊，相应的节点编号就会显示在对话框中；"Shear force at failure"（点焊失效条件）是由失效准则 $\left(\dfrac{|f_n|}{S_n}\right)^{\exp n} + \left(\dfrac{|f_s|}{S_s}\right)^{\exp s} \geqslant 1$ 的 4 个参数来控制的。其中，S_n 为法向失效力；S_s 为剪切失效力；$\exp n$ 和 $\exp s$ 分别为法向、剪切点焊力的指数。

第 14 章 加载、求解与后处理　　315

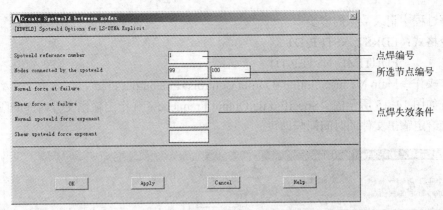

图 14-13 "点焊定义"对话框

14.2 求解控制

在完成实体模型和有限元模型建立之后，定义接触、给定约束、载荷和相应的初始条件，还需要对求解的一些参数进行设置，才可以开始求解。

14.2.1 基本求解控制

基本求解控制包括计算终止时间、输出文件的时间间隔，以及壳单元和梁单元输出的积分点数。其中计算终止时间是必须给出的参数，否则求解无法进行。

1．计算终止时间

计算终止时间即用户要对模型进行计算的时间。时间定义的不同模拟的阶段也不同，一般的，用户是对关注的模型运动变形的整个过程进行分析和计算。

命令格式：TIME, Time

菜单操作：Main Menu>Solution>Time Controls>Solution Time

打开如图 14-14 所示的"Solution Time for LS-DYNA Explicit"（指定计算时间）对话框，直接给定时间数值即可。

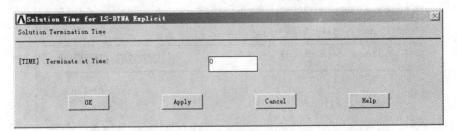

图 14-14 "指定计算时间"对话框

2．结果文件的时间间隔

ANSYS/LS-DYNA 的结果文件包括后缀为".rst"和".his"的两种文件。前者用于POST1 后处理，观察总体结构的变形图形、应力或者应变的分布；后者用于 POST26 绘制节点和单元数据的时间历程曲线。二者都是二进制文件。给定这两个结果文件的时间间隔，即在求解过程中记录数据的多少。

命令格式：EDRST, NSTEP, DT
　　　　　EDHTIME, NSTEP, DT

菜单操作：Main Menu>Solution>Output Controls>File output Freq

打开如图 14-15 所示的"Specify File Output Frequency"（指定输出文件时间间隔）对话框，直接给定输出文件的时间间隔即可。

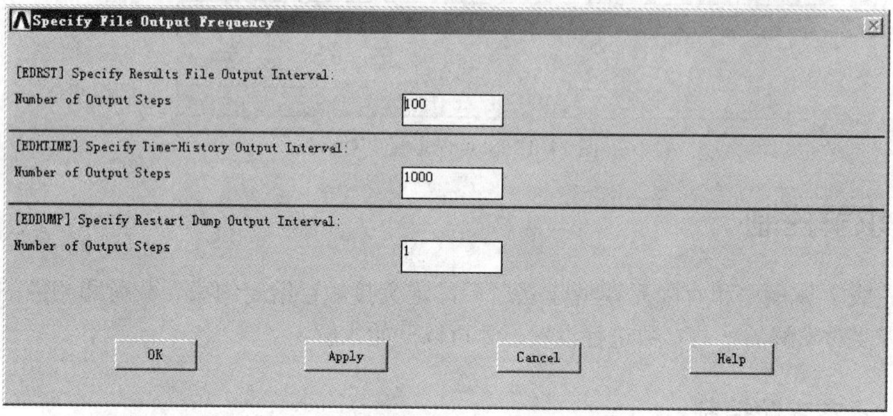

图 14-15 "指定输出文件时间间隔"对话框

需要说明的是，用户要事先定义要绘制时间历程曲线的节点或者单元组件，也就是将关注部分定义为组件，然后指定将其导入到".his"文件。在计算完成之后，才可以查看和绘制相应部分的曲线。组件数目的定义没有限制，可以重复定义多个。

命令格式：EDHIST, Comp

菜单操作：Main Menu>Solution>Output Controls>Select Component

打开如图 14-16 所示的"Select Component for Time-History Output"（指定组件记入结果文件）对话框，选择已定义的节点或者单元组件，重复操作指定多个组件，将结果导入到时间历程文件。

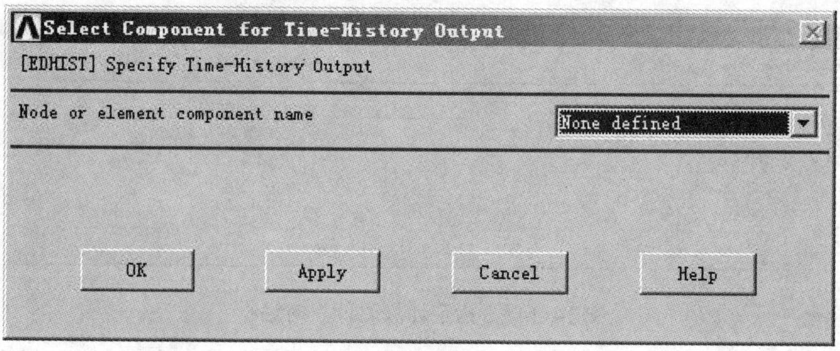

图 14-16 "指定组件记入结果文件"对话框

3. 输出积分点数

对于显式分析的壳单元和梁单元，允许用户控制输出多少个积分点数的计算结果。

命令格式：EDINT, SHELLIP, BEAMIP

第 14 章 加载、求解与后处理　　317

菜单操作：Main Menu>Solution>Output Controls>Integ Pt Storage

打开如图 14-17 所示的"Specify Integration Point Storage"（指定输出积分点数）对话框，可以分别给出壳单元和梁单元要输出结果的积分点数，默认值分别为"3"和"4"。壳单元和梁单元的积分点数是在实常数中定义的，对于壳单元积分点数为"1"或者"2"时，输出的积分点数一般取默认值"3"。

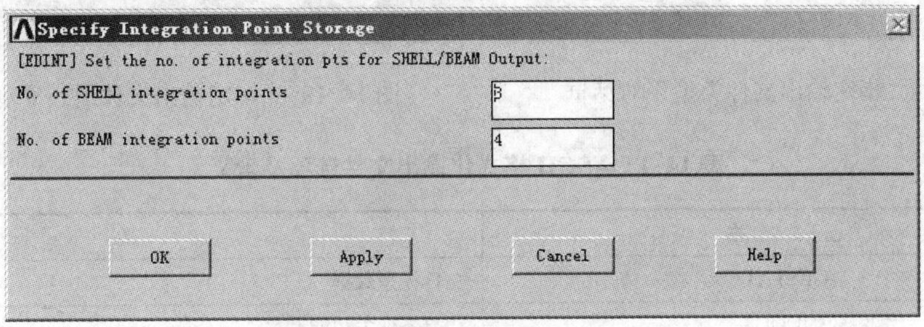

图 14-17 "指定输出积分点数"对话框

对于没有使用壳单元或者梁单元的模型不必设置此项。

14.2.2 输出文件控制

计算分析的最终目的是得到相应的结果，用户可以通过控制输出文件，得到不同需要的结果文件。因此，要求用户在求解之前就应该明确对分析结果的需求，以便进行相应的控制。

1. 二进制输出文件

ANSYS/LS-DYNA 程序既可以连接 ANSYS 后处理器也可以连接 LS-DYNA 公司的后处理器，两种后处理器虽然都使用二进制文件，但要求的文件形式是不同的，前者的结果文件是".rst"和".his"为后缀，后者的结果文件为"d3plot"和"d3thdt"为后缀。

用户可以控制输出哪两种二进制文件，即用于 ANSYS、用于 LS-DYNA 或者二者都可以用。

命令格式：EDOPT, Option, --, Value

菜单操作：Main Menu>Solution>Output Controls>Output File Type

打开如图 14-18 所示的"Specify Output File Types for LS-DYNA Solver"（指定输出文件类型）对话框，选择 ANSYS 输出".rst"和".his"，选择 LS-DYNA 输出"d3plot"和"d3thdt"，选择 ANSYS and LS-DYNA 输出两种形式的结果文件。

2. ASCII 格式化输出文件

ANSYS/LS-DYNA 可以选择输出有关分析各种特定信息的 ASCII 格式化输出文件。

命令格式：EDOUT, Option

菜单操作：Main Menu>Solution>Output Controls>ASCII output

打开如图 14-19 所示的"ASCII Output"（指定输出文件形式）对话框，选择相应的文件名称，如果选择 Write ALL files 即输出所有 ASCII 文件。ASCII 格式化输出文件选项及含义见表 14-1。

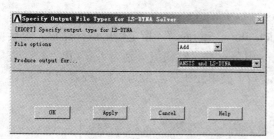
图 14-18 "指定输出文件类型"对话框

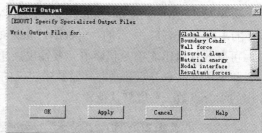
图 14-19 "指定输出文件形式"对话框

表 14-1 ASCII 格式化输出文件选项及含义

选 项 名 称	含 义
GLSTAT	总体模型数据
BNDOUT	边界条件力和能量
RWFORC	刚性墙力
DEFORC	离散单元力
MATSUM	材料能量数据
NCFORC	节点界面力
RCFORC	界面合力
DEFGEO	变形几何数据
SPCFORC	单节点约束力
SWFORC	节点约束反力（点焊）
RBDOUT	刚性体数据
GCEOUT	几何接触实体
SLEOUT	滑动界面能量
JNTFORC	连接力数据
ELOUT	单元数据
NODOUT	节点数据
Write all Files	记录全部 ASCII 格式化输出文件
List file status	对所有时间历程输出列表说明
DEL OUTPUT CTRLS	删除所有 ASCII 输出说明

14.2.3 质量缩放

显式积分的最小时间步长要小于临界时间步长（在 ANSYS/LS-DYNA 中程序自动计算），这也是解法稳定的条件。最小时间步长由最小单元长度和材料的音速所决定，对于不同单元类型，二者的表达形式也不同。

以壳单元为例，如图 14-20 所示，单元 1、2、3 对应的长度分别为 l_1、l_2、l_3，则最小时间步长 Δt_{min} 为

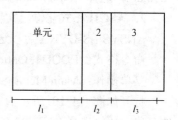
图 14-20 壳单元长度示意图

$$\Delta t_{\min} = \frac{l_{\min}}{c} \tag{14-1}$$

$$c = \sqrt{\frac{E}{(1-\nu^2)\cdot\rho}} \tag{14-2}$$

式中，c 为材料的音速；E 为弹性模量；ρ 为质量密度；ν 为泊松比。

从式（14-1）、式（14-2）可知，当给定材料特性，最小时间步长由模型中最小单元的尺寸决定，对于给定网格，最小时间步长取决于材料音速。对于一个有限元模型来说，一般认为是材料已知，那么实际控制时间步长的就是最小单元的尺寸。因此，在网格质量较差或者单元尺寸差距较大时，最小时间步长由最小单元尺寸决定，这个数值较小时将大大增加计算时间。此时，有必要适当地控制时间步长以减少计算时间，这样的控制一定程度上会影响单元的密度，所以称之为质量缩放。

仍以上述壳单元为例，当用户指定了最小时间步长时，相应 i 单元（即实际最小时间步长小于设定的最小时间步长）的质量密度 ρ_i 会有所增加，表达式为：

$$\rho_i = \frac{\Delta t_s^2 E}{l_i^2(1-\nu^2)} \tag{14-3}$$

式中，l_i 为 i 单元的长度；Δt_s 为用户指定的最小时间步长；E 为弹性模量；ν 为泊松比。

命令格式：EDCTS, DTMS, TSSFAC

菜单操作：Main Menu>Solution>Time Controls>Time Step Ctrls

打开如图 14-21 所示的"Specify Time Step Scaling for LS-DYNA Explicit"（最小时间步长设置）对话框，在"Mass scaling time step size"选项中给定最小时间步长的数值。这个数值可以为正值也可以为负值。取正值时，表示通过调整单元的密度，所有单元都具有相同的时间步长，一般用于不考虑惯性效应的条件下；取负值时，表示质量缩放只用于时间步长小于给定时间步长的单元，这个方法更有效果并推荐使用。

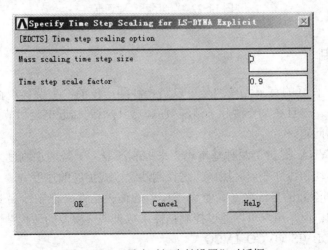

图 14-21 "最小时间步长设置"对话框

需要说明的是，质量缩放可以控制求解的时间，但并不意味着可以任意地设定实际计算时间。一般的，对于要考虑模型的惯性效应时，增加的质量要控制在 5% 之内。

14.2.4 子循环

除了应用质量缩放来控制求解时间意外，还可以通过子循环来加快分析速度。子循环，即混合积分时间。使用子循环有两个优点：一是单元大小差别很大时加快分析步伐；二是允许局部网格细化的同时不会增大罚值。

前面已经说明，当模型中单元尺寸差别较大时，相对小的单元将导致一个模型中所有单元采用小的时间步长。子循环的原理就是根据时间步长的大小把单元分为若干组，最小单元的最小时间步长将增加，对于其他较大单元组的时间步长可能是最小时间步长的数倍（具体数值根据单元的大小确定）。

命令格式：EDCSC, Key

菜单操作：Main Menu>Solution>Time Controls>Subcycling

打开如图 14-22 所示的 "Specify Subcycling Options for LS-DYNA Explicit"（子循环）对话框，将子循环选项打开即可。

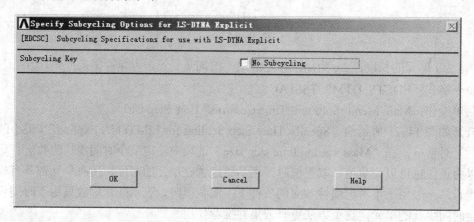

图 14-22 "子循环"对话框

14.2.5 沙漏控制

一般情况下，良好的有限元模型是可以防止沙漏产生的，主要体现在网格均匀和避免使用单点集中载荷。一旦在某点激起了沙漏效应，会传播到临近单元和节点，因此网格质量的好坏影响到沙漏问题。

ANSYS/LS-DYNA 提供了两种基本思想来控制沙漏：一是增加刚度来抵制沙漏模式，但不适用于刚体运动和线性变形区域；二是控制沙漏模式扩展的速度。

相应的，控制沙漏的方法之一，是调整模型的体积粘性来抵制沙漏变形。体积粘性是由程序自动计算的，但是用户可以通过控制粘性系数来调整模型的体积粘性。

命令格式：EDBVIS, QVCO, LVCO

菜单操作：Main Menu>Preprocessor>Material Props>Bulk Viscosity
　　　　　Main Menu>Solution>Analysis Options>Bulk Viscosity

打开如图 14-23 所示的 "Bulk Viscosity"（体积粘性系数设置）对话框，在 "Quadratic

Viscosity Coefficient"文本框中设定二次项粘性系数,默认值为 1.5;在"Linear Viscosity Coefficient"文本框中设定线性粘性系数,默认值为"0.06"。

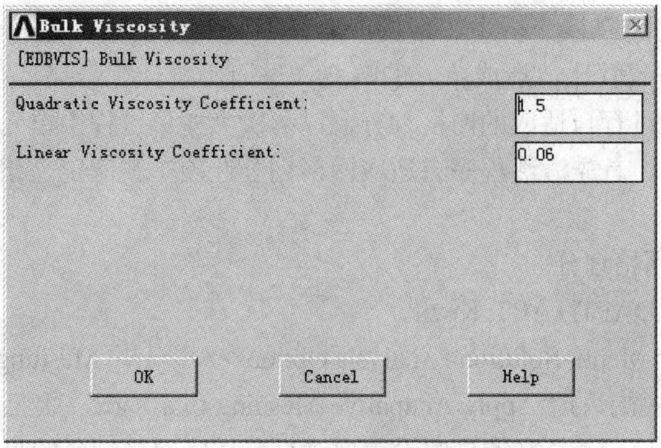

图 14-23 "体积粘性系数设置"对话框

尽管可以改变和设定体积粘性系数,但并不推荐使用这种方式,因为默认值是可以满足绝大多数分析问题的要求的,用户给定的数值对于整个模型往往会有反作用。

引起沙漏的原因在于单点积分的算法,因此避免产生沙漏的根本方法是选择单元的全积分算法,但是这会大大增加计算时间。

另外,通过增加模型的弹性刚度在一定程度上也可以抵制沙漏变形。在小位移情况,尤其是应用动力松弛时,增加弹性刚度比改变体积粘性更能有效控制沙漏。

命令格式:EDHGLS, HGCO

菜单操作:Main Menu>Preprocessor>Material Props>Hourglass Ctrls>Global
　　　　　Main Menu>Solution>Analysis Options>Hourglass Ctrls>Global

打开如图 14-24 所示的"Hourglass Controls"(沙漏控制)对话框,设定沙漏系数,默认值为 0.1。

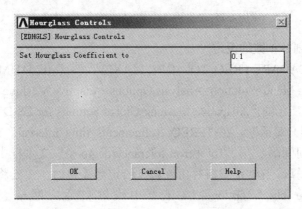

图 14-24 "沙漏控制"对话框

用户在设定沙漏系数时也应该十分小心,对于大变形问题,当数值超过 0.15,可能使模型产生过刚度响应而导致不稳定。

14.2.6 自适应网格划分

在金属成形和高速碰撞分析中，结构或者模型将发生非常大的塑性变形，导致一些单元产生不适当的纵横尺寸比，造成单元的畸变，进而影响计算结果。ANSYS/LS-DYNA 可以在求解过程中自动进行自适应的网格划分，以解决大变形过程中单元畸变问题。自适应网格划分通过两步实现，首先激活程序自适应网格划分选项，其次定义相关的自适应网格划分的参数。

1．激活自适应网格划分

命令格式：EDADAPT, PART, Key

菜单操作：Main Menu>Solution>Analysis Options>Adaptive Meshing>Apply to Part

打开如图 14-25 所示的"Apply Adapative Meshing to a Part"（激活自适应网格划分）对话框，在"Part ID Number"文本框中设置要进行自适应网格划分的 PART 编号。需要说明的是，通过该命令可以激活多个 PART，但必须针对每个 PART 都执行一次操作，而且该命令只能应用于由 SHELL163 单元组成的 PART。将"Adaptivity is"选项设置为"on"，单击"OK"按钮，完成自适应网格划分功能的激活。

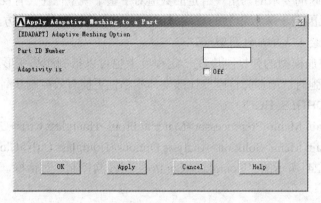

图 14-25 "激活自适应网格划分"对话框

2．自适应网格划分参数的设定

命令格式：EDCADAPT, FREQ, TOL, OPT, MAXLVL, BTIME, DTIME

菜单操作：Main Menu>Solution>Analysis Options>Adaptive Meshing>Global Settings

打开如图 14-26 所示的"Adapative Meshing Global Settings for LS-DYNA Explicit"（自适应网格划分参数设置）对话框。在"FREQ Refinements time interval"文本框中设置进行自适应网格划分的时间间隔。在"Tol Error tolerance(degrees)"文本框中指定角度容差，以"degrees"为单位计算，当单元间相对角度超过给定容差值时，单元将自动进行细化。在"OPT Angle change check option"文本框中设置自适应网格划分的方式：一是"Incrementally"，即与前一次细分网格对比角度变化；二是"From original"，即与原有网格对比角度变化。在"MAXLVL Max refinements level"文本框中设置控制网格细化的程度。例如，当取值为 1 时，一个原始单元只允许形成一个新单元；取值为 2 时，一个原始单元形成 4 个新单元；当取值为 3 时，一个原始单元形成 16 个新单元。在"BTIME Begin time for adaptivity"和"DTIME End time for adaptivity"文本框中设置控制程序在求解过程中自适应网格划分功能"打开"和"关闭"的时间。

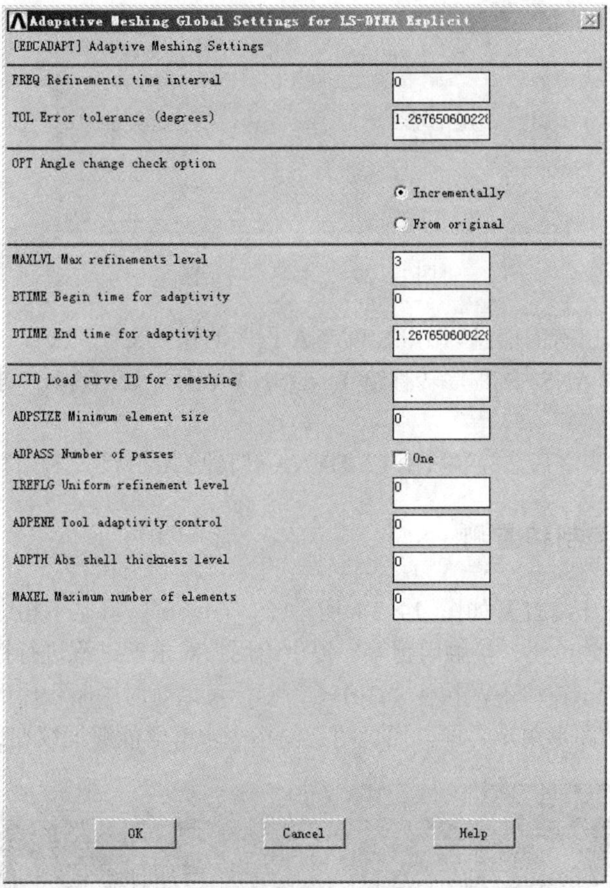

图 14-26 "自适应网格划分参数设置"对话框

14.3 求解过程控制

在完成有限元模型建立和求解的相关控制之后，用户就可以进行求解。对于求解过程，用户也可以进行控制和监测。

14.3.1 求解

命令格式：SOLVE
菜单操作：Main Menu>Solution>Solve
打开如图 14-27 所示的"Solve Current Load Step"（求解）对话框，单击"OK"按钮开始求解。

ANSYS/LS-DYNA 程序将运行以下几个步骤。
首先，头部记录，包括几何特性，都写入到相应的结果文件".rst"和".his"中。需要注意的是，这一步需要".db"文件中包含全部信息，因此在求解之前，必须运行"SAVE"命令保存数据库信息。

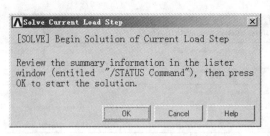

图 14-27 "求解"对话框

其次，利用全部已有的信息写出 LS-DYNA 程序的输入文件".k"。

再次，控制权由 ANSYS 程序转移给 LS-DYNA 程序。LS-DYNA 求解器将运行的结果写入到结果文件中。

最后，当求解结束之后，控制权由 LS-DYNA 转移回 ANSYS，利用其后处理观看结果。

14.3.2 求解过程控制和监测

当求解开始，程序将打开如图 14-28 所示窗口，该窗口将显示相应的求解过程信息，包括错误、警告、失效单元、接触问题等，提供给用户对求解过程进行控制和监测。

在如图 14-28 所示窗口下，按住"Ctrl+C"键，可以暂时中断程序的运行，而且不脱离 ANSYS/LS-DYNA 的图形用户界面，通过用户的指令求解器能够继续在此背景下运行。

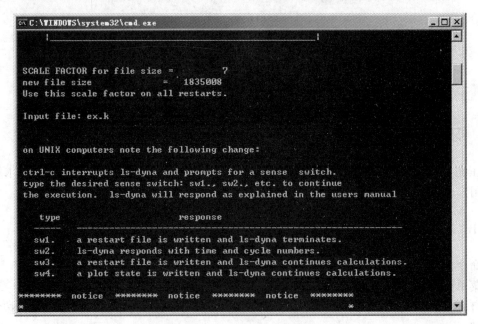

图 14-28 求解过程操作窗口

"Ctrl+C"操作中断以后，用户可以通过 4 个开关来达到不同的目的：输入"sw1"，

ANSYS/LS-DYNA 终止，并记录一个重启动文件；输入"sw2"，ANSYS/LS-DYNA 重新显示时间和循环次数，程序继续运行，方便用户了解求解的进度；输入"sw3"，ANSYS/LS-DYNA 记录一个重启动文件，并继续运行；输入"sw4"，ANSYS/LS-DYNA 记录一个结果数据组，程序继续运行。

14.3.3 重启动

当求解过程遇到人为或者意外中断，用户可以选择重启动来接续求解过程，重启动是指要进行的一个分析是前一个分析的继续。不仅如此，用户可以改变一些参数，通过重启动来实现以下目的。

① 早先的一个分析被中断，通过重启动完成整个分析。
② 早先的分析计算的时间不够长，重新给定终止时间，通过重启动完成分析。
③ 早先的分析出错，从发生错误之前的时刻进行重启动分析，找到错误的原因。

命令格式：EDSTART, RESTART, MEMORY, FSIZE, Dumpfile
菜单操作：Main Menu>Solution>Analysis Options>Restart Option

打开如图 14-29 所示的"Restart Options for LS-DYNA Explicit"（重启动选项）对话框，"Words of memory requested"文本框用于设置该分析要求的内存大小，一般内存大小是由程序自动决定的，但对于一些问题可能需要较大的内存，程序会提示出错信息，即内存不足，此时用户就可以通过这个参数指定所需内存大小；"Binary file scale factor"文本框用于设置二进制文件的比例因子，默认为"7"，一般不做改变；"File name for dump files"文本框用于设置重启动文件名称，重启动文件为"d3dump**"，"**"表示文件的编号，如"01"、"04"等，即用户通过指定重启动文件设置程序从什么位置开始接续分析计算。

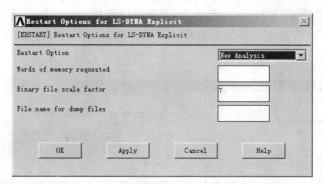

图 14-29 "重启动选项"对话框

"Restart Option"下拉列表中有以下 4 个选项，用于给定显式分析的重启动情况。

"New Analysis"选项：对于新的分析，通过图 14-29 所示对话框可以改变内存大小和二进制文件的比例因子。

"Simply Restart"选项：简单重启动不改变数据库，一般是在求解过程遇到意外或者人为中断时，为了完成分析过程，采用简单重启动重新进入求解过程继续进行分析，这样得到的计算结果将附加到已有结果文件中，在重启动处文件的连接是无缝的。

"Small Restart"选项：当完成了一个分析之后，发现计算的时间不够，不能充分用于结果的分析，此时可以选择小型重启动，重新设定比原来给定时间更长的终止时间，接续已经完成的分析继续计算来获得希望的结果。这个过程数据库应该保持不变，但允许用户修改分析的终止时间，得到的结果也将自动附加到结果文件中。

"Full Restart" 选项：当数据库需要改变很多时，适合用完全重启动。要进行完全重启动，必须执行"EDSTART,3"指定下面的命令应用于完全重启动。在执行 EDSTART 时，工作名自动改为"jobname_01"从而避免覆盖以前的结果和数据。在完全重启动中，LS-DYNA 完全生成新的结果文件而不是附加在已存在的结果上（和其他重启动一样），其优点就是改变的数据和结果文件能相互匹配。

14.4 后处理

ANSYS/LS-DYNA 分析之后得到".rst"和".his"两个结果文件。前者主要用于 POST1 处理器观察整个模型在特定时间点上的结果，后者主要用于 POST26 以观察时间历程上的结果。ANSYS 程序关于 POST1 的操作同样适用于 ANSYS/LS-DYNA 程序，显式变形形状、等值线、矢量及列表等，这里不再重复讲述。使用 POST26 后处理器查看时间历程结果的步骤如下。

1. 设置结果文件

时间历程的计算结果保存在".his"文件中，其中节点集和单元集通过"EDHIST"命令给定（具体见本章"输出文件控制"部分）。在使用 POST26 观察结果时，首先要指定结果文件。

命令格式：FILE, Fname, Ext, Dir

菜单操作：Main Menu>TimeHist Postpro>Settings>File

打开如图 14-30 所示的"File Settings"（结果文件设置）对话框，指定".his"文件。然后可以取得"EDHIST"命令给定的节点和单元所有时间历程后处理数据，这部分定义变量和绘制变量的过程与 ANSYS 相同。

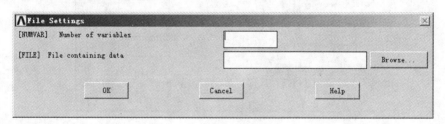

图 14-30 "结果文件设置"对话框

2. 读入格式化文件数据

除了绘制给定节点和单元的时间历程数据以外，ANSYS/LS-DYNA 还可以获得 ASCII 格式化输出文件的时间历程结果，包括 GLSTAT（总体数据）、MATSUM（材料数据）、SPCFORC（单节点约束力）、RCFORC（界面合力）和 SLEOUT（滑动界面能量）。

命令格式：EDREAD, NSTART, Label, NUM, STEP1, STEP2

菜单操作：Main Menu>TimeHist Postpro>Read LSDYNA Data>GLSTAT file/MATSUM file/ NODOUT file/ RBDOUT file/ RCFORC file/ SLEOUT file/ SPCFORC file

打开如图 14-31 所示的"Read data from the GLSTAT file"(读入格式化文件)对话框,"Variable reference number"文本框用于设置变量参考编号,默认值为"2",最大值为"30";"From load step"和"To load step"文本框用于设置选择读入哪些载荷步的结果。

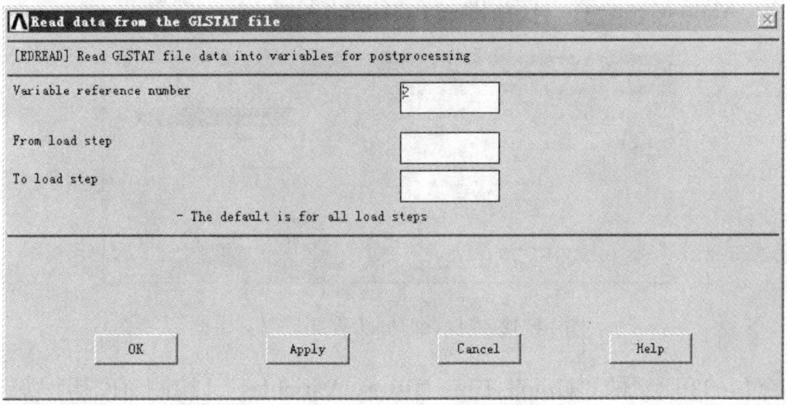

图 14-31 "读入格式化文件"对话框

对于不同的格式化输出文件,相应的变量参考号代表不同的含义,见表 14-2。

表 14-2 格式化输出文件变量含义

变量编号	GLSTAT	MATSUM	SPCFORC	RCFORC	SLEOUT
NSTART(默认为2)	时间步	内能	X 向力	X 向力	接触面能量
NSTART+1	动能	动能	Y 向力	Y 向力	目标面能量
NSTART+2	内能	X 向动量	Z 向力	Z 向力	总的接触面能量
NSTART+3	弹簧和阻尼能量	Y 向动量	X 向动量	—	总的目标面能量
NSTART+4	系统阻尼能量	Z 向动量	Y 向动量	—	总能
NSTART+5	滑动界面能量	刚体 X 向速度	Z 向动量	—	—
NSTART+6	外力功	刚体 Y 向速度	—	—	—
NSTART+7	总能量	刚体 Z 向速度	—	—	—
NSTART+8	总能量/初始能量	沙漏能量	—	—	—
NSTART+9	总体 X 向速度	—	—	—	—
NSTART+10	总体 Y 向速度	—	—	—	—
NSTART+11	总体 Z 向速度	—	—	—	—
NSTART+12	沙漏能量	—	—	—	—

3. 保存并定义时间历程变量

格式化文件数据读入完成,要将其定义为时间历程变量。

命令格式:STORE, Lab, NPTS

菜单操作:Main Menu>TimeHist Postpro>Store Data

打开如图 14-32 所示的"Store Data from the Results File"(保存时间历程变量)对话框,选择默认值,单击"OK"按钮。将已经读入的格式化文件数据存储到 POST26 变量,相应位置的数据数目和类型将列表显示在 ANSYS 输出窗口。

4. 绘制时间历程曲线

命令格式：PLVAR, NVAR1, NVAR2, NVAR3, NVAR4, NVAR5, NVAR6, NVAR7, NVAR8, NVAR9, NVAR10

菜单操作：Main Menu>TimeHist Postpro>Graph Variables

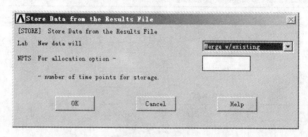

图 14-32 "保存时间历程变量"对话框

打开如图 14-33 所示的"Graph Time-History Variables"（绘制时间历程变量）对话框，在相应位置指定要查看的编号，编号对应的变量含义见表 14-2。从该对话框可见，同时可以绘制多条曲线，横坐标默认为时间历程，纵坐标由用户指定。一般的，有可比性的变量绘制在一起，例如，三向速度的比较、能量转化的对比等。

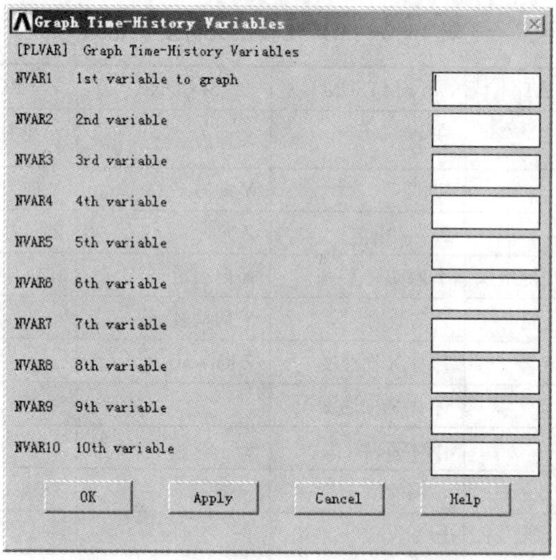

图 14-33 "绘制时间历程变量"对话框

练习题

（1）ANSYS/LS-DYNA 加载定义和 ANSYS 其他模块有什么不同？

（2）如何实现数组参数的定义？如何实现载荷曲线的定义和绘制？

（3）初始条件和点焊是如何实现的？

（4）求解控制包括几个方面？相关参数含义是什么？控制和解决什么问题？

（5）如何求解过程进行控制和监控？

（6）如何实现格式化文件数据结果的分析？

第 15 章 DYNA 模块综合练习

15.1 一般求解过程实例

六棱柱体沿带孔方板的中心孔移动的实体模型如图 15-1 所示。由于结构、载荷具有对称性特点，取 1/4 结果为研究对象，使用 8 节点实体单元划分网格。方板与柱体均为弹性材料，柱体外表面与方板中心孔内表面接触，柱体以一定速度移动。

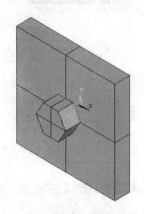

图 15-1 实体模型

用户自定义文件夹，以"ex151"为文件名开始一个新的分析。

1. 单元与材料的定义

依次选择 Main Menu>Preprocessor>Element Type>Add/Edit/Delete，打开如图 15-2 所示"Element Types"（单元类型定义）对话框，单击"Add"按钮，打开如图 15-3 所示"Library of Element Types"（单元类型库选择）对话框，在这里只列出了 LS-DYNA 模块使用的单元类型。在左侧列表框内选择"LS-DYNA Explicit"，在右侧列表框选择"3D Solid 164"，单击"OK"按钮；回到图 15-2 所示对话框，再次添加 SOLID164 实体单元，单击"OK"按钮。

依次选择 Main Menu>Preprocessor>Material Props>Material Models，打开如图 15-4 所示"Define Material Model Behavior"（材料模型定义）对话框，左侧"Material Models Define"下侧为材料模型列表，图示状态则为定义编号为"1"的材料模型；右侧"Material Models Available"下侧为可选择的已定义的材料模型。依次选择 LS-DYNA>Linear>Elastic>Isotropic，打开如图 15-5 所示的"Linear Isotropic Properties for Material Number 1"（弹性材料模型参数设置）对话框，给出"DENS"、"EX"、"PRXY"的数值分别为"7.8e-6" kg/mm^3、"210" Gpa、"0.3"，单击"OK"按钮。

单击图 15-4 所示对话框"Material"菜单，选择"New Models"，图示状态则为定义编号为"2"的材料模型；重复定义弹性材料模型。

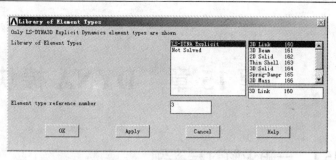

图 15-3 "单元类型选择"对话框

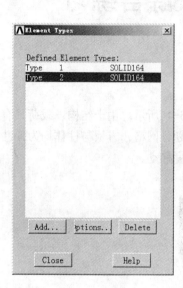

图 15-2 "单元类型定义"对话框

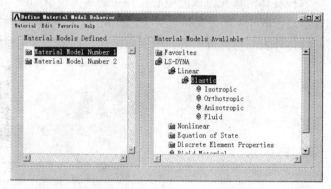

图 15-4 "材料模型定义"对话框

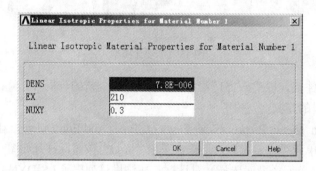

图 15-5 "弹性材料模型参数设置"对话框

2. 实体模型和网格划分

依次选择 Main Menu>Preprocessor>Modeling>Create>Volumes>Block>By Dimensions，创建长 10、宽 10、高 3 的长方体。

依次选择 Main Menu>Preprocessor>Modeling>Create>Volumes>Prism>Hexagonal，创建外接圆半径为 3，高度为 6 的实心六棱柱体。

依次选择 Main Menu>Preprocessor>Modeling>Operate>>Booleans>Subtract>Volumes，从长方体上减去柱体，得到带中心孔的方板。

再次创建 1/4 的六棱柱体，如图 15-6（a）所示。

依次选择 Main Menu>Preprocessor>Meshing>Mesh Tool，打开网格划分工具对话框。在单元分配属性部分，下拉选项选择"Volums"，单击"Set"按钮，弹出"拾取体"对话框，拾取方板实体，单击"OK"按钮，将单元 1、材料 1 分配给方板。重复上述操作，将单元 2、材料 2 分配给六棱柱体。

在单元尺寸定义部分，在"Lines"右侧单击"Set"按钮，弹出"拾取线"对话框，单击"Pick All"，继而单击"Apply"按钮，在打开的对话框上，在"SIZE Element edge length"右侧编辑框给出"1"，单击"OK"按钮。

在网格划分部分，在"Mesh"右侧选择"Volumes"，同时选择"Hex"和"Sweep"，单击"Mesh"按钮，弹出"拾取体"对话框，分别拾取方板和六棱柱实体模型，程序自动划分成功，结果如图 15-6（b）所示。

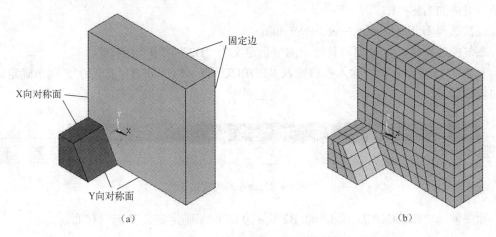

图 15-6　1/4 实体模型与网格划分

依次选择 Main Menu>Preprocessor>LS-DYNA Options>Parts Options，打开如图 15-7（a）所示"Parts Data Written for LS-DYNA"（PARTS 操作对话框）对话框，在"Option"单选按钮中选择"Create all parts"，单击"OK"按钮，弹出如图 15-7（b）所示的"EDPART Command"窗口，列出所有 PART 的编号、材料、单元类型等信息。

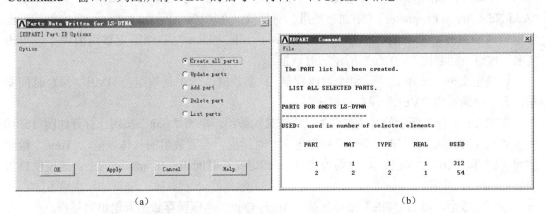

图 15-7　创建 PART

3. 约束、载荷和接触的定义

（1）约束固定边和对称面

依次选择 Main Menu>Solution>Constraints>Apply> On Lines，弹出"拾取线"对话框，

拾取图 15-6（a）所示的两条固定边，单击"OK"按钮，在打开的对话框上，在"Lab2 DOFs to be constrained"右侧的列表框中选择"All DOF"，单击"OK"按钮。

依次选择 Utility Menu>Select>Entities，弹出选择对话框，在第一个下拉选项中选择"Areas"，其下拉选项中选择"By Num/Pick"，单击"Apply"按钮，弹出拾取面对话框，拾取图 15-6（a）指示的方板和棱柱的 X 向对称面两个，单击"OK"按钮。

回到选择对话框，在第一个下拉选项中选择"Nodes"，在其下拉选项中选择"Attached to"，其下层选择"Areas, all"，单击"OK"按钮，即将 X 向对称面上的节点全部选中。

依次选择 Utility Menu>Select>Comp/Assemble>Create Component，在弹出的对话框上给定节点组件的名称"B1"。

依次选择 Utility Menu>Select>Everything。

重复上述操作，将 Y 向对称面上的节点定义为"B2"的节点组件。

在如图 15-8 所示命令输入窗口输入"EDBOUND, add, slid, B1, 1, 0, 0"，回车确定定义 X 向对称面。

图 15-8 命令输入窗口

重复输入"EDBOUND, add, slid, B2, 0, 1, 0"，回车确定定义 Y 向对称面。

💡要点提示：ANSYS 中每一个菜单操作都有相应的命令，在命令窗口输入时，会自动提示该命令带有的参数，如图 15-8 所示蓝色部分。

（2）速度载荷的施加

依次选择 Utility Menu>Parameters>Array Parameters>Define/Edit，在打开如图 15-9（a）所示"Array Parameters"（数组列表）对话框，单击"Add"按钮，打开如图 15-9（b）所示"Add New Array Parameter"（添加新数组）对话框，在"Par Parameter name"右侧编辑框给定数组的名称，在下侧"I,J,K No. of rows, cols, planes"右侧给定数组的大小，单击"OK"按钮，回到图 15-9（a）所示的对话框。

这里定义两个一维数字，每个数组存储 2 个数值。一个是数组"TIME"保存时间变量，另一个是数组"VEL"保存速度变量。

在图 15-9（a）所示的对话框选中已经定义的数组，单击"Edit"按钮，打开如图 15-10 所示"Array Parameter VEL"（数组数值定义）对话框，设置数组的具体数值。"Time"数组值为"0"和"10"；"VEL"数值均为"-1"。即定义在时间 0～10 ms 区间上，速度保持为 -1 mm/ms。

设置完成后，单击"File"菜单选择"Apply/Quit"选项保存数值并退出对话框。

依次选择 Utility Menu>Select>Entities，弹出"选择"对话框，在第一个下拉选项中选择"Volumes"，其下下拉选项中选择"By Num/Pick"，单击"Apply"按钮，弹出"拾取体"对话框，拾取棱柱体，单击"OK"按钮。

第 15 章　DYNA 模块综合练习

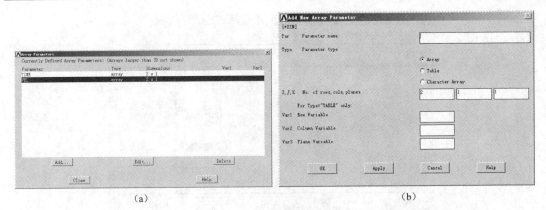

图 15-9　数组的定义

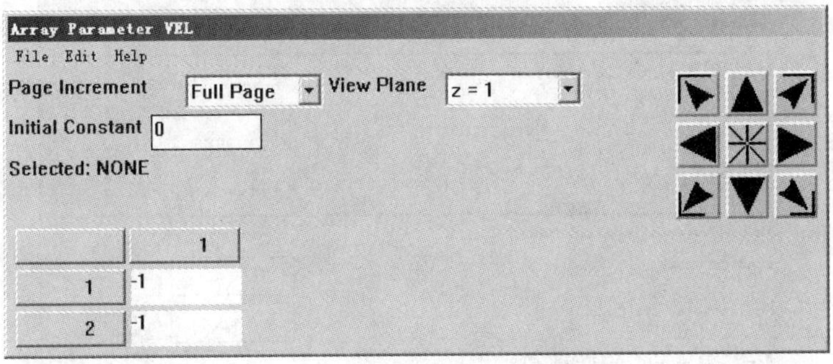

图 15-10　"数组数值定义"对话框

回到选择对话框,在第一个下拉选项中选择"Nodes",在其下拉列表框中选择"Attached to",其下层选择"Volumes, all",单击"OK"按钮,即将棱柱体的节点全部选中。

依次选择 Utility Menu>Select>Comp/Assemble>Create Component,在弹出的对话框上给定节点组件的名称"NEW"。

依次选择 Main Menu>Solution>Loading Options>Specify Loads,打开如图 15-11 所示"Specify Loads for LS-DYNA Explicit"(载荷施加)对话框。在"Load Labels"右侧选择"VZ";在"Component name or PART number"右侧的下拉框选择已定义的节点组件"NEW";在"Parameter name for time values"右侧的下拉框选择已定义的"TIME"数组;在"Parameter name for data values"右侧下拉框选择已定义的"VEL"数组,单击"OK"按钮。即给棱柱体施加了沿 Z 轴负向的匀速运动。

(3) 接触的定义

依次选择 Utility Menu>Select>Everything。

依次选择 Utility Menu>Select>Entities,弹出"选择"对话框,在第一个下拉选项中选择"Areas",其下下拉选项中选择"By Num/Pick",单击"Apply"按钮,弹出"拾取面"对话框,拾取方板中心孔的内表面,单击"OK"按钮。

回到选择对话框,在第一个下拉选项中选择"Nodes",在其下的下拉选项中选择"Attached to",其下层选择"Areas, all",单击"OK"按钮,即将方板中心孔内表面的节点全部选中。

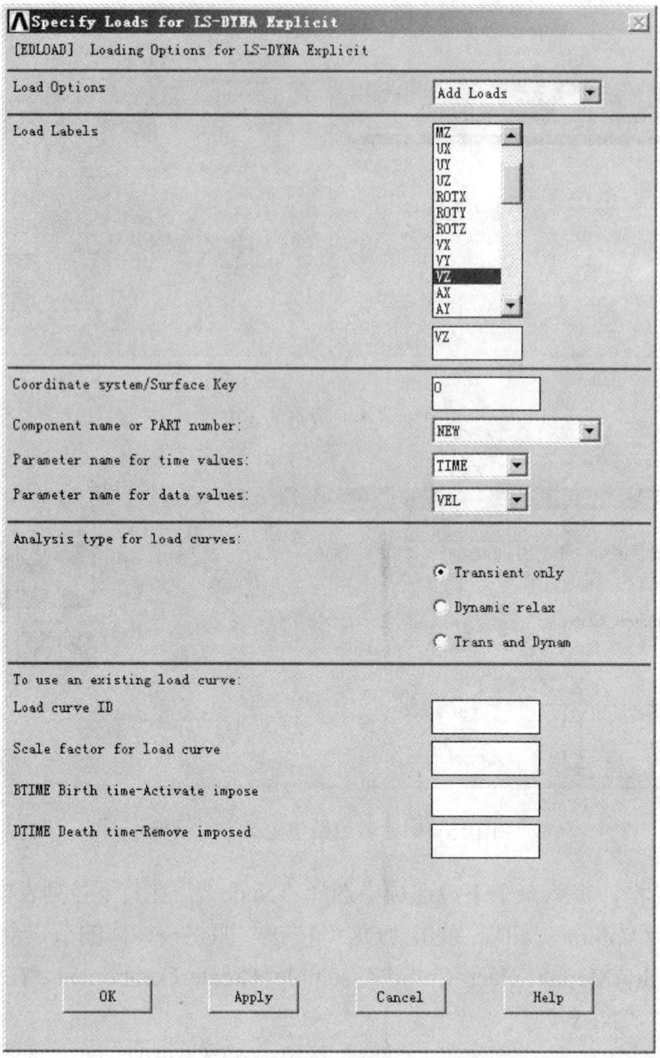

图 15-11 "载荷施加"对话框

依次选择 Utility Menu>Select>Comp/Assemble>Create Component，在弹出对话框上给定节点组件的名称"TAR"。

重复上述操作，定义棱柱体的外表面的节点为组件"CON"。

依次选择 Main Menu>Preprocessor>LS-DYNA Options>Contact>Define Contact，打开如图 15-12（a）所示"Contact Parameter Definitions"（接触参数定义）对话框，在"Contact Type"右侧选择"Node to Surface"，再右侧选择"Automatic（ANTS）"，单击"OK"按钮。打开如图 15-12（b）所示"Contact Option"（接触选项设置）对话框，在"Contact Component or Part no."右侧下拉框选择已定义的节点组件"CON"，在"Target Component or Part no."右侧下拉框选择已定义节点组件"TAR"，单击"OK"按钮。

4．求解与结果显示

依次选择 Main Menu>Solution>Time Controls>Solution Time，打开如图 15-13 所示"Solution Time for LS-DYNA Explicit"（指定计算时间）对话框，在"Terminate at Time"右

第 15 章 DYNA 模块综合练习

侧编辑框中给定计算时间为 5，单击"OK"按钮。

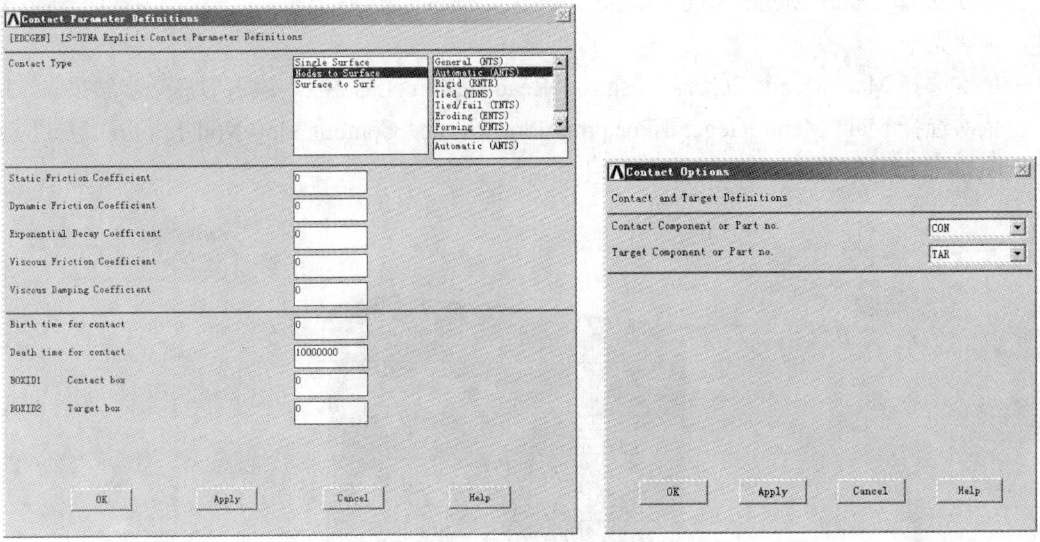

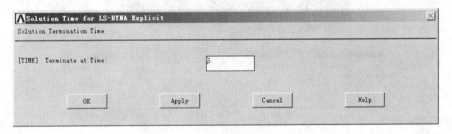

图 15-12 接触的定义

图 15-13 "指定计算时间"对话框

依次选择 Main Menu>Solution>Output Controls>File output Freq>Number of steps，打开如图 15-14 所示"Specify File Output Frequency"（指定输出文件时间间隔）对话框，在两个"Number of Output Steps"右侧编辑框分别输入"30"，单击"OK"按钮。

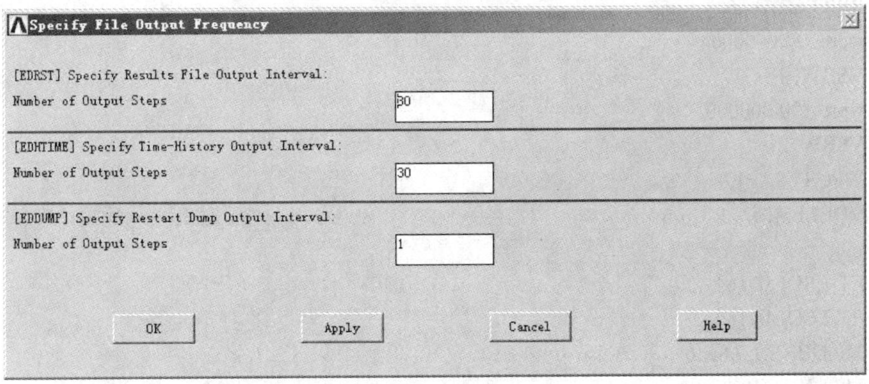

图 15-14 "指定输出文件时间间隔"对话框

依次选择 Utility Menu>Select>Everything，保存数据库文件。

依次选择 Main Menu>Solution>Solve，在弹出的对话框上单击"OK"按钮，进行求解，求解完毕。

依次选择 Main Menu>General Postproc>Read Results>Last Set，读入最后一步结果。

依次选择 Main Menu>General Postproc>Plot Results>Contour Plot>Nodal Solu，等效应力等值图如图 15-15 所示。

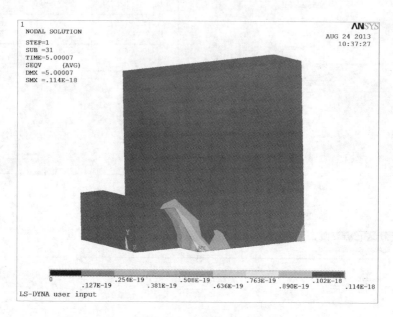

图 15-15　等效应力等值图

5．命令流

```
/PREP7
BLOCK,,10,,10,,3,
RPR4,6, , ,3, ,6
VSBV,1,2
RPR4,6, , ,3, ,6
wpro,,90.000000,
VSBW, 1
wpro,,,90.000000
VSBW, 2
WPCSYS, -1,0
VDELE,4, 5, , 1                           !建立四分之一的实体模型

ET,1,SOLID164
ET,2,SOLID164                             !选择单元类型
MP,DENS,1,7.8e-6
MP,EX,1,210
MP,NUXY,1,0.3
MPCOPY, ,1,2
```

```
TBCOPY,ALL,1,2                                          !定义材料模型
LESIZE,ALL,1, , , , , , ,1
TYPE,1
MAT,1
VSWEEP,3
TYPE,2
MAT,2
VSWEEP,1                                                !划分网格
EDPART,CREATE                                           !创建 Part

DL, 2, ,ALL,
DL, 3, ,ALL,                                            !约束两边
ASEL,S, , ,16,24,8
NSLA,S,1
CM,B1,NODE
ASEL,S, , ,15,22,7
NSLA,S,1
CM,B2,NODE
ALLSEL                                                  !创建两对称面节点组件
EDBOUND, ADD, SLID, B1, 1, 0, 0
EDBOUND, ADD, SLID, B2, 0, 1, 0                         !对两对称面施加对称约束

ASEL,S, , ,17,18
NSLA,S,1
CM,con,NODE
ASEL,S, , ,3,23,20
NSLA,S,1
CM,tar,NODE
ALLSEL
EDCGEN,ANTS,CON,TAR,0,0,0,0,0, , , , ,0,10000000,0,0    !定义接触

/SOL
*DIM,time,ARRAY,2,1,1, , ,
*SET,TIME(2,1,1) , 10
*DIM,vel,ARRAY,2,1,1, , ,
*SET,VEL(1,1,1) , -1
*SET,VEL(2,1,1) , -1                                    !创建速度列表
VSEL,S, , , 1
NSLV,S,1
CM,new,NODE
EDLOAD,ADD,VZ,0,NEW,TIME,VEL, 0                         !给柱体施加速度载荷

ALLSEL
TIME,5,
EDRST,30,
EDHTIME,30,                                             !设定输出控制
SAVE
```

```
SOLVE

/POST1
SET,LAST
PLNSOL, S,EQV, 0,1.0                                              !查看结果
```

15.2 弹丸侵彻弹靶的分析

半球形头部的圆柱弹丸,直径 8 mm,长度 80 mm,矩形弹靶长度 230 mm,宽度 230 mm,厚度 6 mm。弹丸与弹靶成 15 度以 1 290 mm/ms 速度贯穿弹靶,分析其变形过程。

弹丸:密度 18.62×10^{-6} kg/mm³;弹性模量 117 GPa,泊松比 0.22;初始屈服极限 1.79 GPa;塑性切线模量 0.0;失效应变 0.8;$\beta=1.0$。

弹靶:密度 7.8×10^{-6} kg/mm³;弹性模量 210 GPa;泊松比 0.28;初始屈服极限 1.0 GPa;塑性切线模量 21 GPa;失效应变 0.8;$\beta=1.0$。

由于结构和载荷的对称性,选择 1/2 结构为研究对象,如图 15-16 所示。

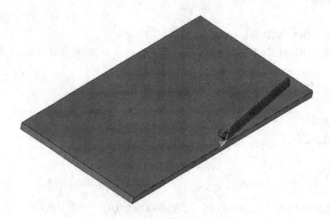

图 15-16 弹丸和弹靶实体模型

1. 有限元模型的建立

(1) 单元和材料的定义

依次选择 Main Menu>Preprocessor>Element Type>Add/Edit/Delete,定义单元 1 为 SOLID164,单元 2 也为 SOLID164 实体单元。

依次选择 Main Menu>Preprocessor>Material Props>Material Models,打开如图 15-4 所示对话框,左侧 "Material Models Define" 下侧为材料模型列表,图示状态则为定义编号为 "1" 的材料模型;右侧 "Material Models Available" 下侧为可选择的已定义的材料模型。依次单击 LS-DYNA>Nonlinear>Inelastic>Kinematic Hardening>Plasctic Kinematic,打开如图 15-17 所示的 "Plastic Kinematic Properties for Material Number 1"(材料模型参数设置)对话框,给出相应参数的数值,单击 "OK" 按钮。

单击图 15-4 所示对话框中的 "Material" 菜单,选择 "New Models",图示状态则为定义编号为 "2" 的材料模型;重复定义材料模型。

第 15 章　DYNA 模块综合练习

(2) 实体模型的建立和网格划分

建立 1/4 球体作为弹头部分，建立 1/2 圆柱体作为弹杆部分。

移动并旋转工作平面，建立长方体作为弹靶。

将单元 1、材料 1 分配给弹丸；单元 2、材料 2 分配给弹靶。扫略划分弹丸，映射划分弹靶，如图 15-18 所示。

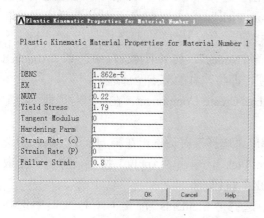

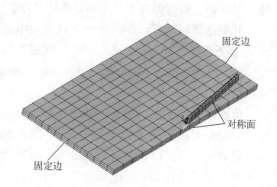

图 15-17 "材料模型参数设置"对话框　　　　图 15-18 网格划分结果

2．约束、接触和初始条件的定义

(1) 固定边和对称面的约束

依次选择 Main Menu>Solution>Constraints>Apply> On Lines，弹出"拾取线"对话框，拾取图 15-18 所示的弹靶左右两侧底边，单击"OK"按钮，在打开的对话框上，在"Lab2 DOFs to be constrained"右侧的列表框选择"All DOF"，单击"OK"按钮。

依次选择 Utility Menu>Select>Entities，弹出"选择"对话框，在第一个下拉选项中选择"Areas"，在其下的下拉选项中选择"By Num/Pick"，单击"Apply"按钮，弹出"拾取面"对话框，拾取图 15-18 所示的弹丸的对称面，单击"OK"按钮。

回到选择对话框，在第一个下拉选项中选择"Nodes"，在其下下拉选项中选择"Attached to"，其下选择"Areas, all"，单击"OK"按钮。

依次选择 Utility Menu>Select>Comp/Assemble>Create Component，在弹出的对话框上给定节点组件的名称"B1"。

依次选择 Utility Menu>Select>Everything。重复上述操作，将弹靶对称面上的节点定义为"B2"的节点组件。

在命令窗口输入"EDBOUND, add, slid, B1, 1, 0, 0"，回车确定定义弹丸对称面。

重复输入"EDBOUND, add, slid, B2, 1, 0, 0"，回车确定定义弹靶对称面。

(2) 接触的定义

依次选择 Main Menu>Preprocessor>LS-DYNA Options>Parts Options，创建 PART 列表，弹出的窗口列出所有 PART 的编号、材料、单元类型等信息。

依次选择 Main Menu>Preprocessor>LS-DYNA Options>Contact>Define Contact，打开如图 15-12（a）所示的对话框，在"Contact Type"右侧选择"Surface to Surf"，再右侧选择"Eroding（ESTS）"，单击"OK"按钮。打开如图 15-12（b）所示对话框，在"Contact

Component or Part no."右侧的下拉列表框选择已有的 PART 编号"1",在"Target Component or Part no."右侧下拉框选择已有 PART 编号"2",单击"OK"按钮。即定义弹丸为接触 PART,弹靶为目标 PART。

(3)初速度的定义

依次选择 Utility Menu>Select>Entities,弹出"选择"对话框,在第一个下拉选项中选择"Volumes",其下的下拉选项中选择"By Num/Pick",单击"Apply"按钮,弹出"拾取体"对话框,拾取弹丸部分实体,单击"OK"按钮。

回到选择对话框,在第一个下拉选项中选择"Nodes",其下下拉选项中选择"Attached to",其下选择"Volumes, all",单击"OK"按钮,即将弹丸的节点全部选中。

依次选择 Utility Menu>Select>Comp/Assemble>Create Component,在弹出对话框上给定节点组件的名称"NEW"。

依次选择 Utility Menu>Select>Entities,弹出"选择"对话框,在第一个下拉选项中选择"Volumes",其下下拉选项中选择"By Num/Pick",单击"Apply"按钮,弹出"拾取体"对话框,再次拾取弹丸部分实体,单击"OK"按钮。

回到选择对话框,在第一个下拉选项中选择"Elements",其下下拉选项中选择"Attached to",其下选择"Volumes, all",单击"OK"按钮,即将弹丸的单元全部选中。

依次选择 Utility Menu>Select>Comp/Assemble>Create Component,在弹出对话框上给定单元组件的名称"NEW-E"。

⚜要点提示:注意此处定义的单元组件"NEW-E"将在后面用到。

依次选择 Main Menu>Preprocessor>LS-DYNA Options>Initial Velocity>On Nodes>W/ Nodal Rotate,打开如图 15-19 所示"Input Velocity"(初速度定义)对话框,在"Input velocity on component"右侧的下拉列表框选择已定义的节点组件"NEW",在"VY Global Y-component"右侧的编辑框给定初速度值为"1290",单击"OK"按钮。

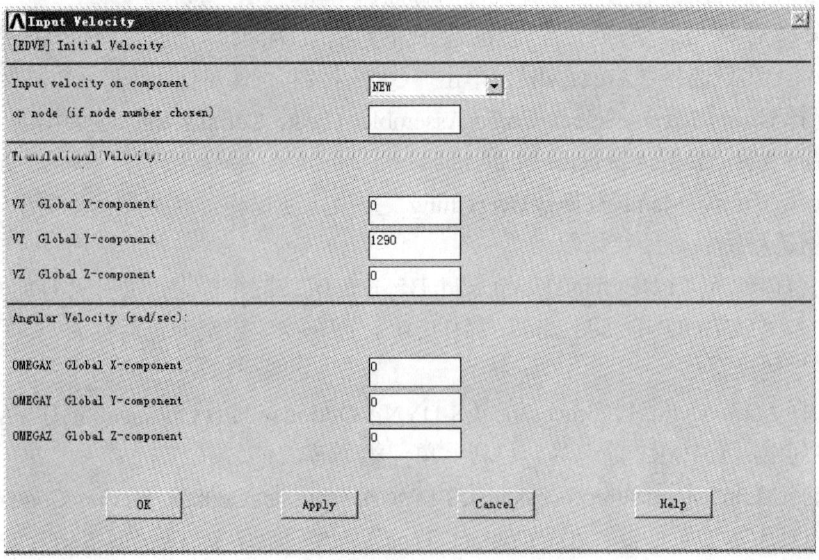

图 15-19 "初速度定义"对话框

3. 求解

依次选择 Main Menu>Solution>Time Controls>Solution Time，打开如图 15-13 所示对话框，在"Terminate at Time"右侧的编辑框给定计算时间为"0.1"，单击"OK"按钮。

依次选择 Main Menu>Solution>Output Controls>File output Freq>Number of steps，打开如图 15-14 所示对话框，在两个"Number of Output Steps"右侧编辑框分别输入"20"，单击"OK"按钮。

依次选择 Main Menu>Solution>Output Controls>ASCII Output，打开如图 15-20 所示"ASCII Output"（格式化输出文件控制）对话框，在"Write Output Files for"右侧选择"Write ALL files"，单击"OK"按钮。

依次选择 Main Menu>Solution>Output Controls>Select Component，打开如图 15-21 所示"Select Component for Time-History Output"（组件输出控制）对话框，在"Node or element component name"右侧下拉列表框选择"NEW"，单击"Apply"按钮；再次选择"NEW-E"，单击"OK"按钮。

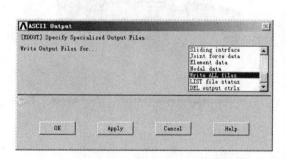

图 15-20 "格式化输出文件控制"对话框

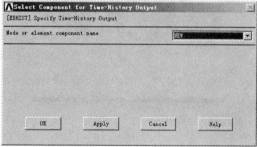

图 15-21 "组件输出控制"对话框

依次选择 Utility Menu>Select>Everything，保存数据库文件。

依次选择 Main Menu>Solution>Solve，在弹出的对话框上单击"OK"按钮，进行求解，求解完毕。

4. 通用后处理器结果显示

依次选择 Main Menu>General Postproc>Read Results，读入要观察步的结果。

依次选择 Main Menu>General Postproc>Plot Results>Contour Plot>Nodal Solu，绘制不同时刻的等效应力等值图，如图 15-22 所示。

5. 时间历程后处理器结果显示

依次选择 Main Menu>TimeHist Postpro>Settings>File，打开如图 15-23 所示"File Settings"（文件设置）对话框，指定"ex152.his"文件。然后可以取得"EDHIST"命令给定的"NEW"节点和"NEW-E"单元所有时间历程后处理数据。

依次选择 Main Menu>TimeHist Postpro>Read LSDYNA Data>GLSTAT file，打开如图 15-24 所示"Read data from the GLSTAT file"（读入格式化文件）对话框，"Variable reference number"选项给定变量参考编号，默认值为"2"，最大值为"30"；由"From load step"和"To load step"选项给定选择读入哪些载荷步的结果。此处均为默认值。

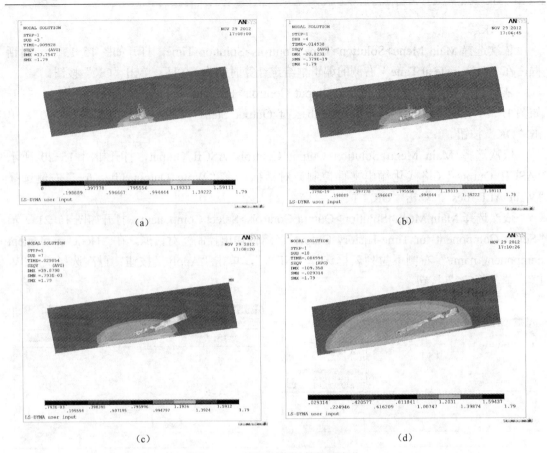

图 15-22 不同时刻的等值图变化

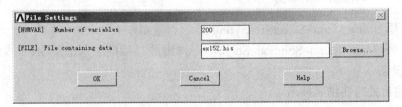

图 15-23 "文件设置"对话框

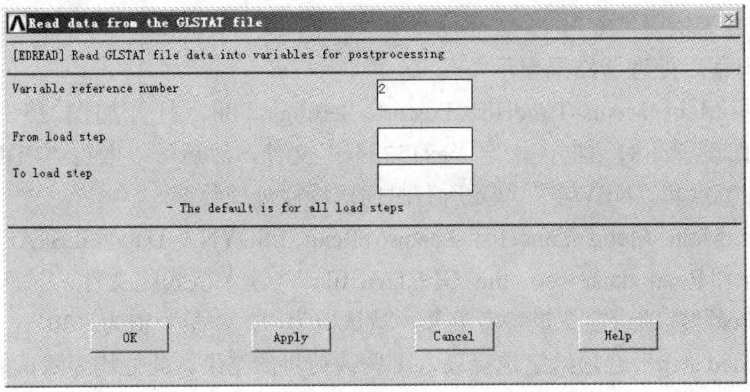

图 15-24 "读入格式化文件"对话框

依次选择 Main Menu>TimeHist Postpro>Store Data,打开存储数据对话框,选择默认值,单击"OK"按钮。

依次选择 Main Menu>TimeHist Postpro>Graph Variables,打开如图 7-19 所示绘制变量对话框,输入 14、15、16,绘制 3 向速度曲线,如图 15-25(a)所示。再次打开对话框,输入 3、4、17 绘制能量变化曲线,如图 15-25(b)所示。

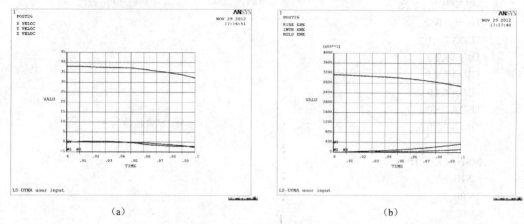

(a)　　　　　　　　　　　　(b)

图 15-25　绘制时间历程变量曲线

⚜要点提示:当约束条件、弹头接触角度、接触位置等影响因素不同时,弹靶受到破坏的位置和过程也不相同。这里固定约束加在弹靶的底边上,弹靶接触部分的一侧单元受到破坏而失效。读者可以改变模型,重新求解进行比较。因此,从实际问题中抽象的模型与实际问题吻合的程度,将直接影响分析的精度。

6. 命令流

```
/PREP7
SPHERE,4, ,0,90,
wpro,,90.000000,
CYLIND,4, ,0,80, -90,90,
wpoff,0, -5,0
wprot,0,105,0
BLOCK,,115, -115,115,,6,
WPCSYS, -1,0
VSBW,1
NUMCMP,ALL                          !实体模型建立

ET,1,SOLID164
ET,2,SOLID164                       !单元类型选择
MP,DENS,1,1.862e-5
MP,EX,1,117
MP,NUXY,1,0.22
TB,PLAW,1,,,1,
TBDAT,1,1.79
TBDAT,2,0
```

```
TBDAT,3,1
TBDAT,4,0
TBDAT,5,0
TBDAT,6,0.8                                            !定义材料模型1
MP,DENS,2,7.8e-6
MP,EX,2,210
MP,NUXY,2,0.28
TB,PLAW,2,,,1,
TBDAT,1,1
TBDAT,2,0
TBDAT,3,1
TBDAT,4,0
TBDAT,5,0
TBDAT,6,0.8                                            !定义材料模型2

MSHAPE,0,3D
MSHKEY,1
TYPE, 1
MAT, 1
ESIZE,2,0,
VSWEEP,1
EXTO,VSWE,AUTO,OFF
VSWEEP,3,14,13
VSWEEP,4,17,18                                         !弹丸网格划分
TYPE, 2
MAT, 2
LESIZE,18, , ,12, , , , ,0
LESIZE,19, , ,23, , , , ,0
VMESH,2                                                !弹靶网格划分

EDPART,CREATE
EDCGEN,ESTS,1,2,0,0,0,0,0,0,1,0, ,0,10000000,0,0       !定义接触
VSEL,S, , ,1
VSEL,A, , ,3,4
NSLV,S,1
CM,NEW,NODE
ESLV,S
CM,NEW-E,ELEM
ALLSEL
EDVE,VELO,NEW,0,1290,0,0,0,0                           !给定初速度

/SOLU
DL,18, ,ALL,
DL,20, ,ALL,
ASEL,S,,,4,5
ASEL,S,,,14,18,4
NSLA,S,1
```

```
CM,B1,NODE
ALLSEL
ASEL,S, , ,10
NSLA,S,1
CM,B2,NODE
ALLSEL
EDBOUND,ADD,SLID,B1,1,0,0
EDBOUND,ADD,SLID,B2,1,0,0                    !定义约束
TIME,0.1,
EDRST,20,
EDHTIME,20,
EDOUT,ALL
EDHIST,NEW
EDHIST,NEW-E                                 !输出结果设置
SOLV
FINISH

/POST1
SET,LAST
PLNSOL, S,EQV, 0,1.0                         !通用后处理结果
/POST26
FILE,'danwan','his',' '
EDREAD,2,GLSTAT,blank, , ,
STORE,MERGE, ,                               !时间历程后处理结果
PLVAR,14,15,16, , , , , , ,                  !绘制三向速度曲线
PLVAR,3,4,17, , , , , , ,                    !绘制能量变化曲线
```

15.3 成型过程的模拟

薄板冲压成形，由冲头、底模、压板和板料 4 部分组成。考虑对称性，取 1/4 为研究对象。

实体模型如图 15-26 所示，板料矩形薄板长、宽 160 mm，厚度 1 mm；冲头是侧面圆角为 5 mm 的长方体，底面为正方形，边长 100 mm。压板为带中心孔的正方形环形板；底模为开口带圆角的环状正方形，倒角半径 6 mm。

由于冲头、底模和压板的刚度较大，使用刚性体定义材料，杨氏模量 69 GPa，密度 7.83e-6 kg/mm^3，泊松比 0.3。采用 4 节点壳单元划分网格。

板料采用幂指数塑性材料，杨氏模量 69 GPa，密度 7.83e-6 kg/mm^3，泊松比 0.3，K=0.598，n=0.216，$S_{rc}=S_{rp}$=0.0。采用 4 节点壳单元，算法为 10，即 Belytschko-Wong-Chiang 算法，厚度方向积分点定义为 5 个。

板料与冲头、压板和底模之间底接触均采用成型单面面-面接触，动、静摩擦系数均为 0.15，考虑板料厚度和膜应变引起的厚度变化。

底模和压板固定不动，冲头沿 Z 向运动，初速度为 0，5 ms 时达到 4 mm/ms，其后保持匀速。计算时间 10 ms。

1. 单元与材料的定义

依次选择 Main Menu>Preprocessor>Element Type>Add/Edit/Delete，定义单元 1、2、3、4 均为 SHELL163。

选中单元 3，单击"Option"按钮，打开如图 15-27 所示的"SHELL163 element type options"（定义单元特性）对话框，在"Element Formulation"右侧下拉框选择壳单元的算法，单击"OK"按钮。

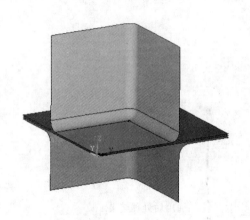

图 15-26　实体模型

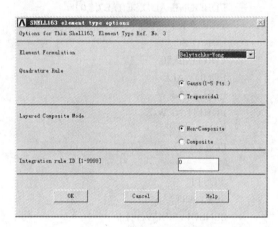

图 15-27　"定义单元特性"对话框

依次选择 Main Menu>Preprocessor>Real Constants，打开如图 15-28（a）所示对话框，单击"Add"按钮，在弹出对话框上选择要定义实常数的单元类型，弹出如图 15-28（b）所示对话框，给出实常数的编号；单击"OK"按钮，打开如图 15-28（c）所示对话框，定义剪切因子（Shear Factor）、积分点数（No. of integration pts.）和通过节点厚度给定壳单元厚度（Thickness at node 1）。

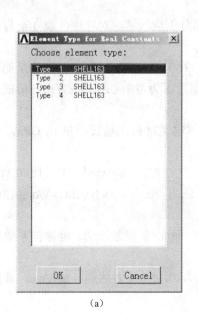

(a)

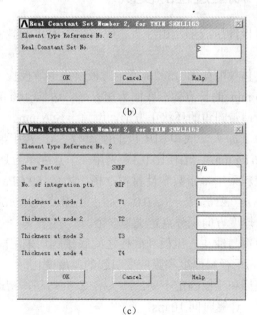

(b)

(c)

图 15-28　实常数的定义

这里，单元 1、2、4 只定义厚度为 1 mm，剪切因子为 5/6；单元 3 定义厚度为 1 mm，剪切因子为 5/6，积分点数为 5。

依次选择 Main Menu>Preprocessor>Material Props>Material Models，打开"材料模型定义"对话框，单击"LS-DYNA"，打开文件夹，选择最下侧的"Rigid Material"，打开如图 15-29 所示对话框，给出密度、弹性模量和泊松比。在"Translational Constraint Parameter"右侧的下拉列表框中选择"X and Y disps."，在"Rotational Constraint Parameter"右侧的下拉列表框中选择"All rotations"，单击"OK"按钮。

这里定义材料模型 1、2、4 为刚性体，材料模型 1 约束 3 向转动和 X、Y 两向平动，材料 2、4 约束 3 向平动和 3 向转动。

依次选择 Main Menu>Preprocessor>Material Props>Material Models，定义材料模型 3，单击"LS-DYNA"，打开文件夹，继续双击"Nonlinear"、"Inelastic"、"Power Law"，打开如图 15-30 所示的"Power Law Properties for Material Number 3"（塑性材料定义）对话框，给出相应参数的数值，单击"OK"按钮。

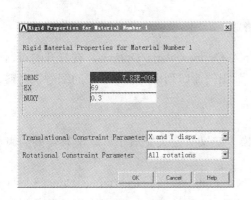
图 15-29 刚性体材料的定义

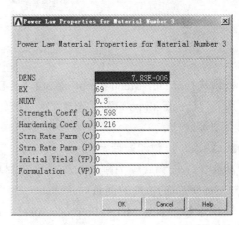
图 15-30 塑性材料的定义

2. 实体模型与网格划分

建立 1/4 正方形面作为板料部分，建立 1/4 带中心方孔的正方形面作为压板部分。

绘制冲头的边线 1 由直线和倒角线两部分，沿路径 1 拉伸成冲头的侧面部分，倒角为 5 mm，底面由边线围成，如图 15-31（a）带底面的冲头部分所示。

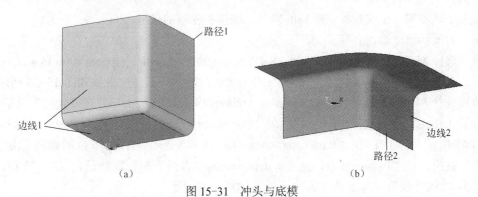
图 15-31 冲头与底模

绘制底模边线 2，边线倒角 6 mm，沿路径 2 拉伸成底模的侧面部分，如图 15-31（b）所示。

将单元 1、材料 1 分配给冲头；单元 2、材料 2 分配给压板；单元 3、材料 3 分配给板料；单元 4、材料 4 分配给底模。定义所有线划分尺寸为 2，分别划分各部分，如图 15-32 所示。

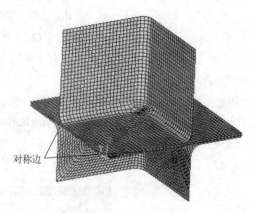

图 15-32 网格划分结果

依次选择 Main Menu>Preprocessor>LS-DYNA Options>Parts Options，在打开的对话框上，选择"Create all parts"，单击"OK"按钮，弹出的窗口列出所有 PART 的编号、材料、单元类型等信息。

3．约束、接触和载荷定义

冲头、压板和底模为刚体，约束已在材料模型定义时定义完成了。这里只需要约束如图 15-32 中所示的板料的两条对称边。

依次选择 Main Menu>Preprocessor>LS-DYNA Options>Contact>Define Contact，打开"接触的定义"对话框，在"Contact Type"右侧选择"Surface to Surface"，再右侧选择"Form/1-way（FOSS）"；在"Static Friction Coefficient"右侧编辑框输入 0.15；在"Dynamic Friction Coefficient"右侧编辑框输入 0.15；单击"OK"按钮。在打开对话框上"Contact Component or Part no."右侧下拉框选择已有的 PART 编号"3"，在"Target Component or Part no."右侧下拉列表框选择已有的 PART 编号"1"，单击"OK"按钮。即定义板料为接触 PART，冲头为目标 PART。

重复上述步骤，定义压板和板料的接触、底模和板料的接触。

定义时间和速度数组并赋值。

依次选择 Main Menu>Preprocessor>LS-DYNA Options>Loading Options>Plot Load Curve，在打开的对话框上给定曲线编号，单击"OK"按钮，绘制载荷速度曲线如图 15-33 所示。

依次选择 Main Menu>Solution>Loading Options>Specify Loads，打开"载荷"对话框，在"Load Labels"右侧选择"RBVZ"；在"Component name or PART number"右侧下拉框选择 PART 编号"1"；在"Parameter name for time values"右侧下拉框选择已定义的"TIME"数组；在"Parameter name for data values"右侧下拉框选择已定义的"VEL"数组，单击"OK"按钮。即给冲头施加了沿 Z 轴负向的运动。

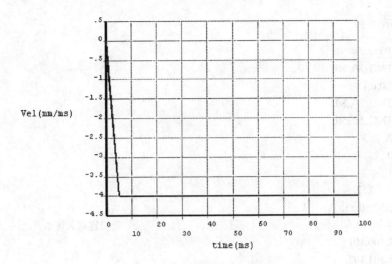

图 15-33　载荷速度曲线

4．求解与结果后处理

定义板料单元组件为"OUT-E"，定义板料节点单元为"OUT-N"。

依次选择 Main Menu>Solution>Time Controls>Solution Time，在打开对话框上"Terminate at Time"右侧编辑框给定计算时间为"10"，单击"OK"按钮。

依次选择 Main Menu>Solution>Output Controls>File output Freq>Number of steps，在打开对话框上两个"Number of Output Steps"右侧编辑框分别输入"40"，单击"OK"按钮。

依次选择 Utility Menu>Select>Everything，保存数据库文件。

依次选择 Main Menu>Solution>Solve，在弹出的对话框上单击"OK"按钮，进行求解，求解完毕。

依次选择 Main Menu>General Postproc>Read Results>Last Set，读入最后一步结果。

选择板料部分的单元和节点。

依次选择 Main Menu>General Postproc>Plot Results>Contour Plot>Nodal Solu，绘制位移等值图如图 15-34 所示，等效塑性应变等值图如图 15-35 所示。

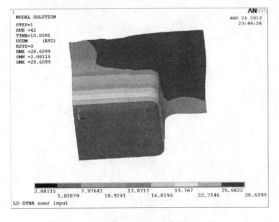
图 15-34　位移等值图

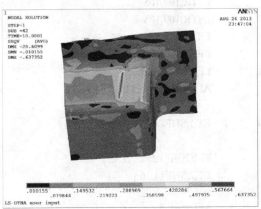
图 15-35　等效塑性应变等值图

5. 命令流

```
/PREP7
RECTNG,,80,,80,
wpoff,0,0,1
RECTNG,,80,,80,
RECTNG,,50,,50,
ASBA,2,3
K,100,,,2,
K,101,,50,2
K,102,,50,52,
K,103,50,50,52,
K,104,50,,52,                          !建立关键点
LSTR,100,101
LSTR,101,102
LSTR,102,103
LSTR,103,104                           !由关键点创建线
LFILLT,5,8,5,,
LFILLT,9,12,5,,                        !创建倒角
ADRAG,8,,,,,,9,16,12
ADRAG,15,,,,,,18,21                    !由线拉伸成面
NUMMRG,ALL,,,,LOW
NUMCMP,ALL
ADRAG,24,25,,,,,5
AL,20,23,25
WPCSYS,-1,0
K,105,50,,-1,
K,106,80,,-1,
K,107,50,,-51,
K,108,50,50,-51,
K,109,0,50,-51,
LSTR,105,106
LSTR,107,105
LSTR,107,108
LSTR,108,109
LFILLT,32,31,6,,
LFILLT,34,33,6,,
ADRAG,31,35,32,,,,33,36,34             !创建实体模型

ET,1,SHELL163
R,1
RMODIF,1,5/6,,,1,,,,
ET,2,SHELL163
R,2
RMODIF,2,5/6,,,1,,,,
ET,3,SHELL163
KEYOPT,3,1,10
```

```
R,3
RMODIF,3,5/6, , 5,1, , , ,
ET,4,SHELL163
R,4
RMODIF,4,5/6, , ,1, , , ,                               !单元类型与实常数定义

EDMP,RIGI,1,4,7
MP,DENS,1,7.83E-006
MP,EX,1,69
MP,NUXY,1,0.3                                           !冲头材料模型定义
EDMP,RIGI,2,7,7
MP,DENS,2,7.83E-006
MP,EX,2,69
MP,NUXY,2,0.3                                           !压板材料模型定义
MP,DENS,3,7.83e-6
MP,EX,3,69
MP,NUXY,3,0.3
TB,PLAW,3,,,2,
TBDAT,1,0.598
TBDAT,2,0.216                                           !板料材料模型定义
MPCOPY, ,2,4
TBCOPY,ALL,2,4                                          !底模材料模型定义

ALLSEL
AESIZE,ALL,2
ASEL,S,,,2,3
ASEL,A,,,5,9
TYPE, 1
MAT, 1
REAL, 1
ESYS,0
SECNUM,
AMESH,ALL                                               !冲头网格划分
ASEL,S,,,4
TYPE,2
MAT,2
REAL,2
AMESH,all                                               !压板网格划分
ASEL,S,,,1
TYPE,3
MAT,3
REAL,3
AMESH,all                                               !板料网格划分
ASEL,S,,,10,18
TYPE,4
MAT,4
```

```
REAL,4
AMESH,ALL                                          !底模网格划分
ALLSEL

EDCGEN,FOSS,3,1,0.15,0.15,0,0,0, , , , ,0,10000000,0,0
EDCGEN,FOSS,3,2,0.15,0.15,0,0,0, , , , ,0,10000000,0,0
EDCGEN,FOSS,3,4,0.15,0.15,0,0,0, , , , ,0,10000000,0,0   !接触定义
*DIM,VEL,ARRAY,3,1,1, , ,
*DIM,T,ARRAY,3,1,1, , ,
*SET,VEL(2,1,1) , -4
*SET,VEL(3,1,1) , -4
*SET,T(2,1,1) , 5
*SET,T(3,1,1) , 100
EDLOAD,ADD,RBVZ,0,      1,T,VEL, 0, , , , ,        !创建并赋予速度、时间数组
ASEL,S, , ,1
ESLA,S
CM,OUT-E,ELEM
NSLE,S
CM,OUT-N,ELEM
ALLSEL

/SOL
DL,4, ,UX,
DL,4, ,ROTY,
DL,4, ,ROTZ,
DL,1, ,UY,
DL,1, ,ROTX,
DL,1, ,ROTZ,                                       !对称线约束定义

TIME,10,
EDENERGY,0,1,1,0
EDBVIS,1,0.06
EDCTS,0,0.9,
EDRST,40,
EDHTIME,50,
EDDUMP,1,
EDOPT,ADD,blank,BOTH                               !输出设置
ALLSEL
SOLVE                                              !求解
```

15.4 模拟点焊

两平板各长 80 mm、宽 40 mm、厚 2 mm，互相搭接，4 组点焊固连，如图 15-36（a）所示。左端固定，右端给定速度拉开。时间-速度关系见表 15-1。

表 15-1 速度-时间关系

时间/ms	沿 X 向速度/mm/ms
0.0	0.0
10.0	0.304 8
20.0	0.304 8

材料特性：杨氏模量 68.9 GPa。密度 2.7e-6 kg/mm³。泊松比 0.33。初始屈服极限 0.286 GPa。塑性切向模量为 0.006 89 GPa；$\beta=1.0$，随动硬化，单面接触。

失效条件：$\left(\dfrac{|f_n|}{S_n}\right)^n + \left(\dfrac{|f_n|}{S_s}\right)^m \geqslant 1$，$S_n=7.854$ kNcc，$S_s=4.534$ kN，$n=m=2.0$。

1. 建立有限元模型

（1）建立两个搭接的平面

两平面在 Z 向相距 2mm，即板的厚度。如图 15-36（a）所示。

（2）选择单元

依次选择 Main Menu >Preprocessor>Element Type>Add/Edit/Delete，在弹出的对话框中选择"Add"按钮，在左侧"LS-DYNA Explicit"中选择"SHELL163"，单击"OK"按钮；通过单击"Options"按钮打开对话框，选择算法，此处选择"S/R Hughes"。

（3）定义材料

依次选择 Main Menu >Preprocessor > Material Props>Material Models，弹出"Define Material Mode Behavior"对话框，在"Material Modes Defined"一栏中默认材料号 1，在"Material Models Available"依次选择 LS_DYNA-Nonlinear-Inelastic-Kinematic Hardening-Plasticity Kinematic，在打开的对话框上指定 DENS=2.7e-6，EX=68.9，NUXY=0.33，Yield stress=0.286，Tangent Modulus=0.00689，beta=1.0，单击"OK"按钮，关闭对话框。

（4）网格划分

依次选择 Main Menu >Preprocessor>MeshTool，在打开的网格划分工具上，首先分配单元属性和指定单元尺寸，然后指定"Mesh"为"Areas"，在 Shape 选择"Quad"和"Mapped"，单击"Mesh"按钮，拾取要划分网格的面，单击"OK"按钮。具体效果如图 15-36（b）所示。

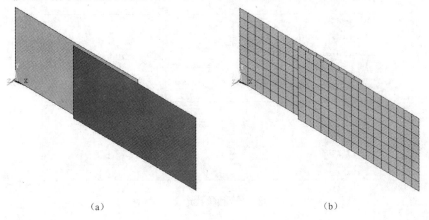

(a)   (b)

图 15-36 模型建立

2. 点焊和接触的定义

（1）点焊的定义

依次选择 Main Menu >Preprocessor> LS-DYNA Option>Spotweld>Massless Spotweld，弹出"拾取"对话框，在网格上拾取要定义点焊的节点（注意连续选择两个节点，且存在点焊关系的这两个节点不重合，即必须是两个独立的节点），单击"OK"，在弹出的"Create Spotweld between nodes（点焊定义）"对话框上填入点焊失效条件，如图 15-37 所示。连续定义 4 组点焊。

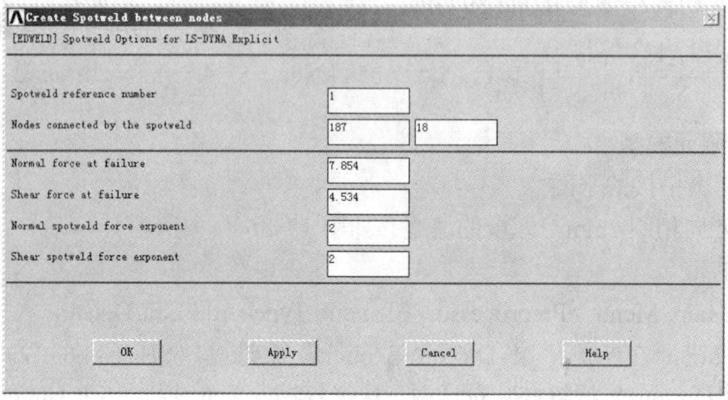

图 15-37 "点焊定义"对话框

（2）定义接触

依次选择 Main Menu >Preprocessor> LS-DYNA Option>Contact>Define Contact，在弹出的"Contact Parameter Definitions"（接触参数定义）对话框上选择单面接触的自动接触模式，如图 15-38 所示。

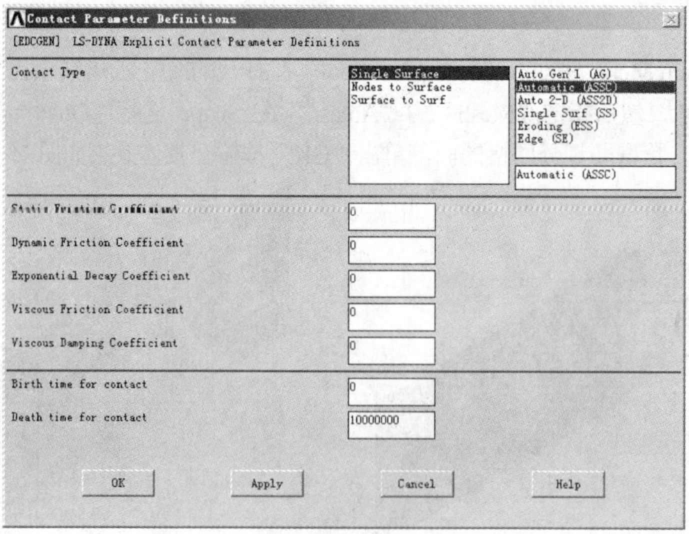

图 15-38 "接触参数定义"对话框

3. 加载与求解

(1) 约束固定端

依次选择 Main Menu> Solution>Constraints> Apply> On Lines，拾取左侧边（即 X＝0 的线），单击"OK"按钮，在打开的对话框上选择 UX、UY、UZ、ROTX、ROTY、ROTZ 作为约束自由度，值为"0"，单击"OK"按钮。

(2) 定义时间和速度数组

依次选择 Utility Menu > Parameters > Array Parameters>Define/Edit，在打开的对话框上单击"Add"按钮，定义两个一维数组，名为"time"和"V"；然后单击"Edit"按钮编辑数组中的数值，即将时间和速度的值输入，保存并关闭。

(3) 定义组件

依次选择 Utility Menu > Select> Entities，在打开的对话框上选择右侧边，然后选择该边上的节点。

依次选择 Utility Menu > Select>Comp/Assembly>Create Component，在打开的对话框上给定新建组件名称"new"，组件内容为节点（即刚才选择的节点），单击"OK"按钮。

(4) 施加速度

依次选择 Main Menu > Solution>Loading Option>Specify Loads，在打开的对话框上设定"UX"，施加给"new"，数值分别选择"time"和"V"，结果如图 15-39 所示。

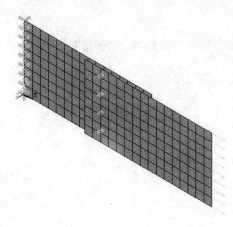

图 15-39 加载结果

依次选择 Utility Menu > Select> Everything。

(5) 设定求解时间

依次选择 Main Menu >Solution>Time Controls>Solution Time，在打开对话框上输入求解终止时间为 8。

(6) 设定输出文件控制

依次选择 Main Menu >Solution>Output Controls>File Output Freq>Number of Steps，在打开对话框上设置".rst"文件输出步数为 40，".his"文件输出步数为 40。

(7) 求解

依次选择 Main Menu >Solution>Solve

4. 查看结果

（1）读入计算结果

依次选择 Main Menu>General Postproc>Read Results>，选择要查看的某计算步的结果，即读入。

（2）打开单元形状，查看计算结果

总体位移与变形前的对比如图 15-40（a）所示，等效应力变化云图如图 15-40（b）所示。根据需要进行动画显示。

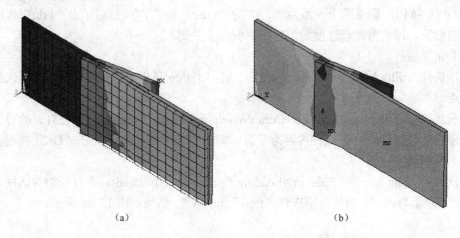

(a)   (b)

图 15-40　查看结果

5. 命令流

```
/PREP7
RECTNG,,80,,40,
wpoff,0,0,2
RECTNG,40,120,0,40,
WPCSYS,-1,0                           !建立几何模型
ET,1,SHELL163
KEYOPT,1,1,6
KEYOPT,1,2,0
KEYOPT,1,3,0
KEYOPT,1,4,0,                         !选择单元
R,1
RMODIF,1,1, ,0,2,0,0,0,
RMODIF,1,7, 0                         !实常数
MP,DENS,1,2.7e-6
MP,EX,1,68.9
MP,NUXY,1,0.33
TB,PLAW,1,,,1,
TBDAT,1,0.286
TBDAT,2,0.00689
TBDAT,3,1
TBDAT,4,
```

```
TBDAT,5,
TBDAT,6,
TBDAT,7,                                            !定义材料

ESIZE,5,0
AMAP,1,1,2,3,4
AMAP,2,5,6,7,8                                      !网格划分

EDWELD,ADD,1,187,18,7.854,4.534,2,2,
EDWELD,ADD,2,179,34,7.854,4.534,2,2,
EDWELD,ADD,3,154,10,7.854,4.534,2,2,
EDWELD,ADD,4,163,2,7.854,4.534,2,2,                 !定义点焊

EDCGEN,ASSC, , ,0,0,0,0,0, , , , ,0,10000000        !定义接触

DL,4,1,ALL,                                         !约束

*DIM,time,ARRAY,3,1,1, , ,
*DIM,V,ARRAY,3,1,1, , ,
*SET,TIME(2,1,1) , 10
*SET,TIME(3,1,1) , 20
*SET,V(2,1,1) , 0.3048
*SET,V(3,1,1) , 0.3048                              !定义时间和速度数组

LSEL,S, , , 6
NSLL,S,1
CM,new,NODE                                         !定义组件
EDLOAD,ADD,UX,0,NEW,TIME,V, 0, , , , ,              !施加速度
ALLSEL,ALL
TIME,8,
EDRST,40,
EDHTIME,40,
EDDUMP,1,                                           !设定输出文件控制
SAVE
FINISH

/SOLU
SOLVE
SAVE                                                !求解
FINISH

/POST1
SET,LAST
PLDISP,1                                            !总体位移与变形前对比
PLNSOL, S,EQV, 0,1.0                                !等效应力云图
SAVE
```

15.5 跌落仿真

铝合金方盒：弹性模量 10.3e6 psi；密度 2.5e-4（lbf·s^2/in^4）；泊松比 0.334，屈服应力 5 000 psi；切线硬化模量 20 000 psi。各边长 20 in，厚度 0.1 in，5 个面，成一定角度下落（即接触面不是平面）。

设方盒仅由于重力作用作简单加速度运动，忽略空气阻力，重力加速度为 386.4 in /s^2。方盒从距桌面 72 in 处开始下落，初速度为 0。

1. 有限元模型的建立

（1）DTM 的启动

依次选择开始>启动 ANSYS 选项菜单>ANSYS Product Launcher，在 ANSYS 登录界面选择"ANSYS LS-DYNA"，同时，勾选其下侧的"Drop Test Module for ANSYS LS-DYNA（-DTM）"，如图 15-41 所示，然后启动进入 ANSYS 图形用户界面。这样就可以使用 DTM，即跌落试验模块。

图 15-41 启动 ANSYS 界面（局部）

（2）实体模型和网格划分

创建边长为 20 的正方体，先删掉体，然后删掉一个面，即为 5 个面的方盒。

依次选择 Main Menu>Preprocessor>Element Type>Add/Edit/Delete，在弹出的对话框中选择"Add"按钮，在左侧"LS-DYNA Explicit"选择"Shell163"，单击"OK"按钮；通过单击"Options"按钮在打开对话框上选择算法，此处选择"S/R CO-rotation"。

依次选择 Main Menu>Preprocessor> Material Props>Define MAT Model，在打开对话框上单击"Add"按钮，在"Define Model for Material Number"一栏中默认材料号 1，在"Available Material Models"左侧选择"Plasticity"，右侧选择"Bilinear Kinematic"，单击"OK"按钮，在打开的对话框上输入相应值，如图 15-42 所示。

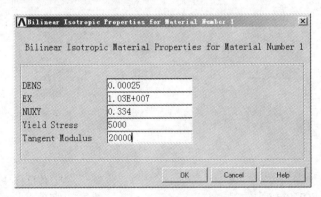

图 15-42 材料模型参数设置

将单元和材料分配给 5 个面,定义网格划分线尺寸为 4,映射划分 5 个面,如图 15-43 所示。

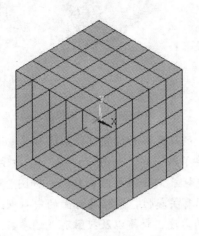

图 15-43 网格划分结果

2. 跌落试验模块的基本设置

依次选择 Main Menu>Drop Test>Set Up,图形窗口左下角显示屏幕坐标系"Screen CS",所示为重力加速度的方向。同时,打开如图 15-44 所示"Drop Test Set-up"(跌落参数设置)对话框,在"Basic"属性卡上的"Gravity"下侧下拉框选择或者直接输入重力加速度的数值;在"Drop Height"部分设置跌落高度"Height"为 72,参考点"Reference"下拉框选择为"Lowest Obj Point",即跌落对象的最低点。

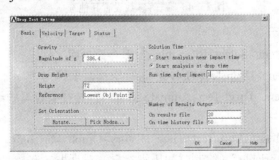

图 15-44 "跌落参数设置"对话框

在"Set Orientation"部分可以设置跌落对象的跌落角度,单击"Rotate"按钮,将弹出"Pan-Zoom-Rotate"浮动对话框,可以直接控制跌落对象跌落角度,设置完成后,关闭对话框。程序自动返回到图 15-44 所示对话框,继续其他参数的设置。

在"Solution Time"部分设置求解时间,选择"Start analysis at drop time",并在"Run time after impact"右侧编辑框输入"1"。即设置求解时间从跌落开始,并在落地碰撞后延迟一段时间。

在"Number of Results Output"中设置输出结果文件的数量,分别为"20"。

单击"OK"按钮,如图 15-45 所示,程序自动建立好刚性目标面的模型。

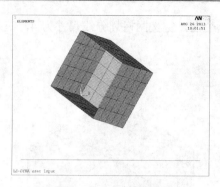

图 15-45 建立的模型

要点提示：图 15-44 的跌落参数设置对话框还有其他选项卡，在每次跌落模拟中不一定都用到，但是读者有必要了解一些。如图 15-46（a）所示的"Velocity"选项卡，用于设置跌落对象初始的速度，包括 3 向平动和 3 向转动；如图 15-46（b）所示的"Target"选项卡，用于设置刚性目标面的有关属性，包括目标面的中心点、长度和厚度的比例因子、目标面相对于屏幕坐标系 Z 轴的角度、材质以及接触有关的参数。

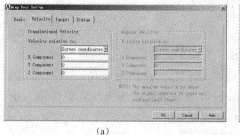 

(a)　　　　　　　　　　　　　　　(b)

图 15-46 跌落参数设置其他选项

3. 求解与结果显示

依次选择 Utility Menu>Select>Everything，保存数据库文件。

依次选择 Main Menu>Drop Test>Solve，进行求解，求解完毕。

依次选择 Main Menu>Drop Test>Animate Results，选择要查看的结果，可以直接显示跌落过程的动画。

依次选择 Main Menu>Drop Test>Time History>Graph Variables，打开如图 15-47 所示"Graph Time-History Variable"（绘制时间历程参量）对话框，选择"Displacement"右侧的在"Screen CS"下的 Uy，单击"OK"按钮，绘制跌落对象中心点和最低点的 Y 向位移随时间变化曲线，如图 15-48（a）所示。

图 15-47 "绘制时间历程参量"对话框

依次选择 Main Menu>Drop Test>Time History>Graph Variables，打开如图 15-47 所示对话框，选择"Velocity"右侧的在"Screen CS"下的 vy，单击"OK"按钮，绘制跌落对象中心点和最低点的 Y 向速度随时间变化曲线，如图 15-48（b）所示。

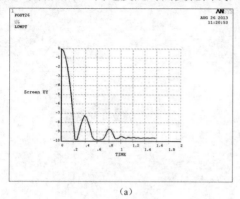
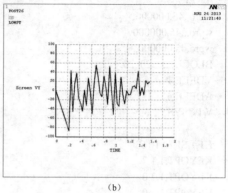

图 15-48　跌落对象中心点和最低点位移和速度随时间变化曲线

通用后处理和时间历程后处理依然可以使用。

依次选择 Main Menu>General Postproc>Read Results，读入不同步的结果。

依次选择 Main Menu>General Postproc>Plot Results>Contour Plot>Nodal Solu，绘制不同时刻等效应力等值图，如图 15-49 所示。

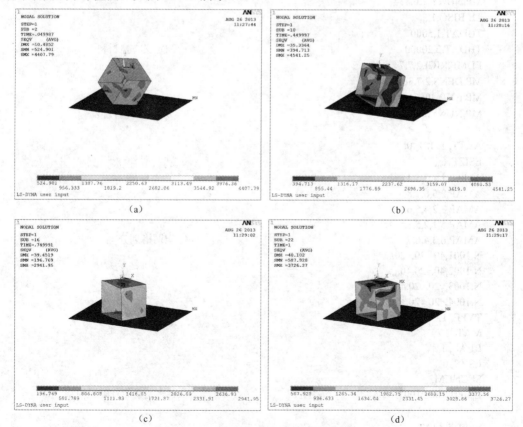

图 15-49　不同时刻等效应力等值图

4. 命令流

另一种方法是自建桌面模型实现跌落，命令流如下。

```
/PREP7
wpro,,45.000000,
wpro,,,45.000000
wpro,45.000000,,
BLOCK,,20,,20,,20,
VDELE,1
ADELE,4, , ,1
WPCSYS,-1,0                              !建立几何模型

ET,1,SHELL163
KEYOPT,1,1,7
KEYOPT,1,2,0
KEYOPT,1,3,0
KEYOPT,1,4,0,
R,1
RMODIF,1,1, , ,0.1, , , ,
RMODIF,1,7, 0                            !定义单元、算法和实常数
MP,DENS,1,2.5e-4
MP,EX,1,10.3e6
MP,NUXY,1,0.334
TB,BISO,1,,,,
TBDAT,1,5000
TBDAT,2,20000                            !定义方盒材料
EDMP,RIGI,2,7,7
MP,DENS,2,7.3e-4
MP,EX,2,30e6
MP,NUXY,2,0.292                          !定义桌面材料

AATT, 1, 1, 1, 0,
ESIZE,4, ,
AMAP,1,1,2,3,4
AMAP,2,5,6,7,8
AMAP,3,2,4,5,6
AMAP,5,1,2,5,8
AMAP,6,3,4,6,7                           !网格划分
N,1001,40,-20,-20,,,,
N,1002,40,-20,40,,,,
N,1003,-20,-20,40,,,,
N,1004,-20,-20,-20,,,,
TYPE, 1
MAT, 2
REAL, 1
ESYS, 0
SECNUM,
E,1001,1002,1003,1004                    !建立桌面有限元模型

ESEL,S,MAT, , 1
NSLE,S
```

```
CM,box,NODE
ESEL,S,MAT,,2
NELE,S
CM,table,NODE                                          !定义组件
EDCGEN,ANTS,BOX,TABLE,0,0,0,0,0, , , , ,0,10000000     !定义接触
ALLSEL
SAVE
FINISH

/SOL
EDVE,VELO,BOX,0,-200,0,0,0,0, , , , ,                  !施加初速度
*DIM,accg,ARRAY,2,1,1, , ,
*DIM,time,ARRAY,2,1,1, , ,
*SET,TIME(2,1,1) , 10
*SET,ACCG(1,1,1) , 386.4
*SET,ACCG(2,1,1) , 386.4
EDLOAD,ADD,ACLY,0,BOX,TIME,ACCG, 0, , , , ,           !施加加速度
ALLSEL
SAVE
TIME,1
EDRST,20,
EDHTIME,50,
EDDUMP,1,
SOLVE                                                  !求解
FINISH

/POST1
SET,
PLNS,S,EQV
ANDATA,0.5, ,0,0,0,1,0,1                               !查看动画
```

15.6 碰撞

模拟运动的车辆内放置的水杯,在遇到车速变化时的倾倒和碰撞过程。这里简化了整个过程,认为当车速变化时,水杯与桌面之间因此产生了相对速度。

开口的圆台形状薄壁水杯:厚度 1 mm、上底面半径 5 mm、下底面半径 3 mm、高 15 mm;桌面宽 40 mm,长度取一部分 15 mm,厚度 10 mm,形状如图 15-50 所示。

图 15-50 水杯和桌面的实体模型

水杯：密度 1.3×10^{-6} kg/mm³、弹性模量 2.1 Gpa、泊松比 0.2、初始屈服极限 0.044 Gpa；定义为塑性材料模型。

桌面材质和水杯一样，但定义为弹性材料模型。

1. 有限元模型的建立

（1）单元和材料的定义

依次选择 Main Menu>Preprocessor>Element Type>Add/Edit/Delete，定义单元 1 为 SHELL163，单元 2 也为 SHELL163 实体单元。

依次选择 Main Menu>Preprocessor>Real Constants，在打开的对话框上，单击"Add"按钮，在弹出的对话框上选择要定义实常数的单元类型，在弹出的对话框中给出实常数的编号；单击"OK"按钮，在打开的对话框上，定义单元 1 厚度为 1；重复定义实常数，定义单元 2 的厚度为 10。

依次选择 Main Menu>Preprocessor>Material Props>Material Models，在打开的对话框上，在右侧"Material Models Available"中列出可选择的已定义的材料模型。单击"LS-DYNA"，打开文件夹，继续单击"Nonlinear"、"Inelastic"、"Kinematic Hardening"、"Plasctic Kinematic"，在打开的对话框上，给出相应参数的数值，单击"OK"按钮。

单击图 15-4 所示对话框中的"Material"菜单，选择"New Models"，图示状态则为定义编号为"2"的材料模型为弹性材料。

（2）实体模型的建立和网格划分

建立桌面侧面的边线，沿 Z 向拉伸 15 个单位；建立圆台体，删掉体和上表面，得到水杯的面。

将单元 1、材料 1 分配给水杯；单元 2、材料 2 分配给桌面。定义划分网格线尺寸为 2，扫略划分水杯面，映射划分桌面，如图 15-51 所示。

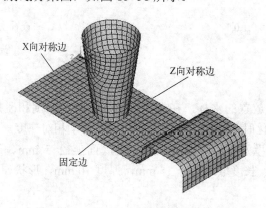

图 15-51　水杯和桌面的网格划分

2. 约束、接触和初始条件的定义

（1）固定边和对称边的约束

依次选择 Main Menu>Solution>Constraints>Apply> On Lines，弹出"拾取线"对话框，拾取图 15-51 所示的固定边，单击"OK"按钮，在打开的对话框上，在"Lab2　DOFs to be constrained"右侧列表框选择"All DOF"，单击"OK"按钮。

依次选择 Main Menu>Solution>Constraints>Apply> On Lines，弹出"拾取线"对话框，拾取图 15-51 所示的 X 向对称边，单击"OK"按钮，在打开的对话框上，在"Lab2 DOFs to be constrained"右侧列表框选择"UX"，单击"Apply"按钮。重新选择对称边，约束"ROTY"，单击"Apply"按钮；再次选择对称边，约束"ROTZ"，单击"OK"按钮；

依次选择 Main Menu>Solution>Constraints>Apply> On Lines，弹出"拾取线"对话框，拾取图 15-51 所示的 Z 向对称边，单击"OK"按钮，在打开的对话框上，在"Lab2 DOFs to be constrained"右侧列表框选择"UZ"，单击"Apply"按钮。重新选择对称边，约束"ROTX"，单击"Apply"按钮；再次选择对称边，约束"ROTX"，单击"OK"按钮；

（2）接触的定义

依次选择 Main Menu>Preprocessor>LS-DYNA Options>Parts Options，创建 PART 列表，弹出窗口中列出所有 PART 的编号、材料、单元类型等信息。

依次选择 Main Menu>Preprocessor>LS-DYNA Options>Contact>Define Contact，在打开的对话框上，在"Contact Type"右侧选择"Single Surface"，再右侧选择"Automatic（ASSC）"，单击"OK"按钮。

（3）初速度的定义

依次选择 Utility Menu>Select>Entities，弹出"选择"对话框，在第一个下拉选项中选择"Areas"，在其下的下拉选项中选择"By Num/Pick"，单击"Apply"按钮，弹出拾取面对话框，拾取水杯部分面，单击"OK"按钮。

回到选择对话框，在第一个下拉选项中选择"Nodes"，在其下下拉选项中选择"Attached to"，其下层选择"Areas, all"，单击"OK"按钮，即将水杯的节点全部选中。

依次选择 Utility Menu>Select>Comp/Assemble>Create Component，在弹出的对话框上给定节点组件的名称"NEW"。

依次选择 Main Menu>Preprocessor>LS-DYNA Options>Initial Velocity>On Nodes>W/Nodal Rotate，在打开的对话框，在"Input velocity on component"右侧的下拉列表框中选择已定义的节点组件"NEW"，在"VX Global Y-component"右侧的编辑框给定初速度值为"10"，单击"OK"按钮。

3．求解

依次选择 Main Menu>Solution>Time Controls>Solution Time，在打开的对话框上，在"Terminate at Time"右侧的编辑框给定计算时间为"3"，单击"OK"按钮。

依次选择 Main Menu>Solution>Output Controls>File output Freq>Number of steps，在打开的对话框上，在两个"Number of Output Steps"右侧的编辑框分别输入"20"，单击"OK"按钮。

依次选择 Utility Menu>Select>Everything，保存数据库文件。

依次选择 Main Menu>Solution>Solve，在弹出的对话框上单击"OK"按钮，进行求解，求解完毕。

4．通用后处理器结果显示

依次选择 Main Menu>General Postproc>Read Results，读入要观察步的结果。

依次选择 Main Menu>General Postproc>Plot Results>Contour Plot>Nodal Solu，绘制不同时刻的等效应力等值图，如图 15-52 所示。

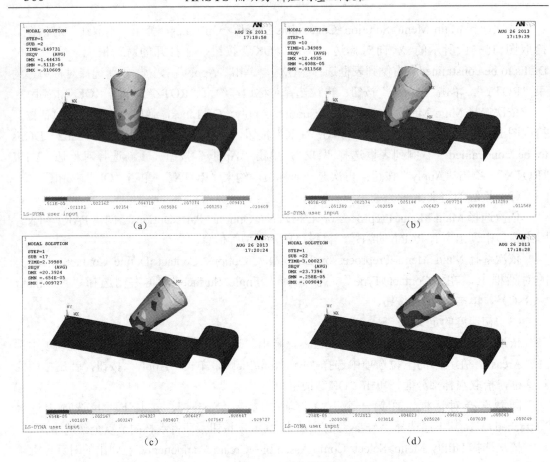

图 15-52 不同时刻的等值图变化

🔸 **要点提示**：通过动画显示可以清楚地看到水杯移动了一小段距离，然后开始倾倒，如图 15-52（a）所示；与桌面的边缘接触碰撞，如图 15-52（b）所示；碰撞之后开始反弹，如图 15-52（c）所示，同时有向侧面旋转的趋势，如图 15-52（d）所示。

5. 时间历程后处理器结果显示

依次选择 Main Menu>TimeHist Postpro>Define Variables，在打开的对话框中，单击"Add"按钮，在弹出的对话框上选择"Nodal DOF result"，单击"OK"按钮，弹出"节点拾取"对话框。在图形窗口中点取水杯底边的节点 30，单击"OK"按钮，弹出"Define Nodal Data"对话框，默认变量编号和节点编号，在其上进一步选择要查看的结果内容。例如，在"user-specified label"处输入"UX"；在右边的滚动框中的"Translation UX"上单击一次使其高亮显示，单击"OK"按钮。

重复上述操作，定义变量 3 查看"Translation UY"；定义变量 4 查看"Translation UZ"。

依次选择 Main Menu>TimeHist PostPro>Store Data，打开对话框，不改变默认值，单击"OK"按钮。

依次选择 Main Menu>TimeHist PostPro>Graph Variables，弹出 "Graph Time-History Variables"对话框，在"1st Variable to graph"及以下编辑框中输入所定义变量的编号 2、3、4，单击"OK"按钮，图形窗口绘制图 15-53（a）所示曲线图，即节点 30 在 3 向上的

随时间变化的位移曲线。

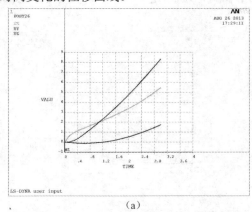
(a)

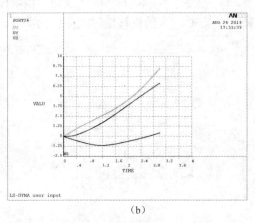
(b)

图 15-53 曲线图

依次选择 Main Menu>TimeHist Postpro>Define Variables，在打开的对话框中，单击"Add"按钮，在弹出的对话框上选择"Nodal DOF result"，单击"OK"按钮，弹出"节点拾取"对话框。在图形窗口中点取水杯上边的节点 88，单击"OK"按钮，弹出"Define Nodal Data"对话框，默认变量编号和节点编号，在其上进一步选择要查看的结果内容。例如，在"user-specified label"处输入"UX"；在右边的滚动框中的"Translation UX"上单击一次使其高亮度显示，单击"OK"按钮。

重复上述操作，定义变量 6 查看"Translation UY"；定义变量 7 查看"Translation UZ"。

依次选择 Main Menu>TimeHist PostPro>Store Data，在打开对话框中默认相关设置，单击"OK"按钮。

依次选择 Main Menu>TimeHist PostPro>Graph Variables，弹出 "Graph Time-History Variables"对话框，在"1st Variable to graph"及以下编辑框中输入所定义变量的编号 5、6、7，单击"OK"按钮，图形窗口绘制图 15-53（b）所示曲线图，即节点 88 在 3 向上的随时间变化的位移曲线。

依次选择 Main Menu>TimeHist PostPro>Math Operations>Add，弹出对话框。在"IR Reference number for result"右侧编辑框输入"8"，即加操作之后得到的变量编号为 8；默认"FACTA   1st Factor"右侧编辑框数值为 1；在"IA   1st Variable"右侧编辑框输入"2"；默认"FACTA   2nd Factor"右侧编辑框数值为 1；在"IB   2nd Variable"右侧编辑框输入"3"；默认"FACTA   3rd Factor"右侧编辑框数值为 1；在"IC   3rd Variable"右侧编辑框输入"4"；在"Name   User-specified label"右侧编辑框输入"USUM-30"，单击"OK"按钮。

重复上述操作将已定义变量 5、6、7 以矢量方式相加，得到变量 9，用 USUM-88 标志。

依次选择 Main Menu>TimeHist PostPro>Graph Variables，弹出 "Graph Time-History Variables"对话框，在"1st Variable to graph"及以下编辑框中输入所定义变量的编号 8、9，单击"OK"按钮，出现图形窗口，绘制图 15-54（a）所示曲线图，即节点 30、88 的总位移随时间变化的曲线。

依次选择 Main Menu>TimeHist PostPro>Graph Variables，弹出 "Graph Time-History Variables"对话框，在 1st Variable to graph 及以下编辑框中输入所定义变量的编号 2、3、

4、5、6、7、8、9，单击"OK"按钮，出现图形窗口，绘制图 15-54（b）所示的曲线图，即对比节点 30、88 的位移随时间变化的曲线。

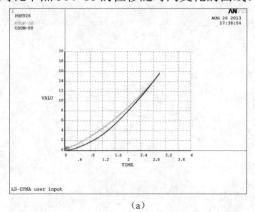
（a）

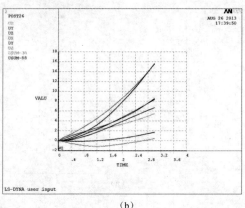
（b）

图 15-54　绘制时间历程位移曲线

6. 命令流

```
/PREP7
ET,1,SHELL163
R,1
RMODIF,1,1,1,3,1,,,,
ET,2,SHELL163
R,2
RMODIF,2,1,1,3,10,,,,                !单元类型与实常数定义

MP,DENS,1,1.3e-6
MP,EX,1,2.1
MP,NUXY,1,0.2
TB,PLAW,1,,,,1,
TBDAT,1,0.044
TBDAT,2,
TBDAT,3,
TBDAT,4,
TBDAT,5,
TBDAT,6,
TBDAT,7,                             !水杯材料模型定义
MP,DENS,2,1.3e-6
MP,EX,2,2.1
MP,NUXY,2,0.2                        !桌面材料模型定义

K,1001,,,,
K,1002,40,,
K,1003,40,5,,
K,1004,50,5,,
K,1005,50,0,,
```

```
K,1006,0,0,15,
LSTR, 1001, 1002
LSTR, 1002, 1003
LSTR, 1003, 1004
LSTR, 1004, 1005
LSTR, 1001, 1006
ADRAG,1, 2, 3, 4, ,, 5
AFILLT,1,2,2,
AFILLT,7,3,2,
AFILLT,8,4,2,                                   !建立桌面几何模型
wpoff,20,0,7.5
wpro,,-90.000000,
CONE,3,5,0,15,0,360,
VDELE,         1
ADELE,         8, , ,1
WPCSYS,-1,0                                     !建立水杯几何模型

ASEL,S,,,4
ASEL,A,,,10,11
AATT, 1, 1, 1, 0,
AESIZE,all,1,
AMESH,ALL                                       !水杯网格划分
ASEL,S,,,1,3
ASEL,A,,,5,7
ASEL,A,,,9
AATT, 2, 2, 2, 0,
AESIZE,all,1,
AMESH,ALL                                       !桌面网格
NUMCMP,ALL

EDPART,CREATE
EDCGEN,ASSC, , ,0,0,0,0,0, , , , ,0,10000000,0,0    !接触定义

/SOL
LSEL,S,,,2,6,4
LSEL,A,,,16,25,9
LSEL,A,,,22,32,5
DL,ALL, ,ALL,
LSEL,S,,,7
DL,ALL, ,UX,
DL,ALL, ,ROTY,
DL,ALL, ,ROTZ,                                  !施加 X 向对称约束
LSEL,S,,,1,3,2
LSEL,A,,,15,26,11
LSEL,A,,,23,33,5
DL,ALL, ,UZ,
DL,ALL, ,ROTX,
```

```
DL,ALL, ,ROTY,                              !施加 Z 向对称约束
ALLSEL

ASEL,S,,,4
ASEL,A,,,10,11
NSLA,S,1
CM,NEW,NODE
EDVE,VELO,NEW,10,0,0,0,0,0, , , , ,         !给定初速度

TIME,3,                                     !求解时间
EDRST,20,
EDHTIME,30,
EDDUMP,1,
ALLSEL,ALL

SOLVE
FINISH

/POST26
NSOL,2,30,U,X,
NSOL,3,30,U,Y,
NSOL,4,30,U,Z,
STORE,MERGE, ,
PLVAR,2,3,4, , , , , , ,                    !绘制节点 30 位移曲线

NSOL,5,88,U,X,
NSOL,6,88,U,Y,
NSOL,7,88,U,Z,
STORE,MERGE, ,
PLVAR,5,6,7, , , , , , ,                    !绘制节点 88 位移曲线

ADD,8,2,3,4,USUM-30, , ,1,1,1,
ADD,9,5,6,7,USUM-88, , ,1,1,1,
PLVAR,8,9, , , , , , , ,                    !绘制节点 30、节点 88 总位移曲线
PLVAR,2,3,4,5,6,7,8,9, , ,
FINISH
```

15.7 显式–隐式连续求解

薄板冲压成形，由冲头、底模、压板和板料 4 部分组成。

板料是圆形薄板，半径 80 mm，厚度 1 mm；冲头是半球形，半径 50 mm。压板为圆环形板；底模为开口圆环，倒角半径 6.35 mm。考虑对称性，取 1/4 为研究对象。

由于冲头、底模和压板底刚度较大，使用刚性体定义材料，杨氏模量 69 GPa，密度 7.83e-6 kg/mm^3，泊松比 0.3。采用 4 节点壳单元划分网格。

板料采用幂指数塑性材料，杨氏模量 69 GPa，密度 7.83e-6 kg/mm^3，泊松比 0.3，

K=0.598，n=0.216，S_{rc}=S_{rp}=0.0。采用 4 节点壳单元，算法为 10，即 Belytschko-Wong-Chiang 算法，厚度方向积分点定义为 5 个。

板料与冲头、压板和底模之间底接触均采用面-面接触，动、静摩擦系数均为 0.15，考虑板料厚度和膜应变引起底厚度变化。

底模和压板固定不动，冲头沿 Z 向做匀速运动，速度为 5 mm/ms。计算时间 6 ms。

15.7.1 分析过程（1）——显式部分

1．选择正确的模块

由于分析过程要显式-隐式连续完成，所定义的单元等信息要互相联通，所以在启动程序选择模块时要选择 Multiphysics/LS-dyna。指定作业文件名称"punch"。

2．建立有限元模型

（1）建立实体模型

依次建立 1/4 的球面、圆环面、圆面和开口圆环面，如图 15-55（a）所示。

（2）选择单元

分别定义冲头、压板和底模使用 SHELL163 单元，其余选项选择默认，编号分别为 1、2、3。

依次选择 Main Menu >Preprocessor>Element Type>Add/Edit/Delete，在弹出的对话框中选择"Add"按钮，在左侧"LS-DYNA Explicit"中选择"SHELL63"，单击"OK"；通过单击"Options"按钮在打开的对话框上选择算法 10，其余选项默认，此为板料所用单元，编号为 4。

（3）定义实常数

分别针对冲头、压板和底模使用的 SHELL163 单元定义实常数，主要定义厚度，其余选项默认，编号分别为 1、2、3。

依次选择 Main Menu >Preprocessor>Real Constants，在弹出的对话框中选择"Add"按钮，在打开的对话框中定义"NIP"为"5"，板料厚度为"1"。

（4）定义材料

依次选择 Main Menu >Preprocessor> Material Props> Material Models，弹出"Define Material Mode Behavior"对话框，在"Material Modes Defined"一栏中默认材料号 1，在"Material Models Available"选项依次选择 LS_DYNA-Rigid Material，在打开的对话框中输入相应数值，在下侧的约束"Translat'l constrnt parm"选项中选择"x and y disps"，在"Rotationa'l constrnt parm"选项中选择"All rotations"。

类似的方法定义压板和底模，材料编号为 2，3，但二者是固定的，所以平动也选择为"All disps"。

依次打开"Define Material Mode Behavior"对话框的菜单 Material> New Model，弹出对话框，输入 4，新建一个材料类型，在"Material Models Available"依次选择 LS_DYNA> Nonlinear> Inelastic> Power Law，在打开的对话框中输入相应数值。

（5）网格划分

网格划分是指指定相应面的属性，进行划分网面，如图 15-55（b）所示。

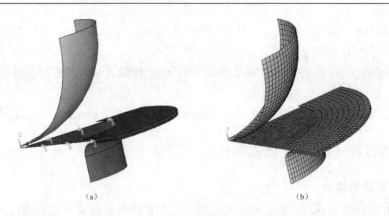

图 15-55 实体模型与有限元模型的建立

（6）创建 part 列表

依次选择 Main Menu >Preprocessor>LS-DYNA Options>Parts Options，在打开的对话框上选择创建 PART。

3．加载与求解

（1）约束对称面

由于分析是以取 1/4 为研究对象的，因此要对板料进行对称边约束。例如，关于 X 轴对称，约束 X 向平动，Y、Z 向转动。

依次选择 Main Menu > Solution>Constraints> On Lines，拾取相应线段约束板料两个对称边。

（2）定义接触

定义接触是指分别定义板料和冲头、压板、底模的接触，其中板料使用组件，其他使用 part 编号。这里定义板料总为接触面，刚性体为目标面。

依次选择 Main Menu >Preprocessor> LS-DYNA Option>Contact>Define Contact，在弹出的对话框上选择面-面接触的普通模式（STS），输入相应的静、动摩擦系数，单击"OK"按钮，在后续的对话框上选择接触面和目标面。

（3）定义接触控制选项

依次选择 Main Menu >Preprocessor>LS-DYNA Options>Contact>Advanced Controls，在打开对话框上，设置"STS/NTS Shell Thickness Option"为"No Thk Incl"，即在面-面或者点-面接触时考虑弹性体的厚度；设置"SS Shell Thickness Change Option"为"Thk Change Incl"，即考虑壳单元厚度变化。

（4）定义速度曲线

依次选择 Utility Menu > Parameters> Array Parameters>Define/Edit，在打开的对话框上单击"Add"按钮，定义两个一维数组，名为"time"和"V"；然后单击"Edit"按钮编辑数组中的数值，即将时间和速度的值输入，保存并关闭。

依次选择 Main Menu >Preprocessor>LS-DYNA Options>Loading Options>Curve Options> Add Curve，在打开的对话框中指定曲线编号、横向坐标（时间数组）、纵向坐标（速度数组）。

依次选择 Main Menu >Preprocessor>LS-DYNA Options>Loading Options> Curve Options>

Plot Curve，在打开对话框上指定要显示的曲线编号，观察所定义的速度曲线是否正确。

（5）施加速度

依次选择 Main Menu > Solution>Loading Option>Specify Loads，在打开的对话框上设定"RBVZ"，施加给 part1，即冲头，数值分别选择"time"和"V"。

依次选择 Utility Menu > Select> Everything。

（6）设定求解时间

依次选择 Main Menu >Solution>Time Controls>Solution Time，在打开的对话框上输入求解终止时间为 6。

（7）设定输出文件控制

依次选择 Main Menu >Solution>Output Controls>File Output Freq>Number of Steps，在打开的对话框上设置".rst"文件输出步数为 30，".his"文件输出步数为 30。

（8）求解

依次选择 Main Menu >Solution>Solve。

4．查看结果

显式分析结果如图 15-56（a）所示，模具为刚体，没有变形，板材变形前后的对比如图 15-56（b）所示。

图 15-56　查看显式计算结果

将分析数据保存到"punch.db"。

5．命令流

```
/PREP7
CYL4, , , , ,80,90
wpoff,0,0,1
CYL4, , ,50, ,80,90
wpoff,0,0,50
SPH4, , ,50
VDELE,1
ASBW,3
wpro,,,90
ASBW,5
ADELE,4,,,1
ADELE,6,,,1
ADELE,7,,,1
WPCSYS,-1,0
wpoff,0,0,-1
```

```
CYL4, , ,50, ,80,90,-30
VDELE,1
ADELE,4,,,1
ADELE,6,,,1
ADELE,8,,,1
ADELE,9,,,1
AFILLT,5,7,6.35,
WPCSYS,-1,0                              !几何模型建立

ET,1,SHELL163
R,1
RMODIF,1,1, , ,1, , , ,                  !冲头单元类型类型和实常数定义
ET,2,SHELL163
R,2
RMODIF,2,1, , ,1, , , ,                  !压板单元类型和实常数定义
ET,3,SHELL163
R,3
RMODIF,3,1, , ,1, , , ,                  !底模单元类型和实常数定义
ET,4,SHELL163
KEYOPT,4,1,10
KEYOPT,4,2,0
KEYOPT,4,3,0
KEYOPT,4,4,0                             !板料单元类型和算法定义
R,4
RMODIF,4,1, ,5,1, , , ,                  !板料单元类型的实常数定义

EDMP,RIGI,1,4,7
MP,DENS,1,7.83e-6
MP,EX,1,69
MP,NUXY,1,0.3                            !冲头材料模型定义
EDMP,RIGI,2,7,7
MP,DENS,2,7.83e-6
MP,EX,2,69
MP,NUXY,2,0.3                            !压板材料模型定义
EDMP,RIGI,3,7,7
MP,DENS,3,7.83e-6
MP,EX,3,69
MP,NUXY,3,0.3                            !底模材料模型定义
MP,DENS,4,7.83e-6
MP,EX,4,69
MP,NUXY,4,0.3
TB,PLAW,4,,,2,
TBDAT,1,0.598
TBDAT,2,0.216
TBDAT,3,0
TBDAT,4,0
TBDAT,5,
TBDAT,6,                                 !板料材料模型定义

AESIZE,ALL,5
TYPE, 1
```

```
MAT, 1
REAL, 1
ESYS,0
SECNUM,
MSHAPE,0,3D
MSHKEY,1
AMESH,3
TYPE,2
MAT,2
REAL,2
AMESH,2
ASEL,S,,,4,8
TYPE,3
MAT,3
REAL,3
AMESH,ALL
ALLSEL
TYPE,4
MAT,4
REAL,4
AMESH,1                                             !网格划分
EDPART,CREATE                                       !创建 PART
ALLSEL
SAVE                                                !保存

EDCGEN,STS,1,4,0.15,0.15,0,0,0, , , ,0,10000000,0,0
EDCGEN,STS,4,2,0.15,0.15,0,0,0, , , ,0,10000000,0,0
EDCGEN,STS,4,3,0.15,0.15,0,0,0, , , ,0,10000000,0,0  !接触定义
EDCONTACT,0.1,0,2,1,1,2,1,4,0
EDSP,OFF,' ',' ',1,
FINISH

/SOL
DL,2, ,UX,
DL,2, ,ROTY,
DL,2, ,ROTZ,
DL,3, ,UY,
DL,3, ,ROTX,
DL,3, ,ROTZ,                                        !约束对称面

*DIM,time,ARRAY,2,1,1, , ,
*DIM,V,ARRAY,2,1,1, , ,
*SET,TIME(2,1,1) , 60
*SET,V(1,1,1) , −5
*SET,V(2,1,1) , −5
EDCURVE,ADD,1,TIME,V
EDCURVE,PLOT,1
EDLOAD,ADD,RBVZ,0,1,TIME,V,0, , , , ,              !定义和施加速度

TIME,6                                              !设定求解时间
EDENERGY,0,1,1,0
```

```
EDBVIS,1,0.06
EDCTS,0,0.9,
EDRST,30,
EDHTIME,30,
EDDUMP,1,                                    !设定输出文件控制
EDOPT,ADD,blank,BOTH
ALLSEL
SOLVE                                        !求解
FINISH

/POST1
SET,
PLNS,S,EQV
ANDATA,0.5, ,0,0,0,1,0,1                     !查看动画
```

15.7.2 分析过程（2）——隐式部分

1．更改作业名称

将作业名称改为"springback"，防止覆盖显式分析结果。

2．建立隐式分析的模型

（1）单元类型的转换

将显式分析中使用的单元类型转换成对应的隐式分析的单元类型，这里将 SHELL163 单元转换为 SHELL181 单元。

依次选择 Main Menu>Preprocessor>Element Type>Switch Elem Type，打开如图 15-57 所示的"Switch Elem Type"（单元类型转换）对话框，选择"Explic to Implic"，程序将自动进行单元的转换。

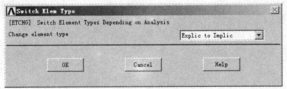

图 15-57 "单元类型转换"对话框

（2）重新定义实常数

依次选择 Main Menu>Preferences>Sections>Shell>Lay-up>Add/Edit，重新定义编号为 4 的 SHELL181 单元的实常数，给定厚度为 1。

（3）重新定义材料模型

隐式分析板料的弹复只有线性弹性材料性质保持有效，显式分析中定义的非线性材料性质都要删除掉。

依次选择 Main Menu>Preprocessor> Material Props> Material Models，打开如图 15-58 所示的"Define Material Model Behavior"（重新定义材料模型）对话框，删除在显式分析中 TB 命令定义的材料性质，并重新定义材料模型。

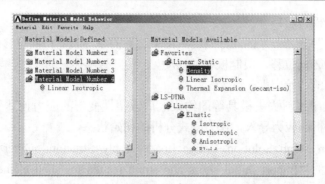

图 15-58 "重新定义材料模型"对话框

(4) 删除所有约束

依次选择 Main Menu>Preprocessor>LS-DYNA Options>Constraints>Delete>On Lines,删除所有显式分析中定义的约束。

(5) 关闭形状检查

依次选择 Main Menu>Preprocessor>Checking Ctrls>Shape Checking,打开如图 15-59 所示的"Shape Checking Controls"(形状检查控制)对话框,选择"Off"选项关闭单元形状检查。因为在显式分析中单元已经发生了相当大的变形,关闭形状检查避免出错。

图 15-59 "形状检查控制"对话框

3. 隐式加载和求解

(1) 定义隐式单元的初始构形

显式分析的位移结果作为隐式单元的初始几何构形,是考虑和模拟弹复问题不可忽略的部分。

依次选择 Main Menu>Preprocessor>modeling>Update Geom,打开如图 15-60 所示的"Update nodes using results file displacements"(更新几何构形)对话框,在相应位置给定显式计算的结果文件"punch.rst"、"Load step"和"Substep"都为"LAST"。

图 15-60 "更新几何构形"对话框

(2) 删除不需要的单元

主要考虑板料的变形和弹复,其他刚性体单元没有变形也就不存在弹复问题,因此,将所有刚性体单元删除。

（3）重新约束板料边界

板料只选择了四分之一，因此分别约束两条边界的 X 向和 Y 向位移；与底模和压板接触部分的边部约束 Z 向位移，限制板料的移动。

（4）导入板料的初始应力

弹复的原因在于板料失去模具等的约束之后，塑性变形的应力使其变形略有回复。因此，需要将显式分析的应力导入，作为隐式分析的初始状态。

依次选择 Main Menu>Solution>Define Loads>Apply>Structural>Other>Import Stress，打开如图 15-61 所示的"Import initial stress and strain results for shell elements"（导入初始应力）对话框，在相应位置给定显式计算的结果文件"punch.rst"、"Load step"和"Substep"均为"LAST"。

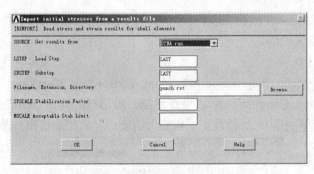

图 15-61 "导入初始应力"对话框

（5）接通大变形效应

依次选择 Main Menu>Solution>Analysis Type>Sol'n Controls，打开如图 15-62 所示的"Solution Controls"（非线性选项）对话框，在"Analysis Options"一栏中选择"Large Displacement Transient"，其余选项默认。

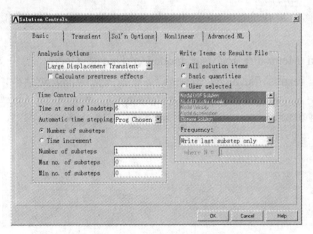

图 15-62 非线性选项对话框（部分）

（6）求解

4．查看结果

如图 15-63 所示，查看弹复前后板料的变形情况。

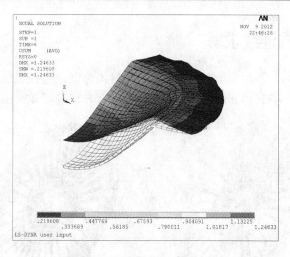

图 15-63 弹复前后板料变形对比

5．命令流

```
/FILNAME,springback,1                          !更换作业名称
/PREP7
MPDE,ALL,4
TBDE,ALL,4                                     !删除 TB 命令定义的材料
MPTEMP,1,0
MPDATA,DENS,4,,7.83E-6
MPDATA,EX,4,,69
MPDATA,PRXY,4,,0.3                             !重新定义材料
DLDELE,ALL,ALL                                 !删除所有约束
SHPP,OFF                                       !关闭形状检查

ETCHG,ETI                                      !单元类型转换
sect,1,shell
secdata, 1,4,0,3
secoffset,MID                                  !重新定义实常数
UPGEOM,1,LAST,LAST,'punch','rst',' '           !定义隐式单元初始构型

/SOL
ESEL,S,MAT,,4
DL,2, ,UX,
DL,3, ,UY,
DL,1, ,UZ,                                     !约束板料边界
RIMPORT,DYNA,STRESS,ELEM,LAST,LAST,'punch','rst',' ', , ,  !导入板料初始应力
ANTYPE,4
NLGEOM,1                                       !接通大变形效应
SOLVE                                          !求解
FINISH
/POST1
PLNSOL, U,SUM, 2,1.0                           !查看结果
```

15.8 隐式–显式连续求解

如图 15-64 所示，发动机内外圈及叶片的材料均为钢，选择线性弹性材料模型：杨氏模量 30×10^6 psi、密度 7.33e-4 $lbf \cdot s^2/in^4$、泊松比 0.33，转动速度 420 rad/s。

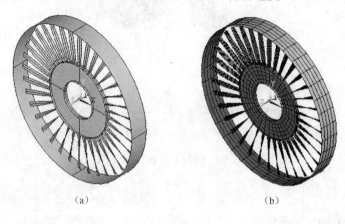

(a)　　　　　　　　　　(b)

图 15-64　模型建立

用户可以在这个例子基础上，尝试建立飞鸟的实体模型和材料模型，在某一位置与叶片相撞，模拟飞鸟与叶片的撞击和造成的损坏，还可以进一步考虑飞鸟的大小、撞击速度等参数的影响。

15.8.1 分析过程（1）——隐式部分

1. 选择正确的模块

由于分析过程要隐式-显式连续完成，所定义的单元等信息要互相联通，所以在启动程序选择模块时要选择"Multiphysics/LS-dyna"。指定作业文件名称"blade"。

2. 建立实体模型

（1）定义两点及两点间直线

关键点 1（0，0，0）和关键点 2（0，0，1），两点连成线 1。

（2）创建叶片的连接部分

对线 1 进行复制，三向坐标增量为（5，0，0），得到线 2。

依次选择 Main Menu>Preprocessor>Operate>Devide>Line into N Ln's，将线 2 等分为二，变为线 2 和 3。再对线 2、3 进行复制，三向坐标增量为（5，0，0）；连接原线与复制线之间的中点（即关键点 5 和 7）。

（3）创建叶片

在指定点（0，0，0.5）创建局部柱坐标系（THZX=90）。

复制线 4 和 5（0，-5，1），得到线 7 和 8；复制线 7 和 8（0，-12.5，1.5）；重复复制，直到得到线 19 和 20（每步增量为（0，-12.5，1.5））。

指定线 7～20 的分割尺寸为两份（或者 0.25）。

恢复到整体坐标系下，利用创建"蒙皮面"的方法创建两个面 1 和 2（一个由线 7、

9、11、13、15、17、19 组成；另一个由 8、10、12、14、16、18、20 组成）。

（4）创建内外圈

依次选择 Main Menu>Preprocessor>Modeling>Move/Modify>Ketpoints>Set of KPs，将点 1 移动到（0，0，-2），点 2 移动到（0，0，3）；对改变长度后的线 1 进行复制，增量为（21，0，0）。

由关键点 6、7、10、9 创建面 3；关键点 7、8、11、10 创建面 4。

指定线 2、3 分割尺寸为 1 份（或者 0.5），绕点 1、2 形成的轴旋转线 2、3 得到面 5～12（即内圈空心圆部分）。

指定线 6 分割尺寸为 5 份（或者 1），绕点 1、2 形成的轴旋转线 6 得到面 13～16（连接内圈的面）。

指定线 4、5 分割尺寸为 2 份（或者 0.25），绕点 1、2 形成的轴旋转线 4、5 得到面 17～24（内圈大圆部分）。

指定线 24 分割尺寸为 5 份（或者 1），绕点 1、2 形成的轴旋转线 24 得到面 25～28（即外圈）。实体模型如图 15-64（a）所示。

3．建立有限元模型

（1）定义单元

依次选择 Main Menu>Preprocessor>Element Type>Add/Edit/Delete，在弹出的对话框中连续选择 4 个"Shell181"单元。

（2）定义实常数

单元 1、2 实常数为 0.5，单元 3 实常数为 0.25，单元 4 实常数为 0.75。

（3）定义材料

依次选择 Main Menu>Preprocessor> Material Props> Material Models，在打开的对话框上连续定义线性弹性材料 4 组，指定相应弹性模量、密度和泊松比。

（4）指定单元属性

发动机内圈为 1（单元尺寸指定为 9），叶片连接部分为 2（单元尺寸为 4），叶片部分为 3（单元尺寸为 36），外圈为 4（单元尺寸为 9）。

（5）网格划分

对上述各部分进行网格划分。

激活整体柱坐标系。

复制叶片连接部分及叶片（面 1～4 及网格）36 份，增量为（0，10，0）。

恢复总体卡氏坐标，依次选择 Main Menu>Preprocessor> Numbering Ctrls>Merge Items，合并重复的关键点和节点，如图 15-64（b）所示。

4．加载和求解

（1）约束发动机内外圈

分别选择发动机内、外圈上的所有节点，约束其为固定不动。

（2）施加角速度

对所有叶片施加绕 Z 轴旋转的角速度 420 rad/s。

（3）指定分析类型

依次选择 Main Menu>Solution>-Analysis Type-New Analysis，弹出"New Analysis"对话

框，选择"static"，然后单击"OK"按钮，在接下来的界面仍然单击"OK"按钮。

（4）指定输出控制

依次选择 Main Menu>Preprocessor>Loads>Load Step Opts-Output Ctrls>DB/Results File，在弹出窗口的 Item to be controlled 列表框中选择 All items，在 File write frequency 中选择 Every substep。单击 OK 按钮。

（5）求解

依次选择 Main Menu>Solution>Solve，即完成求解。

5．查看结果

隐式求解结果如图 15-65 所示。

通过输出控制指定观察壳单元的层上的结果，依次选择 Main Menu>General Postproc>Option for Output，在打开对话框上指定"shell"选项为"top"、"bottom"、"middle"，即指定结果来源于单元的哪个层面。

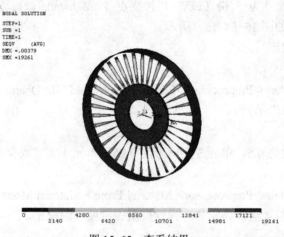

图 15-65　查看结果

将上述分析结果另存为"blade.db"文件，如果此处不保存，后面将不能再保存。

6．命令流

```
/PREP7
K,1,,,,
K,2,,,1,
LSTR, 1, 2                              !创建直线
LGEN,2, 1, , ,5, , , ,0
LDIV,2, , ,2,0
LGEN,2, 2, 3, ,5, , , ,0
LSTR, 5, 7                              !创建叶片连接部分
LOCAL,11,1,0,0,0.5, , ,90,1,1,
CSYS,11,
WPCSYS,-1,11,                           !建立局部柱坐标系
LGEN,2, 4, 5, ,0,-5,1, ,0
LGEN,2, 7, 8, ,0,-12.5,1.5, ,0
LGEN,2, 9, 10, ,0,-12.5,1.5, ,0
LGEN,2, 11, 12, ,0,-12.5,1.5, ,0
LGEN,2, 13, 14, ,0,-12.5,1.5, ,0
```

```
LGEN,2, 15, 16, ,0,-12.5,1.5, ,0
LGEN,2, 17, 18, ,0,-12.5,1.5, ,0                        !复制线

CSYS,0
WPCSYS,-1,0                                             !恢复到整体卡氏坐标系
ASKIN,7,9,11,13,15,17,19
ASKIN,8,10,12,14,16,18,20                               !创建两"蒙皮面"
KMODIF, 1, , , -2,
KMODIF, 2, , , 3,                                       !移动关键点
LGEN,2, 1, , ,21, , , ,0                                !创建外圈直线
A,6,7,10,9
A,7,8,11,10                                             !创建叶片连接部分面
AROTAT, 2, 3, , , , , 1, 2, 360, ,
AROTAT, 6, , , , , , 1, 2, 360, ,
AROTAT, 4, 5, , , , , 1, 2, 360, ,
AROTAT, 24, , , , , , 1, 2, 360, ,                     !通过旋转线创建内外圈

ET,1,SHELL181
ET,2,SHELL181
ET,3,SHELL181
ET,4,SHELL181                                           !选择单元类型

MPTEMP,1,0
MPDATA,EX,1,,30e6
MPDATA,PRXY,1,,0.33
MPDATA,DENS,1,,7.33e-4
MPCOPY, ,1,2
TBCOPY,ALL,1,2
MPCOPY, ,1,3
TBCOPY,ALL,1,3
MPCOPY, ,1,4
TBCOPY,ALL,1,4                                          !定义材料模型

R,1,0.5,,,,,
R,2,0.5,,,,,
R,3,0.25,,,,,
R,4,0.75,,,,,                                           !定义实常数

MSHAPE,0,2D
MSHKEY,1                                                !定义网格划分类型
TYPE,1
MAT,1
REAL,1                                                  !选择单元、材料、实常数
LSEL,S,,,34,45
LSEL,A,,,49,56
LSEL,A,,,63,74
CM,nei,LINE
LESIZE,NEI, , ,5, , , , ,1                              !定义单元尺寸大小
ALLSEL
ASEL,S,,,5,24
AMESH,ALL                                               !划分内圈网格
```

```
ALLSEL
TYPE,2
MAT,2
REAL,2
ASEL,S,,,3,4
AMESH,ALL                                    !划分叶片连接部分网格
ALLSEL
TYPE,3
MAT,3
REAL,3
ASEL,S,,,1,2
AMESH,ALL                                    !划分叶片网格
ALLSEL
TYPE,4
MAT,4
REAL,4
LESIZE,24,,,5,,,,,1
ASEL,S,,,25,28
AMESH,ALL
ALLSEL                                       !划分外圈网格
CSYS,1
WPCSYS,-1                                    !激活整体柱坐标系
AGEN,20,1,4,,,,18,,0                         !复制叶片连接部分和叶片
CSYS,0
WPCSYS,-1,0                                  !恢复到整体卡氏坐标系
NUMMRG,NODE,,,,LOW
NUMMRG,KP,,,,LOW                             !合并重复的关键点和节点
SAVE
FINISH

/SOL
ESEL,S,MAT,,1
ESEL,A,MAT,,4
NSLE,S
D,ALL,,0,,,,ALL,,,,                          !约束内外圈所有节点,为固定不动
ALLSEL
ESEL,S,MAT,,3
CM,yepian,ELEM
CMOMEGA,YEPIAN,0,0,420,,,,                   !对所有叶片施加绕 Z 轴旋转的角速度
ALLSEL
ANTYPE,0                                     !指定分析类型
OUTPR,STAT
OUTRES,STAT
OUTRES,ERASE
OUTPR,ALL,ALL,                               !指定输出控制
SOLVE                                        !求解

/POST1
SET,
PLNSOL,S,EQV,0,1.0                           !查看结果
```

15.8.2 分析过程（2）——显式部分

1. 更改作业名称

更改工作名称为"bird"，准备开始显示分析部分。

2. 建立显式分析的模型

（1）单元类型的转换

将隐式分析中使用的单元类型转换成对应的显式分析的单元类型，这里将 SHELL181 单元转换为 SHELL163 单元。

依次选择 Main Menu>Preprocessor>Element Type>Switch Elem Type，打开如图 15-57 所示单元转换对话框，选择"Implic to Explic"，程序将自动进行单元的转换。

（2）重新定义实常数

依次选择 Main Menu>Preprocessor>Real constants 重新定义单元的实常数，编号为 1、2 的单元厚度为 0.5，积分点数为 3；编号为 3 的单元厚度为 0.25，编号为 4 的单元厚度为 0.75，积分点数均为 5。

依次选择 Main Menu>Solution>Output Controls>Integ Pt Storage，打开如图 15-66 所示的"Specify Integration Point Storage"（指定壳单元输出积分点数）对话框，指定壳单元输出积分点数。

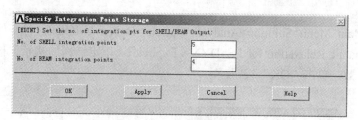

图 15-66 "指定壳单元输出积分点数"对话框

（3）删除内外圈的约束

分别选择内外圈上的所有节点，依次选择 Main Menu>Preprocessor>LS-DYNA Options>Constraints>Delete>On Nodes，删除隐式显式分析中定义的约束。

（4）重新定义材料模型

依次选择 Main Menu>Preprocessor>Material Props> Material Models，定义内圈为刚性体材料，编号为 1，质量密度、弹性模量和泊松比数值不变，约束 3 向位移、X 向和 Y 向旋转。

定义叶片连接部分为各向同性线性弹性材料，编号为 2，相应数值不变。

定义叶片和外圈为分段线性弹塑性材料，编号分别为 3、4，线性部分材料参数保持不变，应力-应变关系通过定义曲线来表达，见表 15-2。

表 15-2 应力-应变关系

应　　变	0.0	0.029 3	0.077 2	0.156 2	0.235 6	0.794 3
应力/psi	60 120	80 020	90 260	115 000	124 940	170 030

(5) 定义接触

定义自动单面接触（ASSC）模式。

3. 约束、初速度和载荷

(1) 读入隐式分析结果

依次选择 Main Menu>Solution>Constraints>Read Disp，打开如图 15-67 所示的"Send displacements to a file"（读入隐式分析结果）对话框，读入隐式分析结果。读入的数据将以 ASCII 形式存入到文件"drelax"中，如果用户查看工作目录下可以找到这个文件。

图 15-67 "读入隐式分析结果"对话框

(2) 初始化结构

将文件"drelax"中数据（包括位移、转角或者温度等）对现有结构进行初始化，作为显式分析的起点。

依次选择 Main Menu>Solution>Analysis Options>Dynamic Relax，打开如图 15-68 所示的"Specify Dynamic Relaxation for LS_DYNA Explicit"（指定结构的初始化构形）对话框，不必更改相应参数，单击"OK"按钮。

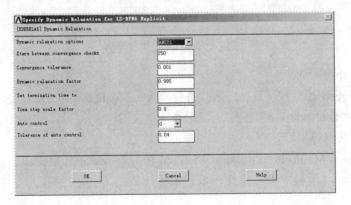

图 15-68 "指定结构的初始化构形"对话框

(3) 定义初速度

定义内圈、叶片连接部分和叶片的节点组件，给定初始转动角速度。

(4) 定义内圈刚性体旋转

生成 PART 列表。

定义时间数组和转速数组，施加给内圈刚性体，速度曲线如图 15-69 所示。

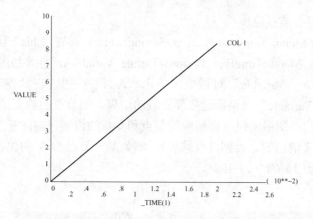

图 15-69　施加给刚性体的载荷曲线

（5）约束外圈部分节点

选择 Y 向坐标在 20.1～21.1 之间的节点，对其进行全约束以固定外圈。

4．求解

（1）设定求解时间

依次选择 Main Menu>Solution>Time Controls>Solution Time，在打开对话框中输入求解终止时间为 0.01。

（2）设定输出文件控制

依次选择 Main Menu>Solution>Output Controls>File Output Freq>Number of Steps，在打开对话框中设置 ".rst" 文件输出步数为 20，".his" 文件输出步数为 50。

依次选择 Main Menu>Solution>Solve，即完成求解。

5．查看结果

（1）POST1 后处理

查看考虑了初应力影响的叶片变形，初始第一步等效应力的分布云图如图 15-70（a）所示，最后一步等效应力的分布云图如图 15-70（b）所示。

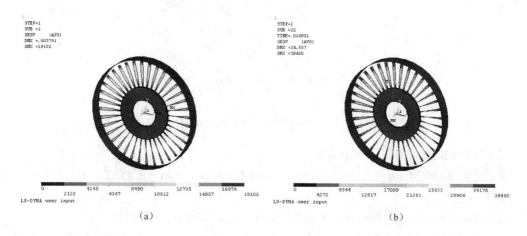

（a）　　　　　　　　　　　　　　　　（b）

图 15-70　结果对比

(2) POST26 查看节点位移

依次选择 Main Menu>TimeHist Postpro>Settings>File，设置".his"结果文件。

依次选择 Main Menu>TimeHist Postpro>Define Variables，打开如图 15-71（a）所示的"Defined Time-History Variable"对话框，单击"Add"按钮，在如图 15-71（b）所示的"Add Time-History Variable"对话框选择要查看的结果，如节点的约束结果，单击"OK"按钮，程序会提示用户在图形窗口选择相应的节点和变量的内容（需注意的是，节点必须是由"EDHIST"命令定义输出的，否则没有结果），例如某一节点的 3 向位移。重复操作，定义好的变量将显示在图 15-71（a）中。

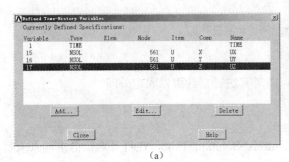
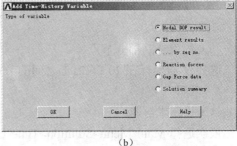

图 15-71　定义变量

依次选择 Main Menu>TimeHist Postpro>Graph Variables，在打开的对话框上输入图 15-25（a）所示变量的编号，绘制时间历程上的曲线，结果如图 15-72 所示。

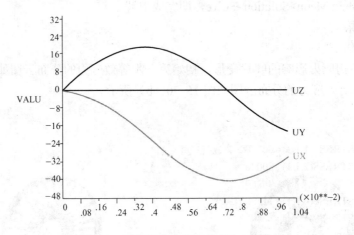

图 15-72　时间历程上某一节点的 3 向位移

(3) POST26 查看格式化输出数据

依次选择 Main Menu>TimeHist Postpro>Read LSDYNA Data>GLSTAT file，读入格式化输出文件。

依次选择 Main Menu>TimeHist Postpro>Store Data，保存并定义变量。

依次选择 Main Menu>TimeHist Postpro>Graph Variables，在打开的对话框中输入总体 3 向速度的变量编号，绘制时间历程上的变化，如图 15-73 所示。

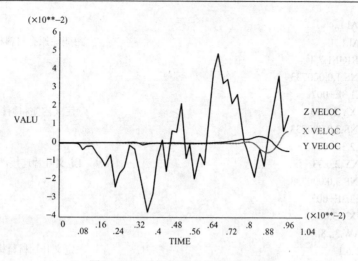

图 15-73 时间历程上总体三向速度

6. 命令流

```
/FILNAME,bird,1                          !更换作业名称
/PREP7
ETCHG,ITE                                !单元类型转换
RMODIF,1,1,0,3,0.5,0,0,0,
RMODIF,2,1,0,3,0.5,0,0,0,
RMODIF,3,1,0,5,0.25,0,0,0,
RMODIF,4,1,0,5,0.75,0,0,0,               !重新定义实常数
DDELE,ALL,ALL                            !删除内外圈约束

*DIM,strain,ARRAY,6,1,1, , ,             !建立应变数组
*SET,STRAIN(2,1,1) , 0.0293
*SET,STRAIN(3,1,1) , 0.0772
*SET,STRAIN(4,1,1) , 0.1562
*SET,STRAIN(5,1,1) , 0.2356
*SET,STRAIN(6,1,1) , 0.7943              !赋予应变值
*DIM,stress,ARRAY,6,1,1, , ,             !建立应力数组
*SET,STRESS(1,1,1) , 60120
*SET,STRESS(2,1,1) , 80020
*SET,STRESS(3,1,1) , 90260
*SET,STRESS(4,1,1) , 115000
*SET,STRESS(5,1,1) , 124940
*SET,STRESS(6,1,1) , 170030              !赋予应力值
EDCURVE,ADD,1,STRAIN,STRESS              !创建应力-应变曲线

MPDE,ALL,1
TBDE,ALL,1
MPDE,ALL,2
TBDE,ALL,2
MPDE,ALL,3
TBDE,ALL,3
```

```
MPDE,ALL,4
TBDE,ALL,4                                              !删除原有材料模型
EDMP,RIGI,1,7,4
MP,DENS,1,0.000733
MP,EX,1,3E+007
MP,NUXY,1,0.33                                          !定义内圈材料模型
MP,DENS,2,0.000733
MP,EX,2,3E+007
MP,PRXY,2,0.33                                          !定义叶片连接部分材料模型
MP,DENS,3,0.000733
MP,EX,3,3E+007
MP,NUXY,3,0.33
TB,PLAW,3,,,8,
TBDAT,6,1                                               !定义叶片材料模型
MPCOPY, ,3,4
TBCOPY,ALL,3,4                                          !定义外圈材料模型

ALLSEL
EDPART,CREATE                                           !创建 PART 列表
EDCGEN,ASSC, , ,0,0,0,0,0, , , , ,0,10000000,0,0        !定义自动单面接触
FINISH

/SOL
EDINT,5,4,                                              !指定壳单元输出积分点数
REXPORT,DYNA,DISP,NODE,LAST,LAST,'blade','rst',' '     !读入隐式分析结果
EDDRELAX,ANSYS,250,0.001,0.995, ,0,0,0.04,              !初始化结构
ESEL,S,MAT,,1,3
NSLE,S
CM,zujian,NODE                                          !定义节点组件
ALLSEL
EDVE,VELO,ZUJIAN,0,0,0,0,0,420, , , , ,                 !定义初速度
*DIM,time,ARRAY,2,1,1, , ,
*SET,TIME(2,1,1) , 0.02
*DIM,V,ARRAY,2,1,1, , ,
*SET,V(2,1,1) , 8                                       !定义时间数组和转速数组
EDLOAD,ADD,RBOZ,0,1,TIME,V, 0, , , , ,                  !定义内圈刚性体旋转
NSEL,S,LOC,Y,20.1,21.1
CM,wai,NODE
D,WAI,,,,,,ALL,,,,,
ALLSEL                                                  !约束外圈部分节点

TIME,0.01
EDENERGY,0,1,1,0
EDBVIS,1,0.06
EDCTS,0,0.9,                                            !输出时间控制

EDRST,20,
EDHTIME,50,
```

```
EDDUMP,1,                                    !设定输出文件控制
EDHIST,ZUJIAN
EDOPT,ADD,blank,BOTH
SOLVE                                        !求解
FINISH
/POST1
SET,
PLNS,S,EQV
ANDATA,0.5, ,0,0,0,1,0,1                     !查看动画
```

练习

练习 15.1 弹丸侵彻弹靶的练习

基本要求

（1）将弹丸接触弹靶位置的单元划分加密，如图 15-74（a）所示，再次分析对比结果。

（2）采用面来建立弹靶模型，并用壳单元划分网格，如图 15-74（b）所示，再次分析对比结果。

图 15-74　改变的模型

思路点睛

（1）将代表弹靶的实体划分为几部分，分部分控制划分单元的大小，然后分部分划分单元。

（2）创建长方形面来代表弹靶，定义壳单元划分面，实现弹靶模型的改变。

练习 15.2 成型过程模拟的练习

基本要求

（1）改变冲头的速度曲线，如图 15-75（a）所示，再次求解分析对比结果。

（2）定义冲头的位移载荷，曲线如图 15-75（b）所示，再次求解分析对比结果。

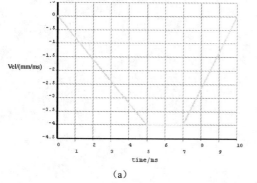
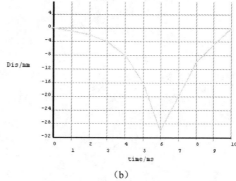

图 15-75　改变的载荷曲线

思路点睛

（1）定义并保存 4 个数值的一维数组两个，分别代表时间和速度，以 Z 向速度施加在冲头上。

（2）定义并保存 11 个数值的一维数组两个，分别代表时间和位移，以 Z 向位移施加在冲头上。

练习 15.3　DTM 模块的练习

基本要求

（1）通过 DTM 模块的使用，总结模拟跌落的一般步骤和注意问题。

（2）选择一款电子产品，建立模型进行跌落的仿真和分析。

（3）在分析基础上，添加必要的包装材料，分析其保护性能，通过仿真设计包装。

练习 15.4　碰撞过程模拟的练习

基本要求

（1）碰撞是一个比较复杂的问题，影响因素较多。选择某一碰撞，分析其主要因素，建立适当简化的模型，自行练习碰撞过程的模拟。

（2）通过改变影响因素的条件，进行多组仿真，对比分析结果。

附录 A 关于单位制

A.1 ANSYS 中单位制的使用

所有物理量可以分为基本物理量（Primary）和导出物理量（Secondary）两大类。在手工计算时，由于计算过程中可以随意进行单位的转换，因此不必强调单位的统一或协调。

在使用通用软件进行计算时（包括 ANSYS），由于计算过程中一般不进行单位的转换，因此要求在一个题目的计算过程中，不同物理量的单位之间必须协调或者单位制要统一。其含义是指 primary 物理量的单位和由其导出的其他物理量的单位必须协调或者统一。单位制的协调使用直接影响计算结果的可靠度和准确性，而 ANSYS 程序本身不具备自动协调单位制的功能，需要用户自己手工完成。

对于 ANSYS/LS-DYNA 模块，有人认为单位制对时间步长 dt 有重大影响，这是错误的。根据量刚分析可知：不论采用何种单位制，只要单位制之间是协调的，时步长不变。时间步长的选择涉及两个方面的约束：

① 在直接积分方法中，实质是用差分代替微分，且对位移加速度的变化采用引伸的线性关系，这就限制了 dt 的取值不能过大，否则结果可能失真过大，不能正确表现冲击振动的真实响应；

② 数值稳定性问题。在每一步数值计算中，不可避免地存在舍入误差，这些舍入误差又不可避免地带入下一个时间步算式中，如果算法不具备数值稳定性，则可能导致结果的发散，仍不能正常表现真实响应，甚至造成无法求解。计算误差的控制要求 dt 的取值不可过大，这取决于算法本身构造对误差的容限。

可以证明，中心差分算法是有条件稳定的，也即时间步长必须小于由该问题求解方程性质所决定的一个时步临界值：$\Delta t_{crit} = \dfrac{2}{\omega_{max}}$ 其中，ω_{max} 是有限元系统的最小固有振动周期，一般只需要求解系统中最小尺寸单元的最小固有振动周期即可。在实际的计算中，同时考虑时步的两种约束及中心差分法的稳定条件，可以采用变时间步长法，即每一时刻的时步由当前结构的稳定性条件控制，每一个单元的极限时步长，为下一时刻的时间步长。各种单元的计算方法略有差异。（详细内容可参考 LS-DYNA 理论手册）

因此，根据量刚分析可知，不论采用何种单位制，只要单位制之间是协调的，时步长不变。

A.2 常用的协调单位制

对于结构分析，这里的基本物理量有 3 个：长度、质量和时间，对于热问题，还应加上温度，其他类型问题可能还有相应的基本物理量；其余物理量的单位必须由这些基本物理量的单位导出，而不能人为规定。基本物理量的单位可以自由选择，其他物理量的单位则不能自由选择,需要按相应的计算公式来导出,以结构计算为例,选定长度 L、质量 M 和时间 t 的单位后,其他物理量的计算公式为:

密度 $\rho = \dfrac{M}{L^3}$

速度 $v = \dfrac{L}{t}$;

加速度 $a = \dfrac{L}{t^2}$;

力 $f = Ma = \dfrac{ML}{t^2}$;

压力 p、应力 σ、弹性模量相等,即 $p = \sigma = E = \dfrac{f}{L^2} = \dfrac{Ma}{L^2} = \dfrac{M}{Lt^2}$。

由此,可以看几个常用的单位制例子。

A.2.1　kg - m - s 单位制

质量单位为千克,用 kg 表示,长度单位为米,用 m 表示,时间单位秒,用 s 表示,则相应的导出物理量如下:

密度:$\rho = \text{kg}/\text{m}^3$;速度:$v = \text{m}/\text{s}$;加速度:$a = \text{m}/\text{s}^2$;重力加速度:$g = 9.81\,\text{m}/\text{s}^2$;力:$f = \text{kg}\cdot\text{m}/\text{s}^2 = \text{N}$,即牛顿;压力、应力和弹性模量:$p = \sigma = E = \text{N}/\text{m}^2 = \text{Pa}$,即帕斯卡。

A.2.2　kg - mm - s 单位制

质量单位为千克,用 kg 表示,长度单位为毫米,用 mm 表示,时间单位秒,用 s 表示,则相应的导出物理量如下:

密度:$\rho = \text{kg}/\text{mm}^3$;速度:$v = \text{mm}/\text{s}$;加速度:$a = \text{mm}/\text{s}^2$;重力加速度:$g = 9810\,\text{mm}/\text{s}^2$;力:$f = \text{kg}\cdot\text{mm}/\text{s}^2 = 10^{-3}\,\text{N} = \text{mN}$,即毫牛;压力、应力和弹性模量:$p = \sigma = E = \text{mN}/\text{mm}^2 = 10^3\,\text{Pa} = \text{kPa}$,即千帕。

A.2.3　kg - mm - ms 单位制

质量单位为千克,用 kg 表示,长度单位为毫米,用 mm 表示,时间单位毫秒,用 ms 表示,则相应的导出物理量如下:

密度:$\rho = \text{kg}/\text{mm}^3$;速度:$v = \text{mm}/\text{ms}$;加速度:$a = \text{mm}/\text{ms}^2$;重力加速度:$g = 9.81 \times 10^{-3}\,\text{mm}/\text{ms}^2$;力:$f = \text{kg}\cdot\text{mm}/\text{ms}^2 = 10^3\,\text{N} = \text{kN}$,即千牛;压力、应力和弹性模量:$p = \sigma = E = \text{kN}/\text{mm}^2 = 10^9\,\text{Pa} = \text{GPa}$,即吉帕。

A.2.4　t - mm - s 单位制

质量单位为吨,用 t 表示,长度单位为毫米,用 mm 表示,时间单位秒,用 s 表示,则相应的导出物理量如下:

密度:$\rho = \text{t}/\text{mm}^3$;速度:$v = \text{mm}/\text{s}$;加速度:$a = \text{mm}/\text{s}^2$;重力加速度:$g = 9810\,\text{mm}/\text{s}^2$;

力：$f = \text{t} \cdot \text{mm}/\text{s}^2 = \text{N}$，即牛顿；压力、应力和弹性模量：$p = \sigma = E = \text{N}/\text{mm}^2 = 10^6 \text{Pa} = \text{MPa}$，即兆帕。

A.2.5　t - mm - ms 单位制

质量单位为吨，用 t 表示，长度单位为毫米，用 mm 表示，时间单位毫秒，用 ms 表示，则相应的导出物理量如下：

密度：$\rho = \text{t}/\text{mm}^3$；速度：$v = \text{mm}/\text{ms}$；加速度：$a = \text{mm}/\text{ms}^2$；重力加速度：$g = 9.81 \times 10^{-3} \text{mm}/\text{ms}^2$；力：$f = \text{t} \cdot \text{mm}/\text{ms}^2 = 10^6 \text{N} = \text{MN}$，即兆牛；压力、应力和弹性模量：$p = \sigma = E = 10^6 \text{N}/\text{mm}^2 = 10^{12} \text{Pa} = 10^6 \text{MPa}$。

A.2.6　10^6 kg - mm - s 单位制

质量单位为千克$\times 10^6$，用 10^6 kg 表示，长度单位为毫米，用 mm 表示，时间单位秒，用 s 表示，则相应的导出物理量如下：

密度：$\rho = 10^6 \text{kg}/\text{mm}^3$；速度：$v = \text{mm}/\text{s}$；加速度：$a = \text{mm}/\text{s}^2$；重力加速度：$g = 9810 \text{mm}/\text{s}^2$；力：$f = 10^6 \text{kg} \cdot \text{mm}/\text{s}^2 = \text{kN}$，即千牛；压力、应力和弹性模量：$p = \sigma = E = \text{kN}/\text{mm}^2 = 10^9 \text{Pa} = \text{GPa}$，即吉帕。

A.2.7　g - mm - ms 单位制

质量单位为克，用 g 表示，长度单位为毫米，用 mm 表示，时间单位毫秒，用 ms 表示，则相应的导出物理量如下：

密度：$\rho = \text{g}/\text{mm}^3$；速度：$v = \text{mm}/\text{ms}$；加速度：$a = \text{mm}/\text{ms}^2$；重力加速度：$g = 9.81 \times 10^{-3} \text{mm}/\text{ms}^2$；力：$f = \text{g} \cdot \text{mm}/\text{ms}^2 = \text{N}$，即牛顿；压力、应力和弹性模量：$p = \sigma = E = \text{N}/\text{mm}^2 = 10^6 \text{Pa} = \text{MPa}$，即兆帕。

由上述方法，还可以推导出更多的协调单位制，这里就不多写了。总之，基本物理量的单位可以根据需要选择，但导出物理量的单位必须以基本物理量为基础推导出来，不能人为地规定。归纳一些常用的单位制见表 A-1。

表 A-1　常用的单位制

基本物理量			导出物理量			
质量	长度	时间	密度	力	应力	重力加速度
kg	m	s	kg/m³	N	Pa	9.81m/s²
kg	mm	s	kg/mm³	mN	KPa	9 810mm/s²
kg	mm	ms	kg/mm³	kN	GPa	9.81×10^{-3}mm/ms²
t	mm	s	T/mm³	N	MPa	9 810mm/s²
t	mm	ms	T/mm³	MN	10^6MPa	9.81×10^{-3}mm/ms²
10^6kg	mm	s	10^6kg/m³	kN	GPa	9 810mm/s²
g	mm	ms	g/mm³	N	MPa	9.81×10^{-3}mm/ms²

附录 B 命令流文件和 K 文件

B.1 命令流文件

用户在使用 ANSYS 软件过程中,除了可以通过 GUI 实现相关操作以外,还可以通过命令流文件实现分析问题的模型抽象。命令流类似于批处理过程,是将相关操作的命令写成".txt"文件,读入到 ANSYS 中,让程序连续执行所有命令。

通过"File>Read Input From",打开如图 B-1 所示对话框,选择要读入的命令流文件,单击"OK"按钮即可。

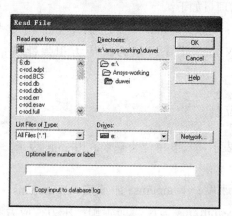

图 B-1 读入文件对话框

下面来分析一个命令流文件的片断,来说明命令流的组成。

```
/PREP7                                  !进入前处理器
WPROT,0,45,0
WPROT,0,0,45                            !3 行实现坐标平面的旋转
WPROT,45,0,0
BLOCK,-10,10,-10,10,-10,10,             !创建块体
VDELE,        1                         !删除体
ADELE,        4,,,1                     !删除面

ET,1,SHELL163
ET,2,SHELL163                           !定义单元类型

R,1                                     !定义实常数
RMODIF,1,1,,,0.1,,,,
RMODIF,1,7, 0
```

……

MPMOD,1,33   !定义材料
UIMP,1,DENS, , ,2.5e−4,
UIMP,1,EX, , ,10.3e6,
UIMP,1,NUXY, , ,0.334,
TB,BKIN,1
TBDAT,1,5000,
TBDAT,2,20000 ,

……

TYPE,1   !分配单元属性
MAT,1
REAL,1

LSEL,S,,,1,12   !指定单元尺寸
LESIZE,ALL,,,4,,,,1
MSHAPE,0,2D   !划分网格
MSHKEY,1
ASEL,S,,,1,3
ASEL,A,,,5,6
AMESH,ALL

……

ESEL,S,MAT,,1
NSLE,S
CM,box,NODE   !定义节点组件
ESEL,S,MAT,,2
NSLE,S
CM,table,NODE
EDCGEN,ANTS,BOX,TABLE,0,0,0,0,0, , , , ,0,10000000 !定义接触
/SOLU   !进入求解器
EDVE,VELO,BOX,0,-200,0,0,0,0, , , , , ,   !定义初速度

*DIM,time,ARRAY,3,,, , ,   !定义数组参数
*DIM,accg,ARRAY,3,,, , ,
Time(2,1,1)=1.0
TIME(3,1,1) = 10
ACCG(2,1,1) = 386.4
ACCG(3,1,1) = 386.4
EDLOAD,ADD,ACLY,0,BOX,TIME,ACCG, 0, , , , ,   !定义载荷

……

命令流文件实际上是按照操作顺序将命令集合在一起的文件，文件不区分字母的大小

写，在命令行前加"!"即表示注释掉该行，执行时即将该命令跳过。较为熟练使用软件的用户建议使用命令流文件，使用命令流文件分析问题的思路清晰，便于修改，在一定意义上有保存作业的作用（与保存".db"文件相比可以节约空间，需要时重新读入命令流文件就可以）。但是，使用命令流文件没有 GUI 操作那么直观，这要求用户对相应操作的命令格式熟悉，完全掌握分析问题的具体步骤和实现的效果，否则很容易出错。

命令流文件的使用对于 ANSYS 所有模块都适用。

B.2　K 文件

K 文件是 ANSYS/LS-DYNA 模块所特有的，在应用 ANSYS 前处理完成建模，并进行求解时，递交给求解器的实际上是 K 文件。也就是说，K 文件是 LS-DYNA 求解器能识别的文件，通过 ANSYS 前处理完成的建模过程最后依然生成 K 文件，转移给 LS-DYNA 求解器进行求解，完成之后，再转移给 ANSYS 后处理器观察结果。

使用 K 文件不单纯是求解器的要求，还有如下需要：

（1）ANSYS/LS-DYNA 程序支持 LS-DYNA 的大部分功能，并且可以由 ANSYSGUI 界面实现，但仍有一些 LS-DYNA 功能不能从 GUI 中直接得到，例如一些材料模型的定义，可以通过修改 K 文件的方式间接使用这些方式

（2）当 ANSYS/LS-DYNA 运行出错时，通过检查 K 文件可以很容易查找错误或者确认模型的正确

（3）当用户进行某一些参数的对比分析时，通过修改 K 文件可以很会获得正确的模型，减少重复建模的时间，加快分析过程。

用户在进行求解的同时，程序自动产生 K 文件，在用户指定的工作目录下可以找到文件的存在。下面是 K 文件的片断。

```
$$$$$$$$$$$$$$$$$$$$$$$$$$$$$$$$$$$$$$$$$$$$$$$$$$$$$$$$$$$$$$$$$$$$$$$$
$                         SECTION DEFINITIONS                          $
$$$$$$$$$$$$$$$$$$$$$$$$$$$$$$$$$$$$$$$$$$$$$$$$$$$$$$$$$$$$$$$$$$$$$$$$
$
*SECTION_SHELL
         1         2     10000       2.0       0.0       0.0         0
      1.00      1.00      1.00      1.00      0.00
$
$
$$$$$$$$$$$$$$$$$$$$$$$$$$$$$$$$$$$$$$$$$$$$$$$$$$$$$$$$$$$$$$$$$$$$$$$$
$                         MATERIAL DEFINITIONS                         $
$$$$$$$$$$$$$$$$$$$$$$$$$$$$$$$$$$$$$$$$$$$$$$$$$$$$$$$$$$$$$$$$$$$$$$$$
$
*MAT_RIGID
         1 0.783E-05      69.0  0.300000       0.0       0.0       0.0
      1.00      4.00      7.00
$
$$$$$$$$$$$$$$$$$$$$$$$$$$$$$$$$$$$$$$$$$$$$$$$$$$$$$$$$$$$$$$$$$$$$$$$$
$                          PARTS DEFINITIONS                           $
```

```
$$$$$$$$$$$$$$$$$$$$$$$$$$$$$$$$$$$$$$$$$$$$$$$$$$$$$$$$$$$$$$$$$$$$$$$$$$$$$$
$
$
*PART_INERTIA
Part           1 for Mat         1 and Elem Type        1
         1         1         1         0         0         0         0
  0.000E+00 0.000E+00 0.510E+02 0.500E+02         0
  0.100E+03 0.000E+00 0.000E+00 0.100E+03 0.000E+00 0.100E+03
  0.000E+00 0.000E+00 0.000E+00 0.000E+00 0.000E+00 0.000E+00
$
*PART
Part           2 for Mat         2 and Elem Type        2
         2         2         2         0         0         0         0
$
$$$$$$$$$$$$$$$$$$$$$$$$$$$$$$$$$$$$$$$$$$$$$$$$$$$$$$$$$$$$$$$$$$$$$$$$$$$$$$
$                         RIGID BOUNDRIES                                    $
$$$$$$$$$$$$$$$$$$$$$$$$$$$$$$$$$$$$$$$$$$$$$$$$$$$$$$$$$$$$$$$$$$$$$$$$$$$$$$
$
*DEFINE_CURVE
         1         0     1.000     1.000     0.000     0.000
  0.000000000000E+00   0.000000000000E+00
  1.000000000000E+00  -5.000000000000E+00
  8.000000000000E+00  -5.000000000000E+00
*BOUNDARY_PRESCRIBED_MOTION_RIGID
         1         3         0         1     1.000      0 0.000     0.000
$
$
$$$$$$$$$$$$$$$$$$$$$$$$$$$$$$$$$$$$$$$$$$$$$$$$$$$$$$$$$$$$$$$$$$$$$$$$$$$$$$
$                        BOUNDARY DEFINITIONS                                $
$$$$$$$$$$$$$$$$$$$$$$$$$$$$$$$$$$$$$$$$$$$$$$$$$$$$$$$$$$$$$$$$$$$$$$$$$$$$$$
$
*SET_NODE_LIST
         1     0.000     0.000     0.000     0.000
      1879      1964      1965      1966      1967      1968      1969      1970
      1971      1972      1973      1974      1975      1976      1977      1978
      1979      1980      1981      1982      1983      1984      1985      1986
      1987      1988      1989      1990      1991      1992      1993      1994
      1995      1996      1997      1998      1999      2000      2001      2002
      2003      2004
*BOUNDARY_SPC_SET
         1         0         0         1         0         1         0         1
```

K 文件是由 LS-DYNA 特有的关键字格式写出的，每个关键字的使用、格式和参数都有严格要求。因此，对用户的软件使用熟练程度要求较高，同时，还要熟悉关键字的含义。

除了在 ANSYS 下可以求解 K 文件以外，还可以在 DOS 状态下直接运行 LS-DYNA 求解器对 K 文件进行求解。

第1步，进入到 K 文件所在目录下，ANSYS 程序可以不推出。

第2步，输入"lsdyna**　i=jobname.k　memory=25 000 000 p=ane3fldsr=d3dump**"其中，"**"表示 LS-DYNA 求解器的版本号，例如 960；"i=jobname.k"指定已经生成和存在的 K 文件名称；"memory=25 000 000"指定本次分析要申请的内存，如，25 000 000；"r=d3dump**"用于重起动分析，指定重起动文件，"**"为文件编号。

第3步，所得结果可以附加到".rst"和".his"文件中。

第4步，求解结束后，返回到 ANSYS 中，可以使用后处理器查看结果。

参 考 文 献

[1] ANSYS, Inc. ANSYS Structural Guide Release 14.0.
[2] ANSYS, Inc. ANSYS Commands Reference Release 14.0.
[3] ANSYS, Inc. ANSYS Modeling and Meshing Guide Release 14.0.
[4] ANSYS, Inc. ANSYS Basic Analysis Guide Release 14.0.
[5] 张乐乐, 谭南林, 焦风. ANSYS 辅助分析应用基础教程. 北京: 北京交通大学出版社, 2006.
[6] LOGAN D L. 有限元方法基础教程. 伍义生, 等, 译. 北京: 电子工业出版社, 2003.
[7] 高耀东, 刘学杰. ANSYS 机械工程应用精华 50 例. 北京: 电子工业出版社, 2011.
[8] 蒋春松, 孙洁, 朱一林. ANSYS 有限元分析与工程应用. 北京: 电子工业出版社, 2012.
[9] 尚晓江, 邱峰, 赵海峰. ANSYS 结构有限元高级分析方法与范例应用. 北京: 中国水利水电出版社, 2008.
[10] 龚曙光, 黄云清. 有限元分析与 ANSYS APDL 编程及高级应用. 北京: 机械工业出版社, 2009.
[11] 邵蕴秋. ANSYS 8.0 有限元分析实例导航. 北京: 中国铁道出版社, 2004.
[12] MOAVENI S. 有限元分析. 欧阳宇, 王崧, 等, 译. 北京: 电子工业出版社, 2003.
[13] 赵海欧. LS-DNYA 动力分析指南. 北京: 兵器工业出版社, 2003.
[14] 赵经文, 王宏钰. 结构有限元分析. 哈尔滨: 哈尔滨工业大学出版社, 1988.
[15] 贺李平, 龙凯, 肖介平. ANSYS 13.0 与 HyperMesh 11.0 联合仿真有限元分析. 北京: 机械工业出版社, 2012.